普通高等教育"十二五"规划教材
电子信息科学与工程类专业规划教材

数字信号处理（第2版）

朱冰莲　方　敏　编著

电子工业出版社
Publishing House of Electronics Industry
北京 · BEIJING

内 容 简 介

本书系统地阐述数字信号处理的基本概念、基本理论、基本分析方法和实现方法。全书共 8 章，主要包括：离散时间信号和离散时间系统，离散时间信号与系统的变换域分析，离散傅里叶变换及快速算法，IIR 数字滤波器设计，FIR 数字滤波器设计，数字信号处理系统的实现，多速率信号处理基础，MATLAB 仿真实验。各章中均安排有丰富的思考题和习题。本书提供配套电子课件、习题答案和程序代码等。

本书可作为高等学校电子信息工程、通信工程、生物医学工程、电气工程、信息工程、电子科学与技术、自动化等专业本科生的理论课教材和实验指导书，也可作为相关专业技术人员的参考书。

图书在版编目（CIP）数据

数字信号处理 / 朱冰莲，方敏编著. —2 版. —北京：电子工业出版社，2014.7

电子信息科学与工程类专业规划教材

ISBN 978-7-121-23291-6

I. ①数… II. ①朱… ②方… III. ①数字信号处理—高等学校—教材 IV. ①TN911.72

中国版本图书馆 CIP 数据核字（2014）第 106867 号

策划编辑：王羽佳

责任编辑：王羽佳　　　文字编辑：王晓庆

印　　刷：北京虎彩文化传播有限公司

装　　订：北京虎彩文化传播有限公司

出版发行：电子工业出版社

　　　　　北京市海淀区万寿路 173 信箱　　邮编：100036

开　　本：787×1092　1/16　印张：17.75　字数：512 千字

版　　次：2011 年 6 月第 1 版

　　　　　2014 年 7 月第 2 版

印　　次：2024 年 1 月第 8 次印刷

定　　价：39.00 元

凡所购买电子工业出版社图书有缺损问题，请向购买书店调换。若书店售缺，请与本社发行部联系，联系及邮购电话：（010）88254888，88258888。

质量投诉请发邮件至 zlts@phei.com.cn，盗版侵权举报请发邮件至 dbqq@phei.com.cn。

本书咨询联系方式：（010）88254535　wyj@phei.com.cn。

第2版前言

本书是《数字信号处理》一书的第2版。第2版保留了上一版概念清晰、重点突出、论述系统、深入浅出、易于理解、便于自学的特点。主要修订内容如下：

1. 对上一版各章节的部分内容进行修订并对已经发现的错误进行订正；

2. 考虑到该课程不仅理论性强，同时具有很强的实践性，由方敏执笔增写了第8章"MATLAB仿真实验"作为实验指导；

3. 考虑到MATLAB有专门的书籍可查阅，删除了各章中有关MATLAB的内容及附录；

4. 由于篇幅与学时的限制，删除了原来的4.2.5节"模拟高通、带通及带阻滤波器设计"；

5. 根据当前流行的数字信号处理实现方法，重写了6.3节"实时数字信号处理的实现方法"；

6. 部分习题进行了修改和增删。

第2版不仅可作为理论教学的教材，同时也为实验教学提供参考与指导。

本书可作为高等学校电子信息工程、通信工程、生物医学工程、电气工程、信息工程、电子科学与技术、自动化等专业本科生的理论课教材和实验指导书，也可作为相关专业技术人员的参考书。

由于作者水平所限，第2版可能仍存在不少不妥甚至错误之处，恳请读者批评指正。

作　者
2014年6月于重庆大学

前　言

　　数字信号处理是高等学校电子与电气类专业的重要专业基础课。学生通过本课程的学习，应该掌握数字信号处理的基本理论、基本知识和基本方法。本书根据教育部教学指导委员会对数字信号处理课程的教学基本要求，详尽地阐述了数字信号处理领域中的基本概念、基本理论、基本分析方法和设计实现方法。

　　本书包括 7 章。第 1 章讨论从连续到离散的过渡——连续时间信号的采样，离散时间信号与系统的一些基本概念、基本表达、基本运算及差分方程的建立与时域求解；第 2 章讨论离散时间信号和离散时间系统的变换域分析方法，包括 Z 变换和离散时间傅里叶变换，研究离散时间系统的系统函数和频率响应；第 3 章涉及数字谱分析，包括离散傅里叶变换及其快速算法研究；第 4 章和第 5 章讨论数字滤波器设计的理论和方法，第 4 章讨论 IIR 数字滤波器设计，第 5 章讨论 FIR 数字滤波器设计；第 6 章讨论数字信号处理系统实现问题，包括数字滤波器的结构，数字信号处理中的有限字长效应以及数字信号处理的软件实现和硬件实现简介；第 7 章讨论多速率信号处理基础，主要涉及整数因子抽取和插值、有理数倍的采样率转换和滤波器多相结构。考虑到 MATLAB 作为数字信号处理研究中的重要工具使用频繁，本书在各章中均有运用 MATLAB 来完成相应的分析运算的内容，希望能有助于读者对原理的理解与方法的掌握。最后在本书的附录中给出了 MATLAB 简介，以飨读者。

　　本书受重庆市教改课题 "信号与信息处理课程群立体化资源建设与共享" 和 "重庆大学十一五教材基金" 资助。田逢春教授审读了全书，并提出了宝贵的修改意见，方敏老师、仲元红老师、吴华老师站在任课教师的角度，也提出了宝贵的意见，裴光术、梁辉、运明华、张松、袁虎、李波、刘海峰、杨毅、王雅兰等在本书的绘图、计算机程序的编写、资料收集及最后的编排等方面做了大量的工作，在此一并表示感谢！

　　限于作者的水平，不妥及错误之处在所难免，恳切希望读者予以批评指正。

作　者

2010 年 11 月于重庆大学

目　　录

绪论 ……………………………………… 1
0.1　信号、系统与信号处理 …………… 1
0.2　数字信号处理系统的基本组成与
　　　数字信号处理学科内容 …………… 3
0.3　数字信号处理的特点 ……………… 4
0.4　数字信号处理的发展及应用 ……… 5

第1章　离散时间信号和离散时间系统 … 7
1.1　连续时间信号的采样 ……………… 7
　　1.1.1　理想采样 ……………………… 7
　　1.1.2　矩形脉冲采样 ……………… 11
1.2　离散时间信号——序列 ………… 12
　　1.2.1　序列的表示方法 …………… 13
　　1.2.2　序列的基本运算 …………… 13
　　1.2.3　常用典型序列 ……………… 17
　　1.2.4　用单位脉冲序列表示任意序列 · 21
1.3　离散时间系统 …………………… 21
　　1.3.1　线性系统 …………………… 21
　　1.3.2　非移变系统 ………………… 23
　　1.3.3　线性非移变系统的单位脉冲
　　　　　响应与线性卷积和 ………… 23
　　1.3.4　线性非移变系统的性质 …… 23
　　1.3.5　因果系统 …………………… 24
　　1.3.6　稳定系统 …………………… 26
1.4　离散线性非移变系统与差分方程 … 28
　　1.4.1　用差分方程描述离散线性非移
　　　　　变系统 …………………… 28
　　1.4.2　递推法解差分方程 ………… 29
思考题 ………………………………… 31
习题 …………………………………… 31

第2章　离散时间信号与系统的变换域分析 … 34
2.1　Z 变换 …………………………… 34
　　2.1.1　Z 变换的定义和收敛域 …… 34
　　2.1.2　逆 Z 变换 …………………… 38
　　2.1.3　Z 变换的性质 ……………… 43
2.2　用单边 Z 变换解差分方程 ……… 50

2.3　离散时间傅里叶变换 …………… 52
　　2.3.1　离散时间傅里叶变换的定义 … 52
　　2.3.2　离散时间傅里叶变换的性质 … 54
　　2.3.3　Z 变换与拉普拉斯变换、离散
　　　　　时间傅里叶变换的关系 …… 56
2.4　离散时间系统的系统函数和频率
　　　响应 ……………………………… 58
　　2.4.1　系统函数与差分方程的关系 … 59
　　2.4.2　因果稳定系统的系统函数 …… 59
　　2.4.3　系统频率响应的意义及几何
　　　　　确定 ……………………… 61
　　2.4.4　数字全通系统与最小相移系统 … 64
思考题 ………………………………… 69
习题 …………………………………… 69

第3章　离散傅里叶变换及快速算法 … 74
3.1　傅里叶变换的几种可能形式 …… 74
3.2　离散傅里叶级数 ………………… 77
　　3.2.1　离散傅里叶级数的导入 …… 77
　　3.2.2　离散傅里叶级数的性质 …… 80
3.3　离散傅里叶变换 ………………… 82
　　3.3.1　离散傅里叶变换的导入 …… 83
　　3.3.2　DFT 的性质 ………………… 85
　　3.3.3　DFT 性质的应用 …………… 90
3.4　频率采样理论 …………………… 94
　　3.4.1　频率采样 …………………… 94
　　3.4.2　内插 ………………………… 95
　　3.4.3　DFT 与 DTFT 和 Z 变换的关系 · 97
3.5　利用 DFT 计算模拟信号的傅里叶
　　　变换 ……………………………… 99
　　3.5.1　利用 DFT 计算模拟信号的傅里
　　　　　叶变换 ……………………… 99
　　3.5.2　利用 DFT 计算模拟信号的傅里
　　　　　叶变换可能造成的误差 ……101
　　3.5.3　用 DFT 进行谱分析的有关参数
　　　　　选择原则 ………………………104

3.6 傅里叶变换的快速算法——快速
    傅里叶变换 FFT ·············· 104
    3.6.1 DFT 运算的特点及减少计算
        量的途径 ·············· 105
    3.6.2 按时间抽取的基-2 FFT 算法···· 106
    3.6.3 按频率抽取的基-2 FFT 算法···· 112
    3.6.4 快速傅里叶逆变换 IFFT ······· 114
    3.6.5 N 为复合数的 FFT 算法 ······· 114
3.7 线性卷积的 FFT 算法··············· 117
    3.7.1 有限长序列线性卷积的 FFT
        算法 ·············· 117
    3.7.2 分段卷积 ·············· 118
3.8 线性调频 Z 变换·············· 122
思考题 ·············· 126
习题 ·············· 126

第 4 章 IIR 数字滤波器设计·············· 130
4.1 数字滤波器设计的基本概念·············· 130
    4.1.1 数字滤波器的技术指标 ······· 130
    4.1.2 数字滤波器设计的基本步骤···· 132
4.2 模拟滤波器的设计·············· 132
    4.2.1 由幅度平方函数确定系统
        函数 ·············· 133
    4.2.2 巴特沃斯模拟低通滤波器的
        设计 ·············· 134
    4.2.3 切比雪夫模拟低通滤波器的
        设计 ·············· 137
    4.2.4 椭圆滤波器 ·············· 144
4.3 模拟滤波器映射成数字滤波器的
    方法 ·············· 144
    4.3.1 冲激响应不变法 ·············· 144
    4.3.2 双线性变换法 ·············· 147
4.4 IIR 数字滤波器的频率变换方法···· 151
4.5 设计举例·············· 155
思考题 ·············· 158
习题 ·············· 159

第 5 章 FIR 数字滤波器设计·············· 161
5.1 线性相位 FIR 数字滤波器的条件
    和特点 ·············· 161
    5.1.1 线性相位条件 ·············· 161
    5.1.2 线性相位 FIR 滤波器的幅度

        特点 ·············· 163
    5.1.3 线性相位 FIR 滤波器的零点
        分布特点 ·············· 166
5.2 窗函数法设计 FIR 滤波器 ·········· 167
    5.2.1 设计原理 ·············· 167
    5.2.2 矩形窗截断的影响 ·············· 168
    5.2.3 常用窗函数 ·············· 170
    5.2.4 窗函数法设计 FIR 数字滤波
        器的基本步骤 ·············· 173
    5.2.5 设计举例 ·············· 174
5.3 频率采样法设计 FIR 滤波器 ······· 177
    5.3.1 设计原理 ·············· 177
    5.3.2 线性相位约束条件 ·············· 177
    5.3.3 过渡带采样的优化设计 ······· 180
    5.3.4 频率采样法设计线性相位 FIR
        数字滤波器的步骤 ·············· 181
    *5.3.5 频率采样的两种方法 ·········· 183
5.4 FIR 数字滤波器的优化设计 ········· 185
5.5 IIR 和 FIR 数字滤波器的比较 ······ 189
思考题 ·············· 190
习题 ·············· 190

第 6 章 数字信号处理系统的实现 ········· 192
6.1 数字滤波器的结构·············· 192
    6.1.1 IIR 滤波器的基本结构 ······· 193
    6.1.2 FIR 滤波器的基本结构 ······· 195
    6.1.3 数字滤波器的格型结构 ······· 199
    6.1.4 数字滤波器的转置结构 ······· 203
6.2 数字信号处理系统中的有限字长
    效应分析 ·············· 203
    6.2.1 二进制数的表示和量化 ······· 204
    6.2.2 A/D 变换的量化效应 ········· 207
    6.2.3 系数量化对数字滤波器的
        影响 ·············· 211
    6.2.4 数字滤波器定点制运算中的
        有限字长效应 ·············· 217
6.3 实时数字信号处理的实现方法····· 223
思考题 ·············· 224
习题 ·············· 224

第 7 章 多速率信号处理基础 ·············· 227
7.1 整数因子抽取 ·············· 227

7.2 整数因子插值 ·············230
7.3 采样率的分数倍转换 ·········231
7.4 多速率系统的多相滤波结构·····232
    7.4.1 抽取器与插值器的恒等变换···232
    7.4.2 抽取和插值的多相滤波器
        结构 ···············233

思考题 ···················234
习题 ····················235

第8章 MATLAB 仿真实验·········237
8.1 实验1：时域中的离散时间信号
    与系统 ················237
    8.1.1 实验目的 ············237
    8.1.2 实验原理 ············237
    8.1.3 MATLAB 相关基础 ·······237
    8.1.4 实验内容和步骤 ········244
    8.1.5 实验报告要求 ·········244
8.2 实验2：离散时间系统的响应 ·····245
    8.2.1 实验目的 ············245
    8.2.2 实验原理 ············245
    8.2.3 MATLAB 相关基础 ·······246
    8.2.4 实验内容和步骤 ········249
    8.2.5 实验报告要求 ·········249
8.3 实验3：变换域中的离散时间
    信号 ·················249
    8.3.1 实验目的 ············249
    8.3.2 实验原理 ············249
    8.3.3 MATLAB 相关基础 ·······251
    8.3.4 实验内容和步骤 ········253
    8.3.5 实验报告要求 ·········254
8.4 实验4：变换域中的线性移不变
    离散时间系统 ············254
    8.4.1 实验目的 ············254
    8.4.2 实验原理 ············254
    8.4.3 MATLAB 相关基础 ·······255
    8.4.4 实验内容和步骤 ········255
    8.4.5 实验报告要求 ·········256

8.5 实验5：连续时间信号的数字
    处理 ·················256
    8.5.1 实验目的 ············256
    8.5.2 实验原理 ············257
    8.5.3 MATLAB 相关基础 ·······257
    8.5.4 实验内容和步骤 ········257
    8.5.5 实验报告要求 ·········258
8.6 实验6：数字滤波器设计 ······258
    8.6.1 实验目的 ············258
    8.6.2 实验原理 ············258
    8.6.3 MATLAB 相关基础 ·······259
    8.6.4 实验内容和步骤 ········263
    8.6.5 实验报告要求 ·········264
8.7 实验7：交互式图形用户界面的
    使用 ·················264
    8.7.1 实验目的 ············264
    8.7.2 实验原理 ············264
    8.7.3 MATLAB 相关基础 ·······264
    8.7.4 实验内容 ············269
    8.7.5 实验报告要求 ·········269
8.8 实验8：有限字长效应的 MATLAB
    分析 ·················270
    8.8.1 实验目的 ············270
    8.8.2 实验原理 ············270
    8.8.3 MATLAB 相关基础 ·······270
    8.8.4 实验内容与步骤 ········271
    8.8.5 实验报告要求 ·········272
8.9 实验9：双音多频信号的产生与
    检测 ·················272
    8.9.1 实验目的 ············272
    8.9.2 实验原理 ············273
    8.9.3 MATLAB 相关基础 ·······275
    8.9.4 实验内容和步骤 ········275
    8.9.5 实验报告要求 ·········275

参考文献 ··················276

绪　　论

数字信号处理 DSP（Digital Signal Processing）是从 20 世纪 60 年代以来，随着信息学科和计算机学科的高速发展而迅速发展起来的一门新兴学科。数字信号处理中，信号用数字或符号表示，通过计算机或通用（专用）信号处理设备，用数值计算方法对其进行各种处理（如滤波、变换、压缩、增强、估计、识别等），从而达到提取有用信息和便于应用的目的。

0.1　信号、系统与信号处理

1. 信号

信号是消息的表现形式，而消息则是信号所含有的具体内容。我们可以从不同的角度对信号进行分类。

一维信号和多维信号　从数学表达式来看，信号可以表示为一个或多个独立变量的函数。根据独立变量的个数，可分为一维信号和多维信号。如语音信号可表示为声压随时间变化的函数，是一维信号。而黑白图像中每个点（像素）具有不同的光强度，任一点又是二维平面坐标中 x、y 两个变量的函数，即是二维信号。实际上，还可以有更多个变量的信号，例如，电磁波在三维空间中传播，同时考虑时间变量就构成四维信号。在本书中，只研究一维信号。

连续信号、离散信号与数字信号　信号即函数，根据其自变量和函数值取连续值或离散值，可以分成以下几种情况。

（1）连续信号：自变量是连续的，函数值可以是连续的或离散（量化）的。

（2）模拟信号：自变量和函数值都是连续的。

（3）离散信号（或称为序列）：自变量是离散的，函数值是连续变化的。

（4）数字信号：自变量和函数值都是离散（量化）的。

连续信号、离散信号和数字信号如图 0-1-1 所示。数字信号由于其函数值是量化的，故可用一系列二进制码来表示。本书大部分章节是讨论离散信号——序列的分析和处理，而有关幅值量化，本书将集中在第 6 章研究数字信号处理系统的实现，讨论量化效应与有限字长效应时介绍。

周期和非周期信号　对于连续信号而言，所谓周期信号是指满足 $x(t) = x(t + kT)$ 的信号，其中，周期 T 为正数，k 为整数；而离散信号由于自变量的取值是离散的，所以离散周期信号是指满足 $x(n) = x(n + kN)$ 的信号，其中，周期 N 为正整数，k 为整数。

能量信号和功率信号　能量有限的信号称为能量信号。若信号的能量无限、功率有限，则称为功率信号。连续信号的能量表示为

$$E = \int_{-\infty}^{\infty} |x(t)|^2 \, \mathrm{d}t$$

离散信号的能量表示为

$$E = \sum_{n=-\infty}^{\infty} |x(n)|^2$$

连续信号的功率表示为

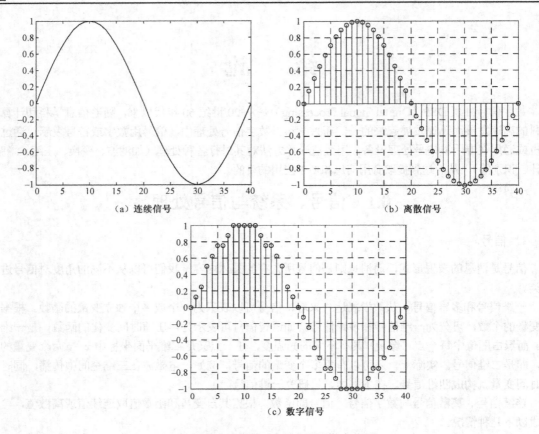

图 0-1-1　连续信号、离散信号和数字信号

$$P = \lim_{T \to \infty} \frac{1}{T} \int_{-T/2}^{T/2} |x(t)|^2 \, \mathrm{d}t$$

离散信号的功率表示为

$$P = \lim_{N \to \infty} \frac{1}{2N+1} \sum_{n=-N}^{N} |x(n)|^2$$

确知信号和随机信号　如果某信号对于任意给定的自变量，可以确定相应的函数值，这种信号称为确知信号；如果某信号对于任意给定的自变量，不能确定相应的函数值，只能描述其统计特性，这种信号称为随机信号。

2. 系统

凡是能将信号进行变换以满足人们要求的各种设备都可称为系统。按所处理信号的不同，系统可分为如下几种。

模拟系统：处理模拟信号的系统，系统的输入、输出均为模拟信号；

连续系统：处理连续信号的系统，系统的输入、输出均为连续信号；

离散系统：处理离散信号的系统，系统的输入、输出均为离散信号；

数字系统：处理数字信号的系统，系统的输入、输出均为数字信号；

混合系统：所处理的信号既有连续信号又有离散信号（或数字信号）。由于现实中许多信号是连续的，又希望用数字的方式对其进行处理，所以，在实际中，经常使用混合系统。

实际上，因为系统实现的是对信号施加某种运算（操作），因而还可把软件编程（算法）也看成是一种系统的实现方法。

3．信号处理

信号处理是指用系统对含有信息的信号进行某种加工处理（变换），以获得人们所希望的信号或希望的形式，使之便于提取有用信息或便于利用的过程。

数字信号处理，就是用数值计算方法对数字序列进行各种处理，把信号变换成符合要求的某种形式。例如，对数字信号进行滤波，以限制它的频带或滤除其中的噪声和干扰；对信号进行频谱分析或功率谱分析，以了解信号的频谱结构，进而对信号进行识别和利用；对信号进行某种变换，使之更适合传输、存储和应用等。

0.2　数字信号处理系统的基本组成与
数字信号处理学科内容

现实中许多信号是模拟信号，若要以数字方式处理模拟信号，则所使用的数字信号处理系统的组成原理框图如图 0-2-1 所示。其中，前置预滤波器（或称抗混叠滤波器）是一个模拟低通滤波器，目的是将待处理信号限制在系统规定的频率范围内，避免产生混叠，为模数（A/D）变换做准备。A/D变换包括采样与量化两个环节，采样使连续信号变成离散信号，而量化则使离散信号变成数字信号；数字信号处理器完成对数字信号 $x(n)$ 的处理，这种处理可有不同的实现方法，或者软件实现，即采用数字计算机或微处理机，通过软件编程对信号进行处理；或者硬件实现，即采用专用处理机或专用数字信号处理芯片实现；还可以利用通用数字信号处理芯片或可编程逻辑器件或可编程片上系统（System On a Programmable Chip, SOPC）以软硬结合的方式实现对数字信号的处理。数模（D/A）变换器将经处理后的信号 $y(n)$ 变成连续信号，最后经过低通滤波变成模拟信号。

图 0-2-1　处理模拟信号的数字信号处理系统组成原理框图

图 0-2-1 所示为对模拟信号进行数字处理的系统原理框图，实际中并不一定包括框图中所有组成部分。如果系统直接以数字形式显示、打印或存储，就不需要 D/A 变换器和低通滤波器；另外，一些系统的输入本身就是数字量，此时，就不需要 A/D 变换器；如果系统的输入与输出都是数字量，则构成纯数字系统，而纯数字系统只需数字信号处理器这一核心部分。

数字信号处理学科的内容非常广泛，主要是因为它有着非常广泛的应用领域。不同的应用领域对数字信号处理有各种不同的具体要求，即使是同一应用领域中的不同问题，所使用的数字信号处理方法也可能不同。各应用领域的不同要求推动数字信号处理的理论和技术的发展，丰富数字信号处理学科的研究内容。反过来，数字信号处理学科的研究成果，又不断地促进各应用领域技术的进步。最近一二十年来，数字信号处理学科的这种理论与实际应用紧密结合并相互促进的特点，表现得尤为突出。

数字信号处理学科有着深厚的理论基础，已经形成较为完整的理论体系，主要包括以下几个方面。

（1）信号的采集：包括 A/D 技术、D/A 技术、多速率采样、量化噪声理论等；

（2）离散信号分析：包括时域及频域分析、各种变换等；

（3）离散线性非移变系统分析：包括系统的描述、系统的单位脉冲响应、系统函数、频率响应等；

（4）数字谱分析：包括离散傅里叶变换（Discrete Fourier Transform，DFT）理论、快速傅里叶变换（Fast Fourier Transform，FFT）、快速卷积与相关算法等；

（5）数字滤波：数字滤波器设计与实现；

（6）自适应信号处理；

（7）信号检测与估计理论；

（8）信号的压缩：包括语音信号与图像信号的压缩等；

（9）信号的建模：包括 AR、MA、ARMA 等各种模型；

（10）信号时频分析及其他特殊算法：如同态处理、抽取与内插、信号重建等；

（11）数字信号处理的实现：包括软件实现、硬件实现、软硬结合实现。

0.3　数字信号处理的特点

如上所述，数字信号处理是用数值计算的方法实现对信号的处理，可以用计算机或通用（专用）信号处理设备进行许多复杂的处理。相对于模拟信号处理，数字信号处理具有以下明显的特点。

（1）精度高。模拟处理系统的精度取决于模拟元器件的精度，通常模拟元器件的精度很难达到 10^{-3} 数量级以上；而数字处理系统的精度取决于系统的字长，只要 14 位字长精度就可达到 10^{-4}。现在计算机的字长一般都在 32 位及以上，如基于离散傅里叶变换的数字式频谱分析仪，其幅值精度和频率分辨率均远远高于模拟频谱分析仪。

（2）灵活性强。模拟处理系统升级换代需要修改硬件设计或调整硬件参数，比较困难；而数字处理系统只需改变软件或修改设置就可以完成系统的升级换代。如数字滤波器，只需简单修改存储器中的系数，就可实现不同性能的滤波器，还可以通过一定的算法和程序自行修改滤波器系数，实现自适应滤波器功能。

（3）可靠性高和可重复性好。模拟系统受环境温度、湿度、噪声、电磁场等的干扰和影响大，可靠性相对较差；而数字系统由于信号以 0、1 表示，电路工作在开关状态，所以抗干扰能力更强，因此可靠性和可重复性好。一个最简单的例子：同样的设计，很难安装出两个性能完全一致的模拟放大器；而用数字方法实现时，放大就是简单的乘法，只要系数相同，几乎没有不同的结果。

（4）易于大规模集成。数字器件由于具有高度的规范性，便于大规模集成和生产，相对模拟集成电路具有体积小、功能强、功耗小、一致性好、使用方便、性价比高等优点。

（5）便于复用。一套模拟系统硬件一般只能对应一种功能，而数字系统是可以复用的。一方面数字信号的两采样值之间存在时隙，因此可以在同步器的控制下，在两采样值之间的时隙中送入其他信号，这样，各路信号可以利用同一个信号处理器进行处理，实现时分复用；另一方面，对于同一个数字硬件系统平台，只要安装上不同的软件，就可实现不同的处理功能，完成不同的信号处理，因此数字平台也是可以复用的。数字系统的复用如图 0-3-1 所示。

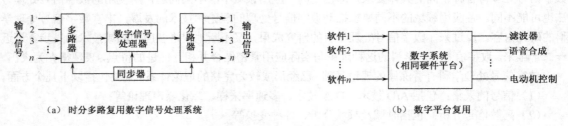

（a）时分多路复用数字信号处理系统　　　　　　　　　　　（b）数字平台复用

图 0-3-1　数字系统的复用

（6）特殊应用。有些应用只有数字系统才能实现，如信息无失真压缩、点阻滤波器、逼近非因果系统、线性相位滤波器等。

（7）多维处理。利用庞大的存储单元，可以存储二维图像信号或多维阵列信号，实现二维或多维的滤波及谱分析等。

正是由于数字信号处理的这些突出优点，使得它在语音处理、图像处理、通信、雷达、声呐、地球物理学、消费电子、仪器仪表、生物医学信号处理等方面得到了广泛的应用。

0.4　数字信号处理的发展及应用

由于是用数字计算的方法实现对信号的处理，所以从某种意义上看，可以认为数字信号处理是许多算法的汇集，因而，它是计算数学的一个分支。而计算数学早在17～18世纪中叶就已经发展起来，所以，也可以说数字信号处理是一门古老的学科。但是，数字信号处理又是一门新兴的学科，因为它的学科体系在20世纪40年代至50年代才建立起来。数字信号处理技术的迅速发展是从20世纪60年代开始的，其主要标志是两项重大进展，即傅里叶变换的快速算法的提出和数字滤波器设计方法的完善。

在20世纪40年代至50年代建立的取样数据系统理论，是数字信号处理理论的前身，因为它还不是真正的数字信号处理系统的理论，它只是线性连续系统理论的拓展。20世纪50年代末期至60年代初期，随着数字计算机被用于信号处理，才在真正意义上有了对数字信号处理理论的研究。到了20世纪70年代，数字信号处理已经发展成为一门不再依赖于模型方法和模拟实验的独立发展的学科。进入20世纪80年代以后，特别是在20世纪90年代中期，数字信号处理的理论和技术更加成熟，它开始渗透到许多重要的学科领域，并与语音、图像、通信等信息产业紧密结合，不断在理论上有所突破，在技术上有所创新，开辟了一个又一个新的学科分支，以至于现在很难脱离其他学科领域来孤立地谈论数字信号处理学科的发展历史和取得的成就。

从数字信号处理算法的角度来说，如果设计出的算法好，就意味着在使用同样速度的计算机、数字信号处理器或数字硬件的条件下，能以更高的计算速度、更有效率地完成对数字信号的处理任务。继快速傅里叶变换之后，又出现了许多构思奇特、处理精巧、性能优良的新算法，如数论变换、多项式变换等。20世纪80年代末90年代初，小波理论和人工神经网络、混沌等方法的研究更是将数字信号处理推向一个新的研究热潮。如今，各种智能算法及应用研究方兴未艾。直到今天，关于快速算法的研究一直没有停止过，将来也一定是数字信号处理研究的重要课题。从实时处理和应用的角度来讲，大规模集成电路的发展极大地推动了数字信号处理应用的普及。早期的数字频谱分析和数字滤波等研究工作主要用软件来实现，当时数字滤波器虽然在语音、声呐、地震和医学等信号处理中曾经发挥过巨大作用，但对于数字信号处理系统，如果只局限于用软件来实现，那么，其应用的范围必然存在很大局限。这一不利局面在20世纪70年代有了极大的改变，主要原因是大规模和超大规模集成电路技术、高速算术运算单元、双极型高密度半导体存储器、电荷转移器件等新技术和新工艺的出现和结合，加上采用了计算机辅助设计方法，使得数字滤波器的硬件实现有了坚实的物质基础。特别是现代数字信号处理器（Digital Signal Processors，DSP）芯片更是成为现代数字信号处理涉及的应用领域中不可或缺的器件。近年来，可编程逻辑器件如FPGA等的广泛应用更为数字信号处理的实现提供了新的手段。

研究更快的计算方法、更高集成度的处理器件、更强的处理功能以适应更广泛的应用，可以说是数字信号处理今后发展的方向。

数字信号处理的应用非常广泛，这里只列举部分最成功的应用领域。

（1）语音处理。包括语音信号分析、语音合成、语音识别、语音增强、语音编码等，是最早应用数字信号处理技术的领域之一，也是最早推动数字信号处理理论发展的领域之一。近年来，语音处理方面取得了不少研究成果，并且，在市场上已出现了一些相关的软件和硬件产品，例如，盲人阅读机、失语人语音合成器、口授打字机、语音应答机、各种会说话的仪器和玩具，以及通信和视听产品等。

（2）图像处理。数字信号处理技术已成功地应用于静止图像和活动图像的恢复和增强、数据压缩、去除噪声和干扰、图像识别、图像检索等。

（3）通信。在现代通信技术领域内，几乎没有一个分支不受到数字信号处理技术的深刻影响。信源编码、信道编码、调制解调、多路复用、数据压缩、信道估计、多用户检测及自适应信道均衡等，都广泛地采用了数字信号处理技术。可以说，在数字通信、网络通信、图像通信、多媒体通信等应用中，离开了数字信号处理技术，几乎寸步难行。

（4）消费电子。包括数字音频、数字电视、数码相机、电子玩具和游戏、汽车电子装置等。

（5）仪器仪表和工业控制。如今大量的仪器仪表使用数字信号处理技术，如频谱分析仪、函数发生器、矢量信号分析仪等，包括机器人控制、激光打印控制、计算机辅助制造、伺服控制、自适应驾驶控制等，无处不是数字信号处理的应用。

（6）军事。在军事中被大量应用于雷达、声呐、导航、制导、电子对抗、战场侦察等。雷达信号占有的频带非常宽，数据传输速率也非常高，因而压缩数据量和降低数据传输速率是雷达信号数字处理面临的首要问题。虽然雷达信号处理早就是数字信号处理的重要应用领域，但至今仍然是十分活跃的研究领域之一。

（7）地球物理学。这是一个应用数字信号处理技术已有相当长历史的领域。该领域中信号处理的重要任务之一是分析地震信号，建立描述地层内部结构和性质的模型，这对石油和矿藏的勘探很有帮助。另一任务是用信号处理方法研究地震和火山的活动规律。此外，近年来数字信号处理技术还被应用于大气层性质的研究，如分析大气层中电子的含量。

（8）生物医学信号处理。数字信号处理技术在医学中的应用日益广泛，例如，对脑电图和心电图的分析、层析 X 射线摄影的计算机辅助分析、胎儿心音的自适应检测等。

（9）其他领域。数字信号处理技术的应用领域如此广泛，以至于想完全列举它们是根本不可能的。除了以上几个领域外，还有许多其他的应用领域。例如，在电力系统中被应用于能源分布规划和自动检测与监视，在环境保护中被应用于对空气污染和噪声干扰的自动监测，在经济领域中被应用于股票市场预测和经济效益分析，等等。

可以说，一方面，数字信号处理理论和技术的应用，依赖于超大规模集成电路技术、计算机技术和软件设计技术的发展，另一方面，数字信号处理理论和技术的应用取决于我们的想象空间！

第**1**章 离散时间信号和离散时间系统

1.1 连续时间信号的采样

在本书中，主要研究的是离散时间信号，但在现实生活中存在的绝大多数信号是连续时间信号。如语音、图像、温度、压力等。要利用数字信号处理技术实现对这些信号的处理，需要借助 A/D 变换，先将模拟信号转变为数字信号后，才能利用数字技术对其进行加工处理。因此，采样是从连续到离散的桥梁。本节主要讨论时域采样，分析时域采样对信号频谱产生的影响及不失真条件。

1.1.1 理想采样

对连续时间信号 $x_a(t)$ 进行采样的过程，可以视为一个连续时间信号 $x_a(t)$ 通过一个电子开关，如图 1-1-1(a)所示。该电子开关每隔时间 T 闭合一次，每次闭合时间为 τ（$\tau \ll T$）。这样，就可在电子开关的输出端得到采样信号 $\hat{x}_a(t)$。这里电子开关的作用等效为一个宽度为 τ、周期为 T 的矩形脉冲序列 $p(t)$，采样信号 $\hat{x}_a(t)$ 就是 $x_a(t)$ 与矩形脉冲序列 $p(t)$ 相乘的结果。采样信号的波形如图 1-1-1(b)所示。令电子开关闭合时间 $\tau \to 0$，那么，实际采样就变为间隔 T 秒闭合一次的理想采样。这时，矩形脉冲序列 $p(t)$ 就趋于闭合时间无穷短的单位冲激序列 $\delta_{\mathrm{T}}(t)$。理想采样就是 $x_a(t)$ 与单位冲激序列 $\delta_{\mathrm{T}}(t)$ 相乘的结果，如图 1-1-1(c)所示。

现在的问题是，连续时间信号 $x_a(t)$ 被采样后，采样信号与连续时间信号比较，会有什么变化？是否丢失信息？什么条件下才能从采样信号 $\hat{x}_a(t)$ 中不失真地恢复出原来的信号 $x_a(t)$？为了回答这些问题，需要分析以下几个问题。

1. 连续时间信号采样后频谱的变化

如上所述，在理想采样情况下，$\tau \to 0$，采样脉冲序列 $p(t)$ 变成单位冲激序列 $\delta_{\mathrm{T}}(t)$

$$\delta_{\mathrm{T}}(t) = \sum_{n=-\infty}^{\infty} \delta(t-nT) \tag{1-1-1}$$

理想采样输出

$$\hat{x}_a(t) = x_a(t) \cdot p(t) = \sum_{n=-\infty}^{\infty} x_a(t)\delta(t-nT) = \sum_{n=-\infty}^{\infty} x_a(nT)\delta(t-nT) \tag{1-1-2}$$

假设连续时间信号的频谱 $X_a(\mathrm{j}\Omega) = \mathrm{FT}[x_a(t)]$

采样脉冲序列 $p(t)$ 的频谱 $P(\mathrm{j}\Omega) = \mathrm{FT}[\delta_{\mathrm{T}}(t)]$

理想采样输出 $\hat{x}_a(t)$ 的频谱函数 $\hat{X}_a(\mathrm{j}\Omega) = \mathrm{FT}[\hat{x}_a(t)]$

     $\delta_{\mathrm{T}}(t)$ 的傅里叶变换

$$P(\mathrm{j}\Omega) = \mathrm{FT}[\delta_{\mathrm{T}}(t)] = \frac{2\pi}{T}\sum_{k=-\infty}^{\infty}\delta(\Omega - k\Omega_{\mathrm{s}}) = \Omega_{\mathrm{s}}\sum_{k=-\infty}^{\infty}\delta(\Omega - k\Omega_{\mathrm{s}}) \tag{1-1-3}$$

式中，T 是采样间隔，$\Omega_{\mathrm{s}} = 2\pi/T$。

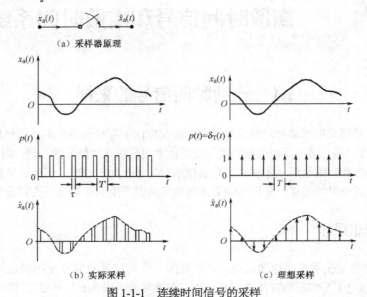

（a）采样器原理

（b）实际采样　　　　　　　　　（c）理想采样

图 1-1-1　连续时间信号的采样

　　可见，$P(\mathrm{j}\Omega)$ 是在频率点 $k\Omega_{\mathrm{s}}$ 处强度为 $2\pi/T$ 的周期性冲激序列。根据傅里叶变换的频域卷积定理

$$\hat{X}_{\mathrm{a}}(\mathrm{j}\Omega) = \mathrm{FT}[\hat{x}_{\mathrm{a}}(t)] = \frac{1}{2\pi}X_{\mathrm{a}}(\mathrm{j}\Omega) * P(\mathrm{j}\Omega) \tag{1-1-4}$$

将式（1-1-3）代入式（1-1-4）中，得

$$\hat{X}_{\mathrm{a}}(\mathrm{j}\Omega) = \frac{1}{2\pi}\frac{2\pi}{T}\sum_{k=-\infty}^{\infty}\delta(\Omega - k\Omega_{\mathrm{s}}) * X_{\mathrm{a}}(\mathrm{j}\Omega) = \frac{1}{T}\sum_{k=-\infty}^{\infty}X_{\mathrm{a}}(\mathrm{j}\Omega - \mathrm{j}k\Omega_{\mathrm{s}}) \tag{1-1-5}$$

式（1-1-5）表明，一个连续时间信号经过理想采样后，其频谱将以采样频率 $\Omega_{\mathrm{s}} = 2\pi/T$ 为周期重复，也就是频谱以 Ω_{s} 为周期进行周期延拓，且频谱的幅度受 $1/T$ 加权。为了便于说明问题，设 $x_{\mathrm{a}}(t)$ 是带限信号，$x_{\mathrm{a}}(t)$ 的最高截止频率为 Ω_{m}（即信号中不存在大于等于 Ω_{m} 的频率分量），其频谱如图 1-1-2(a) 所示，$\delta_{\mathrm{T}}(t)$ 的频谱 $P(\mathrm{j}\Omega)$ 如图 1-1-2(b) 所示，如果满足 $\Omega_{\mathrm{s}} \geqslant 2\Omega_{\mathrm{m}}$，或满足 $f_{\mathrm{s}} \geqslant 2f_{\mathrm{m}}$，则周期延拓形成的频谱不重叠，如图 1-1-2(c) 所示。从图 1-1-2(c) 可见，由于 T 是常数，所以除了一个常数因子的区别外，每个延拓得到的分量都和原频谱分量相同，因此，可以恢复出原信号。也就是说，如果 $x_{\mathrm{a}}(t)$ 是带限信号，其最高频谱分量 Ω_{m} 不超过 $\Omega_{\mathrm{s}}/2$，即

$$X_{\mathrm{a}}(\mathrm{j}\Omega) = 0 \qquad |\Omega| \geqslant \Omega_{\mathrm{s}}/2 \tag{1-1-6}$$

那么，周期延拓形成的频谱分量彼此不重叠，这时若采用一个图 1-1-3 所示的截止频率为 $\Omega_{\mathrm{s}}/2$ 的理想低通滤波器对 $\hat{X}_{\mathrm{a}}(\mathrm{j}\Omega)$ 滤波，就可以不失真地还原出原来的连续时间信号，即

$$Y_{\mathrm{a}}(\mathrm{j}\Omega) = \hat{X}_{\mathrm{a}}(\mathrm{j}\Omega) \cdot H(\mathrm{j}\Omega) = X_{\mathrm{a}}(\mathrm{j}\Omega), \qquad \Omega_{\mathrm{m}} < \Omega_{\mathrm{s}}/2 \tag{1-1-7}$$

式中

$$H(\mathrm{j}\Omega) = \begin{cases} T, & |\Omega| < \Omega_{\mathrm{s}}/2 \\ 0, & |\Omega| \geqslant \Omega_{\mathrm{s}}/2 \end{cases} \tag{1-1-8}$$

对 $Y_a(j\Omega)$ 取傅里叶逆变换

$$y_a(t) = \mathrm{IFT}[Y_a(j\Omega)] = x_a(t), \qquad \Omega_m < \Omega_s/2 \qquad (1\text{-}1\text{-}9)$$

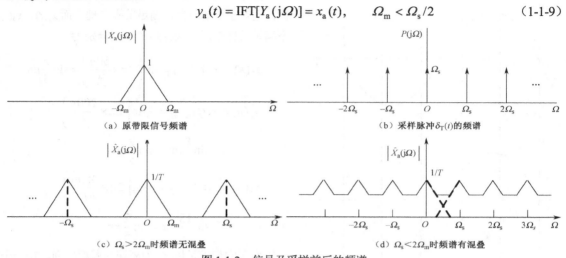

（a）原带限信号频谱　　　　　　　　　　　（b）采样脉冲 $\delta_T(t)$ 的频谱

（c）$\Omega_s > 2\Omega_m$ 时频谱无混叠　　　　　　（d）$\Omega_s < 2\Omega_m$ 时频谱有混叠

图 1-1-2　信号及采样前后的频谱

如果选择的采样频率太低，即 $f_s < 2f_m$，或者说信号的最高频率 f_m 超过 $f_s/2$，则 $X_a(j\Omega)$ 按照采样频率周期延拓时，各周期延拓分量产生频谱的交叠，这种现象称为频谱混叠，如图 1-1-2(d) 所示。注意 $X_a(j\Omega)$ 一般是复数，所以混叠也是复数相加。采样频率 f_s 的一半 $f_s/2$（$f_s = 1/T$）如同一面镜子，当信号频谱超过它时，就会被折叠回来，造成频谱的混叠，故称 $f_s/2$ 为折叠频

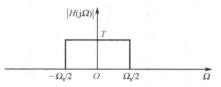

图 1-1-3　理想低通滤波器的幅度特性

率。只有当信号最高频率不超过折叠频率时，才不会产生频率混叠现象，否则，超过 $f_s/2$ 的部分会折叠回来造成频谱混叠，所以频率混叠均产生在 $f_s/2$ 附近。

由此得出以下结论。

（1）对连续时间信号进行等间隔采样形成的采样信号，其频谱是原连续时间信号的频谱以采样频率为周期的周期延拓，并被 $1/T$ 加权。如果连续时间信号的频谱为 $X_a(j\Omega)$，则采样信号的频谱可表示为式（1-1-5）。

（2）如果连续时间信号 $x_a(t)$ 是最高截止频率为 Ω_m 的带限信号，采样频率 $\Omega_s \geqslant 2\Omega_m$，那么，让采样信号 $\hat{x}_a(t)$ 通过一个增益为 T、截止频率为 $\Omega_s/2$ 的理想低通滤波器，可以无失真地恢复出原连续时间信号 $x_a(t)$。否则，$\Omega_s < 2\Omega_m$ 会造成采样信号中的频谱混叠现象，不能无失真地恢复原连续时间信号。这就是著名的奈奎斯特采样定理的内容。

注： 如果 Ω_m 是信号 $x_a(t)$ 的最高频率，则上述结论中的"$\geqslant$"应取为"$>$"。

2. 频谱混叠

如前所述，如果信号中含有超过 $f_s/2$ 的频率成分，就会产生频谱混叠现象。为了进一步解释这种现象，来看一个例子。

设 $x_1(t)$、$x_2(t)$、$x_3(t)$ 分别为

$$x_1(t) = \sin(2\pi f_1 t) \qquad f_1 = 50\mathrm{Hz}$$
$$x_2(t) = -\sin(2\pi f_2 t) \qquad f_2 = 200\mathrm{Hz}$$
$$x_3(t) = -\sin(2\pi f_3 t) \qquad f_3 = 450\mathrm{Hz}$$

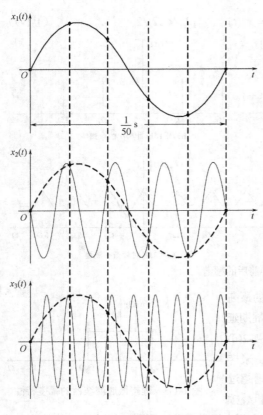

图 1-1-4   不同频率信号采样混叠

如果用 $f_s = 250\text{Hz}$ 的采样频率对这三个信号采样，则对于 $x_1(t)$ 而言，满足采样定理，而 $x_2(t)$、$x_3(t)$ 不满足采样定理。采样后的序列分别为

$$x_1(n) = x_1(t)\big|_{t=nT} = \sin\left(2\pi \times \frac{50n}{f_s}\right) = \sin\frac{2}{5}n\pi$$

$$x_2(n) = x_2(t)\big|_{t=nT} = -\sin\left(2\pi \times \frac{200n}{f_s}\right)$$

$$= -\sin\frac{8}{5}n\pi = \sin\frac{2}{5}n\pi$$

$$x_3(n) = x_3(t)\big|_{t=nT} = -\sin\left(2\pi \times \frac{450n}{f_s}\right)$$

$$= -\sin\frac{18}{5}n\pi = \sin\frac{2}{5}n\pi$$

由于它们都是以 5 为周期的周期序列，在一个周期内的序列值为 {0, 0.9511, 0.5878, −0.5878, −0.9511}，所以无法判断这个序列到底是来自 $x_1(t)$ 还是来自 $x_2(t)$ 或 $x_3(t)$ 的采样。把 $x_1(t)$、$x_2(t)$ 和 $x_3(t)$ 分别表示在图 1-1-4 中，采样点以"·"表示，如果将采样点以光滑曲线连接起来，则会让人以为都是 $x_1(t)$ 的采样结果。换句话说，200Hz 和 450Hz 的信号经过这样的采样后，完全失真，折叠到 50Hz 频率上，给出了虚假的 50Hz 信号。

3. 连续时间信号的恢复

设连续时间信号 $x_a(t)$ 经过理想采样，得到采样信号 $\hat{x}_a(t)$，$x_a(t)$ 和 $\hat{x}_a(t)$ 之间的关系用式（1-1-2）描述。如果选择采样频率 f_s 满足采样定理，$\hat{x}_a(t)$ 的频谱没有频谱混叠现象，则可用一个理想低通滤波器 $H(\text{j}\Omega)$ 不失真地将原连续时间信号 $X_a(\text{j}\Omega)$ 恢复出来，如图 1-1-5 所示。

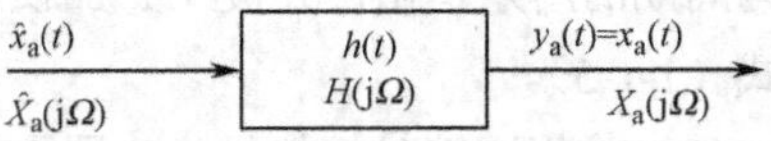

$$\hat{x}_a(t) \atop \hat{X}_a(\text{j}\Omega) \longrightarrow \boxed{\begin{array}{c} h(t) \\ H(\text{j}\Omega) \end{array}} \longrightarrow {y_a(t)=x_a(t) \atop X_a(\text{j}\Omega)}$$

图 1-1-5   采样的恢复

由式（1-1-8）表示的低通滤波器，其单位冲激响应

$$h(t) = \frac{1}{2\pi}\int_{-\infty}^{\infty} H(\text{j}\Omega)\text{e}^{\text{j}\Omega t}\,\text{d}\Omega = \frac{1}{2\pi}\int_{-\Omega_s/2}^{\Omega_s/2} T\text{e}^{\text{j}\Omega t}\,\text{d}\Omega = \frac{\sin(\Omega_s t/2)}{\Omega_s t/2} \tag{1-1-10}$$

因为 $\Omega_s = 2\pi/T$，因此 $h(t)$ 也可表示为

$$h(t) = \frac{\sin(\pi t/T)}{\pi t/T} \tag{1-1-11}$$

因为理想低通滤波器的输入、输出分别为 $\hat{x}_a(t)$ 和 $y_a(t)$，所以

$$y_a(t) = \hat{x}_a(t) * h(t) = \int_{-\infty}^{\infty} \hat{x}_a(\tau)h(t-\tau)\,\text{d}\tau \tag{1-1-12}$$

将式（1-1-11）和式（1-1-2）代入式（1-1-12），得

$$y_a(t) = \int_{-\infty}^{\infty}\sum_{n=-\infty}^{\infty} x_a(nT)\delta(\tau-nT)h(t-\tau)\,\text{d}\tau = \sum_{n=-\infty}^{\infty}\int_{-\infty}^{\infty} x_a(nT)\delta(\tau-nT)h(t-\tau)\,\text{d}\tau$$

$$= \sum_{n=-\infty}^{\infty} x_a(nT)h(t-nT) = \sum_{n=-\infty}^{\infty} x_a(nT)\frac{\sin[\pi(t-nT)/T]}{\pi(t-nT)/T} \qquad (1\text{-}1\text{-}13)$$

由于满足采样定理 $y_a(t) = x_a(t)$ ，因此

$$x_a(t) = \sum_{n=-\infty}^{\infty} x_a(nT)\frac{\sin[\pi(t-nT)/T]}{\pi(t-nT)/T} = \sum_{n=-\infty}^{\infty} x_a(nT)h(t-nT) \qquad (1\text{-}1\text{-}14)$$

式（1-1-14）中，$x_a(nT)$ 是一串随 n 变化的离散采样值，而 $x_a(t)$ 是关于 t 的连续时间信号，$h(t-nT)$ 的波形如图 1-1-6 所示。$h(t)$ 保证了在 $t=nT$ 各采样点上恢复的 $x_a(t)$ 等于原采样值，而在采样点之间，则是各采样值乘以 $h(t-nT)$ 的波形伸展叠加而成。这种伸展波形叠加如图 1-1-7 所示。$h(t)$ 函数所起的作用是在各采样点之间内插，因此称为内插函数，而式（1-1-14）则称为内插公式。这种用理想低通滤波器恢复的信号完全等于原连续时间信号 $x_a(t)$ ，是一种无失真的恢复。

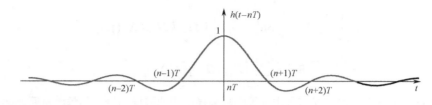

图 1-1-6　内插函数

4. 采样频率的确定

考虑到信号的频谱不是锐截止的，实际上在所谓的最高截止频率以上还存在较小的高频分量，采样频率应该取得高一些。另外在实际中，滤波器不可能是理想的，所以，从信息恢复的角度，采样频率也应该高一些。这似乎是说采样频率越高越好，然而，采样频率太高会产生太大的数据量，使运算时间延长，设备成本增加，因此，应合理选择采样频率。实际中，可选 $\Omega_s = (3\sim 4)\Omega_m$ 。另外，为了保证满足采样定理，应该在采样之前加保护性的抗混叠低通滤波器，滤去高于 $\Omega_s/2$ 的高频分量和杂散信号。这就是在图 0-2-1 中采样之前设置前置预滤波器的原因。

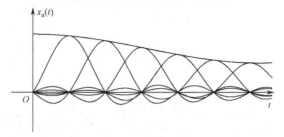

图 1-1-7　采样信号的内插恢复

 ## 1.1.2　矩形脉冲采样

在实际中，采样脉冲序列 $p(t)$ 不可能是 $\delta_T(t)$ ，而是矩形脉冲序列。设矩形脉冲的幅度为 E ，脉冲宽度为 τ ，重复周期为 T ，由于 $\hat{x}_a(t) = x_a(t) \cdot p(t)$ ，采样信号在采样期间脉冲顶部随 $x_a(t)$ 变化，如图 1-1-1(b) 所示。设

$$p_1(t) = \begin{cases} E, & |t| \leqslant \tau/2 \\ 0, & \tau/2 < |t| \leqslant T/2 \end{cases}$$

则
$$p(t) = \sum_{n=-\infty}^{\infty} p_1(t - nT)$$

这时，$p(t)$ 的傅里叶变换

$$P(j\Omega) = 2\pi \sum_{k=-\infty}^{\infty} P_k \delta(\Omega - k\Omega_s) \tag{1-1-15}$$

式中
$$P_k = \frac{1}{T} \int_{-\frac{T}{2}}^{\frac{T}{2}} p(t) e^{-jk\Omega t} dt = \frac{1}{T} \int_{-\frac{\tau}{2}}^{\frac{\tau}{2}} E e^{-jk\Omega t} dt = \frac{E\tau}{T} Sa\left(\frac{k\Omega_s \tau}{2}\right) \tag{1-1-16}$$

将式（1-1-15）和式（1-1-16）代入式（1-1-4），于是矩形采样信号的频谱

$$\hat{X}_a(j\Omega) = FT[\hat{x}_a(t)] = \frac{1}{2\pi} X_a(j\Omega) * P(j\Omega)$$

$$= \frac{1}{2\pi} \frac{E\tau}{T} 2\pi \sum_{k=-\infty}^{\infty} Sa\left(\frac{k\Omega_s \tau}{2}\right) \delta(\Omega - k\Omega_s) * X_a(j\Omega)$$

$$= \frac{E\tau}{T} \sum_{k=-\infty}^{\infty} Sa\left(\frac{k\Omega_s \tau}{2}\right) X_a(j\Omega - jk\Omega_s) \tag{1-1-17}$$

　　显然，在这种情况下，对连续信号进行等间隔采样形成的采样信号，其频谱是原连续时间信号的频谱以采样频率为周期进行周期延拓形成的，只是 $\hat{X}_a(j\Omega)$ 在以 Ω_s 为周期的重复过程中，其幅度被 $Sa\left(\dfrac{k\Omega_s \tau}{2}\right)$ 加权。如果信号采样前的频谱如图 1-1-2(a)所示，则此时采样信号的频谱如图 1-1-8 所示。

　　同样，如果连续时间信号 $x_a(t)$ 是最高截止频率为 Ω_m 的带限信号，采样频率 $\Omega_s \geqslant 2\Omega_m$，将不会产生频谱混叠现象。在这种情况下，利用一个理想低通滤波器同样可以不失真地将原连续时间信号 $X_a(j\Omega)$ 恢复出来。该理想低通滤波器传递函数为

$$H(j\Omega) = \begin{cases} \dfrac{T}{E\tau}, & |\Omega| < \Omega_s / 2 \\ 0, & |\Omega| \geqslant \Omega_s / 2 \end{cases} \tag{1-1-18}$$

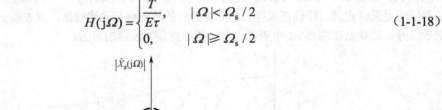
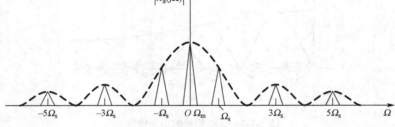

图 1-1-8　实际采样时频谱的包络变化

1.2　离散时间信号——序列

　　虽然数字信号处理系统处理的是数字信号，但在实际中遇到的信号绝大多数是连续时间信号，连续时间信号经过采样后得到的是离散时间信号，为了简单起见，先讨论离散时间信号。

1.2.1　序列的表示方法

对连续时间信号 $x_a(t)$ 进行等间隔采样，采样间隔为 T，得到样本

$$x_a(nT) = x_a(t)\big|_{t=nT}, \quad -\infty < n < \infty \tag{1-2-1}$$

这里 n 取整数，对于不同的 n 值，$x_a(nT)$ 是一个有序的数字序列 $x_a(nT)$：$\cdots$，$x_a(0)$，$x_a(T)$，$x_a(2T)$，$\cdots$，该数字序列就是离散时间信号。在实际信号处理中，由于可将信号放在存储器中，供随时取用，对信号进行"非实时"处理，人们更关心的是序列值在序列中的位置，因而可以直接用 $x(n)$ 表示第 n 个离散时间点的序列值。为了方便起见，就用 $x(n)$ 表示序列。需要注意的是，离散时间信号 $x(n)$ 只在 n 是整数时才有意义，n 不是整数时没有定义。另外，在数值上它等于连续信号的采样值，即

$$x(n) = x_a(nT), \quad -\infty < n < \infty \tag{1-2-2}$$

离散时间信号 $x(n)$ 的表示方法有多种，下面是三种常见的表示方法。

（1）公式法表示序列。如果离散时间信号 $x(n)$ 可以用公式计算，那么，可以方便地用数学公式表示该序列。例如

$$x(n) = a^n + 1.5 \qquad\qquad 0 \leqslant n < \infty$$

（2）集合法表示序列。集合法表示序列与数学中表示数的集合的方法基本一致，用集合符号 { } 表示。例如，当 $a = 0.5$，$n = \{0, 1, 2, 3, \cdots\}$ 时，$y(n) = a^n$ 的样值为 $y(n) = \{\underline{1}, 0.5, 0.25, 0.125, \cdots\}$。式中带下划线的集合元素表示 $n = 0$ 点的序列值（或用 ↑ 指明）。

（3）图形法表示序列。信号 $x(n)$ 随 n 的变化规律除可用上述公式和集合法表示外，还可以用图形法来描述，如图 1-2-1 所示。即用垂直于横轴的短线表示序列，还可根据需要在短线的端点处加圆点或圆圈。平行于纵轴的线段长短代表各序列值的大小。实际使用时，常常略去函数值符号 $x(0)$、$x(1)$、$x(-2)$ 等。

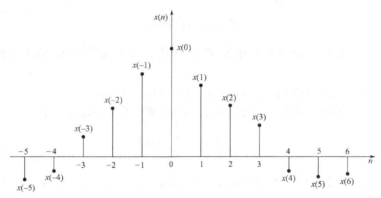

图 1-2-1　离散信号的图形法表示

 ## 1.2.2　序列的基本运算

序列的运算包括和、积、移位、翻转、累加、差分、时间尺度变换、卷积和等。

（1）和运算。两序列的和是指相同序号 (n) 的序列值对应相加而构成的一个新序列。例如，两个序列 $x(n)$ 和 $y(n)$ 对应项相加形成的序列 $z(n)$ 表示为

$$z(n) = x(n) + y(n)$$

（2）积运算。两序列的积是指相同序号(n)的序列值逐项对应相乘而构成的一个新序列。例如，两个序列 $x(n)$ 和 $y(n)$ 对应项相乘形成的序列 $z(n)$ 表示为

$$z(n) = x(n) \cdot y(n)$$

（3）移位运算。设序列为 $x(n)$，当 m 为正时，$x(n-m)$ 是序列 $x(n)$ 逐项依次右移（延时）m 位而得出的一个新序列，而 $x(n+m)$ 则是依次左移（超前）m 位形成的新序列；m 为负时，则相反。

【例 1-2-1】　$x(n) = \{-1,\ \underline{2},\ -3,\ 2,\ 1,\ 0.5\}$，如图 1-2-2 所示。$x(n-2)$ 如图 1-2-3(a)所示，$x(n+2)$ 如图 1-2-3(b)所示。

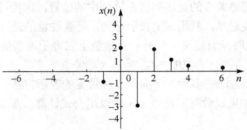

图 1-2-2　序列 $x(n)$

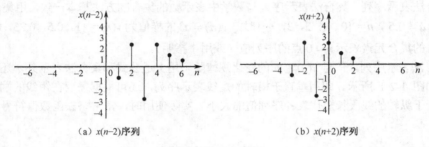

（a）$x(n-2)$序列　　　　　　　　　　　（b）$x(n+2)$序列

图 1-2-3　序列移位

（4）翻转运算（反折）。如果序列为 $x(n)$，则 $x(-n)$ 是以 $n = 0$ 的纵轴为对称轴将序列 $x(n)$ 加以翻转形成的序列。

【例 1-2-2】　$x(n)$ 同【例 1-2-1】，则 $y(n) = x(-n)$ 如图 1-2-4 所示。

（5）累加运算。设序列为 $x(n)$，则序列 $x(n)$ 的累加运算形成的序列 $y(n)$ 为

$$y(n) = \sum_{k=-\infty}^{n} x(k) \tag{1-2-3}$$

【例 1-2-3】　$x(n)$ 同【例 1-2-1】，则 $y(n) = \sum_{k=-\infty}^{n} x(k) = \{-1,\ \underline{1},\ -2,\ 0,\ 1,\ 1.5,\ 1.5,\ 1.5,\ \cdots\}$，

如图 1-2-5 所示。

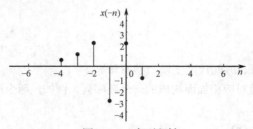
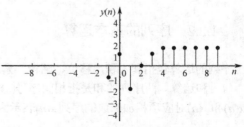

图 1-2-4　序列翻转　　　　　　　　　　　　　　图 1-2-5　序列累加

（6）差分运算。差分运算有两种，即前向差分和后向差分。

前向差分　　　　　　　　$\Delta x(n) = x(n+1) - x(n)$　　　　　　　　　　　　（1-2-4）

后向差分　　　　　　　　$\nabla x(n) = x(n) - x(n-1)$　　　　　　　　　　　　（1-2-5）

由此容易得出　　　　　　$\nabla x(n) = \Delta x(n-1)$　　　　　　　　　　　　（1-2-6）

由于序列是离散的，故在序列运算中不存在微积分运算，与微分运算对应的是差分运算，与积分运算对应的是累加运算。

【例 1-2-4】　设 $x(n)$ 如图 1-2-6(a)所示，则 $x(n)$ 的后向差分和前向差分分别如图 1-2-6(b)和图 1-2-6(c)所示。

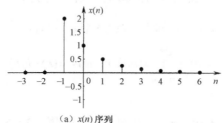

（a）$x(n)$ 序列

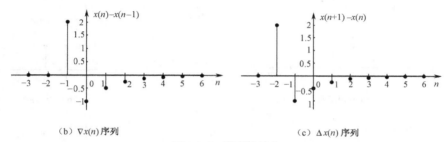

（b）$\nabla x(n)$ 序列　　　　　　　　　　　　　　　（c）$\Delta x(n)$ 序列

图 1-2-6　序列的差分

（7）序列的时间尺度（比例）变换。对于序列 $x(n)$，其时间尺度变换序列为 $x(mn)$ 或 $x(n/m)$，其中 m 为正整数。序列的尺度变换是将 $x(n)$ 波形压缩或扩展构成一个新的序列。例如，当 $m=2$ 时，$x(2n)$ 不是 $x(n)$ 序列简单地在时间轴上按比例增一倍，而是从 $x(n)$ 中每隔 1 点取 1 点，通常把这种运算称为抽取，即 $x(2n)$ 是 $x(n)$ 的抽取序列。若 $x(n)$ 如图 1-2-7(a)所示，则 $x(2n)$ 如图 1-2-7(b)所示。

如果 $x(n)$ 是连续时间信号 $x(t)$ 的采样，则 $x(2n)$ 相当于采样间隔从 T 增加到 $2T$，这就是说相当于采样频率降低一倍。若

$$x(n) = x(t)\big|_{t=nT}$$

则

$$x(2n) = x(t)\big|_{t=n2T}$$

另一种是在原序列 $x(n)$ 相邻两点中间增加点，称为 $x(n)$ 的插值序列。例如 $x(n)$ 的两点插值序列

$$y(n) = \begin{cases} x(n/2) & n\text{为偶数} \\ 0 & \text{其他} \end{cases}$$

如图 1-2-7(c)所示。

（8）卷积和。与卷积积分是求连续线性非时变系统零状态响应的主要方法一样，对于离散系统，"卷积和"是求离散线性非移变系统零状态响应的主要方法。

设两序列为 $x(n)$ 和 $h(n)$，则 $x(n)$ 和 $h(n)$ 的卷积和定义为

$$y(n) = \sum_{m=-\infty}^{\infty} x(m)h(n-m) = x(n) * h(n) \tag{1-2-7}$$

卷积和的计算可分为 4 步：翻转、移位、相乘、相加。一般求解时，根据序列在不同区间上的表达不同，可能需要分成几个区间来分别加以考虑，下面举例说明。

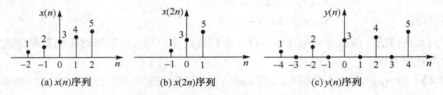

(a) $x(n)$序列   (b) $x(2n)$序列   (c) $y(n)$序列

图 1-2-7   序列及其抽取和插值序列

【例 1-2-5】 设 $x(n) = \{\underline{0},\ 1/2,\ 1,\ 3/2\}$，$h(n) = \{\underline{1},\ 1,\ 1\}$，求

$$y(n) = \sum_{m=-\infty}^{\infty} x(m)h(n-m) = x(n) * h(n)$$

解： 用图解法求解

先在哑变量坐标 m 上作出 $x(m)$ 和 $h(m)$，如图 1-2-8(a) 和图 1-2-8(b) 所示。

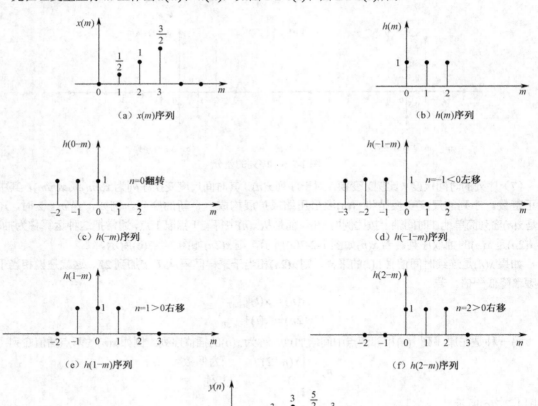

（a）$x(m)$序列   （b）$h(m)$序列

（c）$h(-m)$序列   （d）$h(-1-m)$序列

（e）$h(1-m)$序列   （f）$h(2-m)$序列

（g）$y(n) = x(n) * h(n)$序列

图 1-2-8 $x(n)$ 和 $h(n)$ 的卷积

（1）翻转：将 $h(m)$ 以 $m = 0$ 的垂直轴为对称轴翻转成 $h(-m)$，如图 1-2-8(c)所示。

（2）移位：将 $h(-m)$ 移位，即得 $h(n-m)$。当 n 为负整数时，左移 $|n|$ 位。$n = -1$ 时，如图 1-2-8(d)所示。当 n 为正整数时，右移 n 位。$n = 1$ 时，如图 1-2-8(e)所示，$n = 2$ 时，如图 1-2-8(f)所示。

（3）相乘：将 $h(n-m)$ 和 $x(m)$ 相同 m 值的对应点值相乘。

（4）相加：把以上所有对应点的乘积加起来，即得 $y(n)$ 值，分别取 $n = \cdots,\ -2,\ -1,\ 0,\ 1,\ 2,\ \cdots$ 各值，即可得全部 $y(n)$ 值，如图 1-2-8(g)所示。

$$y(n) = \{\underline{0},\ 1/2,\ 3/2,\ 3,\ 5/2,\ 3/2\}$$

1.2.3　常用典型序列

1. 单位脉冲序列 $\delta(n)$

$$\delta(n) = \begin{cases} 1, & n = 0 \\ 0, & n \neq 0 \end{cases} \tag{1-2-8}$$

$\delta(n)$ 也称为单位采样序列或单位样值序列，类似于连续时间信号与系统中的单位冲激函数 $\delta(t)$，但 $\delta(t)$ 是存在于 $t = 0$ 时刻脉宽趋于零、幅度趋于无限大、面积为 1 的奇异信号，由分配函数来定义。而这里，$\delta(n)$ 在 $n = 0$ 时的取值为 1，是有限的。单位脉冲序列如图 1-2-9 所示。

2. 单位阶跃序列 $u(n)$

$$u(n) = \begin{cases} 1, & n \geqslant 0 \\ 0, & n < 0 \end{cases} \tag{1-2-9}$$

它类似于单位阶跃函数 $u(t)$。但 $u(t)$ 在 $t = 0$ 时常不给予定义，而 $u(n)$ 在 $n = 0$ 时定义为 1，如图 1-2-10 所示。

$\delta(n)$ 和 $u(n)$ 间的关系为

$$\delta(n) = u(n) - u(n-1) \tag{1-2-10}$$

即 $\delta(n)$ 是 $u(n)$ 的后向差分。

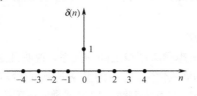

图 1-2-9　单位脉冲序列

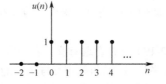

图 1-2-10　单位阶跃序列

而

$$u(n) = \sum_{k=0}^{\infty} \delta(n-k) \tag{1-2-11}$$

令 $n - k = m$，代入式（1-2-11）得

$$u(n) = \sum_{m=-\infty}^{n} \delta(m) \tag{1-2-12}$$

即 $u(n)$ 是 $\delta(n)$ 的累加和，这里用到了累加的概念。

3. 矩形序列 $R_N(n)$

$$R_N(n) = \begin{cases} 1, & 0 \leqslant n \leqslant N-1 \\ 0, & \text{其他} \end{cases} \tag{1-2-13}$$

式中，N 称为矩形序列的长度，$R_N(n)$ 如图 1-2-11 所示。

矩形序列 $R_N(n)$ 可用单位阶跃序列表示为

$$R_N(n) = u(n) - u(n-N) \tag{1-2-14}$$

矩形序列 $R_N(n)$ 也可用 $\delta(n)$ 表示为

$$R_N(n) = \delta(n) + \delta(n-1) + \delta(n-2) + \cdots + \delta(n-N+1) = \sum_{k=0}^{N-1} \delta(n-k) \tag{1-2-15}$$

4. 实指数序列

$$x(n) = ka^n u(n) \tag{1-2-16}$$

式中，k 为常数，a 为实数。当 $|a| < 1$ 时，序列是收敛的，称序列 $x(n)$ 收敛；而当 $|a| > 1$ 时，序列是发散的，称序列 $x(n)$ 发散。当 $0 < a < 1$ 时，$a^n u(n)$ 如图 1-2-12 所示。

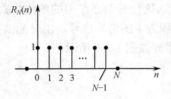

图 1-2-11　矩形序列

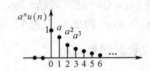

图 1-2-12　$0 < a < 1$ 时的实指数序列

5. 正弦序列

$$x(n) = A\sin(\omega n + \varphi) \tag{1-2-17}$$

式中，A 为幅度，ω 为数字域频率，单位是弧度，表示相邻两个序列值之间间隔的弧度数，φ 为起始相位，单位是弧度。

如果正弦序列 $x(n)$ 是由连续正弦信号 $x_a(t) = A\sin(\Omega t + \varphi)$ 采样得到的，那么

$$x(n) = x_a(t)\big|_{t=nT} = A\sin(\Omega nT + \varphi) \tag{1-2-18}$$

因为在数值上序列值与采样信号值相等，故得

$$\omega = \Omega T \tag{1-2-19}$$

式（1-2-19）具有普遍意义，表明数字域频率 ω 与模拟角频率 Ω 之间的关系，说明凡是由模拟信号采样得到的序列，模拟角频率 Ω 与序列的数字域频率 ω 呈线性关系。Ω 的量纲是弧度/秒，从式（1-2-19）也可得知，ω 的量纲是弧度。由于采样频率 f_s 与采样周期 T 互为倒数，数字域频率 ω 可表示为

$$\omega = \Omega / f_s \tag{1-2-20}$$

式（1-2-20）表示数字域频率是模拟角频率对采样频率的归一化值，所以它只有相对意义（相对于采样周期 T 或采样频率 f_s），而没有绝对时间或频率的意义。本书中用 ω 表示数字域频率，Ω 表示模拟域角频率，f_s 表示采样频率（模拟频率）。

关于数字域频率 ω，它是一个连续变量，从式（1-2-20）可得

$$\omega = \Omega / f_s = 2\pi\Omega / \Omega_s \tag{1-2-21}$$

因为需要满足采样定理，即 $\Omega_s \geqslant 2\Omega$，所以 $\omega \leqslant \pi$，另一方面，根据欧拉公式

$$\sin(\omega n) = \frac{1}{2j}(e^{j\omega n} - e^{-j\omega n})$$

所以，ω 也可取负值，于是，数字域频率 ω 的取值范围是

$$|\omega| \leqslant \pi \tag{1-2-22}$$

这一点希望读者特别加以注意。

6. 复指数序列

$$x(n) = \mathrm{e}^{(\sigma + \mathrm{j}\omega_0)n} \tag{1-2-23}$$

若 $\sigma = 0$，则

$$x(n) = \mathrm{e}^{\mathrm{j}\omega_0 n} \tag{1-2-24}$$

式（1-2-23）可写成

$$x(n) = \mathrm{e}^{\sigma n}(\cos \omega_0 n + \mathrm{j}\sin \omega_0 n) \tag{1-2-25}$$

它具有实部与虚部，ω_0 是复指数序列的数字域频率。如果用极坐标表示，则

$$x(n) = |x(n)|\, \mathrm{e}^{\mathrm{j} \arg[x(n)]} = \mathrm{e}^{\sigma n} \mathrm{e}^{\mathrm{j}\omega_0 n} \tag{1-2-26}$$

因此

$$|x(n)| = \mathrm{e}^{\sigma n} \qquad \arg[x(n)] = \omega_0 n$$

7. 周期性序列

关于周期序列，在绪论中已讲述过，即序列 $x(n)$，如果对所有 n 存在一个最小的正整数 N，满足

$$x(n) = x(n + N) \tag{1-2-27}$$

则称序列 $x(n)$ 是周期性序列，周期为 N。应特别注意 N 为正整数。例如

$$x(n) = \sin\left(\frac{\pi}{6}n\right)$$

其数字域频率是 $\pi/6$，并可写成

$$x(n) = \sin\left(\frac{\pi}{6}n\right) = \sin\left[\frac{\pi}{6}(n + 12)\right]$$

表明 $x(n) = \sin\left(\dfrac{\pi}{6}n\right)$ 是周期为 12 的正弦周期序列，如图 1-2-13(a)所示。

现在讨论一般正弦序列的周期性。设

$$x(n) = A\sin(\omega_0 n + \varphi)$$

这里，ω_0 为数字域频率，φ 为起始相位。

$$x(n + N) = A\sin[\omega_0(n + N) + \varphi] = A\sin[\omega_0 n + \omega_0 N + \varphi]$$

如果序列是周期的，即满足式（1-2-27），则要求 $N\omega_0 = 2k\pi$，k 与 N 均取整数，且 k 的取值要保证 N 是最小的正整数，只有满足这样的条件，正弦序列才是以 N 为周期的周期序列，即

$$x(n + N) = A\sin[\omega_0(n + N) + \varphi] = A\sin[\omega_0 n + 2k\pi + \varphi] = A\sin(\omega_0 n + \varphi) = x(n)$$

因为 $N\omega_0$ 是 2π 的整数倍，于是得

$$N = \frac{2k\pi}{\omega_0} \tag{1-2-28}$$

由周期序列的定义，序列 $x(n) = x(n + N)$ 中的 N 只能取正整数，因此，可分以下三种情况讨论。

（1）当 $2\pi/\omega_0$ 为整数时，正弦序列是周期性序列，其周期 $N = 2\pi/\omega_0$。例如，$x(n) = \sin\left(\dfrac{\pi}{6}n\right)$，$\omega_0 = \pi/6$，$N = 12$。

（2）当 $2\pi/\omega_0$ 为有理数时，正弦序列仍具有周期性。设 $2\pi/\omega_0 = N/k$，式中 N、k 是互为质数的整数，则其周期 $N = 2k\pi/\omega_0$。例如，$x(n) = \sin\left(\dfrac{3\pi}{5}n\right)$，$\omega_0 = 3\pi/5$，$2\pi/\omega_0 = 10/3$，$N = 10$，即该正弦序列是以 10 为周期的正弦周期序列，如图 1-2-13(b)所示。

（3）当 $2\pi/\omega_0$ 是无理数时，则对于任何整数 k，都不能使 N 为整数，这时，正弦序列不具有周期性，正弦序列不再是周期序列。注意，这和连续信号是不一样的。例如，$x(n) = \sin(0.4n)$，此时，$\omega_0 = 0.4$，$2\pi/\omega_0$ 为无理数，不存在 N 使得 $x(n) = x(n+N)$ 成立。所以该正弦序列不是周期序列，如图 1-2-13(c) 所示。

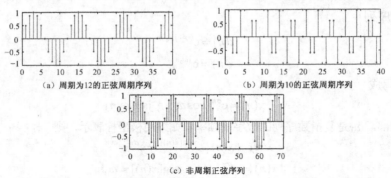

（a）周期为12的正弦周期序列　　　　（b）周期为10的正弦周期序列

（c）非周期正弦序列

图 1-2-13　　正弦序列

可见，连续周期信号经等间隔采样不一定得到周期序列。那么，连续周期信号的周期 T_0 和采样间隔 T 之间应该是什么关系才能使所得到的采样序列仍然具有周期性？下面以连续正弦信号的采样为例讨论，设

$$x(t) = A\sin(\Omega_0 t + \varphi)$$

经等间隔采样得到的正弦序列

$$x(n) = A\sin(\omega_0 n + \varphi)$$

根据式（1-2-21），对于 $x(n) = A\sin(\omega_0 n + \varphi)$ 有

$$\frac{2\pi}{\omega_0} = \frac{\Omega_s}{\Omega_0} = \frac{2\pi f_s}{2\pi f_0} = \frac{T_0}{T} \tag{1-2-29}$$

易见，若要 $2\pi/\omega_0$ 为整数，则连续正弦信号的周期 T_0 应为采样间隔 T 的整数倍；若要 $2\pi/\omega_0$ 为有理数，则 T_0 与 T 之比应为有理数。

$$\frac{2\pi}{\omega_0} = \frac{N}{k} = \frac{T_0}{T}$$

式中，N 和 k 皆为正整数，从而有

$$NT = T_0 k \tag{1-2-30}$$

即 N 个采样间隔应等于连续正弦信号的 k 个周期。如图 1-2-14 所示，图中，$\omega_0 = 2\pi \times 3/14$，即

$$\frac{2\pi}{\omega_0} = \frac{14}{3} = \frac{T_0}{T}$$

因而可得 $14T = 3T_0$。也就是说，14 个采样间隔等于连续正弦信号的 3 个周期。

指数为纯虚数的复指数序列其周期性与正弦序列的情况相同。

无论正弦序列或复指数序列是否为周期性序列，参数 ω_0 皆称为它们的频率。

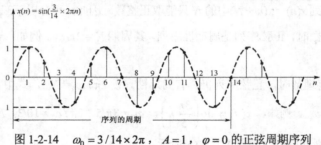

图 1-2-14　　$\omega_0 = 3/14 \times 2\pi$，$A = 1$，$\varphi = 0$ 的正弦周期序列

1.2.4　用单位脉冲序列表示任意序列

在分析线性非移变系统时，单位脉冲序列是很有用的工具。对于任意序列，都可用常用单位脉冲序列的移位加权和表示，即

$$x(n) = \sum_{m=-\infty}^{\infty} x(m)\delta(n-m) \tag{1-2-31}$$

因为在式（1-2-31）中，只有当 $m = n$ 时，$\delta(n-m)=1$，所以

所以
$$x(m)\delta(n-m) = \begin{cases} x(n), & n = m \\ 0, & n \neq m \end{cases}$$

按照卷积和的定义，式（1-2-31）也可看成是 $x(n)$ 和 $\delta(n)$ 的卷积和。

1.3　离散时间系统

离散时间系统的作用是将输入序列 $x(n)$ 经过规定的运算变换成输出序列 $y(n)$，从而达到数字信号处理的目的。若以 $T[\cdot]$ 来表示这种运算，则离散时间系统输出与输入之间的关系可以表示为

$$y(n) = T[x(n)] \tag{1-3-1}$$

该系统的框图如图 1-3-1 所示。

在离散时间系统中，最常用的是线性非移变系统。许多物理过程都可用线性非移变系统表征，而且线性非移变系统便于分析。本书所要研究的主要是离散线性非移变系统。

图 1-3-1　离散时间系统框图

1.3.1　线性系统

满足叠加原理的系统称为线性系统。叠加原理包含可加性和齐次性（比例性）两方面。

1）可加性

设
$$y_1(n) = T[x_1(n)] \qquad y_2(n) = T[x_2(n)]$$

则有
$$T[x_1(n) + x_2(n)] = T[x_1(n)] + T[x_2(n)] = y_1(n) + y_2(n) \tag{1-3-2}$$

2）齐次性

设
$$y(n) = T[x(n)]$$

则有
$$T[ax(n)] = aT[x(n)] = ay(n) \tag{1-3-3}$$

式中，a 是任意常数。同时满足可加性和齐次性的系统是线性系统。

假设 $x(n) = a_1 x_1(n) + a_2 x_2(n)$，如果输出 $y(n)$ 满足

$$y(n) = T[x(n)] = T[a_1 x_1(n) + a_2 x_2(n)]$$
$$= a_1 T[x_1(n)] + a_2 T[x_2(n)] = a_1 y_1(n) + a_2 y_2(n) \tag{1-3-4}$$

则该系统服从线性叠加原理，即该系统是线性系统。式（1-3-4）中，a_1、a_2 是任意常数。

对于线性系统，一般表达式为

$$T[\sum_{i=1}^{N} a_i x_i(n)] = \sum_{i=1}^{N} a_i y_i(n) \tag{1-3-5}$$

式中，a_i 是任意常数。式（1-3-5）就是叠加原理的一般表达式。

应该注意，要证明一个系统是线性系统时，必须证明此系统同时满足可加性和齐次性，而且信号

可以是任意序列，比例常数可以是任意数，包括复数。另外，系统方程是线性的，并不能完全保证系统一定是线性的，下面用例子来加以说明。

【例 1-3-1】　已知系统输入 $x(n)$ 和输出 $y(n)$ 满足以下关系

$$y(n) = \mathrm{Re}[x(n)]$$

试讨论此系统是否是线性系统。

解： 先来研究此系统的可加性，令 $x_1(n)$ 为复数信号，即 $x_1(n) = r_1(n) + \mathrm{j}p_1(n)$

相应的系统输出　　　　　　　　　$y_1(n) = \mathrm{Re}[x_1(n)] = r_1(n)$

若 $x_2(n)$ 为复数信号　　　　　　　$x_2(n) = r_2(n) + \mathrm{j}p_2(n)$

则　　　　　　　　　　　　　　　$y_2(n) = \mathrm{Re}[x_2(n)] = r_2(n)$

设　　　　　　　　　　$x_1(n) + x_2(n) = [r_1(n) + r_2(n)] + \mathrm{j}[p_1(n) + p_2(n)]$

有　　　　　　　　　　　　　$T[x_1(n) + x_2(n)] = r_1(n) + r_2(n)$

显然，无论 $r_1(n)$、$r_2(n)$、$p_1(n)$、$p_2(n)$ 取什么值都可以满足可加性。

下面再来考察齐次性，同样设 $x_1(n) = r_1(n) + \mathrm{j}p_1(n)$

则　　　　　　　　　　　　　　　$y_1(n) = r_1(n)$

令系数 $a = \sqrt{-1} = \mathrm{j}$，为复数，$x_2(n) = ax_1(n) = a[r_1(n) + \mathrm{j}p_1(n)] = -p_1(n) + \mathrm{j}r_1(n)$

则相应的系统输出

$$y_2(n) = \mathrm{Re}[x_2(n)] = -p_1(n) \neq ay_1(n) = \mathrm{j}r_1(n)$$

所以该系统不满足齐次性，因此不是线性系统。

【例 1-3-2】　研究以下系统是否为线性系统

$$y(n) = kx(n) + m$$

解： 设 $x_1(n)$ 和 $x_2(n)$ 是两个任意信号，a_1、a_2 是任意常数，则

$$y(n) = T[a_1x_1(n) + a_2x_2(n)] = k[a_1x_1(n) + a_2x_2(n)] + m$$
$$= ka_1x_1(n) + ka_2x_2(n) + m$$

而　　　　　　　$a_1y_1(n) + a_2y_2(n) = a_1T[x_1(n)] + a_2T[x_2(n)]$
$$= a_1[kx_1(n) + m] + a_2[kx_2(n) + m] \neq y(n)$$

所以该系统不满足线性，因此不是线性系统。

这里所给的系统方程是一个线性方程，但它并不是一个线性系统。实际上，这个系统的输出可以表示成一个线性系统的输出与反映该系统初始储能的零输入响应之和。

对于【例 1-3-2】中的系统，其线性部分是 $T[x(n)] = kx(n)$，而零输入响应（输入 $x(n) = 0$ 时的输出）是 $y_0(n) = m$。

实际中，有大量的系统可用图 1-3-2 表示，系统的总输出由一个线性系统的响应与一个零输入响应的叠加来构成，这种系统称为增量线性系统，也就是说，这类系统的响应对输入中的变化部分是呈线性关系的。换言之，对增量线性系统，任意两个输入的响应之差是两个输入差的线性函数（满足可加性和齐次性）。

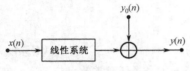

图 1-3-2　一种增量线性系统，$y_0(n)$ 是系统的零输入响应

例如　　　　　$x_1(n) \rightarrow y_1(n) = kx_1(n) + m$
$$x_2(n) \rightarrow y_2(n) = kx_2(n) + m$$

则　　　　　$y_1(n) - y_2(n) = [kx_1(n) + m] - [kx_2(n) + m] = k[x_1(n) - x_2(n)]$

1.3.2　非移变系统

如果系统输出响应与输入激励加入系统的时刻（或位置）无关，则称该系统为非移变系统。即若输入 $x(n)$ 产生输出为 $y(n)$，则输入 $x(n-m)$ 产生输出为 $y(n-m)$，也就是说，输入移动任意 m 位，其输出也相应地移动 m 位。对于非移变系统，若

$$y(n) = T[x(n)]$$

则

$$y(n-m) = T[x(n-m)] \qquad (1-3-6)$$

式中，m 为任意整数。研究一个系统是否为非移变系统，就是检验系统是否满足式（1-3-6）。

【例 1-3-3】 证明 $y(n) = kx(n) + m$ 是非移变系统，式中，k、m 是任意常数。

证明：

$$T[x(n-m)] = kx(n-m) + m$$

$$y(n-m) = kx(n-m) + m$$

二者相等，所以，该系统是非移变系统。

同时具有线性和非移变性的离散时间系统称为线性非移变（Linear Shift Invariant，LSI）系统，简称 LSI 系统。除非特殊说明，本书主要是研究 LSI 系统。

 ### 1.3.3　线性非移变系统的单位脉冲响应与线性卷积和

设系统的初始状态为零，系统输入 $x(n) = \delta(n)$，这时系统的输出 $y(n)$ 用 $h(n)$ 表示，即

$$h(n) = T[\delta(n)] \qquad (1-3-7)$$

称 $h(n)$ 为系统的单位脉冲响应（或单位抽样响应，或单位冲激响应，或单位样值响应），也就是说，单位脉冲响应 $h(n)$ 是系统对 $\delta(n)$ 的零状态响应，它表征了系统的时域特性。$h(n)$ 和连续系统中的单位冲激响应 $h(t)$ 类似。

设系统输入序列为 $x(n)$，输出序列为 $y(n)$。根据式（1-2-31）可知，任一序列 $x(n)$ 可表示成 $\delta(n)$ 的移位加权和，即

$$x(n) = \sum_{m=-\infty}^{\infty} x(m)\delta(n-m)$$

所以，系统的输出

$$y(n) = T\left[\sum_{m=-\infty}^{\infty} x(m)\delta(n-m)\right]$$

根据线性系统的线性

$$y(n) = \sum_{m=-\infty}^{\infty} x(m)T[\delta(n-m)]$$

根据非移变性

$$T[\delta(n-m)] = h(n-m)$$

因此

$$y(n) = \sum_{m=-\infty}^{\infty} x(m)h(n-m) = x(n) * h(n) \qquad (1-3-8)$$

式（1-3-8）是一个非常重要的表达式，表明线性非移变系统的输出序列等于输入序列与该系统的单位脉冲响应的卷积和。

 ### 1.3.4　线性非移变系统的性质

设系统的输入序列和单位脉冲响应分别为 $x(n)$ 和 $h(n)$，则输出 $y(n) = x(n) * h(n)$，如图 1-3-3 所示。与卷积积分一样，卷积和的计算满足交换律、结合律和分配律，所以，线性非移变系统满足交换律、结合律和分配律。

1）交换律

卷积和与两卷积序列的次序无关，即

$$x(n) * h(n) = h(n) * x(n) \tag{1-3-9}$$

这说明，如果把单位脉冲响应 $h(n)$ 改作为输入，而把输入 $x(n)$ 改作为系统单位脉冲响应，则输出 $y(n)$ 不变，如图 1-3-4 所示。

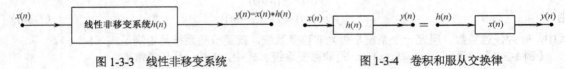

图 1-3-3　线性非移变系统 　　　　　　　图 1-3-4　卷积和服从交换律

2）结合律

可以证明卷积和运算服从结合律，即

$$x(n) * h_1(n) * h_2(n) = [x(n) * h_1(n)] * h_2(n) = x(n) * [h_1(n) * h_2(n)] = x(n) * [h_2(n) * h_1(n)] \tag{1-3-10}$$

这就是说，两个线性非移变系统级联后仍构成一个线性非移变系统，其单位脉冲响应为两系统单位脉冲响应的卷积和，且级联系统的单位脉冲响应与它们的级联顺序无关，如图 1-3-5 所示。

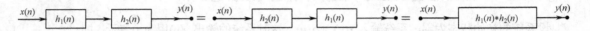

图 1-3-5　具有相同单位脉冲响应的三个等效系统

3）分配律

卷积和满足以下关系

$$x(n) * [h_1(n) + h_2(n)] = x(n) * h_1(n) + x(n) * h_2(n) \tag{1-3-11}$$

式（1-3-11）说明，两个线性非移变系统的并联（等式右端）等效于一个系统，此系统的单位脉冲响应等于两系统单位脉冲响应之和（等式左端），如图 1-3-6 所示。

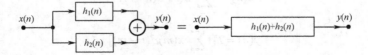

图 1-3-6　具有相同单位脉冲响应的两个等效系统

以上三个性质用卷积和的定义很容易证明，留给读者练习。

1.3.5　因果系统

系统的因果性，即系统的物理可实现性。如果系统在 n 时刻的输出只取决于 n 时刻和 n 时刻以前的输入信号，而和 n 时刻以后的输入信号无关，即输出的变化不先于输入的变化，或者说 $n = n_0$ 的输出 $y(n_0)$ 只取决于 $n \leq n_0$ 的输入，则该系统是物理可实现的，这样的系统称为因果系统。对于因果系统，如果 $n < n_0$ 时，$x_1(n) = x_2(n)$，则有 $n < n_0$ 时，$y_1(n) = y_2(n)$。如果系统当前的输出与未来的输入有关，在时间上违背了因果律，该系统就无法实现，这样的系统称为非因果系统。

对于系统的因果性，除了利用上述因果性概念做出判断外，还可以用系统的单位脉冲响应判断。线性非移变系统为因果系统的充分必要条件是：系统的单位脉冲响应满足

$$h(n) \equiv 0, \qquad n < 0 \tag{1-3-12}$$

证明：充分性。 若 $n < 0$ 时，$h(n) = 0$，则输出

$$y(n) = \sum_{m=-\infty}^{n} x(m)h(n-m)$$

故

$$y(n_0) = \sum_{m=-\infty}^{n_0} x(m)h(n_0-m)$$

所以，$y(n_0)$ 只与 $m \leq n_0$ 的 $x(m)$ 有关，因而系统是因果系统。

必要性。 利用反证法来证明。已知系统是因果系统，假设当 $n < 0$ 时，$h(n) \neq 0$，则

$$y(n) = \sum_{m=-\infty}^{n} x(m)h(n-m) + \sum_{m=n+1}^{\infty} x(m)h(n-m)$$

在所设条件下，上式中第二个 $\sum$ 式中至少有一项不为零，$y(n)$ 将至少和 $m > n$ 的一个 $x(m)$ 值有关，这不符合因果性条件，所以假设不成立。必要条件得证。

考察系统的因果性，必须从整个时间域上观察输入与输出的关系。例如，考察系统 $y(n) = x(-n)$ 的因果性，如果根据 $n > 0$ 的输出取决于 $n < 0$ 的输入，判断此系统是因果的，就是错误的。因为当考察系统 $n < 0$ 的输出时，显然，输出取决于 $n > 0$ 时的输入（即未来时刻的输入）。因此，该系统是非因果的。

值得说明的是，在连续时间系统中，非因果系统是物理不可实现的。但是对于数字系统而言，如果在非实时处理情况下，或允许有一定的延时，可把"将来"的输入值存储起来以备调用，因此可用具有一定延时的因果系统去逼近非因果系统，这是数字系统优于模拟系统的特性之一。例如在语音处理、气象、地球物理学等应用中，待处理数据事先已记录下来，可不局限于用因果系统来处理这类数据。如果 n 不代表时间，例如在图像处理中，变量 n 是位置不是时间，这时，系统因果性并不是必要的限制。

图 1-3-7 所示为一个非因果系统延时实现的例子。输入 $x(n)$ 的波形如图 1-3-7(a) 所示，图 1-3-7(b) 所示的 $h(n)$ 代表非因果系统，从理论上讲，$x(n)$ 与 $h(n)$ 进行线性卷积得到输出 $y(n)$，如图 1-3-7(d) 所示。如果让 $h(n)$ 移序一个单位，变成因果系统，如图 1-3-7(c) 所示，这样卷积后的结果如图 1-3-7(e) 所示。对比图 1-3-7 中的(d)和(e)，两者的差异是延时了一个单位时间，即

$$y'(n) = y(n-1)$$

实际上，因为

$$y(n-k) = \sum_{m=-\infty}^{\infty} x(m)h(n-k-m) = \sum_{m=-\infty}^{\infty} h(m)x(n-k-m) \qquad （1\text{-}3\text{-}13）$$

所以，若系统允许延时，就可以通过延时来逼近非因果系统。

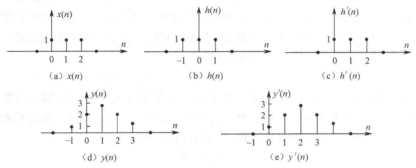

图 1-3-7　非因果系统延时实现

1.3.6 稳定系统

如果系统对有界的输入所产生的输出也是有界的，这样的系统称为稳定系统，也称为 BIBO 稳定系统。如果系统不稳定，即便系统的输入很小，系统的输出也会无限地增长，使系统发生饱和、溢出。这就要求在设计系统时一定要保证系统的稳定性。系统的稳定性可以用系统的输入 $x(n)$ 和输出 $y(n)$ 来描述。

若
$$|x(n)| \leqslant M < \infty$$

则
$$|y(n)| \leqslant P < \infty \tag{1-3-14}$$

那么，该系统是稳定系统。

线性非移变系统为稳定系统的充分必要条件是

$$\sum_{n=-\infty}^{\infty} |h(n)| = N < \infty \tag{1-3-15}$$

即单位脉冲响应绝对可和。

证明：充分性。设 $\sum_{n=-\infty}^{\infty} |h(n)| = N < \infty$，如果输入信号 $x(n)$ 有界，即对于所有 n，皆有 $|x(n)| \leqslant M$，则

$$|y(n)| = \left| \sum_{m=-\infty}^{\infty} x(m)h(n-m) \right| \leqslant \sum_{m=-\infty}^{\infty} |x(m)| \cdot |h(n-m)|$$

$$\leqslant M \sum_{m=-\infty}^{\infty} |h(n-m)| = M \sum_{m=-\infty}^{\infty} |h(m)| = MN < \infty$$

即输出信号 $y(n)$ 有界。充分性得证。

必要性。下面利用反证法证明。若系统稳定，假设

$$\sum_{n=-\infty}^{\infty} |h(n)| = \infty$$

则可以找到一个有界的输入 $x(n) = \begin{cases} 1, & h(n) \geqslant 0 \\ -1, & h(n) < 0 \end{cases}$，使得

$$y(0) = \sum_{m=-\infty}^{\infty} x(m)h(n-m) \Big|_{n=0} = \sum_{m=-\infty}^{\infty} |h(-m)| = \sum_{m=-\infty}^{\infty} |h(m)| = \infty$$

即在 $n = 0$ 时输出无界，系统不稳定，因而假设不成立。所以，$\sum_{n=-\infty}^{\infty} |h(n)| = N < \infty$ 是系统稳定的必要条件。

要证明一个系统不稳定，只需找一个特定的有界输入，如果能得到一个无界的输出，那么就能判定这个系统一定是不稳定的。但是要证明一个系统是稳定的，就不能只用某一个特定的输入作用来证明，必须证明在所有有界输入下都产生有界输出。例如，有两个系统 s_1 及 s_2 分别满足

$$s_1: \qquad y(n) = nx(n)$$
$$s_2: \qquad y(n) = a^{x(n)} \qquad a \text{ 为正整数}$$

对于 s_1 系统，可任选一个有界输入函数，如 $x(n) = 1$，则得 $y(n) = n$，$y(n)$ 随 n 的增大而增大，显然 $y(n)$ 是无界的，因此 s_1 系统是不稳定的。对于 s_2 系统，要证明它的稳定性，就要考虑所有可能的有界输入下都产生有界输出，令 $x(n)$ 为有界函数，即对任意 n，有

$$|x(n)| \leqslant M$$

或
$$-M \leqslant x(n) \leqslant M$$

式中，M 为任意正数，此时满足 $a^{-M} \leqslant y(n) \leqslant a^{M}$。

　　这说明，由某一正数 M 所界定的有界输入，其输出一定由 a^{-M} 和 a^M 所界定，因而系统是稳定的。对于因果稳定的线性非移变系统，其单位脉冲响应是因果序列且绝对可和，即

$$h(n) = h(n)u(n)$$

且

$$\sum_{n=-\infty}^{\infty} |h(n)| < \infty$$

　　【例 1-3-4】　设线性非移变系统的单位脉冲响应 $h(n) = a^n u(n)$，其中，a 是实常数。分析该系统的因果稳定性。

　　解：（1）因果性　　由于当 $n < 0$ 时，$h(n) = 0$，故此系统是因果系统。

　　　　（2）稳定性　　因为

$$\sum_{n=-\infty}^{\infty} |h(n)| = \sum_{n=0}^{\infty} |a^n| = \lim_{N\to\infty} \sum_{n=0}^{N} |a|^n = \lim_{N\to\infty} \frac{1-|a|^N}{1-|a|}$$

只有当 $|a| < 1$ 时，$\displaystyle\sum_{n=-\infty}^{\infty} |h(n)| = \frac{1}{1-|a|}$，因此，系统稳定的条件是 $|a| < 1$。否则，若 $|a| \geqslant 1$，系统不稳定。当 a 为实数，$0 < a < 1$ 时，$h(n)$ 为收敛序列，序列 $h(n)$ 如图 1-3-8(a)所示；当 $a > 1$ 时，序列 $h(n)$ 如图 1-3-8(b)所示，为发散序列。

（a）a 为实数，$0 < a < 1$　　　　　　（b）a 为实数，$a > 1$

图 1-3-8　$h(n) = a^n u(n)$ 的图形

　　【例 1-3-5】　设某线性非移变系统，其单位脉冲响应为

$$h(n) = -a^n u(-n-1)$$

讨论该系统的因果性和稳定性。

　　解：（1）因果性　　因为当 $n < 0$ 时，$h(n) \neq 0$，故此系统是非因果系统。

　　　　（2）稳定性　　因为

$$\sum_{n=-\infty}^{\infty} |h(n)| = \sum_{n=-\infty}^{-1} |a^n| = \sum_{n=1}^{\infty} |a|^{-n} = \begin{cases} \dfrac{1}{|a|-1} & |a| > 1 \\ \infty & |a| \leqslant 1 \end{cases}$$

所以，当 $|a| > 1$ 时，系统是稳定的。当 a 为实数，且 $a > 1$ 时，$h(n)$ 如图 1-3-9 所示。

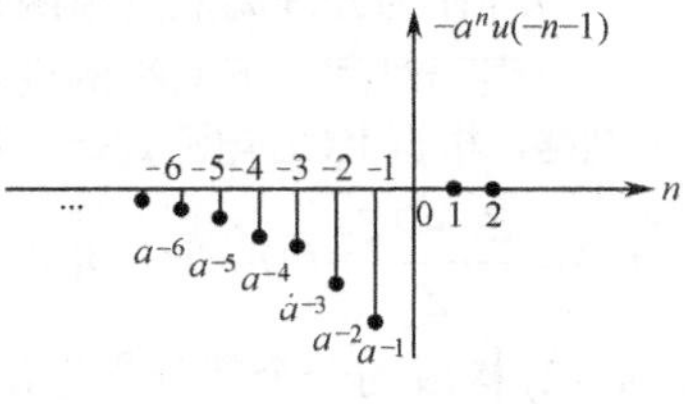

图 1-3-9　$h(n) = -a^n u(-n-1)$ 的图形

1.4 离散线性非移变系统与差分方程

 ## 1.4.1 用差分方程描述离散线性非移变系统

连续时间线性非时变系统的输入/输出关系通常用线性常系数微分方程表示，而离散线性非移变系统的输入/输出关系通常用线性常系数差分方程（Difference Equation）表示。微分方程中包含连续自变量函数及各阶导数，如 $x(t)$、$\dfrac{\mathrm{d}x(t)}{\mathrm{d}t}$、$\dfrac{\mathrm{d}^2 x(t)}{\mathrm{d}t^2}$、…、$y(t)$、$\dfrac{\mathrm{d}y(t)}{\mathrm{d}t}$、$\dfrac{\mathrm{d}^2 y(t)}{\mathrm{d}t^2}$、…，而差分方程中函数自变量是离散的，方程中包含离散变量函数及移序，如 $x(n)$、$x(n+1)$、$x(n+2)$、…、$x(n-1)$、$x(n-2)$…、$y(n)$、$y(n+1)$、…、$y(n-1)$、$y(n-2)$ 等。

为了说明怎样利用差分方程描述离散线性非移变系统，下面介绍几个例子。

【例 1-4-1】 若一个国家在第 n 年的人口数为 $y(n)$，出生率为 a（常数），死亡率为 b（常数），设 $x(n)$ 是国外移民的净增数，则该国在第 $n+1$ 年的人口总数为

$$y(n+1) = y(n) + ay(n) - by(n) + x(n)$$

整理得
$$y(n+1) = a_0 y(n) + x(n) \tag{1-4-1}$$

式中，$a_0 = a - b + 1$ 是常数，式（1-4-1）是一个表示人口变化关系的线性常系数差分方程。

【例 1-4-2】 图 1-4-1 所示的 RC 电路是一个连续时间线性非时变系统，可由下述微分方程表述

$$RC \frac{\mathrm{d}y(t)}{\mathrm{d}t} + y(t) = x(t) \tag{1-4-2}$$

将系统离散化，用后向差分代替微分，即

$$\frac{\mathrm{d}y(t)}{\mathrm{d}t} \approx \frac{y(t) - y(t-T)}{T}$$

则
$$RC \frac{y(t) - y(t-T)}{T} + y(t) \approx x(t)$$

对 $x(t)$ 和 $y(t)$ 在 $t = nT$ 上采样，即 $x(t)$ 用 $x(n) = x(t)|_{t=nT}$ 代替，$y(t)$ 用 $y(n) = y(t)|_{t=nT}$ 代替

则
$$RC \frac{y(n) - y(n-1)}{T} + y(n) = x(n)$$

整理后
$$y(n) = a_1 y(n-1) + b_0 x(n) \tag{1-4-3}$$

式中，$a_1 = \dfrac{RC}{RC+T}$，$b_0 = \dfrac{T}{RC+T}$。

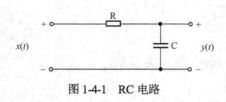

图 1-4-1 RC 电路

于是一个一阶线性常系数微分方程就变成了一个一阶线性常系数差分方程。这是一个将微分方程所表示的连续系统转换为用差分方程表示的离散系统的例子。

以上讨论的差分方程，其离散自变量是时间，当然，差分方程作为处理离散变量函数关系的数学工具，变量的选取并不仅限于时间。下面举例说明。

【例 1-4-3】 图 1-4-2 所示的 T 形网络，根据 KCL 电流定律，各点电压 $\upsilon(n)$ 之间的关系可表示为

$$\upsilon(n) = \frac{Z_1 + 2Z_2}{Z_2} \upsilon(n-1) - \upsilon(n-2) \tag{1-4-4}$$

式（1-4-4）是由 $\upsilon(n)$、$\upsilon(n-1)$ 及 $\upsilon(n-2)$ 构成的一个差分方程，其系数是常数，所以是一个常系数差分方程。这里 n 不是表示时间，而表示节点序号。

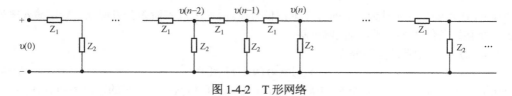

图 1-4-2　T 形网络

一般地，一个 N 阶线性常系数差分方程可表示为

$$y(n) = \sum_{k=1}^{N} a_k y(n-k) + \sum_{m=0}^{M} b_m x(n-m) \qquad (1\text{-}4\text{-}5)$$

常系数是指其中的 a_k、b_m 是常数，若系数与 n 有关，则称为变系数差分方程，线性是指方程中各 $x(n-m)$、$y(n-k)$ 只有一次项，且不存在交叉相乘项，描述离散系统输出序列的最高序号和最低序号之差称为差分方程的阶。

从式（1-4-5）可以看出，离散系统中，其基本运算关系是单位延时、乘系数、相加，所以系统实现的基本运算单元是加法器、单位延时器和常数乘法器。这些基本的单元可以有两种表示法——方框图法和信号流图法，如图 1-4-3 所示。因而，一个数字系统（数字滤波器）的运算结构也有两种表示法。

利用差分方程表示系统的一个好处是可以直接得到系统的运算结构。例如差分方程

$$y(n) = -a_1 y(n-1) + b_0 x(n)$$

的运算结构如图 1-4-4 所示，其中，z^{-1} 代表单位延时。

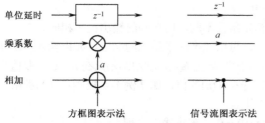

图 1-4-3　基本运算的方框图表示法及信号流图表示法

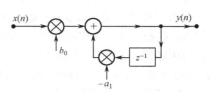

图 1-4-4　一阶差分方程的运算结构

 ## 1.4.2　递推法解差分方程

既然离散系统可以用差分方程描述，那么，如果已知系统的输入序列，求解差分方程就可以得到系统的输出序列。线性常系数差分方程的基本解法有经典解法、递推法（迭代法）和变换域法三种。

（1）经典解法。经典解法类似于连续系统中求解微分方程的经典方法，分别求方程的齐次解和特解，用边界条件确定待定系数。这种方法比较麻烦，实际工作中很少采用，本书不做介绍。

（2）递推法。递推法属于时域求解法。此法较简单，且很适合计算机求解，但是只能得到数值解，不易直接得到闭合形式（公式）解答。

（3）变换域法。变换域法与连续时间系统的拉普拉斯变换法类似，将差分方程变换到 Z 域进行求解。用 Z 变换方法来求解差分方程，这种方法简便有效。Z 变换法将在第 2 章中讨论，这里仅简单讨论递推解法。

将差分方程式（1-4-5）中的 n 用 $n+1$ 代替，即可求出 $n+1$ 时刻的输出，说明式（1-4-5）所表示的差分方程本身是一个适合递推的方程。

考察式（1-4-5），可以看出，如果要求计算 n 时刻的输出，不仅需要知道 n 时刻及 n 时刻以前的

输入序列值，还需要知道 n 时刻以前的 N 个输出信号值。因此求解 N 阶差分方程除了给定输入序列外，还需要 N 个初始条件才能得到方程的唯一解。

【例 1-4-4】 已知系统的差分方程

$$y(n) = ay(n-1) + x(n) \tag{1-4-6}$$

系统输入序列 $x(n) = \delta(n)$ ，求初始条件分别为 $y(-1) = 0$ 和 $y(-1) = 1$ 时的输出序列 $y(n)$ 。

解：（1）初始条件为 $y(-1) = 0$

根据差分方程 $y(n) = ay(n-1) + x(n)$ ，代入初始条件 $y(-1) = 0$ 和 $x(n) = \delta(n)$ ，得

$n = 0$ 时， $y(0) = ay(-1) + \delta(0) = 1$

$n = 1$ 时， $y(1) = ay(0) + \delta(1) = a$

$n = 2$ 时， $y(2) = ay(1) + \delta(2) = a^2$

...

所以 $y(n) = ay(n-1) + \delta(n) = a^n$ ， $n \geqslant 0$

（2）初始条件为 $y(-1) = 1$

$n = 0$ 时， $y(0) = ay(-1) + \delta(0) = a + 1$

$n = 1$ 时， $y(1) = ay(0) + \delta(1) = (a+1)a$

$n = 2$ 时， $y(2) = ay(1) + \delta(2) = (a+1)a^2$

...

所以 $y(n) = ay(n-1) + \delta(n) = (a+1)a^n$ ， $n \geqslant 0$

可见，对于同一个系统和同一个输入，因为初始条件不同，所得到的输出也不相同。

差分方程在给定输入和给定初始条件的情况下，可用递推法求系统的响应。如果输入是 $\delta(n)$ 这一特定输入，在初始条件为零的条件下，输出就是单位脉冲响应 $h(n)$ 。利用 $\delta(n)$ 只在 $n = 0$ 时取值为 1 的特点，可用递推法求出其单位脉冲响应 $h(1)$ ， $h(2)$ ， $\cdots$ ， $h(n)$ 的值，如【例 1-4-4】中（1）的解。有了 $h(n)$ ，则任意输入下的系统输出就可利用卷积和得到。

【例 1-4-5】 将【例 1-4-4】的初始条件改为 $y(0) = 0$ ，重求输出序列。

解： $n = 1$ 时， $y(1) = ay(0) + \delta(1) = 0$

$n = 2$ 时， $y(2) = ay(1) + \delta(2) = 0$

...

所以，当 $n > 0$ 时， $y(n) = 0$ 。

为了计算当 $n < 0$ 时的 $y(n)$ ，将差分方程改写为

$y(n-1) = a^{-1}[y(n) - x(n)]$

$n = 0$ 时， $y(-1) = a^{-1}[y(0) - x(0)] = -a^{-1}$

$n = -1$ 时， $y(-2) = a^{-1}[y(-1) - x(-1)] = -a^{-2}$

...

所以， $y(n) = -a^n u(-n-1)$ 。

求得的输出 $y(n)$ 是一个非因果序列。说明一个线性常系数差分方程并不一定代表因果系统，边界条件不同，则可能得到非因果系统。

【例 1-4-6】 线性常系数差分方程如下，初始条件为 $y(-1) = 1$ ，说明该系统是否为线性非移变系统。

$$y(n) = ay(n-1) + x(n)$$

解： 根据线性系统和非移变系统的定义，如果系统具有线性非移变性质，必须同时满足式（1-3-5）和式（1-3-6）。设 $x_1(n) = \delta(n)$ ， $x_2(n) = \delta(n-1)$

对于 $x_1(n) = \delta(n)$

$n = 0$ 时，$y_1(0) = ay_1(-1) + \delta(0) = a + 1$

$n = 1$ 时，$y_1(1) = ay_1(0) + \delta(1) = a(a + 1)$

$n = 2$ 时，$y_1(2) = ay_1(1) + \delta(2) = a^2(a + 1)$

…

所以　　$y_1(n) = ay_1(n-1) + \delta(n) = a^n(a + 1)$　　　　　　　　　$n \geqslant 0$

对于 $x_2(n) = \delta(n-1)$

$n = 0$ 时，$y_2(0) = ay_2(-1) + \delta(-1) = a$

$n = 1$ 时，$y_2(1) = ay_2(0) + \delta(0) = a^2 + 1$

$n = 2$ 时，$y_2(2) = ay_2(1) + \delta(1) = a(a^2 + 1)$

…

所以　　$y_2(n) = ay_2(n-1) + \delta(n-1) = a^{n-1}(a^2 + 1)$　　　　　　$n > 0$

显然，$y_2(n) \neq y_1(n-1)$，系统是移变的。

对于 $x(n) = x_1(n) + x_2(n) = \delta(n) + \delta(n-1)$

$n = 0$ 时，$y(0) = ay(-1) + \delta(0) + \delta(-1) = a + 1$

$n = 1$ 时，$y(1) = ay(0) + \delta(1) + \delta(0) = a(a+1) + 1$

$n = 2$ 时，$y(2) = ay(1) + \delta(2) + \delta(1) = a^2(a+1) + a$

…

$n > 0$ 时，$y(n) = a^n(a+1) + a^{n-1}$

显然，$y(n) \neq y_1(n) + y_2(n)$，所以系统是非线性的。

从上面的例子可见，一个常系数线性差分方程，只有在合适的边界条件下，所描述的系统才是线性非移变系统。

思　考　题

1. 已知信号中的最高频率为 f_m，若选取 $f_s = 2f_m$，能否从采样点恢复出原来的连续信号？

2. 何谓频谱混叠？它是怎样产生的？

3. ω 与 Ω 所表示的物理量有何不同？

4. 为什么 ω 的取值范围是 $-\pi \sim \pi$？

5. 一个时域连续的周期信号经离散化后，是否一定构成一个周期序列？

6. 常系数差分方程描述的系统一定是线性非移变系统吗？

7. $\delta(n)$ 和 $\delta(t)$ 有何区别？

8. 判定某系统为稳定系统的时域充要条件是什么？

9. 判定某系统为因果系统的时域充要条件是什么？

习　题

1-1　对三个正弦信号 $x_{a_1}(t) = \cos(2\pi t)$、$x_{a_2}(t) = -\cos(6\pi t)$、$x_{a_3}(t) = \cos(10\pi t)$ 进行理想采样，采样频率为 $\Omega_s = 6\pi$，求三个采样输出序列，比较这三个结果。画出 $x_{a_1}(t)$、$x_{a_2}(t)$、$x_{a_3}(t)$ 的波形及采样点位置，并解释频谱混叠现象。

1-2 习题 1-2 图所示为一个理想采样—恢复系统，采样频率为 $\Omega_s = 8\pi$，采样后经理想低通 $G(j\Omega)$ 还原。

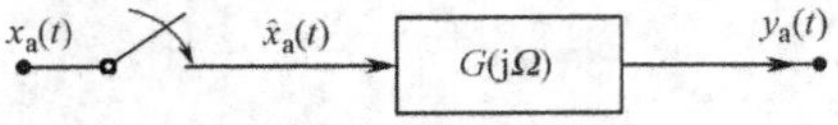

$$G(j\Omega) = \begin{cases} 1/4, & |\Omega| < 4\pi \\ 0, & |\Omega| \geqslant 4\pi \end{cases}$$

今有两个输入，$x_{a_1}(t) = \cos(2\pi t)$，$x_{a_2}(t) = \cos(6\pi t)$

习题 1-2 图 理想采样—恢复系统

（1）画出 $\hat{x}_{a_1}(t)$ 和 $\hat{x}_{a_2}(t)$ 的频谱；

（2）求 $y_{a_1}(t)$ 和 $y_{a_2}(t)$；

（3）问输出信号 $y_{a_1}(t)$ 和 $y_{a_2}(t)$ 有没有失真？为什么？

1-3 判断下列序列是否为周期序列，对周期序列确定其周期。

（1）$x(n) = A\cos\left(\dfrac{5\pi}{8}n + \dfrac{\pi}{6}\right)$ 　　　　　　　　（2）$x(n) = e^{j\left(\frac{n}{8} - \pi\right)}$

（3）$x(n) = A\sin\left(\dfrac{3\pi}{4}n + \dfrac{\pi}{3}\right)$

1-4 直接计算下面两个序列的卷积和 $y(n) = x(n) * h(n)$。

$$x(n) = \begin{cases} \beta^{n-n_0} & n \geqslant n_0 \\ 0 & n < n_0 \end{cases} \qquad h(n) = \begin{cases} \alpha^{n-n_0} & 0 \leqslant n \leqslant N-1 \\ 0 & \text{其他} \end{cases}$$

1-5 判断下列系统是否为线性系统、非移变系统。

（1）$y(n) = \displaystyle\sum_{m=-\infty}^{n} x(m)$ 　　　　（2）$y(n) = [x(n)]^2$ 　　（3）$y(n) = x(n^2)$

（4）$y(n) = x(-n)$ 　　　　（5）$y(n) = x(n)\sin\left(\dfrac{2\pi}{9}n + \dfrac{\pi}{3}\right)$

1-6 判断下列系统是否为线性系统、非移变系统、因果系统、稳定系统。

（1）$T[x(n)] = g(n)x(n)$ 　　　　　　（2）$T[x(n)] = \displaystyle\sum_{m=n_0}^{n} x(m)$

（3）$T[x(n)] = x(n - n_0)$ 　　　　　　（4）$T[x(n)] = e^{x(n)}$

（5）$T[x(n)] = nx(n)$ 　　　　　　（6）$T[x(n)] = x(n+2) + ax(n)$

（7）$T[x(n)] = x(2n)$

1-7 已知线性非移变系统的单位脉冲响应 $h(n)$ 除区间 $N_0 \leqslant n \leqslant N_1$ 以外均为零；又 $x(n)$ 除区间 $N_2 \leqslant n \leqslant N_3$ 以外均为零。设输出 $y(n)$ 除区间 $N_4 \leqslant n \leqslant N_5$ 以外均为零，试用 N_0、N_1、N_2、N_3 表示 N_4 和 N_5。

1-8 以下序列是线性非移变系统的单位脉冲响应 $h(n)$，试指出系统的因果性及稳定性。

（1）$\delta(n)$ 　　　　（2）$\delta(n - n_0), n_0 \geqslant 0$ 或 $n_0 < 0$ 　　　　（3）$u(n)$

（4）$u(2 - n)$ 　　　　（5）$2^2 u(n)$ 　　　　　　　　　　　　（6）$2^n u(-n)$

（7）$2^n R_N(n)$ 　　　　（8）$\dfrac{1}{n}u(n)$ 　　　　　　　　　　　　（9）$a^{-n} u(-n+1), 0 < a < 1$

（10）$\dfrac{1}{n!}u(n)$ 　　（11）$0.5^n u(-n)$ 　　　　　　　　　　（12）$0.5^n u(n)$

1-9 已知线性非移变系统的单位脉冲响应 $h(n)$ 及输入 $x(n)$，求输出序列 $y(n)$，并将 $y(n)$ 作图示之。

（1）$h(n) = R_4(n)$，$x(n) = R_4(n)$

（2）$h(n) = 2^n R_4(n)$，$x(n) = \delta(n) - \delta(n-3)$

（3）$h(n) = R_4(n)$，$x(n) = 0.5^n u(n)$

1-10　习题 1-10 图所示的系统是单位取样响应分别为 $h_1(n)$ 和 $h_2(n)$ 的两个线性非移变系统的级联。已知 $x(n) = u(n)$，$h_1(n) = \delta(n) - \delta(n-4)$，$h_2(n) = a^n u(n)$，$|a| < 1$，求系统的输出 $y(n)$，并作图。

习题 1-10 图

1-11　已知一个线性非移变系统的单位脉冲响应为

$$h(n) = a^{-n} u(-n), \qquad 0 < a < 1$$

用直接计算线性卷积的方法，求系统的单位阶跃响应。

1-12　试证明线性卷积和满足交换律、结合律和分配律。

1-13　列出习题 1-13 图所示系统的差分方程，按初始条件 $y(n) = 0$，$n < 0$，求输入为 $x(n) = u(n)$ 时的输出序列 $y(n)$，并作图。

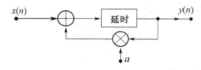

习题 1-13 图

1-14　将 1-13 题中初始条件改为 $y(n) = 0$，$n > 0$，求在输入 $x(n) = \delta(n)$ 时的输出序列 $y(n)$，并作图示之（提示：输出 $y(n)$ 是左边序列）。

第2章 离散时间信号与系统的变换域分析

和连续时间信号与系统的分析一样，离散时间信号与系统的分析除了时域分析方法外，还有变换域分析方法。在时域进行分析研究，比较直观，物理概念清楚，但是有些问题在时域分析不太方便，需要变换到另外的域里进行分析和研究。就像拉普拉斯变换在连续时间系统中的作用一样，Z变换能把描述离散时间系统的差分方程转化为代数方程，大大化简计算过程；而离散时间傅里叶变换则可以把离散时间信号与系统的分析转换到频域进行，给出其频域特性。因此，Z变换和离散时间傅里叶变换是分析与求解离散时间信号与系统的重要数学工具。

2.1 Z变换

 ### 2.1.1 Z变换的定义和收敛域

1. Z变换的定义

一个离散序列$x(n)$的Z变换定义为

$$X(z) = \sum_{n=-\infty}^{\infty} x(n)z^{-n} \tag{2-1-1}$$

这是一个以复变量z为变量的函数，以z的实部为横坐标，虚部为纵坐标的复平面称为Z平面。

通常，用$Z[x(n)]$表示对序列$x(n)$的Z变换，即

$$Z[x(n)] = X(z) = \sum_{n=-\infty}^{\infty} x(n)z^{-n} \tag{2-1-2}$$

这种变换也称为双边Z变换，与此相应地还存在另一种单边Z变换，它定义为

$$X_1(z) = \sum_{n=0}^{\infty} x(n)z^{-n} \tag{2-1-3}$$

单边Z变换与双边Z变换只在少数几种情况下有区别，多数情况下两者的特性相同。因此多数情况下可以把单边Z变换看成是双边Z变换的一种特例，即序列是因果序列情况下的双边Z变换。

2. Z变换的收敛域

显然，只有当式（2-1-1）所示的幂级数收敛时，Z变换才有意义。一般来说，序列$x(n)$的Z变换并不是对于所有的z值都收敛，对于任意给定的序列$x(n)$，使得Z变换式（2-1-1）收敛的所有z值的集合或者说Z平面上满足式（2-1-1）收敛的区域称为$X(z)$的收敛域（Rigen of Convergence，ROC）。根据级数理论，式（2-1-1）所表示的级数收敛的充分条件是满足绝对可和，即

$$\sum_{n=-\infty}^{\infty} |x(n)z^{-n}| = M < \infty \tag{2-1-4}$$

对于不同的序列形式，满足（2-1-4）的$|z|$值范围不同，下面分别进行讨论。

1）有限长序列（Finite-Duration Sequency）

对序列$x(n)$，若存在整数n_1和n_2，使

$$x(n) = 0, \quad n < n_1 \text{ 和 } n > n_2$$

即序列 $x(n)$ 只存在于有限区间 $n_1 \le n \le n_2$ 范围内，则称序列 $x(n)$ 为有限长序列。相应地，n_1 称为有限长序列的起点，设 N 为有限长序列的长度，则 $N = n_2 - n_1 + 1$。

有限长序列的 Z 变换

$$X(z) = \sum_{n=n_1}^{n_2} x(n)z^{-n} \tag{2-1-5}$$

由式（2-1-5）可见，$X(z)$ 是有限项级数和，因此，只要级数的每一项有界，那么，有限项级数和也有界，即要求

$$|x(n)z^{-n}| < \infty, \qquad n_1 \le n \le n_2$$

对于有界的输入 $x(n)$，显然在 $0 < |z| < \infty$ 上，都能满足此条件。因此，有限长序列的 Z 变换其收敛域至少是除 $z = 0$ 和 $z = \infty$ 以外的有限 Z 平面，如图 2-1-1 所示。如果对 n_1 和 n_2 加以限制，则收敛域还可以进一步扩大。

若 $n_2 \le 0$，则 $0 \le |z| < \infty$；

若 $n_1 \ge 0$，则 $0 < |z| \le \infty$。

即，当 $n > 0$ 时序列有非零值，则收敛域不含 $z = 0$；当 $n < 0$ 时序列有非零值，则收敛域不含 $z = \infty$。

【例 2-1-1】 $x(n) = R_N(n)$，求序列 $x(n)$ 的 Z 变换 $X(z)$ 及收敛域。

解：$X(z) = \sum_{n=0}^{N-1} R_N(n)z^{-n} = \sum_{n=0}^{N-1} z^{-n} = 1 + z^{-1} + z^{-2} + \cdots + z^{-(N-1)}$

这是一个有限项等比级数和，只要 $|z| > 0$，级数就收敛。根据等比级数求和公式得

$$X(z) = \frac{1 - z^{-N}}{1 - z^{-1}} \qquad |z| > 0$$

2）右边序列（Right-Sided Sequency）

对于序列 $x(n)$，若存在整数 n_1，使

$$x(n) = 0, \quad n < n_1$$

则称 $x(n)$ 为右边序列。右边序列的 Z 变换

$$X(z) = \sum_{n=n_1}^{\infty} x(n)z^{-n} = \sum_{n=n_1}^{-1} x(n)z^{-n} + \sum_{n=0}^{\infty} x(n)z^{-n} \tag{2-1-6}$$

式（2-1-6）中第一项是有限长序列的 Z 变换，其收敛域为有限 Z 平面，第二项是 z 的负幂级数，对于第二项，如果在 $|z| = R$ 上收敛，则所有 $|z| > R$ 上均收敛，设 R_{x-} 是收敛边界，综合第一项和第二项的收敛域知，右边序列的 Z 变换 $X(z)$ 的收敛域

$$R_{x-} < |z| < \infty$$

右边序列及其收敛域如图 2-1-2 所示。

右边序列中最重要的一种是**因果序列**（Causal Sequency），即 $n_1 \ge 0$ 的右边序列，由于因果序列当 $n < 0$ 时，$x(n) = 0$，其 Z 变换中只含 z 的零幂和负幂项，不含正幂项，因此，收敛域可以包含 ∞。

$$X(z) = \sum_{n=0}^{\infty} x(n)z^{-n}, \qquad R_{x-} < |z| \le \infty$$

收敛域包含 ∞ 是因果序列的 Z 变换的特征。

【例 2-1-2】 $x(n) = a^n u(n)$，求序列 $x(n)$ 的 Z 变换 $X(z)$ 及收敛域。

解：$X(z) = \sum_{n=-\infty}^{\infty} a^n u(n)z^{-n} = \sum_{n=0}^{\infty} a^n z^{-n}$

这是一个无穷级数求和，只要$|az^{-1}| < 1$，即$|z| > |a|$，级数就收敛，因此

$$X(z) = \sum_{n=0}^{\infty} a^n z^{-n} = \frac{1}{1 - az^{-1}} = \frac{z}{z - a} \qquad |z| > |a|$$

这里，$z = a$ 是 $X(z)$ 的极点。

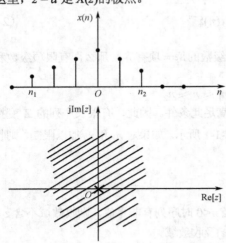

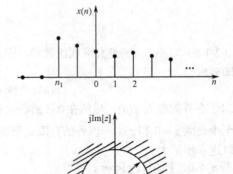

图 2-1-1　有限长序列及其收敛域（$n_1 \geqslant 0$ 时　　　　图 2-1-2　右边序列及其收敛域
$z = 0$ 除外，$n_2 \leqslant 0$ 时 $z = \infty$ 除外）

一般地，右边序列的收敛域是以 $X(z)$ 的最大极点模值为半径的圆外，在 $z = \infty$ 处是否收敛，取决于 $x(n)$ 在 $n < 0$ 时是否为零。

3）左边序列（Left-Sided Sequence）

若存在整数 n_2，使

$$x(n) = 0, \quad n > n_2$$

则称 $x(n)$ 为左边序列。左边序列的 Z 变换

$$X(z) = \sum_{n=-\infty}^{n_2} x(n) z^{-n} = \sum_{n=-\infty}^{0} x(n) z^{-n} + \sum_{n=1}^{n_2} x(n) z^{-n} \qquad (2\text{-}1\text{-}7)$$

式（2-1-7）中第二项是有限长序列的 Z 变换，其收敛域为有限 Z 平面，第一项是 z 的正幂级数，对于第一项，如果在 $|z| = R$ 上收敛，则在所有 $|z| < R$ 上均收敛，设 R_{x+} 是收敛边界，综合第一项和第二项的收敛域知，左边序列的 Z 变换 $X(z)$ 的收敛域为

$$0 < |z| < R_{x+}$$

左边序列收敛域如图 2-1-3 所示。如果 $n_2 \leqslant 0$，则不存在第二项，于是收敛域可以包括 0，成为 $|z| < R_{x+}$。

【例 2-1-3】　$x(n) = -b^n u(-n-1)$，求序列 $x(n)$ 的 Z 变换 $X(z)$ 及收敛域。

解：$X(z) = \sum_{n=-\infty}^{\infty} -b^n u(-n-1) z^{-n} = -\sum_{n=-\infty}^{-1} b^n z^{-n} = -\sum_{n=1}^{\infty} b^{-n} z^n$

只要 $|b^{-1} z| < 1$，即 $|z| < |b|$，级数收敛，因此

$$X(z) = -\sum_{n=1}^{\infty} b^{-n} z^n = -\frac{b^{-1} z}{1 - b^{-1} z} = \frac{z}{z - b} \qquad |z| < |b|$$

图 2-1-3　左边序列及其收敛域

这里，$z = b$ 是 $X(z)$ 的极点。

一般地，左边序列的收敛域是以 $X(z)$ 的最小极点模值为半径的圆内，在 $z = 0$ 处是否收敛，取决于 $x(n)$ 在 $n > 0$ 时是否为零。

比较【例 2-1-3】与【例 2-1-2】，当 $a = b$ 时，两个完全不同的序列具有完全相同的 $X(z)$ 表达，所不同的是收敛域。所以仅从 $X(z)$ 的表达是无法知道其原序列 $x(n)$ 的，因此在给出 $X(z)$ 的同时，一定要指出收敛域。

4）双边序列（Two-Sided Sequence）

无始无终的序列称为双边序列。双边序列可以看成是一个左边序列和一个右边序列之和，其 Z 变换

$$X(z) = \sum_{n=-\infty}^{\infty} x(n)z^{-n} = \sum_{n=-\infty}^{-1} x(n)z^{-n} + \sum_{n=0}^{\infty} x(n)z^{-n} \tag{2-1-8}$$

在式（2-1-8）中，第一项的收敛域为 $|z| < R_{x+}$，第二项的收敛域为 $|z| > R_{x-}$，因此，双边序列 Z 变换收敛域是这两个序列收敛域的公共区域。如果 $R_{x-} < R_{x+}$，则 $R_{x-} < |z| < R_{x+}$ 这个公共区域存在，为一个环域，如图 2-1-4 所示。如果 $R_{x-} \geq R_{x+}$，则不存在公共收敛区域，即 Z 变换收敛域不存在，因此 Z 变换不存在。

一般地，**双边序列的 Z 变换如果存在，则收敛域一定是一个以 $X(z)$ 的极点为边界的环域。**

【例 2-1-4】　$x(n) = c^{|n|}$，求序列 $x(n)$ 的 Z 变换 $X(z)$ 及收敛域。

解： $X(z) = \sum_{n=-\infty}^{\infty} c^{|n|}z^{-n} = \sum_{n=-\infty}^{-1} c^{-n}z^{-n} + \sum_{n=0}^{\infty} c^n z^{-n}$

只有当 $|c| < 1$ 时，公共收敛域存在，如图 2-1-5 所示。

$$X(z) = \frac{cz}{1-cz} + \frac{1}{1-cz^{-1}} \qquad |c| < |z| < |1/c|$$

如果 $|c| \geq 1$，则不存在公共收敛域，此时 $X(z)$ 是发散的，其 Z 变换不存在。

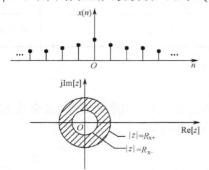

图 2-1-4　双边序列及其收敛域

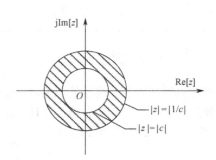

图 2-1-5　【例 2-1-4】中 $X(z)$ 的收敛域

表 2-1-1 所示为几种常用序列的 Z 变换及收敛域。

表 2-1-1　几种序列的 Z 变换

序　号	序　列	Z 变　换	收　敛　域
1	$\delta(n)$	1	全 Z 平面
2	$u(n)$	$\dfrac{z}{z-1} = \dfrac{1}{1-z^{-1}}$	$\|z\| > 1$
3	$u(-n-1)$	$-\dfrac{z}{z-1} = \dfrac{-1}{1-z^{-1}}$	$\|z\| < 1$
4	$a^n u(n)$	$\dfrac{z}{z-a} = \dfrac{1}{1-az^{-1}}$	$\|z\| > \|a\|$
5	$a^n u(-n-1)$	$\dfrac{-z}{z-a} = \dfrac{-1}{1-az^{-1}}$	$\|z\| < \|a\|$

续表

序　号	序　　列	Z　变　换	收 敛 域
6	$R_N(n)$	$\dfrac{z^N-1}{z^{N-1}(z-1)}=\dfrac{1-z^{-N}}{1-z^{-1}}$	$\lvert z\rvert>0$
7	$nu(n)$	$\dfrac{z}{(z-1)^2}=\dfrac{z^{-1}}{(1-z^{-1})^2}$	$\lvert z\rvert>1$
8	$na^nu(n)$	$\dfrac{az}{(z-a)^2}=\dfrac{az^{-1}}{(1-az^{-1})^2}$	$\lvert z\rvert>\lvert a\rvert$
9	$na^nu(-n-1)$	$\dfrac{-az}{(z-a)^2}=\dfrac{-az^{-1}}{(1-az^{-1})^2}$	$\lvert z\rvert<\lvert a\rvert$
10	$\mathrm{e}^{-\mathrm{j}n\omega_0}u(n)$	$\dfrac{z}{z-\mathrm{e}^{-\mathrm{j}\omega_0}}=\dfrac{1}{1-\mathrm{e}^{-\mathrm{j}\omega_0}z^{-1}}$	$\lvert z\rvert>1$
11	$\sin(n\omega_0)u(n)$	$\dfrac{z\sin\omega_0}{z^2-2z\cos\omega_0+1}=\dfrac{z^{-1}\sin\omega_0}{1-2z^{-1}\cos\omega_0+z^{-2}}$	$\lvert z\rvert>1$
12	$\cos(n\omega_0)u(n)$	$\dfrac{z^2-z\cos\omega_0}{z^2-2z\cos\omega_0+1}=\dfrac{1-z^{-1}\cos\omega_0}{1-2z^{-1}\cos\omega_0+z^{-2}}$	$\lvert z\rvert>1$
13	$\mathrm{e}^{-an}\sin(n\omega_0)u(n)$	$\dfrac{z^{-1}\mathrm{e}^{-a}\sin\omega_0}{1-2z^{-1}\mathrm{e}^{-a}\cos\omega_0+z^{-2}\mathrm{e}^{-2a}}$	$\lvert z\rvert>\mathrm{e}^{-a}$
14	$\mathrm{e}^{-an}\cos(n\omega_0)u(n)$	$\dfrac{1-z^{-1}\mathrm{e}^{-a}\cos\omega_0}{1-2z^{-1}\mathrm{e}^{-a}\cos\omega_0+z^{-2}\mathrm{e}^{-2a}}$	$\lvert z\rvert>\mathrm{e}^{-a}$
15	$\sin(n\omega_0+\theta)u(n)$	$\dfrac{z^2\sin\theta+z\sin(\omega_0-\theta)}{z^2-2z\cos\omega_0+1}=\dfrac{\sin\theta+z^{-1}\sin(\omega_0-\theta)}{1-2z^{-1}\cos\omega_0+z^{-2}}$	$\lvert z\rvert>1$
16	$(n+1)a^nu(n)$	$\dfrac{z^2}{(z-a)^2}=\dfrac{1}{(1-az^{-1})^2}$	$\lvert z\rvert>\lvert a\rvert$
17	$\dfrac{(n+1)(n+2)}{2!}a^nu(n)$	$\dfrac{z^3}{(z-a)^3}=\dfrac{1}{(1-az^{-1})^3}$	$\lvert z\rvert>\lvert a\rvert$
18	$\dfrac{(n+1)(n+2)\cdots(n+m)}{m!}a^nu(n)$	$\dfrac{z^{m+1}}{(z-a)^{m+1}}=\dfrac{1}{(1-az^{-1})^{m+1}}$	$\lvert z\rvert>\lvert a\rvert$

2.1.2　逆 Z 变换

　　根据序列的 Z 变换及其收敛域求对应序列的运算称为逆 Z 变换。由序列 $x(n)$ 的 Z 变换 $X(z)$ 的定义，按照复变函数中柯西积分理论，可以求出其逆变换 $x(n)$，推导如下。

　　设序列 $x(n)$ 的 Z 变换为 $X(z)$，即

$$X(z)=\sum_{n=-\infty}^{\infty}x(n)z^{-n}\qquad R_{\mathrm{x-}}<\lvert z\rvert<R_{\mathrm{x+}}\tag{2-1-9}$$

将式（2-1-9）等号两端同乘以 z^{m-1}，然后在其收敛域内进行围线积分并除以 $2\pi\mathrm{j}$，得

$$\frac{1}{2\pi\mathrm{j}}\oint_C X(z)\,z^{m-1}\mathrm{d}z=\frac{1}{2\pi\mathrm{j}}\oint_C\sum_{n=-\infty}^{\infty}x(n)z^{-n+m-1}\mathrm{d}z=\sum_{n=-\infty}^{\infty}x(n)\frac{1}{2\pi\mathrm{j}}\oint_C z^{-n+m-1}\mathrm{d}z\tag{2-1-10}$$

　　式（2-1-10）中，积分路径 C 为在 $X(z)$ 的收敛域内包围坐标原点的逆时针方向的任意闭合路径，如图 2-1-6 所示。

　　根据复变函数中的柯西定理

$$\frac{1}{2\pi\mathrm{j}}\oint_C z^{k-1}\mathrm{d}z=\begin{cases}1,&k=0\\0,&k\neq0\end{cases}\tag{2-1-11}$$

于是，式（2-1-10）的右端只存在 $n=m$ 一项，其余均为零，即

$$\frac{1}{2\pi\mathrm{j}}\oint_C X(z)\,z^{m-1}\mathrm{d}z=x(m)$$

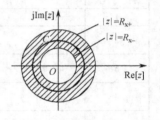

图 2-1-6　围线积分路径

将式中的 m 用 n 代换，得

$$x(n) = \frac{1}{2\pi j} \oint_C X(z) z^{n-1} \mathrm{d}z \qquad C \in (R_{x-}, R_{x+}) \tag{2-1-12}$$

式（2-1-12）即为逆 Z 变换的表达式。

式（2-1-12）的积分运算比较复杂，直接求解有些困难，通常用以下三种方法求逆 Z 变换：围线积分法（留数法）、部分分式展开法和幂级数法（长除法）。

1. 围线积分法（留数法）

根据复变函数的留数定理，式（2-1-12）的积分可借助围线 C 内所包含 $X(z) z^{n-1}$ 的极点留数之和来求解。设 $X(z) z^{n-1}$ 在围线 C 内的极点集合为 $\{z_k, \ k=1, 2, \cdots\}$，则

$$x(n) = \frac{1}{2\pi j} \oint_C X(z) z^{n-1} \mathrm{d}z = \sum_k \mathrm{Res}\left[X(z) z^{n-1} \right]_{z=z_k} \tag{2-1-13}$$

式中，Res 表示求留数。式（2-1-13）说明，序列 $x(n)$ 等于 $X(z) z^{n-1}$ 在围线 C 内各极点留数之和。

在利用式（2-1-13）求留数时，有时会遇到围线内有高阶极点的情况。例如对于左边序列，当 $n<0$ 时，$z=0$ 处为高阶极点，这时求围线内部极点的留数将变得烦琐。由于沿围线逆时针积分结果与顺时针积分结果互为相反数，即

$$\frac{1}{2\pi j} \oint_C F(z) \mathrm{d}z = -\frac{1}{2\pi j} \oint_C F(z) \mathrm{d}z \tag{2-1-14}$$

而沿围线顺时针积分结果等于围线外各极点的留数之和，因此在围线内有高阶极点时，可以转化为求围线外各极点的留数之和。设 $X(z) z^{n-1}$ 在围线 C 外的极点集合为 $\{z_m, \ m=1, 2, \cdots\}$，则

$$\sum_k \mathrm{Res}\left[X(z) z^{n-1} \right]_{z=z_k} = -\sum_m \mathrm{Res}\left[X(z) z^{n-1} \right]_{z=z_m} \tag{2-1-15}$$

将式（2-1-14）和式（2-1-15）代入式（2-1-13）可得

$$\frac{1}{2\pi j} \oint_C X(z) z^{n-1} \mathrm{d}z = -\sum_m \mathrm{Res}\left[X(z) z^{n-1} \right]_{z=z_m} \tag{2-1-16}$$

式（2-1-16）使用的条件是 $X(z) z^{n-1}$ 分母多项式 z 的阶次比分子多项式 z 的阶次高二阶或二阶以上。根据具体情况，可以选用式（2-1-13）或式（2-1-16）来计算 $x(n)$。通常，当 n 大于某一值时，函数 $X(z) z^{n-1}$ 在围线 C 外部的 $z=\infty$ 处可能有多重极点，此时利用式（2-1-13），即选围线 C 的内部极点求留数较为简单；当 n 小于某一值时，函数 $X(z) z^{n-1}$ 在围线 C 内部的 $z=0$ 处可能有多重极点，此时利用式（2-1-16），即选围线 C 的外部极点求留数较为方便。

留数的具体求法如下：如果 z_r 是单阶极点，则

$$\mathrm{Res}[X(z) z^{n-1}]_{z=z_r} = [(z-z_r) X(z) z^{n-1}]\big|_{z=z_r} \tag{2-1-17a}$$

如果 z_r 是 l 阶极点，则

$$\mathrm{Res}[X(z) z^{n-1}]_{z=z_r} = \frac{1}{(l-1)!} \frac{\mathrm{d}^{l-1}}{\mathrm{d}z^{l-1}}[(z-z_r)^l X(z) z^{n-1}]\big|_{z=z_r} \tag{2-1-17b}$$

【例 2-1-5】　已知 $X(z) = \dfrac{2z^3}{(z-0.5)^2(z-1)}$，用围线积分法求 $X(z)$ 的逆 Z 变换 $x(n)$，收敛域分别为

（1）$|z| > 1$；（2）$|z| < 0.5$；（3）$0.5 < |z| < 1$。

解：　$X(z)$ 的极点为 $z=1$ 和 $z=0.5$（二阶）

$$X(z) z^{n-1} = \frac{2z^{n+2}}{(z-0.5)^2(z-1)}$$

在 Z 平面上作出 $X(z) z^{n-1}$ 的收敛域，如图 2-1-7 所示，并在收敛域内作围线 C。

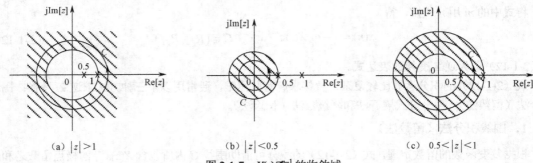

$$\text{图 2-1-7} \quad X(z)Z^{n-1} \text{ 的收敛域}$$

（1）根据收敛域 $|z|>1$ 知，原序列 $x(n)$ 是右边序列。

当 $n \geqslant 0$ 时，如图 2-1-7(a)所示，$X(z)z^{n-1}$ 在围线 C 内有一个单阶极点 $z=1$ 和一个二阶极点 $z=0.5$。根据式（2-1-17a）和式（2-1-17b）得

$$\text{Res}[X(z)z^{n-1}]_{z=1} = \frac{2z^{n+2}}{(z-0.5)^2}\bigg|_{z=1} = 8$$

$$\text{Res}[X(z)z^{n-1}]_{z=0.5} = \frac{\mathrm{d}}{\mathrm{d}z}\left[\frac{2z^{n+2}}{(z-1)}\right]\bigg|_{z=0.5} = -2(n+3)(0.5)^n$$

所以
$$x(n) = [8 - 2(n+3)(0.5)^n]u(n)$$

（2）根据收敛域 $|z|<0.5$ 知，原序列 $x(n)$ 是左边序列。如图 2-1-7(b)所示，当 $n \geqslant 0$ 时，$X(z)z^{n-1}$ 在围线 C 内没有极点，当 $n<0$ 时，$X(z)z^{n-1}$ 在围线 C 内的极点是 $z=0$，一个 $(-n-2)$ 阶极点，且符合使用式（2-1-16）的条件，由留数定理可知

$$x(n) = -\{\text{Res}[X(z)z^{n-1}]_{z=0.5} + \text{Res}[X(z)z^{n-1}]_{z=1}\} = -[8 - 2(n+3)(0.5)^n]u(-n-1)$$

（3）根据收敛域 $0.5<|z|<1$ 知，原序列 $x(n)$ 是双边序列。如图 2-1-7(c)所示，当 $n \geqslant 0$ 时，$X(z)z^{n-1}$ 在围线 C 内有一个二阶极点 $z=0.5$，当 $n<0$ 时，$X(z)z^{n-1}$ 在围线 C 内的极点是一个 $(-n-2)$ 阶极点 $z=0$ 和一个二阶极点 $z=0.5$。同样，当 $n<0$ 时，围线 C 内的极点留数和可以由围线 C 外的极点 $z=1$ 的留数的相反数求得，所以

$$x(n) = -2(n+3)(0.5)^n u(n) - 8u(-n-1)$$

2. 部分分式展开法

实际中，序列的 Z 变换 $X(z)$ 一般是 z^{-1} 的有理分式，可以表示成

$$X(z) = \frac{B(z)}{A(z)} = \frac{\displaystyle\sum_{m=0}^{M} b_m z^{-m}}{1 + \displaystyle\sum_{k=1}^{N} a_k z^{-k}} \tag{2-1-18}$$

只有有理真分式才可以用部分分式展开法。式（2-1-18）中，若 $M \geqslant N$，可用多项式除法将 $X(z)$ 分解为有理多项式 $P(z)$ 和有理真分式之和，即

$$X(z) = \frac{B(z)}{A(z)} = \frac{\displaystyle\sum_{m=0}^{M'} b'_m z^{-m}}{1 + \displaystyle\sum_{k=1}^{N} a_k z^{-k}} + P(z) \tag{2-1-19}$$

式中
$$P(z) = \sum_{i=0}^{M-N} p_i z^{-i} \tag{2-1-20}$$

式（2-1-19）中，$M' < N$，多项式 $P(z)$ 的逆 Z 变换由单位脉冲序列及其移位组成，容易求得。下面主要讨论式（2-1-18）中 $M < N$ 的情形，这时，$B(z)/A(z)$ 为有理真分式。部分分式展开法通常是先对 $X(z)/z$ 进行展开，然后再乘以 z，最后利用常用 Z 变换对求得对应序列 $x(n)$。

根据 $X(z)$ 极点的类型，分以下两种情况讨论。

（1）若 $X(z)$ 只有单阶极点 z_k，$k = 1, 2, \cdots, N$，可展开为如下部分分式
$$\frac{X(z)}{z} = \sum_{k=1}^{N} \frac{A_k}{z - z_k} \tag{2-1-21}$$

系数
$$A_k = [(1 - z_k z^{-1}) X(z)|_{z=z_k} = (z - z_k) \frac{X(z)}{z} \bigg|_{z=z_k} = \mathrm{Res}\left[\frac{X(z)}{z}\right]_{z=z_k} , \quad k = 1, 2, \cdots, N \tag{2-1-22}$$

将式（2-1-21）两端同乘以 z
$$X(z) = \sum_{k=1}^{N} \frac{A_k z}{z - z_k} = \sum_{k=1}^{N} \frac{A_k}{1 - z_k z^{-1}} \tag{2-1-23}$$

根据给定的收敛域，将式（2-1-33）分为两部分：$X_1(z)$（$|z| > R_1$）和 $X_2(z)$（$|z| < R_2$），$X_1(z)$ 对应于右边序列，$X_2(z)$ 对应于左边序列。由表 2-1-1 可得
$$x_1(n) = \sum A_k (z_k)^n u(n) \tag{2-1-24a}$$

$$x_2(n) = -\sum A_k (z_k)^n u(-n-1) \tag{2-1-24b}$$

（2）若 $X(z)$ 在 $z = z_r$ 处有 l 阶极点，可展开为两部分
$$X(z) = \sum_{k=1}^{N-l} \frac{A_k}{1 - z_k z^{-1}} + \sum_{i=1}^{l} \frac{C_i}{[1 - z_r z^{-1}]^i} \tag{2-1-25}$$

式中
$$C_i = \frac{1}{(l-i)!} \frac{\mathrm{d}^{l-i}}{\mathrm{d}z^{l-i}} \left[(z - z_r)^l \frac{X(z)}{z^i} \right]_{z=z_r} , \quad i = 1, 2, \cdots, l \tag{2-1-26}$$

同样，根据给定的收敛域，由表 2-1-1 可求得式（2-1-25）对应的原序列。

【**例 2-1-6**】　已知 $X(z) = \dfrac{2z^{-2} + z^{-1}}{2 - 7z^{-1} + 3z^{-2}}$，用部分分式展开法求 $X(z)$ 的逆 Z 变换 $x(n)$，收敛域分别为

（1）$|z| > 3$；（2）$|z| < 0.5$；（3）$0.5 < |z| < 3$。

解： $X(z) = \dfrac{2z^{-2} + z^{-1}}{2 - 7z^{-1} + 3z^{-2}} = \dfrac{2}{3} + \dfrac{\dfrac{17}{3}z^{-1} - \dfrac{4}{3}}{2 - 7z^{-1} + 3z^{-2}} = P(z) + X_1(z)$

将 $X_1(z)$ 展开为部分分式

$$\frac{X_1(z)}{z} = \frac{-\dfrac{2}{3}z + \dfrac{17}{6}}{(z-3)(z-0.5)} = \frac{1}{3}\frac{1}{z-3} + \frac{-1}{z-0.5}$$

所以
$$X(z) = \frac{2}{3} + \frac{1}{3}\frac{z}{z-3} + \frac{-z}{z-0.5}$$

（1）根据收敛域 $|z| > 3$ 知，原序列 $x(n)$ 是右边序列，所以

$$x(n) = \frac{2}{3}\delta(n) + \frac{1}{3} \times 3^n u(n) - 0.5^n u(n)$$

（2）根据收敛域 $|z| < 0.5$ 知，原序列 $x(n)$ 是左边序列，所以

$$x(n) = \frac{2}{3}\delta(n) - \frac{1}{3} \times 3^n u(-n-1) + 0.5^n u(-n-1)$$

（3）根据收敛域 $0.5 < |z| < 3$ 知，原序列 $x(n)$ 是双边序列，其中，极点 $z = 0.5$ 对应于右边序列，极点 $z = 3$ 对应于左边序列，所以

$$x(n) = \frac{2}{3}\delta(n) - \frac{1}{3} \times 3^n u(-n-1) - 0.5^n u(n)$$

3. 幂级数法（长除法）

由 Z 变换定义式可知，序列 $x(n)$ 的 Z 变换 $X(z)$ 是复变量 z^{-1} 的幂级数，其系数是序列 $x(n)$ 的值，因此只要能将 $X(z)$ 展成 z^{-1} 的幂级数，就能直接确定对应序列 $x(n)$，这种方法称为幂级数法。一般可用长除法，即用式（2-1-18）中多项式 $B(z)$ 除以多项式 $A(z)$，将 $X(z)$ 表示成 z^{-1} 的幂级数的形式。

值得注意的是，在做长除法时，应首先根据收敛域的情况，确定出序列的类型。如果 $X(z)$ 的收敛域是 $|z| > R_1$，则 $x(n)$ 必然是因果序列，此时把 $B(z)$、$A(z)$ 按 z 的降幂次序排列后进行长除；如果 $X(z)$ 的收敛域是 $|z| < R_2$，则 $x(n)$ 必然是左边序列，此时把 $B(z)$、$A(z)$ 按 z 的升幂次序进行排列后进行长除。

【例 2-1-7】 已知 $X(z) = \dfrac{1}{1 - az^{-1}}$，用幂级数法求 $X(z)$ 的逆 Z 变换 $x(n)$，收敛域分别为（1）$|z| > a$；（2）$|z| < a$。

解：（1）根据收敛域 $|z| > a$ 知，原序列 $x(n)$ 是右边序列，$X(z)$ 的分母应按 z 的降幂次序进行排列，故原式化为

$$X(z) = \frac{z}{z - a}$$

$$
\begin{array}{r}
1 + az^{-1} + a^2 z^{-2} + a^3 z^{-3} + \cdots \\
z - a \overline{\smash{)}\, z } \\
\underline{z - a} \\
a \\
\underline{a - a^2 z^{-1}} \\
a^2 z^{-1} \\
\underline{a^2 z^{-1} - a^3 z^{-2}} \\
a^3 z^{-2} \\
\vdots
\end{array}
$$

所以

$$X(z) = 1 + az^{-1} + a^2 z^{-2} + a^3 z^{-3} + \cdots = \sum_{n=0}^{\infty} a^n z^{-n}$$

由此可得

$$x(n) = a^n u(n)$$

（2）根据收敛域 $|z| < a$ 知，原序列 $x(n)$ 是左边序列，$X(z)$ 的分母应按 z 的升幂次序进行排列，故原式化为

$$X(z) = \frac{z}{-a + z}$$

$$\begin{array}{r}
-a^{-1}z-a^{-2}z^2-a^{-3}z^3-\cdots \\
-a+z\overline{)z} \\
\underline{z-a^{-1}z^2} \\
a^{-1}z^2 \\
\underline{a^{-1}z^2-a^{-2}z^3} \\
a^{-2}z^3 \\
\underline{a^{-2}z^3-a^{-3}z^4} \\
a^{-3}z^4 \\
\vdots
\end{array}$$

所以　　　　　　　$$X(z)=-a^{-1}z-a^{-2}z^2-a^{-3}z^3-\cdots=-\sum_{n=1}^{\infty}a^{-n}z^n=-\sum_{n=-1}^{-\infty}a^n z^{-n}$$

由此可得　　　　　　　　　$$x(n)=-a^n u(-n-1)$$

2.1.3　Z 变换的性质

由 Z 变换定义可以推导出它的一些性质,这些性质揭示了序列的时域特性和 Z 域特性之间的关系,有助于求出复杂序列的 Z 变换式。搞清楚 Z 变换的性质并能熟练地运用它们,将为解决数字信号处理中的一些复杂问题提供方便。下面介绍几种主要性质和定理。

1. 线性

Z 变换的线性是指它满足叠加原理,也就是说 Z 变换是线性变换。

设　　　　　　　　$$Z[x(n)]=X(z)\qquad R_{x-}<|z|<R_{x+}$$
$$Z[y(n)]=Y(z)\qquad R_{y-}<|z|<R_{y+}$$
则　　　　　$$Z[ax(n)+by(n)]=aX(z)+bY(z)\qquad R_-<|z|<R_+ \qquad\qquad(2\text{-}1\text{-}27)$$
式中,a、b 为任意常数。

线性组合后序列的 Z 变换收敛域一般是原序列收敛域的公共部分,即 $R_-=\max\{R_{x-},R_{y-}\}$,$R_+=\min\{R_{x+},R_{y+}\}$。如果线性组合后,产生零、极点抵消,则收敛域可能扩大。Z 变换的线性性质是十分明显的,由 Z 变换的定义容易证明。实际上在前面的一些例子中已经使用到此性质。

2. 序列的移序

设　　　　　　　　$$Z[x(n)]=X(z)\qquad R_{x-}<|z|<R_{x+}$$
则　　　　　　　$$Z[x(n-m)]=z^{-m}X(z)\qquad R_{x-}<|z|<R_{x+}\qquad\qquad(2\text{-}1\text{-}28)$$
式中,m 为任意整数,m 为正表示右移,m 为负表示左移。

证明:按照定义

$$Z[x(n-m)]=\sum_{n=-\infty}^{\infty}x(n-m)z^{-n}=\sum_{n=-\infty}^{\infty}x(n)z^{-(n+m)}=z^{-m}\sum_{n=-\infty}^{\infty}x(n)z^{-n}=z^{-m}X(z)$$

由于 z^{-m} 的存在,序列移序前后的 Z 变换其收敛域在 $z=0$ 和 $z=\infty$ 处有可能不一致,需要根据序列移序后在 $n>0$ 和 $n<0$ 时是否有非零值进行判断,对于双边序列收敛域是环域的情况,序列移序前后其 Z 变换的收敛域不变。

例如:单位脉冲序列 $\delta(n)$ 的 Z 变换

$$Z[\delta(n)]=1\qquad 0\leqslant|z|\leqslant\infty$$

而
$$Z[\delta(n+1)] = z \qquad 0 \leqslant |z| < \infty$$
$$Z[\delta(n-1)] = z^{-1} \qquad 0 < |z| \leqslant \infty$$

对于单边 Z 变换

$$X_1(z) = \sum_{n=0}^{\infty} x(n)z^{-n}$$

1）右移性质

$$Z[x(n-n_0)] = z^{-n_0}\left[X_1(z) + \sum_{m=-n_0}^{-1} x(m)z^{-m}\right], \quad n_0 \text{ 为正整数} \tag{2-1-29a}$$

证明：根据单边 Z 变换的定义

$$Z[x(n-n_0)] = \sum_{n=0}^{\infty} x(n-n_0)z^{-n} = \sum_{m=-n_0}^{\infty} x(m)z^{-(m+n_0)}$$

$$= z^{-n_0} \sum_{m=-n_0}^{\infty} x(m)z^{-m} = z^{-n_0}\left[\sum_{m=0}^{\infty} x(m)z^{-m} + \sum_{m=-n_0}^{-1} x(m)z^{-m}\right]$$

$$= z^{-n_0}\left[X_1(z) + \sum_{m=-n_0}^{-1} x(m)z^{-m}\right]$$

2）左移性质

$$Z[x(n+n_0)] = z^{n_0}\left[X_1(z) - \sum_{m=0}^{n_0-1} x(m)z^{-m}\right], \quad n_0 \text{ 为正整数} \tag{2-1-29b}$$

证明：根据单边 Z 变换的定义

$$Z[x(n+n_0)] = \sum_{n=0}^{\infty} x(n+n_0)z^{-n} = \sum_{m=n_0}^{\infty} x(m)z^{-(m-n_0)}$$

$$= z^{n_0} \sum_{m=n_0}^{\infty} x(m)z^{-m} = z^{n_0}\left[\sum_{m=0}^{n_0-1} x(m)z^{-m} - \sum_{m=0}^{n_0-1} x(m)z^{-m} + \sum_{m=n_0}^{\infty} x(m)z^{-m}\right]$$

$$= z^{n_0}\left[\sum_{m=0}^{\infty} x(m)z^{-m} - \sum_{m=0}^{n_0-1} x(m)z^{-m}\right] = z^{n_0}\left[X_1(z) - \sum_{m=0}^{n_0-1} x(m)z^{-m}\right]$$

3. 乘以指数序列

若
$$Z[x(n)] = X(z) \qquad R_{x-} < |z| < R_{x+}$$
则
$$Z[a^n x(n)] = X\left(\frac{z}{a}\right) \qquad |a|R_{x-} < |z| < R_{x+}|a| \tag{2-1-30}$$

证明：

$$Z[a^n x(n)] = \sum_{n=-\infty}^{\infty} a^n x(n)z^{-n} = \sum_{n=-\infty}^{\infty} x(n)\left(\frac{z}{a}\right)^{-n} = X\left(\frac{z}{a}\right)$$

由已知条件有 $R_{x-} < \left|\dfrac{z}{a}\right| < R_{x+}$，所以

$$|a|R_{x-} < |z| < R_{x+}|a|$$

4. Z 域微分性质

若
$$Z[x(n)] = X(z) \qquad R_{x-} < |z| < R_{x+}$$

则
$$Z[nx(n)] = -z\frac{\mathrm{d}}{\mathrm{d}z}X(z) \qquad R_{x-} < |z| < R_{x+} \qquad (2\text{-}1\text{-}31)$$

证明：

因为
$$X(z) = \sum_{n=-\infty}^{\infty} x(n)z^{-n}$$

等式两端对 z 求导

$$\frac{\mathrm{d}}{\mathrm{d}z}X(z) = \frac{\mathrm{d}}{\mathrm{d}z}\sum_{n=-\infty}^{\infty} x(n)z^{-n} = \sum_{n=-\infty}^{\infty} x(n)\frac{\mathrm{d}}{\mathrm{d}z}z^{-n} = \sum_{n=-\infty}^{\infty} x(n)(-n)z^{-n-1}$$

上式两端同乘以（$-z$），则

$$-z\frac{\mathrm{d}}{\mathrm{d}z}X(z) = \sum_{n=-\infty}^{\infty} nx(n)z^{-n}$$

可见，序列 $x(n)$ 线性加权的 Z 变换，等于 $X(z)$ 对 z 取导数再乘以（$-z$）。同理可知

$$Z[n^2 x(n)] = -z\frac{\mathrm{d}}{\mathrm{d}z}Z[nx(n)] = -z\frac{\mathrm{d}}{\mathrm{d}z}\left[-z\frac{\mathrm{d}}{\mathrm{d}z}X(z)\right] = z^2\frac{\mathrm{d}^2}{\mathrm{d}z^2}X(z) + z\frac{\mathrm{d}}{\mathrm{d}z}X(z) \qquad (2\text{-}1\text{-}32)$$

以此类推

$$Z[n^m x(n)] = \left(-z\frac{\mathrm{d}}{\mathrm{d}z}\right)^m X(z) \qquad (2\text{-}1\text{-}33)$$

其中，$\left(-z\dfrac{\mathrm{d}}{\mathrm{d}z}\right)^m = -z\dfrac{\mathrm{d}}{\mathrm{d}z}\left\{-z\dfrac{\mathrm{d}}{\mathrm{d}z}\left[-z\dfrac{\mathrm{d}}{\mathrm{d}z}\cdots\left(-z\dfrac{\mathrm{d}}{\mathrm{d}z}\right)\right]\cdots\right\}$

5. 复序列的共轭

设
$$Z[x(n)] = X(z) \qquad R_{x-} < |z| < R_{x+}$$

序列 $x(n)$ 的共轭序列为 $x*(n)$，则

$$Z[x^*(n)] = X^*(z^*) \qquad R_{x-} < |z| < R_{x+} \qquad (2\text{-}1\text{-}34)$$

6. 序列的反折

若
$$Z[x(n)] = X(z) \qquad R_{x-} < |z| < R_{x+}$$

则
$$Z[x(-n)] = X\left(\frac{1}{z}\right) \qquad \frac{1}{R_{x+}} < |z| < \frac{1}{R_{x-}} \qquad (2\text{-}1\text{-}35)$$

证明：按定义

$$Z[x(-n)] = \sum_{n=-\infty}^{\infty} x(-n)z^{-n} = \sum_{n=-\infty}^{\infty} x(n)z^{n} = \sum_{n=-\infty}^{\infty} x(n)(z^{-1})^{-n} = X\left(\frac{1}{z}\right)$$

由已知条件
$$R_{x-} < \left|\frac{1}{z}\right| < R_{x+}$$

所以
$$\frac{1}{R_{x+}} < |z| < \frac{1}{R_{x-}}$$

7. 初值定理

对于因果序列 $x(n)$，即 $x(n) = 0$，$n < 0$，有

$$\lim_{z \to \infty} X(z) = x(0) \qquad (2\text{-}1\text{-}36)$$

证明：由于 $x(n)$ 是因果序列，所以

$$X(z) = \sum_{n=-\infty}^{\infty} x(n)u(n)z^{-n} = \sum_{n=0}^{\infty} x(n)z^{-n} = x(0) + x(1)z^{-1} + x(2)z^{-2} + x(3)z^{-3} + \cdots$$

对上式两端取极限，得

$$\lim_{z \to \infty} X(z) = x(0)$$

8. 终值定理

设 $x(n)$ 是因果序列，且 $X(z)$ 的极点处于单位圆 $|z| = 1$ 内（单位圆上最多可以在 $z = 1$ 处有单阶极点），则

$$\lim_{n \to \infty} x(n) = \lim_{z \to 1} \left[(z-1)X(z) \right] \qquad (2\text{-}1\text{-}37a)$$

证明：利用移序性质可得

$$(z-1)X(z) = Z[x(n+1) - x(n)] = \sum_{n=-\infty}^{\infty} [x(n+1) - x(n)]z^{-n}$$

又因为 $x(n)$ 是因果序列，所以

$$(z-1)X(z) = \sum_{n=-1}^{\infty} [x(n+1) - x(n)]z^{-n} = \lim_{n \to \infty} \sum_{m=-1}^{n} [x(m+1) - x(m)]z^{-m}$$

根据假设，$X(z)$ 的极点处于单位圆内且最多可以在 $z = 1$ 处有单阶极点，故 $(z-1)X(z)$ 中的 $(z-1)$ 将抵消 $X(z)$ 在 $z = 1$ 处可能的极点，又 $x(n)$ 是因果序列，所以 $(z-1)X(z)$ 在 $1 \leqslant |z| \leqslant \infty$ 上都收敛，因此可以取 $z \to 1$ 的极限，于是

$$\lim_{z \to 1}(z-1)X(z) = \lim_{n \to \infty} \sum_{m=-1}^{n} [x(m+1) - x(m)]$$

$$= \lim_{n \to \infty} \{[x(0) - 0] + [x(1) - x(0)] + [x(2) - x(1)] + \cdots + [x(n+1) - x(n)]\}$$

$$= \lim_{n \to \infty} x(n+1) = \lim_{n \to \infty} x(n)$$

由于式（2-1-37a）的右端为 $X(z)$ 在 $z = 1$ 处的留数，即

$$\lim_{z \to 1}(z-1)X(z) = \text{Res}[X(z)]_{z=1}$$

所以也可将式（2-1-37a）写成

$$x(\infty) = \text{Res}[X(z)]_{z=1} \qquad (2\text{-}1\text{-}37b)$$

9. 有限项累加

设 $x(n)$ 是因果序列，即 $x(n) = 0$，$n < 0$

$$Z[x(n)] = X(z) \qquad |z| > R_{x-}$$

则

$$Z\left[\sum_{m=0}^{n} x(m)\right] = \frac{1}{1 - z^{-1}} X(z) \qquad |z| > \max[R_{x-}, 1] \qquad (2\text{-}1\text{-}38)$$

证明：

$$Z\left[\sum_{m=0}^{n} x(m)\right] = \sum_{n=0}^{\infty} \left[\sum_{m=0}^{n} x(m)\right] z^{-n}$$

由于是因果序列累加，故 $n \geqslant 0$，n 和 m 的关系及求和范围如图 2-1-8 所示，因此改变求和顺序，可得

$$Z\left[\sum_{m=0}^{\infty} x(m)\right] = \sum_{m=0}^{\infty} x(m) \sum_{n=m}^{\infty} z^{-n} = \sum_{m=0}^{\infty} x(m) \frac{z^{-m}}{1 - z^{-1}} = \frac{1}{1 - z^{-1}} \sum_{m=0}^{\infty} x(m)z^{-m}$$

$$= \frac{1}{1 - z^{-1}} X(z) \qquad |z| > \max[R_{x-}, 1]$$

10. 时域卷积定理

设 $y(n)$ 是 $x(n)$ 与 $h(n)$ 的卷积和，即

$$y(n) = x(n) * h(n) = \sum_{m=-\infty}^{\infty} x(m)h(n-m)$$

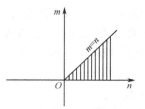

且

$$Z[x(n)] = X(z) \qquad R_{x-} < |z| < R_{x+}$$

$$Z[h(n)] = H(z) \qquad R_{h-} < |z| < R_{h+}$$

图 2-1-8　n 和 m 的关系及求和范围

则

$$Y(z) = X(z)H(z) \qquad \max[R_{x-}, R_{h-}] < |z| < \min[R_{x+}, R_{h+}] \tag{2-1-39}$$

也就是说，时域若为卷积和，则在 z 域是乘积，而收敛域是 $X(z)$ 和 $H(z)$ 收敛域的公共部分，如果两者的收敛边界上出现极、零点抵消，则收敛域可能扩大。

证明：
$$Z[y(n)] = Z[x(n) * h(n)] = \sum_{n=-\infty}^{\infty} [\sum_{m=-\infty}^{\infty} x(m)h(n-m)]z^{-n}$$

$$= \sum_{m=-\infty}^{\infty} x(m) \sum_{n=-\infty}^{\infty} h(n-m)z^{-n} = \sum_{m=-\infty}^{\infty} x(m)z^{-m} H(z)$$

$$= X(z)H(z) \qquad \max[R_{x-}, R_{h-}] < |z| < \min[R_{x+}, R_{h+}]$$

在线性非移变系统中，如果输入是 $x(n)$，$h(n)$ 是系统的单位脉冲响应，则输出 $y(n)$ 是 $x(n)$ 与 $h(n)$ 的卷积和，这是前面已讨论过的，利用卷积定理，可以通过求 $X(z)H(z)$ 的逆 Z 变换得到 $y(n)$，这为求解系统响应提供了另一种方法。

11. 序列相乘（z 域复卷积定理）

设 $$y(n) = x(n) \cdot h(n)$$

且

$$Z[x(n)] = X(z) \qquad R_{x-} < |z| < R_{x+}$$

$$Z[h(n)] = H(z) \qquad R_{h-} < |z| < R_{h+}$$

则

$$Y(z) = \frac{1}{2\pi j} \oint_C X\left(\frac{z}{\upsilon}\right) H(\upsilon)\upsilon^{-1}\mathrm{d}\upsilon \qquad R_{x-}R_{h-} < |z| < R_{x+}R_{h+} \tag{2-1-40}$$

式中，C 是哑变量 V 平面上 $X(z/\upsilon)$ 与 $H(\upsilon)$ 的公共收敛域内环绕原点逆时针旋转的一条单封闭围线，满足

$$R_{h-} < |\upsilon| < R_{h+} \tag{2-1-41}$$

$$R_{x-} < \left|\frac{z}{\upsilon}\right| < R_{x+} \tag{2-1-42a}$$

即

$$\frac{|z|}{R_{x+}} < |\upsilon| < \frac{|z|}{R_{x-}} \tag{2-1-42b}$$

V 平面上的收敛域

$$\max\left[R_{h-}, \frac{|z|}{R_{x+}}\right] < |\upsilon| < \min\left[R_{h+}, \frac{|z|}{R_{x-}}\right] \tag{2-1-43}$$

证明： $$Y(z) = Z[y(n)] = Z[x(n) \cdot h(n)] = \sum_{n=-\infty}^{\infty} x(n) \cdot h(n)z^{-n}$$

$$= \sum_{n=-\infty}^{\infty} x(n) \cdot [\frac{1}{2\pi j} \oint_C H(\upsilon)\upsilon^{n-1}\mathrm{d}\upsilon]\}z^{-n}$$

$$= \frac{1}{2\pi j} \oint_C H(v) \sum_{n=-\infty}^{\infty} x(n) \left(\frac{z}{\upsilon}\right)^{-n} \frac{\mathrm{d}\upsilon}{\upsilon} = \frac{1}{2\pi j} \oint_C H(\upsilon)X\left(\frac{z}{\upsilon}\right)\upsilon^{-1}\mathrm{d}\upsilon$$

这里 $H(\upsilon)$ 的收敛域就是 $H(z)$ 的收敛域，如式（2-1-41）。$X(z/\upsilon)$ 的收敛域（宗量 z/υ 的收敛区域）就是 $X(z)$ 的收敛域（宗量 z 的收敛区域），如式（2-1-42a）。V 平面上收敛域为两者的公共区域，如式（2-1-43）。

将式（2-1-41）和式（2-1-42a）两不等式相乘得

$$R_x R_{h-} < |z| < R_{x+} R_{h+}$$

收敛域得证。

由于乘积的先后顺序可以互换，故 $X(z)$ 和 $H(z)$ 的位置可以互换。因此，式（2-1-44）同样成立

$$Y(z) = Z[x(n)h(n)] = \frac{1}{2\pi j} \oint_C X(\upsilon) H\left(\frac{z}{\upsilon}\right) \upsilon^{-1} d\upsilon \qquad R_x R_{h-} < |z| < R_{x+} R_{h+} \qquad (2\text{-}1\text{-}44)$$

此时，C 所在的收敛域

$$\max\left[R_{x-}, \frac{|z|}{R_{h+}}\right] < |\upsilon| < \min\left[R_{x+}, \frac{|z|}{R_{h-}}\right]$$

复卷积公式可以用留数定理求解，关键是正确确定围线所在的收敛域。

式（2-1-40）和式（2-1-44）类似于卷积积分，这一点，可以这样来说明：设围线 C 是一个以原点为圆心的圆，令

$$\upsilon = \rho e^{j\theta} \qquad z = r e^{j\omega}$$

则式（2-1-40）变成

$$Y(re^{j\omega}) = \frac{1}{2\pi j} \oint_C X\left(\frac{r}{\rho} e^{j(\omega-\theta)}\right) H(\rho e^{j\theta}) \frac{d(\rho e^{j\theta})}{\rho e^{j\theta}}$$

由于 C 是圆，故 θ 的积分限在 $-\pi$ 到 π 的一个周期上进行，所以，此式可以变成

$$Y(re^{j\omega}) = \frac{1}{2\pi} \int_{-\pi}^{\pi} H(\rho e^{j\theta}) X\left(\frac{r}{\rho} e^{j(\omega-\theta)}\right) d\theta \qquad (2\text{-}1\text{-}45)$$

是一个周期卷积式，在后面将用到它。

【例 2-1-8】 设 $x(n) = a^n u(n)$，$h(n) = b^{n-1} u(n-1)$，求 $Y(z) = Z[x(n)h(n)]$。

解：
$$X(z) = \sum_{n=0}^{\infty} a^n z^{-n} = \frac{1}{1 - az^{-1}} = \frac{z}{z-a} \qquad |z| > |a|$$

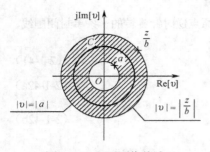

图 2-1-9　V 平面收敛域

$$H(z) = \sum_{n=1}^{\infty} b^{n-1} z^{-n} = \frac{1}{z-b} \qquad |z| > |b|$$

利用复卷积公式（2-1-44）

$$Y(z) = \frac{1}{2\pi j} \oint_C X(\upsilon) H\left(\frac{z}{\upsilon}\right) \upsilon^{-1} d\upsilon = \frac{1}{2\pi j} \oint_C \frac{\upsilon}{\upsilon - a} \frac{1}{\frac{z}{\upsilon} - b} \frac{1}{\upsilon} d\upsilon$$

$$= \frac{1}{2\pi j} \oint_C \frac{\upsilon}{(\upsilon - a)(z - \upsilon b)} d\upsilon \qquad |z| > |ab|$$

V 平面上的收敛域为 $|\upsilon| > |a|$ 和 $|z/\upsilon| > |b|$ 的重叠部分，即 $|a| < |\upsilon| < |z/b|$，所以围线 C 内只有一个极点 $\upsilon = a$，如图 2-1-9 所示。利用留数定理可得

$$Y(z) = \frac{1}{2\pi j} \oint_C \frac{\upsilon}{(\upsilon - a)(z - \upsilon b)} d\upsilon = \text{Res}\left[\frac{\upsilon}{(\upsilon - a)(z - \upsilon b)}\right]_{\upsilon = a} = \frac{a}{z - ab} \qquad |z| > |ab|$$

12. Parseval 定理

设
$$Z[x(n)] = X(z) \qquad R_{x-} < |z| < R_{x+}$$
$$Z[h(n)] = H(z) \qquad R_{h-} < |z| < R_{h+}$$

且　　　　　　　　　　　　　　$$R_{x-}R_{h-} < 1 < R_{x+}R_{h+} \tag{2-1-46}$$

则　　　　　　　　　$$\sum_{n=-\infty}^{\infty} x(n)h^*(n) = \frac{1}{2\pi j} \oint_C X(\upsilon)H^*\left(\frac{1}{\upsilon^*}\right)\upsilon^{-1}d\upsilon \tag{2-1-47}$$

其中闭合围线 C 在 $X(\upsilon)$ 与 $H^*(1/\upsilon^*)$ 的公共收敛域内

$$\max\left[R_{x-}, \frac{1}{R_{h+}}\right] < |\upsilon| < \min\left[R_{x+}, \frac{1}{R_{h-}}\right] \tag{2-1-48}$$

证明： 令　　　　　　　　　$$y(n) = x(n) \cdot h^*(n)$$

由于　　　　　　　　　　　　$$Z[h^*(n)] = H^*(z^*)$$

利用复卷积定理

$$Y(z) = Z[x(n)h^*(n)] = \sum_{n=-\infty}^{\infty} x(n)h^*(n)z^{-n}$$

$$= \frac{1}{2\pi j}\oint_C X(\upsilon)H^*\left(\frac{z^*}{\upsilon^*}\right)\upsilon^{-1}d\upsilon \qquad R_{x-}R_{h-} < |z| < R_{x+}R_{h+}$$

因为假设满足 $R_{x-}R_{h-} < 1 < R_{x+}R_{h+}$，所以 $|z|=1$ 在 $Y(z)$ 的收敛域内，即 $Y(z)$ 在单位圆上收敛。

所以　　　　　$$Y(z)|_{z=1} = \sum_{n=-\infty}^{\infty} x(n)h^*(n) = \frac{1}{2\pi j}\oint_C X(\upsilon)H^*\left(\frac{1}{\upsilon^*}\right)\upsilon^{-1}d\upsilon$$

如果 $h(n)$ 是实序列，则共轭符号可以取消，如果 $X(z)$ 和 $H(z)$ 在单位圆上都收敛，则 C 可取成单位圆，即 $\upsilon = e^{j\omega}$，则式（2-1-47）可变为

$$\sum_{n=-\infty}^{\infty} x(n)h(n) = \frac{1}{2\pi}\int_{-\pi}^{\pi} X(e^{j\omega})H^*(e^{j\omega})d\omega \tag{2-1-49}$$

如果 $h(n) = x(n)$，则进一步有

$$\sum_{n=-\infty}^{\infty} |x(n)|^2 = \frac{1}{2\pi}\int_{-\pi}^{\pi} |X(e^{j\omega})|^2 d\omega \tag{2-1-50}$$

式（2-1-50）就是序列的傅里叶变换的 Parseval 公式。

Z 变换的主要性质如表 2-1-2 所示。

表 2-1-2　Z 变换的主要性质

序号	序列	Z 变换	收敛域
	$x(n)$	$X(z)$	$R_{x-} < |z| < R_{x+}$
	$h(n)$	$H(z)$	$R_{h-} < |z| < R_{h+}$
1	$ax(n)+bh(n)$	$aX(z)+bH(z)$	$\max[R_{x-}, R_{h-}] < |z| < \min[R_{x+}, R_{h+}]$
2	$x(n-m)$	$z^{-m}X(z)$	$R_{x-} < |z| < R_{x+}$
3	$a^n x(n)$	$X\left(\dfrac{z}{a}\right)$	$|a|R_{x-} < |z| < |a|R_{x+}$
4	$n^m x(n)$	$\left(-z\dfrac{d}{dz}\right)^m X(z)$	$R_{x-} < |z| < R_{x+}$
5	$x^*(n)$	$X^*(z^*)$	$R_{x-} < |z| < R_{x+}$
6	$x(-n)$	$X\left(\dfrac{1}{z}\right)$	$\dfrac{1}{R_{x+}} < |z| < \dfrac{1}{R_{x-}}$
7	$x^*(-n)$	$X^*\left(\dfrac{1}{z^*}\right)$	$\dfrac{1}{R_{x+}} < |z| < \dfrac{1}{R_{x-}}$

序号	序列	Z 变换	收敛域
8	$\mathrm{Re}[x(n)]$	$\dfrac{1}{2}[X(z)+X^*(z^*)]$	$R_{x-}<\|z\|<R_{x+}$
9	$\mathrm{jIm}[x(n)]$	$\dfrac{1}{2}[X(z)-X^*(z^*)]$	$R_{x-}<\|z\|<R_{x+}$
10	$\displaystyle\sum_{m=0}^{n}x(m)$	$\dfrac{z}{z-1}X(z)$	$\|z\|>\max[R_{x-},1]$, $x(n)$ 为因果序列
11	$x(n)*h(n)$	$X(z)H(z)$	$\max[R_{x-},R_{h-}]<\|z\|<\min[R_{x+},R_{h+}]$
12	$x(n)h(n)$	$\dfrac{1}{2\pi\mathrm{j}}\displaystyle\oint_{C}X(\upsilon)H\left(\dfrac{z}{\upsilon}\right)\upsilon^{-1}\mathrm{d}\upsilon$	$R_{x-}R_{h-}<\|z\|<R_{x+}R_{h+}$
13	$x(0)=\lim\limits_{z\to\infty}X(z)$		$x(n)$ 为因果序列， $\|z\|>R_{x-}$
14	$x(\infty)=\lim\limits_{z\to1}(z-1)X(z)$		$x(n)$ 为因果序列， $X(z)$ 的极点落于单位圆内部，最多在 $z=1$ 处有一阶极点
15	$\displaystyle\sum_{n=-\infty}^{\infty}x(n)h^*(n)=\dfrac{1}{2\pi\mathrm{j}}\oint_{C}X(\upsilon)H^*\left(\dfrac{1}{\upsilon^*}\right)\upsilon^{-1}\mathrm{d}\upsilon$		$R_{x-}R_{h-}<1<R_{x+}R_{h+}$

2.2　用单边 Z 变换解差分方程

在 2.1.1 节中，定义了单边 Z 变换

$$X_1(z)=\sum_{n=0}^{\infty}x(n)z^{-n} \tag{2-2-1}$$

与双边 Z 变换相比，单边 Z 变换的求和区间仅仅在 $n\geq0$ 的范围，因此序列在 $n<0$ 时如何定义，对单边 Z 变换并没有影响。显然如果两序列在 $n\geq0$ 的区间定义相同，而负向区间的定义不相同，那么，它们有相同的单边 Z 变换，而双边 Z 变换却不相同。对于因果序列而言，单边 Z 变换与双边 Z 变换的结果相同。

从单边 Z 变换的定义可以看出，其幂级数中只包含 z 的负指数项，因此单边 Z 变换的收敛域是半径为某长度的圆外部分，包含 ∞ 。

单边 Z 变换的性质除了移序性质以外其余性质与双边 Z 变换的性质均相同。单边 Z 变换适用于需要根据初始条件求解因果系统响应的问题。

在前面曾用递推法解差分方程来求系统响应，下面介绍利用 Z 变换求解系统响应的方法。

和模拟系统一样，数字系统的完全响应包括零状态响应与零输入响应，或稳态响应和暂态响应。

设 N 阶系统的差分方程

$$y(n)=\sum_{m=0}^{M}b_mx(n-m)+\sum_{k=1}^{N}a_ky(n-k) \tag{2-2-2}$$

输入信号 $x(n)$ 是因果序列，即当 $n<0$ 时， $x(n)=0$ 。系统初始条件为 $y(-1),y(-2),\cdots,y(-N)$ 。

如果要求系统的零输入响应，令式（2-2-2）中的 $x(n)=0$ ，那么式（2-2-2）转化为

$$y(n)-\sum_{k=1}^{N}a_ky(n-k)=0 \tag{2-2-3}$$

式（2-2-3）的解是由初始状态产生的，称为系统的零输入响应。对式（2-2-3）两端取 Z 变换，得

$$Y(z) - \sum_{k=1}^{N} a_k z^{-k} \left[Y(z) + \sum_{m=-k}^{-1} y(m) z^{-m} \right] = 0$$

$$Y(z) = \frac{\sum\limits_{k=1}^{N} a_k z^{-k} \left[\sum\limits_{m=-k}^{-1} y(m) z^{-m} \right]}{1 - \sum\limits_{k=1}^{N} a_k z^{-k}} \tag{2-2-4}$$

对式（2-2-4）作逆 Z 变换，即得系统的零输入响应 $y_{zi}(n)$。

$$y_{zi}(n) = Z^{-1} \left\{ \frac{\sum\limits_{k=1}^{N} a_k z^{-k} \left[\sum\limits_{m=-k}^{-1} y(m) z^{-m} \right]}{1 - \sum\limits_{k=1}^{N} a_k z^{-k}} \right\}$$

若 $y(n)$ 的初始状态等于零，且输入 $x(n)$ 是因果序列，那么式（2-2-2）的 Z 变换

$$Y(z) - \sum_{k=1}^{N} a_k z^{-k} Y(z) = \sum_{m=0}^{M} b_m z^{-m} X(z) \tag{2-2-5}$$

于是

$$Y(z) = \frac{\sum\limits_{m=0}^{M} b_m z^{-m}}{1 - \sum\limits_{k=1}^{N} a_k z^{-k}} X(z) \tag{2-2-6}$$

对式（2-2-6）作逆 Z 变换，即得系统的零状态响应 $y_{zs}(n)$。

$$y_{zs}(n) = Z^{-1} \left\{ \frac{\sum\limits_{m=0}^{M} b_m z^{-m}}{1 - \sum\limits_{k=1}^{N} a_k z^{-k}} X(z) \right\} \tag{2-2-7}$$

系统的完全响应是零状态响应与零输入响应之和，即

$$y(n) = y_{zi}(n) + y_{zs}(n) \tag{2-2-8}$$

事实上，直接对式（2-2-2）两端取单边 Z 变换，得

$$Y(z) - \sum_{k=1}^{N} a_k z^{-k} [Y(z) + \sum_{m=-k}^{-1} y(m) z^{-m}] = \sum_{m=0}^{M} b_m z^{-m} X(z) \tag{2-2-9}$$

由此可解出

$$Y(z) = \frac{\sum\limits_{k=1}^{N} a_k z^{-k} [\sum\limits_{m=-k}^{-1} y(m) z^{-m}]}{1 - \sum\limits_{k=1}^{N} a_k z^{-k}} + \frac{\sum\limits_{m=0}^{M} b_m z^{-m} X(z)}{1 - \sum\limits_{k=1}^{N} a_k z^{-k}} \tag{2-2-10}$$

式（2-2-10）中，第一项仅与系统参数及初始条件有关，与输入信号 $x(n)$ 无关，是零输入响应的 Z 变换；第二项仅与系统参数和输入信号 $x(n)$ 有关，不涉及初始条件，是零状态响应的 Z 变换。以后如不特别说明，系统输出响应一般指完全响应。

【例 2-2-1】　已知系统的差分方程如下，初始条件 $y(-1) = 2$，输入信号 $x(n) = u(n)$，求系统响应。

$$y(n) - 0.9 y(n-1) = 0.1 x(n)$$

解：对差分方程进行 Z 变换得

$$Y(z) - 0.9[Y(z)z^{-1} + y(-1)] = 0.1X(z) \tag{2-2-11}$$

根据给定的输入信号得 $X(z) = \dfrac{z}{z-1}$

将初始条件 $y(-1) = 2$ 和 $X(z) = \dfrac{z}{z-1}$ 代入式（2-2-11）可得

$$Y(z) = \frac{1.8}{1-0.9z^{-1}} + \frac{0.1}{1-0.9z^{-1}}\frac{z}{z-1} = \underbrace{\frac{1.8z}{z-0.9}}_{\text{零输入解}} + \underbrace{\frac{-0.9z}{z-0.9} + \frac{z}{z-1}}_{\text{零状态解}}$$

上式的收敛域取 $|z|>1$，得到当 $n \geqslant 0$ 时的系统输出

$$y(n) = \underbrace{1.8 \times 0.9^n u(n)}_{\text{零输入响应}} + \underbrace{(-0.9) \times 0.9^n u(n) + u(n)}_{\text{零状态响应}} = \underbrace{0.9^{n+1} u(n)}_{\text{瞬态响应}} + \underbrace{u(n)}_{\text{稳态响应}}$$

【例 2-2-2】　已知系统的差分方程为 $y(n) = ay(n-1) + x(n)$，$y(-1) = k$，$|a|<1$，输入为 $x(n) = \mathrm{e}^{j\omega_0 n}(n \geqslant 0)$，求系统响应。

解：对差分方程两边取 Z 变换

$$Y(z) = az^{-1}Y(z) + ay(-1) + X(z)$$

故

$$Y(z) = \frac{X(z) + ay(-1)}{1 - az^{-1}} \tag{2-2-12}$$

对 $x(n)$ 取 Z 变换

$$X(z) = \sum_{n=0}^{\infty} \mathrm{e}^{j\omega_0 n} z^{-n} = \frac{1}{1 - \mathrm{e}^{j\omega_0} z^{-1}} \qquad |z|>1$$

将 $X(z)$ 及初始条件代入式（2-2-12）得

$$Y(z) = \frac{ak}{1 - az^{-1}} + \frac{1}{(1 - az^{-1})(1 - \mathrm{e}^{j\omega_0} z^{-1})}$$

考虑到 $|a|<1$，所以 $Y(z)$ 的收敛域为 $|z|>1$，对 $Y(z)$ 求逆 Z 变换

$$Y(z) = \frac{ak}{1 - az^{-1}} + \frac{a}{a - \mathrm{e}^{j\omega_0}}\frac{1}{1 - az^{-1}} - \frac{\mathrm{e}^{j\omega_0}}{a - \mathrm{e}^{j\omega_0}}\frac{1}{1 - \mathrm{e}^{j\omega_0} z^{-1}}$$

所以

$$y(n) = ka^{n+1} + \frac{a^{n+1}}{a - \mathrm{e}^{j\omega_0}} - \frac{\mathrm{e}^{j\omega_0(n+1)}}{a - \mathrm{e}^{j\omega_0}} \qquad n \geqslant 0$$

2.3　离散时间傅里叶变换

在数字信号处理系统中经常使用频域分析的方法，而且有时频域分析法比时域分析法更方便。离散时间傅里叶变换 DTFT（Discrete Time Fourier Transform）在分析序列的频谱、研究离散时间系统的频域特性以及在信号通过系统的频域分析等方面都具有重要意义。

2.3.1　离散时间傅里叶变换的定义

在连续时间信号分析中，傅里叶变换是信号在复指数 $\mathrm{e}^{j\Omega t}$ 函数集上的展开，而在离散时间信号分析中，离散时间傅里叶变换则是离散信号在 $\mathrm{e}^{j\omega n}$ 函数集上的展开。

离散时间傅里叶变换即序列的傅里叶变换，定义为

$$X(\mathrm{e}^{\mathrm{j}\omega}) = \mathrm{DTFT}[x(n)] = \sum_{n=-\infty}^{\infty} x(n)\mathrm{e}^{-\mathrm{j}\omega n} \qquad (2\text{-}3\text{-}1)$$

式中，DTFT 表示离散时间傅里叶变换。下面来看如何由 $X(\mathrm{e}^{\mathrm{j}\omega})$ 求 $x(n)$。对式（2-3-1）两端同乘以 $\mathrm{e}^{\mathrm{j}\omega m}$，然后在$(-\pi、\pi)$上积分，可得

$$\int_{-\pi}^{\pi} X(\mathrm{e}^{\mathrm{j}\omega})\mathrm{e}^{\mathrm{j}\omega m}\mathrm{d}\omega = \int_{-\pi}^{\pi} \sum_{n=-\infty}^{\infty} [x(n)\mathrm{e}^{-\mathrm{j}\omega n}]\mathrm{e}^{\mathrm{j}\omega m}\mathrm{d}\omega = \sum_{n=-\infty}^{\infty} x(n)[\int_{-\pi}^{\pi} \mathrm{e}^{\mathrm{j}\omega(m-n)}\mathrm{d}\omega]$$

因为

$$\int_{-\pi}^{\pi} \mathrm{e}^{\mathrm{j}\omega(m-n)}\mathrm{d}\omega = \begin{cases} 2\pi, & \text{当}n=m \\ 0, & \text{当}n \neq m \end{cases} = 2\pi\delta(m-n) \qquad (2\text{-}3\text{-}2)$$

所以

$$\int_{-\pi}^{\pi} X(\mathrm{e}^{\mathrm{j}\omega})\mathrm{e}^{\mathrm{j}\omega m}\mathrm{d}\omega = 2\pi \sum_{n=-\infty}^{\infty} x(n)\delta(m-n) = 2\pi x(m)$$

将此式中的 m 换成 n 并除以 2π，得

$$x(n) = \mathrm{IDFT}[X(\mathrm{e}^{\mathrm{j}\omega})] = \frac{1}{2\pi}\int_{-\pi}^{\pi} X(\mathrm{e}^{\mathrm{j}\omega})\mathrm{e}^{\mathrm{j}\omega n}\mathrm{d}\omega \qquad (2\text{-}3\text{-}3)$$

式（2-3-1）称为序列 $x(n)$ 的离散时间傅里叶正变换（DTFT），式（2-3-3）称为 $X(\mathrm{e}^{\mathrm{j}\omega})$ 的离散时间傅里叶逆变换（IDTFT）。$X(\mathrm{e}^{\mathrm{j}\omega})$ 是 $x(n)$ 的频谱，是连续变量 ω 的连续复函数，可表示为

$$X(\mathrm{e}^{\mathrm{j}\omega}) = \mathrm{Re}[X(\mathrm{e}^{\mathrm{j}\omega})] + \mathrm{j}\,\mathrm{Im}[X(\mathrm{e}^{\mathrm{j}\omega})]$$
$$= |X(\mathrm{e}^{\mathrm{j}\omega})|\mathrm{e}^{\mathrm{j}\arg[X(\mathrm{e}^{\mathrm{j}\omega})]}$$

由于 $\mathrm{e}^{\mathrm{j}\omega} = \mathrm{e}^{\mathrm{j}(\omega+2\pi)}$，所以 $X(\mathrm{e}^{\mathrm{j}\omega})$ 又是以 2π 为周期的周期函数。

下面来讨论 DTFT 存在的条件，即离散时间傅里叶变换式（2-3-1）的收敛问题。要使式（2-3-1）收敛，就是要求 $|X(\mathrm{e}^{\mathrm{j}\omega})| < \infty$，即

$$|X(\mathrm{e}^{\mathrm{j}\omega})| = |\sum_{n=-\infty}^{\infty} x(n)\mathrm{e}^{-\mathrm{j}\omega n}| \leqslant \sum_{n=-\infty}^{\infty} |x(n)||\mathrm{e}^{-\mathrm{j}\omega n}| = \sum_{n=-\infty}^{\infty} |x(n)| < \infty \qquad (2\text{-}3\text{-}4)$$

式（2-3-4）表明，若 $x(n)$ 绝对可和，则 $x(n)$ 的离散时间傅里叶变换一定存在，因此 $x(n)$ 绝对可和是离散时间傅里叶变换存在的充分条件。

下面举例说明离散时间傅里叶变换的计算。

【例 2-3-1】　设 $x(n) = R_N(n)$，$N=5$，求 $X(\mathrm{e}^{\mathrm{j}\omega}) = \mathrm{DTFT}[x(n)]$。

解：根据离散时间傅里叶变换的定义

$$X(\mathrm{e}^{\mathrm{j}\omega}) = \sum_{n=-\infty}^{\infty} R_5(n)\mathrm{e}^{-\mathrm{j}\omega n} = \sum_{n=0}^{4} \mathrm{e}^{-\mathrm{j}\omega n} = \frac{1-\mathrm{e}^{-\mathrm{j}5\omega}}{1-\mathrm{e}^{-\mathrm{j}\omega}}$$

$$= \frac{\mathrm{e}^{-\mathrm{j}5\omega/2}}{\mathrm{e}^{-\mathrm{j}\omega/2}}\frac{\mathrm{e}^{\mathrm{j}5\omega/2}-\mathrm{e}^{-\mathrm{j}5\omega/2}}{\mathrm{e}^{\mathrm{j}\omega/2}-\mathrm{e}^{-\mathrm{j}\omega/2}} = \mathrm{e}^{-\mathrm{j}2\omega}\frac{\sin(5\omega/2)}{\sin(\omega/2)} = |X(\mathrm{e}^{\mathrm{j}\omega})|\mathrm{e}^{\mathrm{j}\arg[X(\mathrm{e}^{\mathrm{j}\omega})]}$$

式中

$$|X(\mathrm{e}^{\mathrm{j}\omega})| = \left|\frac{\sin(5\omega/2)}{\sin(\omega/2)}\right|$$

$$\arg[X(\mathrm{e}^{\mathrm{j}\omega})] = -2\omega + \arg\left[\frac{\sin(5\omega/2)}{\sin(\omega/2)}\right]$$

图 2-3-1 所示为 $|X(\mathrm{e}^{\mathrm{j}\omega})|$ 和 $\arg[X(\mathrm{e}^{\mathrm{j}\omega})]$ 的图形，注意 $\arg[X(\mathrm{e}^{\mathrm{j}\omega})]$ 是不连续的，这是由于 $\sin(5\omega/2)/\sin(\omega/2)$ 的正负变化使得相位产生 180° 的变化所致。

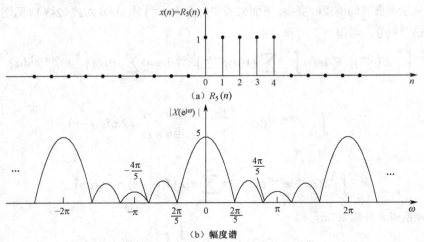

（a）$R_5(n)$

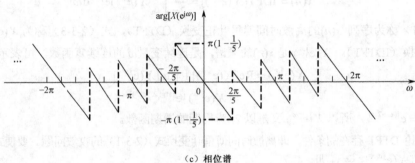

（b）幅度谱

（c）相位谱

图 2-3-1 $R_5(n)$ 及频谱

 ### 2.3.2   离散时间傅里叶变换的性质

设
$$X(\mathrm{e}^{\mathrm{j}\omega}) = \mathrm{DTFT}[x(n)], \quad Y(\mathrm{e}^{\mathrm{j}\omega}) = \mathrm{DTFT}[y(n)]$$
$$X_1(\mathrm{e}^{\mathrm{j}\omega}) = \mathrm{DTFT}[x_1(n)], \quad X_2(\mathrm{e}^{\mathrm{j}\omega}) = \mathrm{DTFT}[x_2(n)]$$
$$H(\mathrm{e}^{\mathrm{j}\omega}) = \mathrm{DTFT}[h(n)]$$

1）线性
$$\mathrm{DTFT}[ax_1(n) + bx_2(n)] = aX_1(\mathrm{e}^{\mathrm{j}\omega}) + bX_2(\mathrm{e}^{\mathrm{j}\omega}) \tag{2-3-5}$$

2）序列的移位
$$\mathrm{DTFT}[x(n-m)] = \mathrm{e}^{-\mathrm{j}\omega m} X(\mathrm{e}^{\mathrm{j}\omega}) \tag{2-3-6}$$

3）乘以指数序列
$$\mathrm{DTFT}[x(n)a^n] = X\left(\frac{1}{a}\mathrm{e}^{\mathrm{j}\omega}\right) \tag{2-3-7}$$

4）调制特性
$$\mathrm{DTFT}[x(n)\mathrm{e}^{\mathrm{j}\omega_0 n}] = X(\mathrm{e}^{\mathrm{j}(\omega-\omega_0)}) \tag{2-3-8}$$

利用欧拉公式可得

$$\text{DTFT}[x(n)\cos\omega_0 n] = \frac{1}{2}[X(\text{e}^{\text{j}(\omega-\omega_0)}) + X(\text{e}^{\text{j}(\omega+\omega_0)})] \qquad (2\text{-}3\text{-}9)$$

$$\text{DTFT}[x(n)\sin\omega_0 n] = \frac{1}{2\text{j}}[X(\text{e}^{\text{j}(\omega-\omega_0)}) - X(\text{e}^{\text{j}(\omega+\omega_0)})] \qquad (2\text{-}3\text{-}10)$$

5）序列的反折

$$\text{DTFT}[x(-n)] = X(\text{e}^{-\text{j}\omega}) \qquad (2\text{-}3\text{-}11)$$

6）序列线性加权

$$\text{DTFT}[nx(n)] = \text{j}\frac{\text{d}X(\text{e}^{\text{j}\omega})}{\text{d}\omega} \qquad (2\text{-}3\text{-}12)$$

7）时域卷积定理

$$\text{DTFT}[x(n)*h(n)] = X(\text{e}^{\text{j}\omega})H(\text{e}^{\text{j}\omega}) \qquad (2\text{-}3\text{-}13)$$

8）频域卷积定理

$$\text{DTFT}[x(n)y(n)] = \frac{1}{2\pi}[X(\text{e}^{\text{j}\omega})*Y(\text{e}^{\text{j}\omega})] = \frac{1}{2\pi}\int_{-\pi}^{\pi} X(\text{e}^{\text{j}\theta})Y(\text{e}^{\text{j}(\omega-\theta)})\text{d}\theta \qquad (2\text{-}3\text{-}14)$$

9）序列的复共轭

$$\text{DTFT}[x^*(n)] = X^*(\text{e}^{-\text{j}\omega}) \qquad (2\text{-}3\text{-}15)$$

若 $x(n)$ 是实序列，则有

$$X(\text{e}^{\text{j}\omega}) = X^*(\text{e}^{-\text{j}\omega}) \qquad (2\text{-}3\text{-}16)$$

10）Parseval 定理

$$\sum_{n=-\infty}^{\infty}|x(n)|^2 = \frac{1}{2\pi}\int_{-\pi}^{\pi}|X(\text{e}^{\text{j}\omega})|^2\,\text{d}\omega \qquad (2\text{-}3\text{-}17)$$

该性质在 2.1.3 节中已经证明。

11）序列共轭对称性

为了讨论序列共轭对称性，先来介绍序列共轭对称与共轭反对称的定义：

如果 $x_\text{e}(n)$ 满足

$$x_\text{e}(n) = x_\text{e}^*(-n) \qquad (2\text{-}3\text{-}18)$$

称 $x_\text{e}(n)$ 为共轭对称序列。当 $x_\text{e}(n)$ 是实序列时，则 $x_\text{e}(n)$ 变成偶对称序列，即 $x_\text{e}(n) = x_\text{e}(-n)$。共轭对称的概念可以进一步用序列的实部和虚部的对称性来表述。

若 $$x_\text{e}(n) = \text{Re}[x_\text{e}(n)] + \text{j}\,\text{Im}[x_\text{e}(n)]$$

则 $$x_\text{e}^*(-n) = \text{Re}[x_\text{e}(-n)] - \text{j}\,\text{Im}[x_\text{e}(-n)]$$

将上述两式代入式（2-3-18）则有

$$\text{Re}[x_\text{e}(n)] = \text{Re}[x_\text{e}(-n)] \qquad (2\text{-}3\text{-}19\text{a})$$

$$\text{Im}[x_\text{e}(n)] = -\text{Im}[x_\text{e}(-n)] \qquad (2\text{-}3\text{-}19\text{b})$$

共轭对称序列的实部是偶对称的，虚部是奇对称的。

如果 $x_\text{o}(n)$ 满足

$$x_\text{o}(n) = -x_\text{o}^*(-n) \qquad (2\text{-}3\text{-}20)$$

称 $x_\text{o}(n)$ 为共轭反对称序列。当 $x_\text{o}(n)$ 是实序列时，则 $x_\text{o}(n)$ 变成奇对称序列，即 $x_\text{o}(n) = -x_\text{o}(-n)$。同理，对于共轭反对称复序列，有

$$\text{Re}[x_o(n)] = -\text{Re}[x_o(-n)] \tag{2-3-21a}$$

$$\text{Im}[x_o(n)] = \text{Im}[x_o(-n)] \tag{2-3-21b}$$

即共轭反对称序列的实部是奇对称的，虚部是偶对称的。

任一序列 $x(n)$ 总能表示成共轭对称序列 $x_e(n)$ 与共轭反对称序列 $x_o(n)$ 之和，即

$$x(n) = x_e(n) + x_o(n) \tag{2-3-22}$$

其中

$$x_e(n) = \frac{1}{2}[x(n) + x^*(-n)] \tag{2-3-23}$$

$$x_o(n) = \frac{1}{2}[x(n) - x^*(-n)] \tag{2-3-24}$$

容易看出，式（2-3-23）和式（2-3-24）分别满足共轭对称定义式（2-3-18）和共轭反对称定义式（2-3-20）。

同样地，序列 $x(n)$ 的傅里叶变换 $X(e^{j\omega})$ 也可以分解成共轭对称分量和共轭反对称分量之和，即

$$X(e^{j\omega}) = X_e(e^{j\omega}) + X_o(e^{j\omega}) \tag{2-3-25}$$

其中

$$X_e(e^{j\omega}) = \frac{1}{2}[X(e^{j\omega}) + X^*(e^{-j\omega})] \tag{2-3-26}$$

$$X_o(e^{j\omega}) = \frac{1}{2}[X(e^{j\omega}) - X^*(e^{-j\omega})] \tag{2-3-27}$$

利用上述共轭对称和共轭反对称的定义，根据序列的复共轭特性，可以导出

$$\text{DTFT}\{\text{Re}[x(n)]\} = \frac{1}{2}[X(e^{j\omega}) + X^*(e^{-j\omega})] = X_e(e^{j\omega}) \tag{2-3-28}$$

即，序列实部的离散时间傅里叶变换 DTFT 等于序列离散时间傅里叶变换 DTFT 的共轭对称分量。

$$\text{DTFT}\{j\text{Im}[x(n)]\} = \frac{1}{2}[X(e^{j\omega}) - X^*(e^{-j\omega})] = X_o(e^{j\omega}) \tag{2-3-29}$$

即序列虚部（含 j）的 DTFT 等于序列 DTFT 的共轭反对称分量。

$$\text{DTFT}[x_e(n)] = \text{Re}[X(e^{j\omega})] \tag{2-3-30}$$

序列共轭对称分量的 DTFT 等于序列 DTFT 的实部。

$$\text{DTFT}[x_o(n)] = j\text{Im}[X(e^{j\omega})] \tag{2-3-31}$$

序列共轭反对称分量的 DTFT 等于序列 DTFT 的虚部乘以 j。

以上性质根据 DTFT 的定义容易证明。

 ### 2.3.3   Z 变换与拉普拉斯变换、离散时间傅里叶变换的关系

1. Z 变换与拉普拉斯变换的关系

这里，通过讨论序列的 Z 变换与拉普拉斯变换之间的关系，将得出 S 平面与 Z 平面的映射关系。

设模拟信号为 $x_a(t)$，经理想采样后的采样信号为 $\hat{x}_a(t)$，它们的拉普拉斯变换分别为 $X_a(s)$ 和 $\hat{X}_a(s)$。在 1.1.1 节中研究采样信号频谱时，曾得到 $x_a(t)$ 与 $\hat{x}_a(t)$ 的傅里叶变换之间的关系式（1-1-5），为了方便起见，重书于下

$$\hat{X}_a(j\Omega) = \frac{1}{T}\sum_{k=-\infty}^{\infty} X_a(j\Omega - jk\Omega_s)$$

式中，$\Omega_s = \dfrac{2\pi}{T}$，$T$ 为采样间隔。因为拉普拉斯变换是傅里叶变换在 S 平面的解析延拓，所以令 $j\Omega = s$

得

$$\hat{X}_{\mathrm{a}}(s) = \frac{1}{T} \sum_{k=-\infty}^{\infty} X_{\mathrm{a}}(s - \mathrm{j}k\Omega_{\mathrm{s}}) = \frac{1}{T} \sum_{k=-\infty}^{\infty} X_{\mathrm{a}}\left(s - \mathrm{j}\frac{2\pi}{T}k\right) \qquad (2\text{-}3\text{-}32)$$

由此可见，采样信号的拉普拉斯变换 $\hat{X}_{\mathrm{a}}(s)$，是连续信号 $x_{\mathrm{a}}(t)$ 的拉普拉斯变换 $X_{\mathrm{a}}(s)$ 以 $\mathrm{j}\frac{2\pi}{T}$ 为周期的周期延拓，即沿着虚轴以 $\frac{2\pi}{T}$ 为周期的周期延拓。

另一方面

$$\hat{X}_{\mathrm{a}}(s) = L[\hat{x}_{\mathrm{a}}(t)] = \int_{-\infty}^{\infty} \hat{x}_{\mathrm{a}}(t)\mathrm{e}^{-st}\mathrm{d}t$$

$$= \int_{-\infty}^{\infty} \sum_{n=-\infty}^{\infty} x_{\mathrm{a}}(t)\delta(t-nT)\mathrm{e}^{-st}\mathrm{d}t = \sum_{n=-\infty}^{\infty} \int_{-\infty}^{\infty} x_{\mathrm{a}}(t)\delta(t-nT)\mathrm{e}^{-st}\mathrm{d}t$$

$$= \sum_{n=-\infty}^{\infty} x_{\mathrm{a}}(nT)\mathrm{e}^{-snT} \qquad (2\text{-}3\text{-}33)$$

而采样序列 $x(n) = x_{\mathrm{a}}(nT)$ 的 Z 变换

$$X(z) = \sum_{n=-\infty}^{\infty} x(n)z^{-n}$$

由此可见，当 $z = \mathrm{e}^{sT}$ 时，序列的 Z 变换就等于采样信号的拉普拉斯变换，即

$$X(z)|_{z=\mathrm{e}^{sT}} = X(\mathrm{e}^{sT}) = \hat{X}_{\mathrm{a}}(s) \qquad (2\text{-}3\text{-}34)$$

$$z = \mathrm{e}^{sT} \qquad (2\text{-}3\text{-}35\mathrm{a})$$

或

$$s = \ln z / T \qquad (2\text{-}3\text{-}35\mathrm{b})$$

式（2-3-35）所示的就是 S 平面与 Z 平面的映射关系。下面进一步来看两平面的具体对应关系。将 s 用直角坐标表示，而 z 用极坐标表示，即

$$s = \sigma + \mathrm{j}\Omega \qquad (2\text{-}3\text{-}36)$$

$$z = r\mathrm{e}^{\mathrm{j}\omega} \qquad (2\text{-}3\text{-}37)$$

将式（2-3-36）和式（2-3-37）代入式（2-3-35a）中，则有

$$z = \mathrm{e}^{sT} = \mathrm{e}^{(\sigma+\mathrm{j}\Omega)T} = \mathrm{e}^{\sigma T}\mathrm{e}^{\mathrm{j}\Omega T} = r\mathrm{e}^{\mathrm{j}\omega}$$

所以

$$r = \mathrm{e}^{\sigma T} \qquad (2\text{-}3\text{-}38)$$

$$\omega = \Omega T \qquad (2\text{-}3\text{-}39)$$

即 z 的模 r 只与 s 的实部 σ 有关，而 z 的相角 ω 只与 s 的虚部 Ω 有关。

由 $r = \mathrm{e}^{\sigma T}$ 可知：

$\sigma = 0$（S 平面的虚轴）对应于 $r = 1$（Z 平面的单位圆）；

$\sigma < 0$（S 平面的左半平面）对应于 $r < 1$（Z 平面的单位圆内部）；

$\sigma > 0$（S 平面的右半平面）对应于 $r > 1$（Z 平面的单位圆外部）；其映射关系如图 2-3-2 所示。

同样，由 $\omega = \Omega T$ 可知：

$\Omega = 0$（S 平面的实轴）对应于 $\omega = 0$（Z 平面的正实轴）；

$\Omega = \Omega_0$（常数）（S 平面平行于实轴的直线）对应于 $\omega = \Omega_0 T$（Z 平面始于原点幅角为 $\omega = \Omega_0 T$ 的射线）。

当 Ω 由 $-\pi/T$ 变化到 π/T 时，对应于 ω 由 $-\pi$ 变化到 π，即 S 平面中 $2\pi/T$ 的一个水平带，相当于

Z 平面中幅角旋转了一圈，也就是覆盖了整个 Z 平面。所以，Z 平面到 S 平面的映射是多值映射。这个关系可以用图 2-3-3 表示。

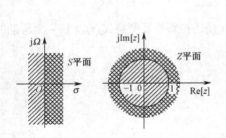 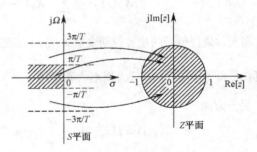

图 2-3-2 $\sigma < 0$ 和 $\sigma > 0$ 分别映射成 $r < 1$ 和 $r > 1$ 图 2-3-3 S 平面与 Z 平面的多值映射关系

$s = 0$（S 平面的原点）对应于 $z = 1$（Z 平面上 $z = 1$ 的点）。

2. Z 变换与离散时间傅里叶变换的关系

如上所述，取 $x(n) = x_a(nT)$，比较 Z 变换与离散时间傅里叶变换的定义式

$$X(z) = \sum_{n=-\infty}^{\infty} x(n)z^{-n}$$

$$X(\mathrm{e}^{\mathrm{j}\omega}) = \sum_{n=-\infty}^{\infty} x(n)\mathrm{e}^{-\mathrm{j}\omega n}$$

可见**单位圆上的 Z 变换就是序列的离散时间傅里叶变换**。根据已经得到的序列的 Z 变换与拉普拉斯变换、离散时间傅里叶变换的表达，三者的关系可以用图 2-3-4 表示。

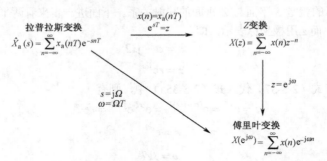

图 2-3-4   序列的 Z 变换与拉普拉斯变换、离散时间傅里叶变换的关系

2.4   离散时间系统的系统函数和频率响应

设线性非移变系统的输入为 $x(n)$，输出为 $y(n)$，单位脉冲响应为 $h(n)$，那么

$$y(n) = h(n) * x(n)$$

对此式两端取 Z 变换，得

$$Y(z) = H(z)X(z)$$

则

$$H(z) = Y(z) / X(z) \tag{2-4-1}$$

$H(z)$ 称为离散时间系统的系统函数，表征系统的复频域特性，它是系统的单位脉冲响应 $h(n)$ 的 Z 变换，即

$$H(z) = \sum_{n=-\infty}^{\infty} h(n)z^{-n} \qquad (2\text{-}4\text{-}2)$$

如果 $H(z)$ 的收敛域包含单位圆 $|z|=1$，则在单位圆上（$z = e^{j\omega}$）的系统函数就是系统的频率响应 $H(e^{j\omega})$，即

$$H(e^{j\omega}) = H(z)\Big|_{z=e^{j\omega}} \qquad (2\text{-}4\text{-}3)$$

因此单位脉冲响应在单位圆上的 Z 变换，或者说 $h(n)$ 的 DTFT 就是系统的频率响应。由于 $H(z)$ 的分析域是复频域，离散时间傅里叶变换仅是 Z 变换的特例，故从名称上给予区别。有时为了简单也可以统称为系统函数或传输函数。

 ### 2.4.1　系统函数与差分方程的关系

在 1.4 节中曾经讨论到，一个线性非移变系统，可以用线性常系数差分方程来描述，线性常系数差分方程的一般形式为

$$\sum_{k=0}^{N} a_k y(n-k) = \sum_{m=0}^{M} b_m x(n-m)$$

若系统起始状态为零，对此式取 Z 变换，利用移位特性可得

$$\sum_{k=0}^{N} a_k z^{-k} Y(z) = \sum_{m=0}^{M} b_m z^{-m} X(z)$$

于是

$$H(z) = \frac{Y(z)}{X(z)} = \frac{\displaystyle\sum_{m=0}^{M} b_m z^{-m}}{\displaystyle\sum_{k=0}^{N} a_k z^{-k}} \qquad (2\text{-}4\text{-}4)$$

因此，系统函数分子、分母多项式的系数分别与差分方程的系数对应。对系统函数的分子、分母多项式进行因式分解可得

$$H(z) = K\frac{\displaystyle\prod_{m=1}^{M}(1 - c_m z^{-1})}{\displaystyle\prod_{k=1}^{N}(1 - d_k z^{-1})} \qquad (2\text{-}4\text{-}5)$$

式中，$z = c_m$（$m = 1, 2, \cdots, M$）是 $H(z)$ 的零点，$z = d_k$（$k = 1, 2, \cdots, N$）是 $H(z)$ 的极点，它们分别由差分方程的系数 b_m（$m = 1, 2, \cdots, M$）和 a_k（$k = 0, 1, 2, \cdots, N$）决定。因此，除了比例常数 K 以外，系统函数完全由它的全部零点、极点来确定。

但是式（2-4-4）或式（2-4-5）并没有给定 $H(z)$ 的收敛域，因而可代表不同的系统，这和前面所述差分方程并不唯一地确定一个系统是一致的。同一系统函数，收敛域不同，所代表的系统就不同，必须同时给定系统函数和收敛域才能确定系统。

 ### 2.4.2　因果稳定系统的系统函数

在 1.3 节中曾经讨论过，因果系统的单位脉冲响应为因果序列，或者说当 $n<0$ 时，$h(n) = 0$，而因果

序列 Z 变换的收敛域为 $R_{x-} < |z| \leqslant \infty$，所以因果系统 $H(z)$ 的收敛域是半径为 R_{x-} 的圆的外部，且包括 $|z| = \infty$。根据系统函数的定义，有

$$|H(z)| = \left| \sum_{n=-\infty}^{\infty} h(n)z^{-n} \right| \leqslant \sum_{n=-\infty}^{\infty} |h(n)| \cdot |z^{-n}| \tag{2-4-6}$$

而系统稳定的充要条件是 $h(n)$ 绝对可和，即

$$\sum_{n=-\infty}^{\infty} |h(n)| < \infty$$

如果系统函数的收敛域包括单位圆 $|z| = 1$，则由式（2-4-6）可得

$$|H(z)|_{|z|=1} = \left| \sum_{n=-\infty}^{\infty} h(n)z^{-n} \right|_{|z|=1} \leqslant \sum_{n=-\infty}^{\infty} |h(n)| < \infty$$

所以如果系统函数的收敛域包括单位圆 $|z| = 1$，系统是稳定的，反之亦然。也就是说，稳定系统的 $H(z)$ 必在单位圆上存在且连续。

综上所述，系统的因果性和稳定性可由系统函数的收敛域确定。**如果系统是因果系统且稳定，则系统函数 $H(z)$ 必在包含从单位圆到 $|z| = \infty$ 的 z 域内收敛**，即

$$1 \leqslant |z| \leqslant \infty$$

换言之，因果稳定系统的系统函数的全部极点必在单位圆内。

【例 2-4-1】　分析 $H(z)$ 所代表系统的因果性和稳定性，并计算单位脉冲响应 $h(n)$。已知

$$H(z) = \frac{1 - a^2}{(1 - az^{-1})(1 - az)} \qquad 0 < |a| < 1$$

解：$H(z)$ 的极点为 $z = a$ 和 $z = a^{-1}$，如图 2-4-1 所示。$H(z)$ 的收敛域不同，$H(z)$ 代表的系统不同，下面分别讨论。

（1）收敛域 $|z| > |a^{-1}|$，对应的系统是因果系统，但因为 $0 < |a| < 1$，收敛域不包含单位圆，所以是不稳定系统。用部分分式法求 $h(n)$

$$\frac{H(z)}{z} = \frac{a^{-1}(a^2 - 1)}{(z - a)(z - a^{-1})} = \frac{1}{(z - a)} + \frac{-1}{(z - a^{-1})}$$

$$H(z) = \frac{z}{(z - a)} + \frac{-z}{(z - a^{-1})}$$

$$h(n) = (a^n - a^{-n})u(n)$$

这是一个因果序列，但不收敛。

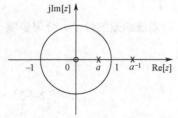

图 2-4-1　$H(z)$ 的零、极点分布

（2）收敛域 $|z| < |a|$，对应的系统是非因果，收敛域不包含单位圆，所以是不稳定系统。其单位脉冲响应序列是左边序列

$$h(n) = (a^{-n} - a^n)u(-n - 1)$$

这是一个非因果且不收敛的序列。

（3）收敛域 $|a| < |z| < |a^{-1}|$，对应的系统是非因果系统。但因为收敛域 $|a| < |z| < |a^{-1}|$，收敛域包含单位圆，因此是稳定系统。其单位脉冲响应序列是双边序列

$$h(n) = a^n u(n) + a^{-n}u(-n - 1) = a^{|n|}$$

这是一个收敛的双边序列。

在【例 2-4-1】中，对应于收敛域不同的三种系统，前两种不稳定，后两种非因果。因此，从要求系统具有因果稳定性的角度来说，这三种系统都是不可取的。

2.4.3　系统频率响应的意义及几何确定

为了研究线性非移变系统对信号的作用，有必要先研究线性非移变系统对复指数序列或正弦序列的稳态响应。设系统的输入序列为复指数序列，

$$x(n) = \mathrm{e}^{\mathrm{j}\omega_0 n}, \qquad -\infty < n < \infty$$

线性非移变系统的单位脉冲响应为 $h(n)$，则输出 $y(n)$ 等于 $x(n)$ 与 $h(n)$ 的卷积和，即

$$y(n) = \sum_{m=-\infty}^{\infty} h(m)\mathrm{e}^{\mathrm{j}\omega_0(n-m)} = \mathrm{e}^{\mathrm{j}\omega_0 n} \sum_{m=-\infty}^{\infty} h(m)\mathrm{e}^{-\mathrm{j}\omega_0 m}$$

所以

$$y(n) = \mathrm{e}^{\mathrm{j}\omega_0 n} H(\mathrm{e}^{\mathrm{j}\omega_0}) \tag{2-4-7}$$

由式（2-4-7）可见，当输入为复指数序列 $\mathrm{e}^{\mathrm{j}\omega_0 n}$ 时的稳态响应 $y(n)$ 也是 $\mathrm{e}^{\mathrm{j}\omega_0 n}$，只是被 $H(\mathrm{e}^{\mathrm{j}\omega_0})$ 加权了。在输入为正弦序列的情况下，即

$$x(n) = A\cos(\omega_0 n + \varphi) = \frac{A}{2}[\mathrm{e}^{\mathrm{j}(\omega_0 n+\varphi)} + \mathrm{e}^{-\mathrm{j}(\omega_0 n+\varphi)}] = \frac{A}{2}\mathrm{e}^{\mathrm{j}\varphi}\mathrm{e}^{\mathrm{j}\omega_0 n} + \frac{A}{2}\mathrm{e}^{-\mathrm{j}\varphi}\mathrm{e}^{-\mathrm{j}\omega_0 n}$$

根据式（2-4-7），系统对 $\frac{A}{2}\mathrm{e}^{\mathrm{j}\varphi}\mathrm{e}^{\mathrm{j}\omega_0 n}$ 的响应

$$y_1(n) = \frac{A}{2}\mathrm{e}^{\mathrm{j}\varphi}\mathrm{e}^{\mathrm{j}\omega_0 n} H(\mathrm{e}^{\mathrm{j}\omega_0})$$

系统对 $\frac{A}{2}\mathrm{e}^{-\mathrm{j}\varphi}\mathrm{e}^{-\mathrm{j}\omega_0 n}$ 的响应

$$y_2(n) = \frac{A}{2}\mathrm{e}^{-\mathrm{j}\varphi}\mathrm{e}^{-\mathrm{j}\omega_0 n} H(\mathrm{e}^{-\mathrm{j}\omega_0})$$

利用叠加定理，系统对 $x(n) = A\cos(\omega_0 n + \varphi)$ 的响应

$$y(n) = \frac{A}{2}[\mathrm{e}^{\mathrm{j}\varphi}\mathrm{e}^{\mathrm{j}\omega_0 n} H(\mathrm{e}^{\mathrm{j}\omega_0}) + \mathrm{e}^{-\mathrm{j}\varphi}\mathrm{e}^{-\mathrm{j}\omega_0 n} H(\mathrm{e}^{-\mathrm{j}\omega_0})]$$

考虑到 $h(n)$ 是实序列，$H(\mathrm{e}^{\mathrm{j}\omega})$ 满足共轭对称条件，即 $H(\mathrm{e}^{\mathrm{j}\omega}) = H^*(\mathrm{e}^{-\mathrm{j}\omega})$，若

$$H(\mathrm{e}^{\mathrm{j}\omega}) = |H(\mathrm{e}^{\mathrm{j}\omega})|\,\mathrm{e}^{\mathrm{j}\arg[H(\mathrm{e}^{\mathrm{j}\omega})]}$$

则有

$$|H(\mathrm{e}^{\mathrm{j}\omega})| = |H(\mathrm{e}^{-\mathrm{j}\omega})|, \qquad \arg[H(\mathrm{e}^{\mathrm{j}\omega})] = -\arg[H(\mathrm{e}^{-\mathrm{j}\omega})]$$

所以

$$y(n) = \frac{A}{2}[\mathrm{e}^{\mathrm{j}\varphi}\mathrm{e}^{\mathrm{j}\omega_0 n}|H(\mathrm{e}^{\mathrm{j}\omega_0})|\,\mathrm{e}^{\mathrm{j}\arg[H(\mathrm{e}^{\mathrm{j}\omega_0})]} + \mathrm{e}^{-\mathrm{j}\varphi}\mathrm{e}^{-\mathrm{j}\omega_0 n}|H(\mathrm{e}^{-\mathrm{j}\omega_0})|\,\mathrm{e}^{\mathrm{j}\arg[H(\mathrm{e}^{-\mathrm{j}\omega_0})]}]$$

$$= \frac{A}{2}|H(\mathrm{e}^{\mathrm{j}\omega_0})|[\mathrm{e}^{\mathrm{j}\{\omega_0 n+\varphi+\arg[H(\mathrm{e}^{\mathrm{j}\omega_0})]\}} + \mathrm{e}^{-\mathrm{j}\{\omega_0 n+\varphi+\arg[H(\mathrm{e}^{\mathrm{j}\omega_0})]\}}]$$

即

$$y(n) = A|H(\mathrm{e}^{\mathrm{j}\omega_0})|\cos(\omega_0 n + \varphi + \arg[H(\mathrm{e}^{\mathrm{j}\omega_0})]) \tag{2-4-8}$$

由式（2-4-8）可见，当输入为正弦序列时，系统输出为同频的正弦序列，其幅度受系统频率响应的幅度 $|H(\mathrm{e}^{\mathrm{j}\omega_0})|$ 加权，而相位则是输入相位与系统相移之和。

离散时间系统的频率响应可以利用 $H(z)$ 的零、极点分布，通过几何方法直观求出，根据式（2-4-5）

$$H(z) = K\frac{\displaystyle\prod_{m=1}^{M}(1-c_m z^{-1})}{\displaystyle\prod_{k=1}^{N}(1-d_k z^{-1})} = Kz^{(N-M)}\frac{\displaystyle\prod_{m=1}^{M}(z-c_m)}{\displaystyle\prod_{k=1}^{N}(z-d_k)} \tag{2-4-9}$$

式中，K 为实数。将 $z = e^{j\omega}$ 代入式（2-4-9），得系统的频率响应

$$H(e^{j\omega}) = Ke^{j\omega(N-M)} \frac{\prod\limits_{m=1}^{M}(e^{j\omega} - c_m)}{\prod\limits_{k=1}^{N}(e^{j\omega} - d_k)} = |H(e^{j\omega})|e^{j\arg[H(e^{j\omega})]} \tag{2-4-10}$$

其幅度响应

$$|H(e^{j\omega})| = |K| \frac{\prod\limits_{m=1}^{M}|(e^{j\omega} - c_m)|}{\prod\limits_{k=1}^{N}|(e^{j\omega} - d_k)|} \tag{2-4-11a}$$

其相位响应

$$\arg[H(e^{j\omega})] = \arg[K] + \sum_{m=1}^{M}\arg[e^{j\omega} - c_m] - \sum_{k=1}^{N}\arg[e^{j\omega} - d_k] + (N-M)\omega \tag{2-4-11b}$$

系统的零点 c_m（或极点 d_k）在 Z 平面上可以用由原点指向 c_m 点（或 d_k 点）的矢量表示，而（$e^{j\omega} - c_m$）（或（$e^{j\omega} - d_k$））可以用由零点 c_m（或极点 d_k）指向单位圆 $e^{j\omega}$ 的矢量 C_m（或 D_k）表示，即

$$e^{j\omega} - c_m = C_m$$
$$e^{j\omega} - d_k = D_k$$

设矢量 $C_m = \rho_m e^{j\theta_m}$，矢量 $D_k = l_k e^{j\phi_k}$，其中 ρ_m 和 l_k 分别表示 C_m 和 D_k 的模，θ_m 和 ϕ_k 分别表示 C_m 和 D_k 的相角，则系统的幅度响应式（2-4-11a）和相位响应式（2-4-11b）分别变成

$$|H(e^{j\omega})| = |K| \frac{\prod\limits_{m=1}^{M}\rho_m}{\prod\limits_{k=1}^{N}l_k} \tag{2-4-12a}$$

和 $$\arg[H(e^{j\omega})] = \arg[K] + \sum_{m=1}^{M}\theta_m - \sum_{k=1}^{N}\phi_k + (N-M)\omega \tag{2-4-12b}$$

可见，系统的幅度响应等于各零点至 $e^{j\omega}$ 的矢量长度之积除以各极点至 $e^{j\omega}$ 的矢量长度之积，再乘以常数 $|K|$；而系统的相位响应等于各零点至 $e^{j\omega}$ 的矢量的相角之和减去各极点至 $e^{j\omega}$ 的矢量的相角之和，再加上常数 K 的相角以及线性相移分量 $(N-M)\omega$。

根据式（2-4-12a）和式（2-4-12b），可求得系统的频率响应。由于 ω 靠近零点时，ρ_m 出现极小值，因此幅度响应将出现极小值，而当 ω 靠近极点时，l_k 出现极小值，因此幅度响应将出现极大值，零点越靠近单位圆，幅度响应中的凹谷越深；反之，极点越靠近单位圆，幅度响应中的峰值越大。直观地，通过改变系统极、零点的分布，可以改变系统的特性。图 2-4-2 所示为一对极点和一对零点所代表的系统的频率响应的几何解释及其幅度特性。

【例 2-4-2】   设一阶因果系统的差分方程如下，求系统的频率响应和单位脉冲响应。

$$y(n) = ay(n-1) + x(n) \qquad |a| < 1, \ a \ 为实数$$

解： 将差分方程两端取 Z 变换，得

$$H(z) = \frac{1}{1 - az^{-1}} = \frac{z}{z - a} \qquad |z| > |a|$$

该系统的频率响应

$$H(\mathrm{e}^{\mathrm{j}\omega}) = \frac{1}{1 - a\mathrm{e}^{-\mathrm{j}\omega}}$$

设 $0 < a < 1$，该一阶系统的零、极点分布如图 2-4-3 所示。根据频率响应的几何确定方法可得该系统的幅度响应和相位响应，如图 2-4-4 所示，此时系统呈低通特性。如果 $-1 < a < 0$，则系统呈高通特性，如图 2-4-5 所示。

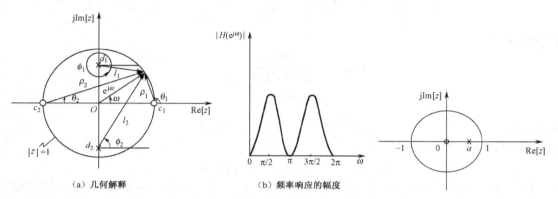

（a）几何解释	（b）频率响应的幅度

图 2-4-2　频率响应的几何解释　　　　图 2-4-3　一阶系统的零、极点分布（$0 < a < 1$）

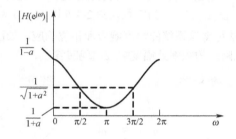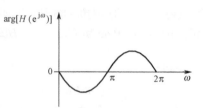

（a）幅度响应	（b）相位响应

图 2-4-4　一阶系统的频率响应（$0 < a < 1$）

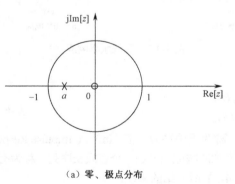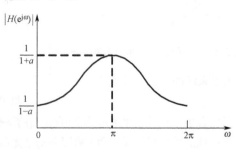

（a）零、极点分布	（b）幅度响应

图 2-4-5　一阶系统的零、极点分布及幅度响应（$-1 < a < 0$）

对 $H(z)$ 求逆 Z 变换，得系统的单位脉冲响应

$$h(n) = a^n u(n)$$

可以看出，在【例 2-4-2】中，系统的单位脉冲响应 $h(n)$ 是无限长序列。

【例 2-4-3】 设系统的差分方程

$$y(n) = x(n) + ax(n-1) + a^2 x(n-2) + \cdots + a^{M-1} x(n-M+1)$$

求系统的频率响应和单位脉冲响应。

解：将差分方程两端取 Z 变换，得

$$H(z) = \frac{Y(z)}{X(z)} = \sum_{n=0}^{M-1} a^n z^{-n} = \frac{1 - a^M z^{-M}}{1 - az^{-1}} = \frac{z^M - a^M}{z^{(M-1)}(z-a)} \qquad |z| > 0$$

系统的频率响应

$$H(e^{j\omega}) = \frac{e^{j\omega M} - a^M}{e^{j\omega(M-1)}(e^{j\omega} - a)}$$

令

$$z^M - a^M = 0$$

得 $H(z)$ 的零点 $\qquad\qquad z_i = ae^{j\frac{2\pi}{M}i}, \qquad i = 0, 1, 2, \cdots, M-1$

令 $H(z)$ 的分母为零，得 $H(z)$ 的极点

$$z_{p0} = a \qquad\qquad z_{p1} = 0 \quad (M-1 \text{ 阶})$$

如果 a 为正实数，则这些零点等间隔地分布在 $|z| = a$ 的圆周上，其第一个零点 $z = a$ 正好和它的单极点抵消，所以整个系统函数有 $(M-1)$ 个零点 $z_i = ae^{j\frac{2\pi}{M}i}$ $(i = 1, 2, \cdots, M-1)$，该系统除在 $z = 0$ 处有 $(M-1)$ 阶极点外，在有限 Z 平面 $0 < |z| < \infty$ 上不存在极点。设 $|a| < 1$，a 为实数，图 2-4-6 以 $M = 6$ 为例画出系统的零、极点分布。根据频率响应的几何确定方法可得该系统的幅度响应和相位响应，如图 2-4-7 所示。幅度响应在 $\omega = 0$ 处为峰值，而在 $H(z)$ 的零点附近的频率处幅度响应出现凹谷。

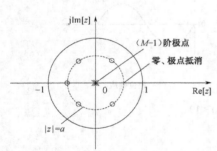

图 2-4-6　系统的零、极点分布（$m = 6$）

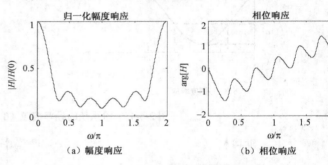

（a）幅度响应　　　　　　　（b）相位响应

图 2-4-7　系统频率响应

容易求出系统的单位脉冲响应

$$h(n) = a^n R_M(n)$$

可以看出，该系统的单位脉冲响应 $h(n)$ 是有限长序列。

若系统的单位脉冲（冲激）响应 $h(n)$ 是无限长序列，称为无限冲激响应（Infinite Impulse Response，IIR）系统，如【例 2-4-2】所介绍的系统；若系统的单位脉冲响应 $h(n)$ 是一个有限长序列，称为有限冲激响应（Finite Impulse Response，FIR）系统，如【例 2-4-3】所介绍的系统。

2.4.4　数字全通系统与最小相移系统

在线性非移变离散时间系统中，有两种十分有用的特殊系统：全通系统（All-pass System）与最小相移系统（Minimum-phase System）。下面来分析它们的特性。

1. 全通系统

如果系统频率响应的幅度恒等于一个常数，则称为全通系统，即

$$|H(e^{j\omega})| \equiv A$$

式中，A 为常数。全通系统的频率响应可表示为

$$H(e^{j\omega}) = Ae^{j\theta(\omega)} \tag{2-4-13}$$

简单的一阶全通系统的系统函数为

$$H_{ap}(z) = \frac{z^{-1} - a}{1 - az^{-1}} \qquad 0 < |a| < 1，a \text{ 为实数} \tag{2-4-14}$$

这一系统的零、极点位置如图 2-4-8 所示。

将 $z = e^{j\omega}$ 代入式（2-4-14）

$$|H_{ap}(e^{j\omega})| = \left| \frac{e^{-j\omega} - a}{1 - ae^{-j\omega}} \right| = |e^{-j\omega}| \cdot \left| \frac{1 - ae^{j\omega}}{1 - ae^{-j\omega}} \right| = \left| \frac{1 - a\cos\omega - ja\sin\omega}{1 - a\cos\omega + ja\sin\omega} \right| = 1$$

即该系统的幅度响应为 1，是一个与频率无关的常数，所以，式（2-4-14）所代表的系统是全通系统。高阶全通系统由多个一阶全通系统组成，其中的一阶全通系统可以由式（2-4-14）所示的实数零、极点构成，也可以是包括复数零、极点构成的全通系统，复数零、极点构成的全通系统的系统函数

$$H_{ap}(z) = \frac{z^{-1} - a^*}{1 - az^{-1}} \qquad 0 < |a| < 1，a \text{ 为复数} \tag{2-4-15}$$

这一系统的零、极点位置如图 2-4-9 所示，零、极点出现在关于单位圆反演的位置上。在这种情况下，设

$$a = re^{j\varphi}$$

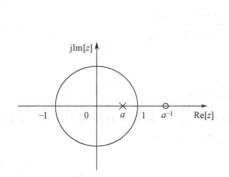

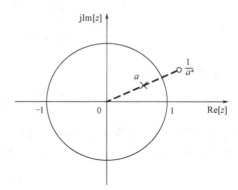

图 2-4-8　a 为实数，$0<|a|<1$ 时，一阶　　　　　图 2-4-9　a 为复数，$0<|a|<1$ 时，一阶
　　　　　全通系统的零、极点位置　　　　　　　　　　　　　　全通系统的零、极点位置

则

$$|H_{ap}(e^{j\omega})| = \left| \frac{e^{-j\omega} - re^{-j\varphi}}{1 - re^{j\varphi}e^{-j\omega}} \right| = |e^{-j\omega}| \cdot \left| \frac{1 - re^{j(\omega - \varphi)}}{1 - re^{-j(\omega - \varphi)}} \right| = \left| \frac{1 - r\cos(\omega - \varphi) - jr\sin(\omega - \varphi)}{1 - r\cos(\omega - \varphi) + jr\sin(\omega - \varphi)} \right| = 1$$

幅度响应同样为 1。若 $h(n)$ 为实函数，则系统函数 $H(z)$ 是实系数有理分式，复数零、极点必然共轭成对，所以复数零、极点构成的二阶全通系统的系统函数

$$H_{ap}(z) = \frac{z^{-1} - a^*}{1 - az^{-1}} \frac{z^{-1} - a}{1 - a^*z^{-1}} = \frac{c_2 + c_1z^{-1} + z^{-2}}{1 + c_1z^{-1} + c_2z^{-2}} \qquad 0 < |a| < 1 \tag{2-4-16}$$

式中，$c_1 = -2\text{Re}[a]$，$c_2 = |a|^2$。

一般来说，N 阶数字全通系统的系统函数

$$H_{ap}(z) = \pm \prod_{i=1}^{N} \frac{z^{-1}-a_i^*}{1-a_iz^{-1}} = \pm \frac{c_N+c_{N-1}z^{-1}+\cdots+c_1z^{-(N-1)}+z^{-N}}{1+c_1z^{-1}+\cdots+c_{N-1}z^{-(N-1)}+c_Nz^{-N}} = \pm \frac{z^{-N}C(z^{-1})}{C(z)} \quad (2\text{-}4\text{-}17)$$

式中，$C(z) = 1+c_1z^{-1}+\cdots+c_{N-1}z^{-(N-1)}+c_Nz^{-N}$。

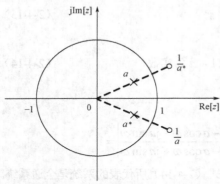

图 2-4-10　二阶全通系统的零、极点位置

根据前面的分析可知，全通系统的零、极点具有这样的特性：若 $p_i = a_i = r_ie^{j\varphi_i}$ 是 $H(z)$ 的极点，则 $z_i = \dfrac{1}{a_i^*} = \dfrac{1}{r_i}e^{j\varphi_i}$ 一定为 $H(z)$ 的零点，对实有理分式 $H(z)$，p_i 和 z_i 本身还是共轭成对的，这样全通系统的零、极点相对单位圆是镜像共轭成对的，如图 2-4-10 所示。因为因果稳定系统的所有极点都必须位于单位圆内（$r_i < 1$），又全通系统的零、极点具有镜像共轭成对的特性，所以它的零点全部在单位圆外。

关于全通系统函数的相位特性，具有如下性质。

性质 1　全通系统的相位特性 $\theta(\omega)$ 随频率单调下降。

即有

$$\frac{d\theta(\omega)}{d\omega} < 0 \quad (2\text{-}4\text{-}18)$$

为了证明该性质，先考虑由式（2-4-15）所示的一阶全通系统的频率响应

$$H_{ap}(e^{j\omega}) = \frac{e^{-j\omega}-re^{-j\varphi}}{1-re^{j\varphi}e^{-j\omega}} = e^{-j\left(\omega+2\arctan\left[\frac{r\sin(\omega-\varphi)}{1-r\cos(\omega-\varphi)}\right]\right)} = e^{j\theta_1(\omega)}$$

即

$$\theta_1(\omega) = -\omega - 2\arctan\left[\frac{r\sin(\omega-\varphi)}{1-r\cos(\omega-\varphi)}\right] \quad (2\text{-}4\text{-}19)$$

对式（2-4-19）两边求导

$$\frac{d\theta_1(\omega)}{d\omega} = -1 - 2\frac{1-r^2}{|1-re^{j(\omega-\varphi)}|^2}$$

因为 $r<1$，所以，对任何频率式（2-4-18）恒成立。对于 N 阶系统，总的相位是所有 N 个式（2-4-19）所示相位的总和，因而式（2-4-18）也成立。通常定义系统的群延时为

$$\tau(\omega) = -\frac{d\theta(\omega)}{d\omega} \quad (2\text{-}4\text{-}20)$$

由式（2-4-18）可知，全通系统的群延时总是正值，即

$$\tau(\omega) > 0 \quad (2\text{-}4\text{-}21)$$

性质 2　对实稳定全通系统，当频率 ω 从 0 变化到 π 时，N 阶全通系统的相位的改变为 $N\pi$。

先考虑一阶系统。对于式（2-4-14）所示的一阶系统，零、极点为实数，此时极点 $p=a=re^{j\varphi}$，$\varphi = 0$。由式（2-4-19）可知，当频率 ω 从 0 变化到 π 时，其相位的改变

$$\Delta\theta_1(\omega) = \theta_1(0)-\theta_1(\pi) = \pi$$

再考虑由式（2-4-16）所示的二阶系统，其零、极点的共轭成对，其相位响应为

$$\theta_2(\omega) = -2\omega - 2\arctan\left[\frac{r\sin(\omega-\varphi)}{1-r\cos(\omega-\varphi)}\right] - 2\arctan\left[\frac{r\sin(\omega+\varphi)}{1-r\cos(\omega+\varphi)}\right]$$

当频率 ω 从 0 变化到 π 时，其相位的改变

$$\Delta\theta_2(\omega) = \theta_2(0)-\theta_2(\pi) = 2\pi$$

由式（2-4-17）可知，任何全通系统都可化为式（2-4-14）所示的一阶函数和式（2-4-16）所示的二阶函数之积，其相位为这些一阶系统和二阶系统的相位之和，所以，当频率 ω 从 0 变化到 π 时，N 阶全通系统相位的改变为 $N\pi$。

下面来看全通系统的应用。

首先，全通系统可用做相位校正网络，即相位均衡器。在视频传输等许多应用中，希望系统具有线性相位。假设系统 $H_{\mathrm{b}}(z)$ 的相位特性不符合要求，为了补偿，可以级联全通系统 $H_{\mathrm{ap}}(z)$ 进行校正，级联后的系统函数

$$H(z) = H_{\mathrm{b}}(z)H_{\mathrm{ap}}(z)$$

其频率响应

$$H(\mathrm{e}^{\mathrm{j}\omega}) = H_{\mathrm{b}}(\mathrm{e}^{\mathrm{j}\omega})H_{\mathrm{ap}}(\mathrm{e}^{\mathrm{j}\omega}) = |H_{\mathrm{b}}(\mathrm{e}^{\mathrm{j}\omega})| \cdot |H_{\mathrm{ap}}(\mathrm{e}^{\mathrm{j}\omega})| \mathrm{e}^{\mathrm{j}[\theta_{\mathrm{b}}(\omega)+\theta_{\mathrm{ap}}(\omega)]} = |H_{\mathrm{b}}(\mathrm{e}^{\mathrm{j}\omega})| \mathrm{e}^{\mathrm{j}[\theta_{\mathrm{b}}(\omega)+\theta_{\mathrm{ap}}(\omega)]}$$

相位响应

$$\theta(\omega) = \theta_{\mathrm{b}}(\omega) + \theta_{\mathrm{ap}}(\omega)$$

$\theta(\omega)$ 是所希望的相位特性，如果希望系统具有线性相位，则

$$\tau(\omega) = -\frac{\mathrm{d}\theta(\omega)}{\mathrm{d}\omega} = C$$

C 为不随 ω 变化的常数（实际中，只是要求 $\theta(\omega)$ 在系统的通带内为不随 ω 变化的常数）。利用均方误差最小准则可以求出全通系统的有关参数。

另外，如果系统是不稳定的，可以用级联全通系统的方法将其变成稳定系统。例如，不稳定系统有一对极点 $p_{1,2} = r\mathrm{e}^{\pm\mathrm{j}\varphi}$，$r>1$ 在单位圆外，级联一个如下的全通系统就可以将其变成稳定系统

$$H_{\mathrm{ap}}(z) = \frac{z^{-1}-a^{*}}{1-az^{-1}}\frac{z^{-1}-a}{1-a^{*}z^{-1}}$$

式中，$a = \dfrac{1}{r}\mathrm{e}^{\mathrm{j}\varphi}$，$r>1$。这样，可以将单位圆外的一对极点抵消，使得系统稳定，且不改变原系统的幅度特性，如图 2-4-11 所示。

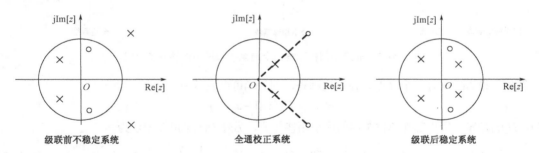

图 2-4-11　不稳定系统级联全通系统成为稳定系统

2. 最小相移系统

前面曾经指出，一个因果稳定的系统必须满足系统函数的极点全部在单位圆内，但对零点则没有限制，既可在单位圆内，也可在单位圆外。如果一个因果稳定系统 $H(z)$ 具有单位圆外的零点，那么它的逆系统 $1/H(z)$ 就一定具有单位圆外的极点，变成不稳定系统，通常称这样的系统是不可逆系统。显然，为了保证系统的可逆性，不仅要求系统函数的极点在单位圆内，零点也必须全部都在单位圆内。

设系统函数

$$H(z) = \frac{Y(z)}{X(z)} = \frac{\sum\limits_{m=0}^{M} b_m z^{-m}}{\sum\limits_{k=0}^{N} a_k z^{-k}} = K \frac{\prod\limits_{m=1}^{M}(1 - c_m z^{-1})}{\prod\limits_{k=1}^{N}(1 - d_k z^{-1})}$$

系统具有 M 个有限零点，其中单位圆内有 m_i 个，单位圆外有 m_o 个；N 个有限极点，其中单位圆内有 n_i 个，单位圆外有 n_o 个。对于稳定系统，$n_o = 0$，$n_i = N$，当 ω 由 0 变化到 2π 时，因为只有单位圆内的零、极点对系统相移的变化有贡献，所以，在不考虑 $H(z)$ 中常数的情况下，系统相位的变化量

$$\Delta \arg[H(e^{j\omega}) / K] = 2\pi(m_i - n_i) + 2\pi(N - M) = 2\pi m_i - 2\pi M = -2\pi m_o$$

当系统函数的全部零点都在单位圆内时，$m_o = 0$，因此，当 ω 由 0 变化到 2π 时，系统相位的变化量为 0。一个因果稳定系统，当其全部的零、极点都在单位圆内时，具有最小相位滞后，称为最小相移系统。与此相对应，当系统的全部的零、极点都在单位圆外时，称为最大相移系统；而在单位圆内外都有零点的系统称为混合相位系统或非最小相移系统。

最小相移系统具有以下性质。

性质 1 最小相移系统具有最小相位滞后特性。

性质 2 任何非最小相移系统可以由最小相移系统和全通系统级联构成，即

$$H(z) = H_{\min}(z) H_{ap}(z) \tag{2-4-22}$$

式中，$H(z)$、$H_{\min}(z)$ 和 $H_{ap}(z)$ 分别表示因果稳定非最小相移系统、最小相移系统和全通系统的系统函数，如图 2-4-12 所示。

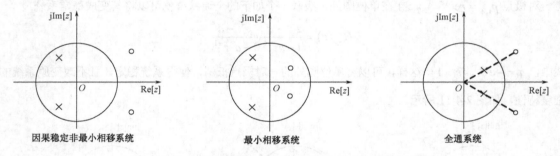

图 2-4-12 非最小相移系统由全通系统和最小相移系统组成

例如，设 $H(z)$ 仅有一个零点 z_0 在单位圆外，则 $H(z)$ 可以表示为

$$H(z) = H_1(z)(1 - z_0 z^{-1})$$

式中，$H_1(z)$ 是零、极点都在单位圆内的最小相移部分，另外 $H(z)$ 又可以表示为

$$H(z) = [H_1(z)(1 - z_0 z^{-1})] \frac{z^{-1} - z_0}{z^{-1} - z_0} = \underbrace{[H_1(z)(z^{-1} - z_0)]}_{H_{\min}(z)} \underbrace{\frac{1 - z_0 z^{-1}}{z^{-1} - z_0}}_{H_{ap}(z)} = H_{\min}(z) H_{ap}(z) \tag{2-4-23}$$

式（2-4-23）说明，单位圆外的零点可以用级联全通函数的方法将其移到单位圆内。

性质 3 最小相移系统具有最小群延时，即对于所有的 ω，有

$$-\frac{d \arg[H(e^{j\omega})]}{d\omega} > -\frac{d \arg[H_{\min}(e^{j\omega})]}{d\omega} \tag{2-4-24}$$

证明：根据性质 2，有

$$\arg[H(e^{j\omega})] = \arg[H_{\min}(e^{j\omega})] + \arg[H_{ap}(e^{j\omega})]$$

所以
$$-\frac{\mathrm{d}\arg[H(\mathrm{e}^{\mathrm{j}\omega})]}{\mathrm{d}\omega} = -\frac{\mathrm{d}\arg[H_{\min}(\mathrm{e}^{\mathrm{j}\omega})]}{\mathrm{d}\omega} - \frac{\mathrm{d}\arg[H_{\mathrm{ap}}(\mathrm{e}^{\mathrm{j}\omega})]}{\mathrm{d}\omega}$$

由全通系统的相位特性可知
$$-\frac{\mathrm{d}\arg[H_{\mathrm{ap}}(\mathrm{e}^{\mathrm{j}\omega})]}{\mathrm{d}\omega} > 0$$

所以，式（2-4-24）成立。

性质 4 最小相移系移统具有能量延时最小的特性。

该性质说明当信号通过最小相移系统时，与通过其他具有相同幅度响应的系统相比，能量更集中在时间的前面部分，这实际上是最小相位特性在时域的反映，若长度为 N 的最小相移系统的单位脉冲响为 $h_{\min}(n)$，非最小相移系统的单位脉冲响为 $h(n)$，则有

$$\sum_{n=0}^{m}|h(n)|^2 \leqslant \sum_{n=0}^{m}|h_{\min}(n)|^2, \quad m < N-1 \tag{2-4-25a}$$

$$\sum_{n=0}^{N-1}|h(n)|^2 = \sum_{n=0}^{N-1}|h_{\min}(n)|^2 \tag{2-4-25b}$$

性质 5 在幅度响应相同的系统中，只有唯一的最小相移系统。

思 考 题

1. Z 变换极点的位置与收敛域有何联系？

2. 左边序列、右边序列、双边序列、有限长序列的 Z 变换，其收敛域各自具有怎样的形式？

3. 是否可以说，一个稳定的因果系统存在 $H(\mathrm{e}^{\mathrm{j}\omega}) = H(z)\big|_{z=\mathrm{e}^{\mathrm{j}\omega}}$？

4. 系统为稳定系统时，在 z 域应满足什么条件？

5. 系统为因果系统时，在 z 域应满足什么条件？

6. 序列 Z 变换与拉普拉斯变换的关系是什么？与傅里叶变换的关系又是什么？

7. 如何确定两个序列相卷积的 Z 变换的收敛域？

8. 一个因果稳定的数字系统，其极点位置位于 Z 平面的什么范围内？

9. 如果某系统的系统函数在单位圆外不存在极点，该系统是否一定稳定？

10. 系统函数 $H(z)$ 的零、极点位置距单位圆的远近对系统的频率特性有何影响？

11. 何为全通系统？全通系统的零、极点分布有何特点？

12. 全通系统的相位特性具有什么性质？

13. 何为最小相移系统？最小相移系统的零、极点分布有何特点？

习 题

2-1 求以下序列的 Z 变换、收敛域及零、极点分布图。

（1）$\delta(n-n_0)$ 　　　　（2）$0.5^n u(n)$ 　　　　（3）$-0.5^n u(-n-2)$

（4）$0.5^n[u(n)-u(n-10)]$ 　　　　（5）$\mathrm{e}^{\mathrm{j}\omega_0 n}u(n)$ 　　　　（6）$\cos(\omega_0 n)u(n)$

（7）$\sin(\omega_0 n)u(n)$ 　　　　（8）$\cosh(\alpha n)u(n)$ 　　　　（9）$\sinh(\alpha n)u(n)$

2-2 求以下序列的 Z 变换、收敛域及零、极点分布图。

（1）$a^{|n|}$, $0<|a|<1$　　　　（2）$e^{(a+j\omega_0)n}u(n)$　　　　（3）$Ar^n\cos(\omega_0 n+\theta)u(n)$

（4）$Ar^n\sin(\omega_0 n+\theta)u(n)$　　（5）$a^n u(n)+b^n u(-n-1)$　　（6）$a^{|n|}\cos(\omega_0 n)$

（7）$\dfrac{1}{n!}u(n)$　　　　　　（8）$x(n)=\begin{cases}n, & 0\leqslant n\leqslant N\\ 2N-n, & N+1\leqslant n\leqslant 2N\\ 0, & \text{其他}\end{cases}$

2-3 用三种方法（长除法、留数法、部分分式法）求以下逆 Z 变换。

（1）$X(z)=\dfrac{1}{1-0.5z^{-1}}$, 　　$|z|>0.5$　　　（2）$X(z)=\dfrac{1-az^{-1}}{z^{-1}-a}$, 　　$|z|>|a|^{-1}$

2-4 画出 $X(z)=\dfrac{-3z^{-1}}{2-5z^{-1}+2z^{-2}}$ 的零、极点图，并问在以下三种收敛域下，哪一种对应左边序列、哪一种对应右边序列、哪一种对应双边序列？并求出各对应序列。

（1）$|z|>2$　　　　　（2）$|z|<0.5$　　　　　（3）$0.5<|z|<2$

2-5 求下列函数的逆 Z 变换。

（1）$X(z)=\dfrac{1}{(1-z^{-1})(1-2z^{-1})}$, 　　$1<|z|<2$　（2）$X(z)=\dfrac{z-5}{(1-0.5z^{-1})(1-0.5z)}$, 　　$0.5<|z|<2$

（3）$X(z)=\dfrac{1}{(1-z^{-1})(1+z^{-1})}$, 　　$|z|<1$　（4）$X(z)=\dfrac{1+z^{-1}}{1-2z^{-1}\cos\omega_0+z^{-2}}$, 　　$|z|>1$

（5）$X(z)=\dfrac{z^{-1}}{(1-2z^{-1})^2}$, 　　$|z|>2$　　（6）$X(z)=\dfrac{z^{-2}}{1+z^{-2}}$, 　　$|z|>1$

（7）$X(z)=1+z^{-1}+6z^{-4}+z^{-6}$, 　　$|z|>0$

2-6 求 $X(z)=e^z+e^{1/z}$, $0<|z|<\infty$ 的逆 Z 变换（提示：将其展开成罗朗级数）。

2-7 求下列序列的 Z 变换。

（1）$na^n u(n)$　　　　　　　　　　　（2）$n^2 a^n u(n)$

2-8 若已知序列 $x(n)$ 的 Z 变换如下，用 Z 变换的性质求共轭序列 $x^*(n)$ 及其 Z 变换。

$$X(z)=\frac{1+j}{1-(1+j)z^{-1}}, \quad |z|>\sqrt{2}$$

2-9 以下为因果序列的 Z 变换，求序列的初值 $x(0)$、终值 $x(\infty)$。

（1）$X(z)=\dfrac{1+z^{-1}}{1-0.7z^{-1}-0.3z^{-2}}$　　　（2）$X(z)=\dfrac{z^{-1}}{1-1.5z^{-1}+0.5z^{-2}}$

（3）$X(z)=\dfrac{1+z^{-1}+z^{-2}}{(1-z^{-1})(1-2z^{-1})}$　　（4）$X(z)=\dfrac{1}{(1-0.5z^{-1})(1+0.5z^{-1})}$

2-10 已知 $x(n)=a^n u(n)$, $y(n)=b^n u(n)$, $0<[|a|,|b|]<1$, 求卷积 $f(n)=x(n)*y(n)$。

（1）直接按卷积公式求 $f(n)$；（2）用 Z 变换求 $f(n)$。

2-11 用直接卷积及用 Z 变换求 $f(n)=x(n)*y(n)$。

（1）$x(n)=a^n u(n)$, $y(n)=b^n u(-n)$　　（2）$x(n)=a^n u(n)$, $y(n)=\delta(n-1)$

（3）$x(n)=a^n u(n)$, $y(n)=u(n-1)$

2-12 已知 $x(n)$、$y(n)$ 的 Z 变换，用直接法和复卷积公式求 $Z[x(n)y(n)]$。

（1）$X(z)=\dfrac{0.99}{(1-0.1z^{-1})(1-0.1z)}$, $0.1<|z|<10$, $Y(z)=\dfrac{1}{1-0.1z^{-1}}$, $|z|<0.1$

（2）$X(z) = \dfrac{0.99}{(1-0.1z^{-1})(1-0.1z)}$，$0.1 < |z| < 10$，$Y(z) = \dfrac{1}{1-0.1z^{-1}}$，$|z| > 0.1$

2-13　用直接法及 Parseval 定理求 $\displaystyle\sum_{n=-\infty}^{\infty} x(n)y(n)$。

（1）$x(n) = a^n u(n)$，$y(n) = b^n u(n)$　　　　（2）$x(n) = a^n u(n)$，$y(n) = b^n u(-n)$

（3）$x(n) = na^n u(n)$，$y(n) = \delta(n-n_0)$

2-14　设信号 $x(n)$ 如习题 2-14 图所示，不必求出 $X(e^{j\omega})$，试完成下列计算。

（1）$X(e^{j0})$　　　　　　　（2）$\displaystyle\int_{-\pi}^{\pi} X(e^{j\omega})d\omega$

（3）$\displaystyle\int_{-\pi}^{\pi} |X(e^{j\omega})|^2 \, d\omega$　　　　（4）$\displaystyle\int_{-\pi}^{\pi} |\dfrac{dX(e^{j\omega})}{d\omega}|^2 \, d\omega$

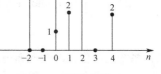

习题 2-14 图　信号 $x(n)$

2-15　若 $x(n)$、$y(n)$ 为稳定因果的实序列，求证：

$$\dfrac{1}{2\pi}\int_{-\pi}^{\pi} X(e^{j\omega})Y(e^{j\omega})d\omega = [\dfrac{1}{2\pi}\int_{-\pi}^{\pi} X(e^{j\omega})d\omega][\dfrac{1}{2\pi}\int_{-\pi}^{\pi} Y(e^{j\omega})d\omega]$$

2-16　已知序列的 Z 变换 $X(z)$，求序列频谱 $X(e^{j\omega})$，并图示其幅度特性与相位特性。

（1）$\dfrac{1}{(1-az^{-1})}$，　　　$0 < a < 1$　　　　（3）$X(z) = \dfrac{1+z^{-6}}{1-z^{-1}}$

（2）$\dfrac{1}{1-2az^{-1}\cos\omega_0 + a^2 z^{-2}}$，　　　$0 < a < 1$　　　（4）$X(z) = \dfrac{1-az^{-1}}{z^{-1}-a}$，　　　$a > 1$

2-17　求以下序列 $x(n)$ 的频谱 $X(e^{j\omega})$。

（1）$\delta(n)$　　　　　　（2）$\delta(n-n_0)$　　　　　　（3）$e^{(-a+j\omega_0)n}u(n)$

（4）$R_N(n)$　　　　　（5）$e^{-an}\cos(\omega_0 n)u(n)$　　　（6）$\left[1 + \cos\left(\dfrac{2\pi}{N}n\right)\right]R_{2N}(n)$

2-18　已知 $X(e^{j\omega}) = \begin{cases} 1, & |\omega| < \omega_0 \\ 0, & \omega_0 \leqslant |\omega| \leqslant \pi \end{cases}$，求 $x(n)$。

2-19　试证 $x(-n)$ 的频谱为 $X(e^{-j\omega})$。

2-20　已知 $x(n)$ 的 DTFT 为 $X(e^{j\omega})$，求下列各序列的傅里叶变换 $Y(e^{j\omega})$（要有导出的过程）。

（1）$y(n) = ax(1-n) + bx(n-1)$　　　　　（2）$y(n) = x(n)(n-2)^2$

（3）$y(n) = \cos(\omega_0 n) \cdot x(n)$　　　　　　　（4）$y(n) = x(n)R_N(n)$

（5）$y(n) = x(2n)$　　　　　　　　　　　　（6）$y(n) = x^2(-n)$

（7）$y(n) = \begin{cases} x\left(\dfrac{n}{2}\right) & n\text{为偶数} \\ 0 & n\text{为奇数} \end{cases}$　　　　（8）$y(n) = \dfrac{x^*(-n) + x(n)}{2}$

2-21　设一个因果的线性非移变系统由下列差分方程描述

$$y(n) - \dfrac{1}{3}y(n-1) = x(n) + \dfrac{1}{3}x(n-1)$$

（1）求该系统的单位脉冲响应 $h(n)$；

（2）用（1）得到的结果求输入为 $x(n) = e^{j\omega n}$ 时系统的稳态响应；

（3）求系统的频率响应；

（4）求系统对输入 $x(n) = \cos\left(\dfrac{\pi}{2}n + \dfrac{\pi}{4}\right)$ 的稳态响应。

2-22　一个线性非移变因果系统由下列差分方程描述

$$y(n) - y(n-1) - y(n-2) = x(n-1)$$

（1）求该系统的系统函数，画出零、极点图并指出其收敛区域；

（2）求该系统的单位脉冲响应 $h(n)$；

（3）此系统是一个不稳定系统，试求一个满足上述差分方程的稳定（但非因果）的系统的单位脉冲响应；

（4）试求一个具有相同幅度特性的稳定系统的系统函数。

2-23　一个稳定的线性非移变系统由下列差分方程描述

$$y(n-1) - \frac{10}{3}y(n) + y(n+1) = x(n)$$

求该系统的单位脉冲响应 $h(n)$。

2-24　一个线性非移变系统由下列差分方程描述

$$y(n-1) - \frac{5}{2}y(n) + y(n+1) = x(n)$$

如果不知道系统是否是因果的、稳定的，试求该系统的单位脉冲响应 $h(n)$ 的三种可能的选择方案。

2-25　某一因果线性非移变系统由下列差分方程描述

$$y(n) - ay(n-1) = x(n) - bx(n-1)$$

试确定能使该系统成为全通系统的 b 值（$b \neq a$）。

2-26　一个因果的线性非移变系统的系统函数如下

$$H(z) = \frac{1 - a^{-1}z^{-1}}{1 - az^{-1}}, \quad a \text{ 为实数}$$

（1）假设 $0 < a < 1$，画出零、极点分布图，并用阴影线画出收敛域。a 值在什么范围内才能使系统稳定？

（2）证明这个系统是全通系统，即其频率响应的幅度为一常数。

2-27　已知序列 $x(n)$ 的 Z 变换 $X(z)$ 的零、极点分布图如习题 2-27 图所示。

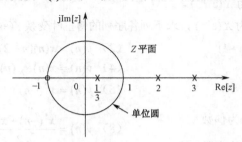

习题 2-27 图　序列 $x(n)$ 的 Z 变换 $X(z)$ 的零、极点分布图

（1）如果已知 $x(n)$ 的傅里叶变换是收敛的，试求 $X(z)$ 的收敛域。指出 $x(n)$ 是右边序列、左边序列还是双边序列，如果知道 $x(0)=1$，试确定 $x(n)$。

（2）如果不知道序列 $x(n)$ 的傅里叶变换是否收敛，但知道序列是双边序列，试问习题 2-27 图所示的零、极点分布图能对应多少个不同的可能序列？并对每种可能的序列指出它的 Z 变换收敛域。

2-28　稳定系统的系统函数为

$$H(z) = \frac{z-1}{z-1/2}$$

试确定其收敛域，并说明该系统是否为因果系统。

2-29　设 $h_{\min}(n)$ 是最小相移序列，$h(n)$ 是非最小相移序列，且满足 $|H_{\min}(e^{j\omega})| = |H(e^{j\omega})|$，试证明

$$|h_{\min}(0)| > |h(0)|$$

（提示：用初值定理）

2-30　已知实因果系统的单位脉冲响应 $h(n) = \left\{ \dfrac{-1}{8}, \dfrac{-5}{24}, \dfrac{13}{12}, \dfrac{-1}{3} \right\}$。该系统是否为最小相移系统？若不是，找出具有相同频率响应的因果最小相移系统的 $h_{\min}(n)$。

第3章 离散傅里叶变换及快速算法

序列的傅里叶变换和 Z 变换是离散信号与系统分析、设计的重要工具。在实际应用中，由于这两种变换结果都是连续函数，不便于利用计算机进行处理，使得它们的应用受到限制。在工程实际中，由于观测或测量信号的时间有限，所以经常用到的是有限长序列。对于有限长序列，可以推导出另一种傅里叶变换表示，称为离散傅里叶变换（Discrete Fourier Transform，DFT）。序列经过 DFT 后，它的频域函数也是离散的，这就使数字信号在频域也可以用计算机进行处理，大大增加了数字信号处理的灵活性。离散傅里叶变换不仅在理论上有重要意义，而且有快速计算的方法——快速傅里叶变换（Fast Fourier Transform，FFT），因此，离散傅里叶变换在数字信号处理应用中起着重要作用。

本章主要讨论离散傅里叶级数、离散傅里叶变换及有关性质和应用、频率采样理论、利用离散傅里叶变换逼近连续时间信号的频谱分析问题和有关快速算法。

从理论上说，离散傅里叶变换是傅里叶变换的一种可能形式。为了更好地理解这点并不致发生混淆，先讨论傅里叶变换的各种可能形式。

3.1 傅里叶变换的几种可能形式

所谓傅里叶变换，就是以时间为自变量的"信号"函数与以频率为自变量的"频谱"函数之间的某种变换关系。当自变量"时间"或"频率"取连续或离散、周期或非周期的不同组合时，就可以形成各种不同的傅里叶变换对，有些变换对是以前的课程中学习过的，下面将作汇总。需要说明的是，在下面的讨论中所绘出的虚拟函数图形只是为了清楚地说明时域特性与频域特性之间的某种关系，并不代表任何实际的变换对。

1. 连续时间非周期信号的傅里叶变换

连续时间非周期信号 $x(t)$ 的傅里叶变换 $X(j\Omega)$，变换对可以表示为

正变换
$$X(j\Omega) = \int_{-\infty}^{\infty} x(t)e^{-j\Omega t}dt \tag{3-1-1}$$

逆变换
$$x(t) = \frac{1}{2\pi} \int_{-\infty}^{\infty} X(j\Omega)e^{j\Omega t}d\Omega \tag{3-1-2}$$

这是连续时间非周期信号及其频谱间的变换对，其时域函数是连续非周期的，而频域函数是非周期连续的，时域函数和频域函数的形式如图 3-1-1 所示。这里，时域的连续性对应频域的非周期性，时域的非周期性对应频域的连续性。

2. 连续时间周期信号的傅里叶变换

周期为 T_0 的周期性连续时间信号 $x(t)$ 可展开成傅里叶级数，其频域函数是离散的，频域函数用 $X(jk\Omega_0)$ 表示，则这个变换对可表示为

正变换
$$X(jk\Omega_0) = \frac{1}{T_0} \int_{-T_0/2}^{T_0/2} x(t)e^{-jk\Omega_0 t}dt \tag{3-1-3}$$

逆变换
$$x(t) = \sum_{k=-\infty}^{\infty} X(jk\Omega_0)e^{jk\Omega_0 t} \tag{3-1-4}$$

这是傅里叶级数的变换对形式。式（3-1-3）所表示的积分在 $x(t)$ 的一个周期内进行。两相邻谱线之间的间隔 Ω_0 与周期 T_0 之间的关系可表示为

$$\Omega_0 = \frac{2\pi}{T_0} = 2\pi F_0$$

这里，时域函数是连续周期的，而频域函数是非周期离散的，式（3-1-3）和式（3-1-4）两函数的特性如图 3-1-2 所示。可见，时域的连续性对应频域的非周期性，而时域的周期性对应频域的离散性。

图 3-1-1　连续时间非周期信号及其非周期连续谱　　　图 3-1-2　连续时间周期信号及其非周期离散谱

3. 离散时间非周期信号的傅里叶变换

这就是第 2 章讨论的离散时间傅里叶变换，其变换对为

正变换
$$X(e^{j\omega}) = \sum_{n=-\infty}^{\infty} x(n)e^{-j\omega n} \tag{3-1-5}$$

逆变换
$$x(n) = \frac{1}{2\pi} \int_{-\pi}^{\pi} X(e^{j\omega})e^{j\omega n} d\omega \tag{3-1-6}$$

式中，ω 表示数字域频率，它和模拟角频率之间的关系是 $\omega = \Omega T$，式（3-1-6）在 $X(e^{j\omega})$ 的一个周期内求积分。式（3-1-5）和式（3-1-6）两个函数的特性如图 3-1-3 所示。图中把 $x(n)$ 看成是模拟信号采样的结果，标明了两种自变量的坐标。从这个变换对可以看到，时域的离散性对应于频域的周期性；而时域的非周期性对应于频域的连续性。

4. 离散时间周期信号的傅里叶变换

按照时间变量和频率变量是连续还是离散的不同组合，可以推断，必存在时间变量和频率变量都是离散的情况。事实上，时域采样（离散化）导致频域的周期化。由于在傅里叶变换中时间 t 及频率 f 是对称的，所以在一对傅里叶变换式中将 t 与 f 对调之后，计算关系同样成立。因此在频域采样（离散化），将使时域信号周期延拓（关于频率采样理论后面还要介绍）。所以，这种傅里叶变换对就应该是周期离散的时域函数与离散周期的频域函数间的变换对，如图 3-1-4 所示。其变换对形式为

正变换
$$\tilde{X}(k) = \sum_{n=0}^{N-1} \tilde{x}(n)e^{-j\frac{2\pi}{N}kn} \tag{3-1-7}$$

逆变换
$$\tilde{x}(n) = \frac{1}{N} \sum_{k=0}^{N-1} \tilde{X}(k)e^{j\frac{2\pi}{N}kn} \tag{3-1-8}$$

这就是下面将要分析的离散傅里叶级数。

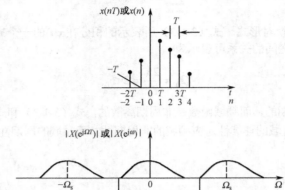

图 3-1-3　离散时间非周期信号及其周期性的连续谱

总结以上 4 种傅里叶变换对的形式，可以得出如下结论：假设在一个域内（时间域或频率域）函数是周期性的，则对应的在另一域中的函数形式必是离散的，即离散变量的函数，在一个域中函数的周期是另一个域中两离散点间隔的倒数；假设在一个域内（时间域或频率域）函数是非周期性的，则对应地在另一个域中的函数形式必是连续的，即连续变量的函数，反之亦然，如表 3-1-1 所示。

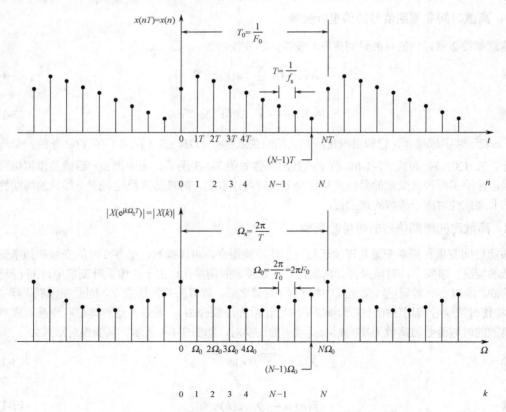

图 3-1-4　离散时间周期信号及其周期性的离散谱

表 3-1-1　时域函数与频域函数之间的对应关系

时域周期性	频域离散性
时域非周期性	频域连续性
时域离散性	频域周期性
时域连续性	频域非周期性

3.2　离散傅里叶级数

为了更好地理解离散傅里叶变换的概念，作为一种过渡，先对离散傅里叶级数（Discrete Fourier Series，DFS）做简要介绍。

 ### 3.2.1　离散傅里叶级数的导入

当用数字计算机对信号进行频谱分析时，要求信号必须以离散值作为输入，而计算机输出的频谱值自然也是离散的。因此在 3.1 节介绍的傅里叶变换的可能形式中，只有第 4 种形式满足这种要求。前三种形式中或时域信号是连续函数，或频谱是连续函数，或二者都是连续函数，因此都不适合用数字计算机来计算。要使前三种形式能用数字计算机进行计算，必须针对每一种形式的具体情况或使时域离散化（时域采样），或使频域离散化（频域采样），或使时域与频域同时离散化。信号在时域的离散化导致频域函数的周期化，而在频域的离散化导致时域函数的周期化，最后将使时域函数和频域函数二者都成为离散的周期函数，也就是说，由于采样的结果，前三种形式最后都能变为第 4 种形式——离散傅里叶级数形式。

为了更清楚地表示函数的的周期性，在函数上用"~"标记。

设 $\tilde{x}(n)$ 是一个周期为 N 的周期序列，即

$$\tilde{x}(n) = \tilde{x}(n + rN) \qquad r \text{ 为任意整数}$$

正如连续周期函数可以用傅里叶级数表示一样，周期序列也可以用傅里叶级数表示。周期序列与连续周期信号的对比如表 3-2-1 所示。

表 3-2-1　周期序列与连续周期信号的对比

时间信号	周期	基频	基波信号	k 次谐波信号
连续周期	T_0	$\Omega_0 = \dfrac{2\pi}{T_0}$	$e^{j\Omega_0 t} = e^{j\frac{2\pi}{T_0}t}$	$e^{jk\Omega_0 t} = e^{jk\frac{2\pi}{T_0}t}$
离散周期	N	$\omega_0 = \dfrac{2\pi}{N}$	$e^{j\omega_0 n} = e^{j\frac{2\pi}{N}n}$	$e^{jk\omega_0 n} = e^{jk\frac{2\pi}{N}n}$

可见，周期为 N 的复指数序列的基频序列

$$e_1(n) = e^{j\frac{2\pi}{N}n}$$

k 次谐波序列
$$e_k(n) = e^{j\frac{2\pi}{N}nk}$$

由于
$$e_{k+rN}(n) = e^{j\frac{2\pi}{N}(k+rN)n} = e^{j\frac{2\pi}{N}kn} = e_k(n)$$

所以，与连续周期信号不同，离散周期序列其谐波成分中只有 N 个独立成分，因而，展开成傅里叶级数时，k 只能取从 0 到（$N-1$）的 N 个独立谐波分量，否则将出现二义性。于是，离散周期序列的离散傅里叶级数形式

$$\tilde{x}(n) = \frac{1}{N}\sum_{k=0}^{N-1}\tilde{X}(k)\,e^{j\frac{2\pi}{N}kn} \qquad\qquad （3\text{-}2\text{-}1）$$

式中，$\dfrac{1}{N}$ 是习惯上采用的常数，$\tilde{X}(k)$ 是 k 次谐波系数。下面来确定 k 次谐波系数 $\tilde{X}(k)$。为此，先给出关于 $\mathrm{e}^{\mathrm{j}\frac{2\pi}{N}kn}$ 的如下性质：

$$\frac{1}{N}\sum_{k=0}^{N-1}\mathrm{e}^{\mathrm{j}\frac{2\pi}{N}kn}=\frac{1}{N}\cdot\frac{1-\mathrm{e}^{\mathrm{j}\frac{2\pi}{N}nN}}{1-\mathrm{e}^{\mathrm{j}\frac{2\pi}{N}n}}=\begin{cases}1 & n=mN,\ m\text{为任意整数}\\ 0 & \text{其他}\end{cases} \tag{3-2-2}$$

将式（3-2-1）两端同乘以 $\mathrm{e}^{-\mathrm{j}\frac{2\pi}{N}rn}$，并对 n 在一个周期内求和，得

$$\sum_{n=0}^{N-1}\tilde{x}(n)\mathrm{e}^{-\mathrm{j}\frac{2\pi}{N}rn}=\sum_{n=0}^{N-1}\frac{1}{N}\sum_{k=0}^{N-1}\tilde{X}(k)\mathrm{e}^{\mathrm{j}\frac{2\pi}{N}kn}\mathrm{e}^{-\mathrm{j}\frac{2\pi}{N}rn}$$

$$=\sum_{k=0}^{N-1}\tilde{X}(k)\frac{1}{N}\sum_{n=0}^{N-1}\mathrm{e}^{\mathrm{j}\frac{2\pi}{N}(k-r)n}=\tilde{X}(r)$$

把 r 换成 k，得

$$\tilde{X}(k)=\sum_{n=0}^{N-1}\tilde{x}(n)\mathrm{e}^{-\mathrm{j}\frac{2\pi}{N}kn} \tag{3-2-3}$$

式（3-2-3）就是 k 次谐波系数的计算公式，式（3-2-1）和式（3-2-3）即是 DFS 变换对。通常为了书写方便，记

$$W_N=\mathrm{e}^{-\mathrm{j}\frac{2\pi}{N}}$$

则式（3-2-3）和式（3-2-1）可表示为

$$\tilde{X}(k)=\mathrm{DFS}[\tilde{x}(n)]=\sum_{n=0}^{N-1}\tilde{x}(n)W_N^{nk} \tag{3-2-4}$$

$$\tilde{x}(n)=\mathrm{IDFS}[\tilde{X}(k)]=\frac{1}{N}\sum_{k=0}^{N-1}\tilde{X}(k)W_N^{-nk} \tag{3-2-5}$$

由于 $\mathrm{e}^{-\mathrm{j}\frac{2\pi}{N}kn}=\mathrm{e}^{-\mathrm{j}\frac{2\pi}{N}(k+mN)n}$，所以

$$\tilde{X}(k+mN)=\sum_{n=0}^{N-1}\tilde{x}(n)\mathrm{e}^{-\mathrm{j}\frac{2\pi}{N}(k+mN)n}=\sum_{n=0}^{N-1}\tilde{x}(n)\mathrm{e}^{-\mathrm{j}\frac{2\pi}{N}kn}=\tilde{X}(k) \tag{3-2-6}$$

即 $\tilde{X}(k)$ 是以 N 为周期的周期序列，只有 N 个独立的值，这与前面的分析一致。设 $x(n)$ 是 $\tilde{x}(n)$ 的一个周期，即

$$x(n)=\begin{cases}\tilde{x}(n) & 0\leqslant n\leqslant N-1\\ 0 & \text{其他}\end{cases}$$

对 $x(n)$ 作 Z 变换

$$X(z)=\sum_{n=0}^{N-1}x(n)z^{-n}=\sum_{n=0}^{N-1}\tilde{x}(n)z^{-n} \tag{3-2-7}$$

在式（3-2-7）中令 $z=\mathrm{e}^{\mathrm{j}\frac{2\pi}{N}k}$，则

$$X(\mathrm{e}^{\mathrm{j}\frac{2\pi}{N}k})=\sum_{n=0}^{N-1}\tilde{x}(n)\mathrm{e}^{-\mathrm{j}\frac{2\pi}{N}kn} \tag{3-2-8}$$

可见，$\tilde{X}(k)$ 是 $x(n)$ 的 Z 变换在单位圆上的 N 等分采样的结果。当 $N=8$ 时，如图 3-2-1 所示。

【例 3-2-1】 周期为 $N = 20$ 的周期性矩形序列，其一个周期为

$$x(n) = \begin{cases} 1 & 0 \leqslant n \leqslant 4 \\ 0 & 5 \leqslant n \leqslant 19 \end{cases}$$

（1）求 $\tilde{x}(n)$ 的离散傅里叶级数 $\tilde{X}(k)$；

（2）求 $\tilde{x}(n)$ 的一个周期 $x(n)$ 的离散时间傅里叶变换 $X(e^{j\omega})$；

（3）讨论二者的关系。

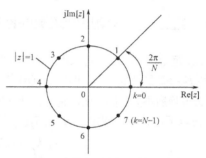

图 3-2-1　$X(z)$ 在单位圆上的 N 等分采样（$N = 8$）

解：（1）$\tilde{x}(n)$ 的离散傅里叶级数

$$\tilde{X}(k) = \sum_{n=0}^{N-1} \tilde{x}(n) W_N^{nk} = \sum_{n=0}^{4} W_{20}^{nk} = \frac{1 - W_{20}^{5k}}{1 - W_{20}^{k}} = \frac{e^{-j\pi k/4}(e^{-j\pi k/4} - e^{-j\pi k/4})}{e^{-j\pi k/20}(e^{j\pi k/20} - e^{-j\pi k/20})} = e^{-j\pi k/5} \frac{\sin(\pi k/4)}{\sin(\pi k/20)} \quad (3\text{-}2\text{-}9)$$

（2）$\tilde{x}(n)$ 的一个周期 $x(n)$ 的离散时间傅里叶变换

$$X(e^{j\omega}) = \sum_{n=-\infty}^{\infty} x(n) e^{-j\omega n} = \sum_{n=0}^{4} e^{-j\omega n} = \frac{1 - e^{-j5\omega}}{1 - e^{-j\omega}} = \frac{e^{-j5\omega/2}(e^{j5\omega/2} - e^{-j5\omega/2})}{e^{-j\omega/2}(e^{j\omega/2} - e^{-j\omega/2})}$$

$$= e^{-j2\omega} \frac{\sin(5\omega/2)}{\sin(\omega/2)} \quad (3\text{-}2\text{-}10)$$

图 3-2-2 所示为 $X(e^{j\omega})$、$\tilde{X}(k)$ 的幅度谱和相位谱。

（3）从式（3-2-9）和式（3-2-10）可知，$\tilde{X}(k)$ 是 $X(e^{j\omega})$ 在 $\omega = 2k\pi/N$（这里 $N = 20$）上的采样值。

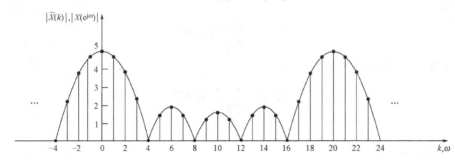

（a）幅度谱

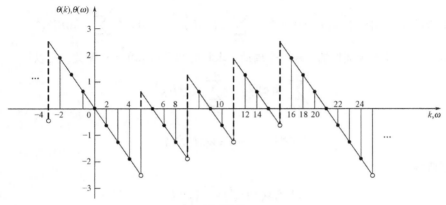

（b）相位谱

图 3-2-2　$X(e^{j\omega})$、$\tilde{X}(k)$ 的幅度谱和相位谱

3.2.2　离散傅里叶级数的性质

从前面的分析可知，可以用 Z 变换在单位圆上的采样来获得离散傅里叶级数，因此离散傅里叶级数的许多性质与 Z 变换很相似，但由于 $\tilde{x}(n)$ 与 $\tilde{X}(k)$ 都具有周期性，且 DFS 在时域和频域具有严格的对称性，这是 Z 变换所不具有的，所以它与 Z 变换的某些性质有很大的区别。下面扼要地介绍一些重要性质。

在以下讨论中，假定 $\tilde{x}_1(n)$ 与 $\tilde{x}_2(n)$ 都是周期为 N 的周期序列，它们各自的 DFS 分别为

$$\tilde{X}_1(k) = \text{DFS}[\tilde{x}_1(n)]，\quad \tilde{X}_2(k) = \text{DFS}[\tilde{x}_2(n)]$$

1．线性

$$\text{DFS}[a\tilde{x}_1(n) + b\tilde{x}_2(n)] = a\tilde{X}_1(k) + b\tilde{X}_2(k) \tag{3-2-11}$$

式中，a、b 为任意常数。读者可根据 DFS 定义自行证明。

2．对偶性

若

$$\tilde{X}(k) = \text{DFS}[\tilde{x}(n)]$$

则

$$\text{DFS}[\tilde{X}(n)] = N\tilde{x}(-k) \tag{3-2-12}$$

证明：由逆变换式（3-2-5）

$$\tilde{x}(n) = \text{IDFS}[\tilde{X}(k)] = \frac{1}{N}\sum_{k=0}^{N-1}\tilde{X}(k)W_N^{-nk}$$

用($-m$)代替 n，得

$$N\tilde{x}(-m) = \sum_{k=0}^{N-1}\tilde{X}(k)W_N^{mk}$$

在此式中用 k 替换 m，用 n 替换 k，得

$$N\tilde{x}(-k) = \sum_{n=0}^{N-1}\tilde{X}(n)W_N^{nk}$$

对偶性得证。

3．周期序列移位

$$\text{DFS}[\tilde{x}(n+m)] = W_N^{-mk}\tilde{X}(k) \tag{3-2-13}$$

证明：$\text{DFS}[\tilde{x}(n+m)] = \sum_{n=0}^{N-1}\tilde{x}(n+m)W_N^{nk} = \sum_{i=m}^{N-1+m}\tilde{x}(i)W_N^{(i-m)k} = W_N^{-mk}\sum_{n=m}^{N-1+m}\tilde{x}(n)W_N^{nk}$

因为 $\tilde{x}(n)$ 和 W_N^{nk} 都是以 N 为周期的，在一个周期上求和的结果与求和起点无关，所以

$$\sum_{n=m}^{N-1+m}\tilde{x}(n)W_N^{nk} = \sum_{n=0}^{N-1}\tilde{x}(n)W_N^{nk}$$

因此

$$\text{DFS}[\tilde{x}(n+m)] = W_N^{-mk}\tilde{X}(k)$$

4．调制特性

$$\text{DFS}[\tilde{x}(n)W_N^{nl}] = \tilde{X}(k+l) \tag{3-2-14}$$

证明：$\text{DFS}[\tilde{x}(n)W_N^{nl}] = \sum_{n=0}^{N-1}\tilde{x}(n)W_N^{nl}W_N^{nk} = \sum_{n=0}^{N-1}\tilde{x}(n)W_N^{n(k+l)} = \tilde{X}(k+l)$

5. 共轭对称性

与讨论 DTFT 的对称性一样，为了讨论 DFS 的对称性，这里先介绍周期共轭对称与周期共轭反对称的定义。

如果 $\tilde{x}_{\mathrm{ep}}(n)$ 是周期为 N 的周期序列，且满足

$$\tilde{x}_{\mathrm{ep}}(n) = \tilde{x}_{\mathrm{ep}}^*(-n) \tag{3-2-15}$$

称 $\tilde{x}_{\mathrm{ep}}(n)$ 为周期共轭对称序列。

如果 $\tilde{x}_{\mathrm{op}}(n)$ 是周期为 N 的周期序列，且满足

$$\tilde{x}_{\mathrm{op}}(n) = -\tilde{x}_{\mathrm{op}}^*(-n) \tag{3-2-16}$$

称 $\tilde{x}_{\mathrm{op}}(n)$ 为周期共轭反对称序列。

任一周期序列 $\tilde{x}(n)$ 总能表示成周期共轭对称序列 $\tilde{x}_{\mathrm{ep}}(n)$ 与周期共轭反对称序列 $\tilde{x}_{\mathrm{op}}(n)$ 之和，即

$$\tilde{x}(n) = \tilde{x}_{\mathrm{ep}}(n) + \tilde{x}_{\mathrm{op}}(n) \tag{3-2-17}$$

其中

$$\tilde{x}_{\mathrm{ep}}(n) = \frac{1}{2}[\tilde{x}(n) + \tilde{x}^*(-n)] \tag{3-2-18}$$

$$\tilde{x}_{\mathrm{op}}(n) = \frac{1}{2}[\tilde{x}(n) - \tilde{x}^*(-n)] \tag{3-2-19}$$

周期序列的共轭对称性包括

$$\mathrm{DFS}\{\mathrm{Re}[\tilde{x}(n)]\} = \tilde{X}_{\mathrm{ep}}(k) \tag{3-2-20}$$

$$\mathrm{DFS}\{\mathrm{j}\,\mathrm{Im}[\tilde{x}(n)]\} = \tilde{X}_{\mathrm{op}}(k) \tag{3-2-21}$$

$$\mathrm{DFS}[\tilde{x}_{\mathrm{ep}}(n)] = \mathrm{Re}[\tilde{X}(k)] \tag{3-2-22}$$

$$\mathrm{DFS}[\tilde{x}_{\mathrm{op}}(n)] = \mathrm{j}\,\mathrm{Im}[\tilde{X}(k)] \tag{3-2-23}$$

6. 周期卷积

若

$$\tilde{Y}(k) = \tilde{X}_1(k)\tilde{X}_2(k)$$

则

$$\tilde{y}(n) = \mathrm{IDFS}[\tilde{Y}(k)] = \sum_{m=0}^{N-1} \tilde{x}_1(m)\tilde{x}_2(n-m) \tag{3-2-24}$$

证明：

$$\tilde{y}(n) = \mathrm{IDFS}[\tilde{Y}(k)] = \mathrm{IDFS}[\tilde{X}_1(k)\tilde{X}_2(k)] = \frac{1}{N}\sum_{k=0}^{N-1}\tilde{X}_1(k)\tilde{X}_2(k)W_N^{-nk}$$

将 $\tilde{X}_1(k) = \mathrm{DFS}[\tilde{x}_1(n)] = \displaystyle\sum_{m=0}^{N-1}\tilde{x}_1(m)\,W_N^{mk}$ 代入，则

$$\tilde{y}(n) = \frac{1}{N}\sum_{k=0}^{N-1}\sum_{m=0}^{N-1}\tilde{x}_1(m)W_N^{mk}\tilde{X}_2(k)W_N^{-nk} = \sum_{m=0}^{N-1}\tilde{x}_1(m)\frac{1}{N}\sum_{k=0}^{N-1}\tilde{X}_2(k)W_N^{-(n-m)k}$$

$$= \sum_{m=0}^{N-1}\tilde{x}_1(m)\tilde{x}_2(n-m)$$

进行简单变量代换，可得等价的表达式

$$\tilde{y}(n) = \mathrm{IDFS}[\tilde{Y}(k)] = \sum_{m=0}^{N-1}\tilde{x}_2(m)\tilde{x}_1(n-m) \tag{3-2-25}$$

这里，称

$$\tilde{y}(n) = \sum_{m=0}^{N-1}\tilde{x}_1(m)\tilde{x}_2(n-m)$$

为 $\tilde{x}_1(n)$ 和 $\tilde{x}_2(n)$ 的周期卷积。可见时域周期卷积的离散傅里叶级数，对应于傅里叶级数的乘积。需要注意的是，这个卷积与非周期序列的线性卷积和不同，这里 $\tilde{x}_1(n)$ 和 $\tilde{x}_2(n)$ 都是以 N 为周期的周期函数，$\tilde{x}_2(n-m)$ 也是以 N 为周期的周期函数，$\tilde{x}_1(n)$ 和 $\tilde{x}_2(n-m)$ 的乘积当然还是以 N 为周期的周期函数。另外，求和是在一个周期上进行。周期卷积的过程如图 3-2-3 所示。

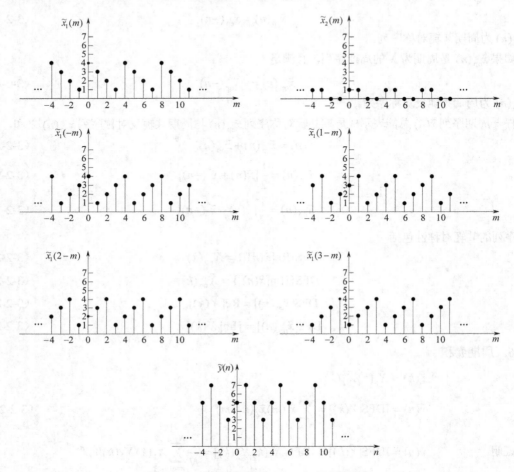

图 3-2-3　两个周期序列（$N=4$）的周期卷积

由 DFS 与 IDFS 的对称性可得，如果

$$\tilde{y}(n) = \tilde{x}_1(n)\tilde{x}_2(n)$$

则

$$\tilde{Y}(k) = \mathrm{DFS}[\tilde{y}(n)] = \frac{1}{N}\sum_{l=0}^{N-1}\tilde{X}_1(l)\tilde{X}_2(k-l) \tag{3-2-26}$$

即时域乘积的离散傅里叶级数，对应于离散傅里叶级数的周期卷积除以 N。

3.3　离散傅里叶变换

3.2 节所述离散傅里叶级数是对周期序列而言的，周期序列是无限长的，任何计算机都不可能处理无限长的序列。但是周期序列中只有有限个序列值是独立的，它的许多特征可以用到有限长序列中。实际上，可以把有限长序列看成是周期序列的一个周期，而把周期序列看成是有限长序列周期延拓的结果，因此离散傅里叶级数的表示也应该适用于有限长序列。本节将由离散傅里叶级数引出有限长序列的离散傅里叶变换，并讨论离散傅里叶变换的性质和应用。

3.3.1　离散傅里叶变换的导入

设 $x(n)$ 是长度为 N 的有限长序列

$$x(n) = x(n)R_N(n) \tag{3-3-1}$$

$\tilde{x}(n)$ 是以 N 为周期的周期序列，将有限长序列 $x(n)$ 看成是周期序列 $\tilde{x}(n)$ 的一个周期，而把周期序列 $\tilde{x}(n)$ 看成是有限长序列 $x(n)$ 的周期延拓，即

$$x(n) = \begin{cases} \tilde{x}(n) & 0 \leqslant n \leqslant N-1 \\ 0 & \text{其他} \end{cases} \tag{3-3-2}$$

$$\tilde{x}(n) = \sum_{r=-\infty}^{\infty} x(n+rN) \tag{3-3-3}$$

图 3-3-1 所示为 $x(n)$ 与 $\tilde{x}(n)$ 的对应关系，称 $x(n)$ 是 $\tilde{x}(n)$ 的主值截取，$\tilde{x}(n)$ 是 $x(n)$ 的周期延拓。

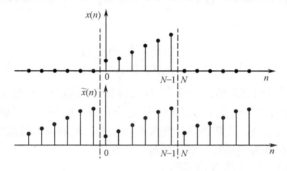

图 3-3-1　$x(n)$ 与 $\tilde{x}(n)$ 的对应关系

为了方便表达，式（3-3-2）和式（3-3-3）可用下面符号表示

$$x(n) = \tilde{x}(n)R_N(n) \tag{3-3-4}$$

$$\tilde{x}(n) = x((n))_N \tag{3-3-5}$$

式中，$((n))_N$ 是余数运算表达式，或称为"模 N 运算"。设

$$n = mN + n_1, \qquad 0 \leqslant n_1 \leqslant N-1, \qquad m \text{为整数}$$

则

$$((n))_N = n_1$$

显然，$\tilde{x}(n) = \tilde{x}(n_1 + mN) = \tilde{x}(n_1)$，$\tilde{x}(n_1)$ 是主值区间的序列值，很明显，$\tilde{x}(n) = x(n_1)$，因此

$$\tilde{x}(n) = x((n))_N$$

式（3-3-4）和式（3-3-5）简单方便地表示出了周期序列取主值和对有限长序列做周期延拓的关系。

例如，$\tilde{x}(n)$ 是周期 $N=7$ 的周期序列，求 $n=19$ 及 $n=-3$ 对应的主值序列。

因为　　　　　　　　　　　$n = 19 = 2 \times 7 + 5$　　　　　即 $((19))_7 = 5$

$$n = -3 = -1 \times 7 + 4 \qquad 即 ((-3))_7 = 4$$

所以　　　　　　　　　　　$x((19))_7 = x(5)$　　　　　　　$x((-3))_7 = x(4)$

3.2 节中讨论过周期序列 $\tilde{x}(n)$ 的离散傅里叶级数 $\tilde{X}(k)$ 也是周期序列，同样，$\tilde{X}(k)$ 也可以看成是对有限长序列 $X(k)$ 的周期延拓，而 $X(k)$ 看成是周期序列 $\tilde{X}(k)$ 取主值的结果，即

$$X(k) = \tilde{X}(k)R_N(k) \tag{3-3-6}$$

$$\tilde{X}(k) = X((k))_N \qquad\qquad (3\text{-}3\text{-}7)$$

考察 DFS 的表达式（3-2-4）和式（3-2-5）

$$\tilde{X}(k) = \sum_{n=0}^{N-1} \tilde{x}(n)W_N^{nk}$$

$$\tilde{x}(n) = \frac{1}{N}\sum_{k=0}^{N-1} \tilde{X}(k)W_N^{-nk}$$

可以看出，两式求和都只限于主值区间，即 n 的取值范围为 $0\sim(N{-}1)$，k 的取值范围也为 $0\sim(N{-}1)$，因此，这样的表达完全适合于主值序列 $x(n)$ 和 $X(k)$，于是可定义一个新的变换，即有限长序列的离散傅里叶变换 DFT。

　　定义： 长度为 N 的序列 $x(n)$，其离散傅里叶变换 $X(k)$ 仍然是一个长度为 N 的序列，其变换对为

正变换 $\qquad X(k) = \text{DFT}[x(n)] = \sum_{n=0}^{N-1} x(n)W_N^{nk} \qquad 0 \le k \le N-1 \qquad (3\text{-}3\text{-}8)$

逆变换 $\qquad x(n) = \text{IDFT}[X(k)] = \frac{1}{N}\sum_{k=0}^{N-1} X(k)W_N^{-nk} \qquad 0 \le n \le N-1 \qquad (3\text{-}3\text{-}9)$

或者简单地表示为

$$X(k) = \tilde{X}(k)R_N(k) \qquad\qquad (3\text{-}3\text{-}10)$$

$$x(n) = \tilde{x}(n)R_N(n) \qquad\qquad (3\text{-}3\text{-}11)$$

　　$x(n)$ 和 $X(k)$ 是有限长序列的离散傅里叶变换对，已知 $x(n)$ 可以唯一地确定 $X(k)$，同样，已知 $X(k)$ 也可以唯一地确定 $x(n)$。实际上，由于 $x(n)$ 和 $X(k)$ 都是长度为 N 的序列（可以是复序列），所以具有的信息量是相同的。值得注意的是，离散傅里叶变换是由周期序列的离散傅里叶级数取主值而来的，因此，凡是涉及离散傅里叶变换的关系时，都隐含着周期性。

　　【例 3-3-1】 计算 $x(n) = \delta(n)$ 的 N 点 DFT。

　　解： $X(k) = \sum_{n=0}^{N-1} x(n)W_N^{nk} = 1 \qquad 0 \le k \le N-1$

$x(n)$ 和 $x(k)$ 如图 3-3-2 所示。

　　【例 3-3-2】 计算 $x(n) = \cos\left(\dfrac{2\pi}{N}n\right)R_N(n)$ 的 N 点 DFT。

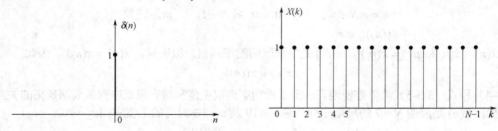

图 3-3-2　$x(n) = \delta(n)$ 及频谱

　　解： $X(k) = \sum_{n=0}^{N-1}\cos\left(\dfrac{2\pi}{N}n\right)W_N^{nk} = \sum_{n=0}^{N-1}\dfrac{1}{2}\left[W_N^{-n} + W_N^{n}\right]W_N^{nk} = \sum_{n=0}^{N-1}\dfrac{1}{2}\left[W_N^{n(k-1)} + W_N^{n(k+1)}\right]$

　　因为 $\qquad\qquad \sum_{n=0}^{N-1}W_N^{nm} = \begin{cases} N & m = rN,\ N\text{为整数} \\ 0 & \text{其他} \end{cases}$

所以
$$X(k) = \begin{cases} N/2 & k=1 \text{和} k=N-1 \\ 0 & \text{其他} \end{cases}$$

当 $N=16$ 时，$x(n)$ 和 $X(k)$ 如图 3-3-3 所示。

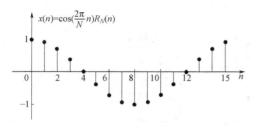 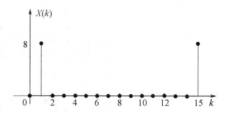

图 3-3-3　$x(n) = \cos\left(\dfrac{2\pi}{N}n\right) R_N(n)$ 及频谱（$N=16$）

从【例 3-3-1】和【例 3-3-2】可以看到，信号的时域表达和频域表达有很大的不同，这种不同可以理解为能量分布的改变，在很多实际应用中都需要这种改变。例如，在数据压缩时，由于许多实际信号的大部分能量集中在低频段，信号通过傅里叶变换后会在高频段出现许多很小的值甚至是零，在工程上可以把一些很小的值置为零，为进一步进行压缩编码提供准备，从而大大减少需要传输或存储的数据。

 ### 3.3.2　DFT 的性质

在以下讨论中，假定 $x(n)$ 与 $y(n)$ 都是长度为 N 的有限长序列，它们的离散傅里叶变换分别是
$$X(k) = \text{DFT}[x(n)] \qquad Y(k) = \text{DFT}[y(n)]$$

1. 线性

$$\text{DFT}[ax(n) + by(n)] = aX(k) + bY(k) \tag{3-3-12}$$

式中，a、b 为任意常数，读者可根据 DFT 定义自证。

需要说明的是，如果 $x(n)$ 与 $y(n)$ 不等长，比如 $x(n)$ 的长度为 N_1，$y(n)$ 长度为 N_2，则需将序列补零，使二者等长，取 $N \geqslant \max\{N_1, N_2\}$。

2. 对偶性

$$\text{DFT}[X(n)] = Nx((-k))_N R_N(k) = Nx((N-k))_N R_N(k) \tag{3-3-13}$$

3. 圆周移位

1）圆周移位的定义

一个有限长序列 $x(n)$ 的圆周移位定义为

$$f(n) = x((n+m))_N R_N(n) \tag{3-3-14}$$

圆周移位包含了对 $x(n)$ 进行周期延拓、对周期延拓后的序列移位和取主值三种运算。可以这样来理解式（3-3-14）所表达的圆周移位的含义，首先 $x((n+m))_N$ 所表达的是 $x(n)$ 的周期延拓序列 $\tilde{x}(n)$ 的移位 $x((n+m))_N = \tilde{x}(n+m)$，然后再对移位的周期序列 $\tilde{x}(n+m)$ 取主值序列，即 $x(n) = x((n+m))_N R_N(n)$，所以 $f(n)$ 仍然是一个长度为 N 的有限长序列，这个过程可以用图 3-3-4 来表示。

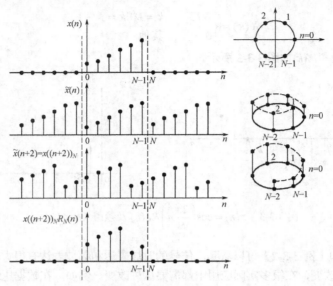

图 3-3-4　序列的圆周移位过程（$N=6$）

$f(n)$实际上是 $x(n)$向左移 m 位，但移到 n 负轴上的序列又从右边 $N{-}1$ 处循环回来，因此，可以想象把序列 $x(n)$排列在一个 N 等分的圆周上，$f(n)=x((n+m))_N R_N(n)$ 是 $x(n)$在圆周上旋转的结果，因此得名"圆周移位"。

2）时域圆周移位性质

$$\text{DFT}[x((n+m))_N R_N(n)] = W_N^{-mk} X(k) \tag{3-3-15}$$

即时域序列的圆周左移的 DFT 为原序列的 DFT 乘以因子 W_N^{-mk}。

证明：利用 DFS 的移序性质

$$\text{DFS}[\tilde{x}(n+m)] = \text{DFS}[x((n+m))_N] = W_N^{-mk}\tilde{X}(k)$$

$$\text{DFT}[x((n+m))_N R_N(n)] = \sum_{n=0}^{N-1} x((n+m))_N R_N(n) W_N^{mk}$$

$$= \sum_{n=0}^{N-1} \tilde{x}(n+m) W_N^{mk} = W_N^{-mk}\tilde{X}(k) R_N(k) = W_N^{-mk} X(k)$$

3）频移特性

同样，对于频域有限长序列 $X(k)$，也可认为是分布在一个 N 等分的圆周上，因此对于 $X(k)$的圆周移位，读者可以利用 $x(n)$与 $X(k)$对称的特性证明以下特性

$$\text{IDFT}[X((k+l))_N R_N(k)] = W_N^{nl} x(n) \tag{3-3-16}$$

由欧拉公式，得

$$\text{DFT}\left[x(n)\cos\left(\frac{2\pi}{N}nl\right)\right] = \frac{1}{2}[X((k-l))_N + X((k+l))_N]R_N(k) \tag{3-3-17a}$$

$$\text{DFT}\left[x(n)\sin\left(\frac{2\pi}{N}nl\right)\right] = \frac{1}{2\text{j}}[X((k-l))_N - X((k+l))_N]R_N(k) \tag{3-3-17b}$$

这就是 DFT 的调制特性。

4. 共轭对称性

由于 DFT 隐含着周期性，为了后面讨论方便，定义有限长序列 $x(n)$ 的圆周共轭对称分量 $x_{ep}(n)$ 和圆周共轭反对称分量 $x_{op}(n)$ 分别为

$$x_{ep}(n) = \tilde{x}_{ep}(n)R_N(n) = \frac{1}{2}[x((n))_N + x^*((N-n))_N]R_N(n)$$

$$= \frac{1}{2}[x(n) + x^*((N-n))_N R_N(n)] \qquad (3\text{-}3\text{-}18a)$$

$$x_{op}(n) = \tilde{x}_{op}(n)R_N(n) = \frac{1}{2}[x((n))_N - x^*((N-n))_N]R_N(n)$$

$$= \frac{1}{2}[x(n) - x^*((N-n))_N R_N(n)] \qquad (3\text{-}3\text{-}18b)$$

由于 $\qquad\qquad \tilde{x}(n) = \tilde{x}_{ep}(n) + \tilde{x}_{op}(n)$

所以 $\qquad\qquad x(n) = \tilde{x}(n)R_N(n) = [\tilde{x}_{ep}(n) + \tilde{x}_{op}(n)]R_N(n)$

即 $\qquad\qquad x(n) = x_{ep}(n) + x_{op}(n) \qquad (3\text{-}3\text{-}19)$

同理，对于有限长序列 $X(k)$ 也有

$$X(k) = X_{ep}(k) + X_{op}(k) \qquad (3\text{-}3\text{-}20)$$

式中

$$X_{ep}(k) = \tilde{X}_{ep}(k)R_N(k) = \frac{1}{2}[X(k) + X^*((N-k))_N R_N(k)] \qquad (3\text{-}3\text{-}21a)$$

$$X_{op}(k) = \tilde{X}_{op}(k)R_N(k) = \frac{1}{2}[X(k) - X^*((N-k))_N R_N(k)] \qquad (3\text{-}3\text{-}21b)$$

现在来讨论 DFT 的共轭对称性。

（1）设 $x^*(n)$ 为 $x(n)$ 的共轭复数序列，则

$$\text{DFT}[x^*(n)] = X^*((N-k))R_N(k) \qquad (3\text{-}3\text{-}22a)$$

证明： $\qquad \text{DFT}[x^*(n)] = \sum_{n=0}^{N-1} x^*(n)W_N^{nk} = \left[\sum_{n=0}^{N-1} x(n)W_N^{-nk}\right]^*$

由于 $\qquad\qquad W_N^{nN} = e^{-j\frac{2\pi}{N}nN} = 1$

所以 $\qquad \text{DFT}[x^*(n)] = \left[\sum_{n=0}^{N-1} x(n)W_N^{n(N-k)}\right]^* = X^*((N-k))_N R_N(k)$

实际上，除了 $k=0$ 时，$X^*((N-0))_N = X^*(0)$ 外，其余 k（$1 \leqslant k \leqslant N-1$），均有 $X^*((N-k))_N = X^*(N-k)$。一般已经习惯于把 $X(k)$ 看成是分布在 N 等分的圆周上，它的末点就是它的始点，即 $X(N) = X(0)$，因此式（3-3-22a）常写成

$$\text{DFT}[x^*(n)] = X^*(N-k) \qquad (3\text{-}3\text{-}22b)$$

在后面的讨论中，需要注意到，凡是遇到 $X(N)$ 都应理解为 $X((N))_N = X(0)$。

（2）$\qquad\qquad \text{DFT}[x^*((-n))_N R_N(n)] = X^*(k) \qquad (3\text{-}3\text{-}23)$

证明： $\text{DFT}[x^*((-n))_N R_N(n)] = \sum_{n=0}^{N-1} x^*((-n))_N W_N^{nk} = \left[\sum_{n=0}^{N-1} x((-n))_N W_N^{-nk}\right]^*$

$$= \left[\sum_{n=-(N-1)}^{0} x((n))_N W_N^{nk}\right]^* = \left[\sum_{n=0}^{N-1} x((n))_N W_N^{nk}\right]^* = \left[\sum_{n=0}^{N-1} x(n)W_N^{nk}\right]^* = X^*(k)$$

（3）
$$DFT\{Re[x(n)]\} = X_{ep}(k) = \frac{1}{2}[X(k) + X^*((N-k))_N R_N(k)] \qquad (3-3-24)$$

证明：因为
$$Re[x(n)] = \frac{1}{2}[x(n) + x^*(n)]$$

所以
$$DFT\{Re[x(n)]\} = \frac{1}{2}\{DFT[x(n)] + DFT[x^*(n)]\}$$
$$= \frac{1}{2}[X(k) + X^*((N-k))_N R_N(k)] = X_{ep}(k)$$

式（3-3-24）说明复数序列实部的 DFT 等于 DFT 的圆周共轭对称分量。

（4） $DFT\{jIm[x(n)]\} = X_{op}(k) = \frac{1}{2}[X(k) - X^*((N-k))_N R_N(k)]$ $\qquad$ (3-3-25)

即复数序列虚部（含虚单位 j）的 DFT 等于 DFT 的圆周共轭反对称分量。

（5）若 $x(n)$ 是实数序列，则
$$X(k) = X^*((N-k))_N R_N(k) \qquad (3-3-26a)$$

在式（3-3-26a）中令 $k = \frac{N}{2} + k'$，则
$$X\left(\frac{N}{2} + k\right) = X^*\left(\frac{N}{2} - k\right) \qquad (3-3-26b)$$

即实数序列的 DFT 关于 N/2 共轭对称。

（6）若 $x(n)$ 是纯虚数序列，则
$$X(k) = -X^*((N-k))_N R_N(k) \qquad (3-3-27)$$

（7） $\qquad$ $DFT[x_{ep}(n)] = Re[X(k)]$ $\qquad$ (3-3-28)

（8） $\qquad$ $DFT[x_{op}(n)] = jIm[X(k)]$ $\qquad$ (3-3-29)

5. 圆周卷积

若
$$Y(k) = X_1(k)X_2(k)$$

则
$$y(n) = IDFT[Y(k)] = \sum_{m=0}^{N-1} x_1(m)x_2((n-m))_N R_N(n) \qquad (3-3-30a)$$

或
$$y(n) = IDFT[Y(k)] = \sum_{m=0}^{N-1} x_2(m)x_1((n-m))_N R_N(n) \qquad (3-3-30b)$$

证明：这个卷积可以看成是周期序列 $\tilde{x}_1(n)$ 与 $\tilde{x}_2(n)$ 卷积后再取其主值序列，即将 $Y(k)$ 周期延拓
$$\tilde{Y}(k) = \tilde{X}_1(k)\tilde{X}_2(k)$$

根据 DFS 对应的周期卷积公式
$$\tilde{y}(n) = IDFS[\tilde{Y}(k)] = \sum_{m=0}^{N-1} \tilde{x}_1(m)\tilde{x}_2(n-m) = \sum_{m=0}^{N-1} x_1((m))_N x_2((n-m))_N$$

因为当 $0 \le m \le N-1$ 时，$x_1((m))_N = x_1(m)$

所以
$$y(n) = \tilde{y}(n)R_N(n) = \sum_{m=0}^{N-1} x_1(m)x_2((n-m))_N R_N(n)$$

同样经过简单换元也可以证明
$$y(n) = \sum_{m=0}^{N-1} x_2(m)x_1((n-m))_N R_N(n)$$

这个卷积过程可以用图 3-3-5 表示，与图 3-2-3 所示的周期卷积相比较，可以看到，两者卷积过程是一样的，只是这里只取主值序列。实际上，$x_2((n-m))_N R_N(n)$ 就是 $x(n)$ 的圆周移位，所以称为"圆周卷积"，也称为"循环卷积"。习惯上常用符号 Ⓝ 表示 N 点圆周卷积，以区别于线性卷积。

$$x_1(n) \, Ⓝ \, x_2(n) = \sum_{m=0}^{N-1} x_1(m) x_2((n-m))_N R_N(n)$$

$$= \sum_{m=0}^{N-1} x_2(m) x_1((n-m))_N R_N(n) = x_2(n) \, Ⓝ \, x_1(n)$$

利用时域与频域的对称性，容易证明

若
$$f(n) = x(n) y(n)$$

则
$$F(k) = \mathrm{DFT}[f(n)] = \frac{1}{N} \sum_{l=0}^{N-1} X(l) Y((k-l))_N R_N(k) = \frac{1}{N} X(k) \, Ⓝ \, Y(k) \qquad （3\text{-}3\text{-}31\text{a}）$$

或
$$F(k) = \frac{1}{N} \sum_{l=0}^{N-1} Y(l) X((k-l))_N R_N(k) = \frac{1}{N} Y(k) \, Ⓝ \, X(k) \qquad （3\text{-}3\text{-}31\text{b}）$$

即时域序列相乘的 DFT 等于各 DFT 的圆周卷积除以 N。

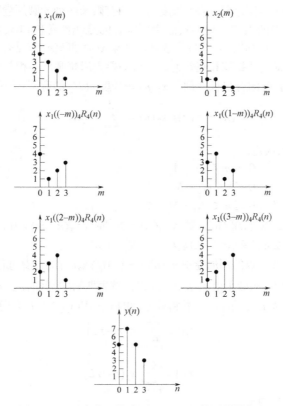

图 3-3-5　两个有限长序列（$N = 4$）的圆周卷积和

6. Parseval 定理

$$\sum_{n=0}^{N-1} x(n) y^*(n) = \frac{1}{N} \sum_{k=0}^{N-1} X(k) Y^*(k) \qquad （3\text{-}3\text{-}32）$$

证明：
$$\sum_{n=0}^{N-1} x(n)y^*(n) = \sum_{n=0}^{N-1} x(n)[\frac{1}{N}\sum_{k=0}^{N-1} Y(k)W_N^{-nk}]^*$$

$$= \frac{1}{N}\sum_{k=0}^{N-1} Y^*(k)\sum_{n=0}^{N-1} x(n)W_N^{nk} = \frac{1}{N}\sum_{k=0}^{N-1} Y^*(k)X(k)$$

如果 $y(n) = x(n)$ ，则

$$\sum_{n=0}^{N-1} x(n)x^*(n) = \frac{1}{N}\sum_{k=0}^{N-1} X(k)X^*(k)$$

即
$$\sum_{n=0}^{N-1} |x(n)|^2 = \frac{1}{N}\sum_{k=0}^{N-1} |X(k)|^2 \tag{3-3-33}$$

这表明一个序列在时域计算的能量与频域计算的能量相等。

3.3.3 DFT 性质的应用

1．利用圆周卷积计算线性卷积

根据离散傅里叶变换的卷积定理，两个长度为 N 的有限长序列的圆周卷积的离散傅里叶变换等于这两个序列离散傅里叶变换的乘积。但在实际中要求解的是线性卷积和问题，如信号 $x(n)$ 通过系统 $h(n)$ ，其输出为 $y(n) = x(n) * h(n)$ ，是线性卷积和。如果 $x(n)$ 和 $h(n)$ 都是有限长序列，能否用离散傅里叶变换的卷积定理来计算线性卷积和呢？为此，有必要弄清楚圆周卷积与线性卷积和的关系。

假设 $x_1(n)$ 是长度为 N_1 的有限长序列， $x_2(n)$ 是长度为 N_2 的有限长序列，两者的线性卷积和

$$y(n) = x_1(n) * x_2(n) = \sum_{m=-\infty}^{\infty} x_1(m)x_2(n-m)$$

$y(n)$ 的长度可以这样来决定：

$x_1(m)$ 不为零的区间　　　　$0 \leqslant m \leqslant N_1-1$

$x_2(n-m)$ 不为零的区间　　　$0 \leqslant n-m \leqslant N_2-1$

上述两不等式相加，得　　　$0 \leqslant n \leqslant N_1+N_2-2$

在 $0 \leqslant n \leqslant N_1+N_2-2$ 以外的区间，要么 $x_1(m) = 0$ ，要么 $x_2(n-m) = 0$ ，所以 $y(n) = 0$ 。因此 $y(n)$ 是一个 n 由 0 到 N_1+N_2-2 的序列，其长度为 N_1+N_2-1 。

再看对 $x_1(n)$ 和 $x_2(n)$ 进行 L 点的圆周卷积 $y_L(n) = x_1(n) \textcircled{L} x_2(n)$ 的计算过程，因为 L 点的圆周卷积是两周期为 L 的周期序列周期卷积取主值的结果，所以，首先把 $x_1(n)$ 后面补上 $L-N_1$ 个零，把 $x_2(n)$ 后面补上 $L-N_2$ 个零，使两者都成为 L 点的序列。并将补零后的 $x_1(n)$ 和 $x_2(n)$ 以 L 为周期进行周期延拓，即

$$\tilde{x}_1(n) = \sum_{r=-\infty}^{\infty} x_1(n+rL)$$

$$\tilde{x}_2(n) = \sum_{r=-\infty}^{\infty} x_2(n+rL)$$

$\tilde{x}_1(n)$ 和 $\tilde{x}_2(n)$ 的周期卷积

$$\tilde{y}_L(n) = \sum_{m=0}^{L-1} \tilde{x}_1(m)\tilde{x}_2(n-m) = \sum_{m=0}^{L-1} x_1(m)\sum_{r=-\infty}^{\infty} x_2(n+rL-m)$$

$$= \sum_{r=-\infty}^{\infty}\sum_{m=0}^{L-1} x_1(m)x_2(n+rL-m) = \sum_{r=-\infty}^{\infty} y(n+rL)$$

可见，$\tilde{x}_1(n)$ 和 $\tilde{x}_2(n)$ 的周期卷积是 $x_1(n)$ 和 $x_2(n)$ 线性卷积 $y(n)$ 以 L 为周期的周期延拓。从前面的分析可知，$x_1(n)$ 和 $x_2(n)$ 线性卷积 $y(n)$ 有 $N_1 + N_2 - 1$ 个非零序列值，因此，如果周期卷积的周期 $L < N_1 + N_2 - 1$，则 $y(n)$ 以 L 为周期的周期延拓将会有非零序列值重叠，如果周期卷积的周期 $L \geqslant N_1 + N_2 - 1$，则 $y(n)$ 以 L 为周期的周期延拓就不会有非零序列值重叠，这时，$y(n)$ 的周期延拓 $\tilde{y}_L(n)$ 中每一个周期内的前 $N_1 + N_2 - 1$ 序列值就是 $y(n)$ 的序列值，即

$$y(n) = x_1(n) \textcircled{L} x_2(n) = \tilde{y}_L(n) R_L(n) = \sum_{r=-\infty}^{\infty} y(n+rL) R_L(n)$$

所以，要使得圆周卷积与线性卷积相等，必要条件是

$$L \geqslant N_1 + N_2 - 1 \tag{3-3-34}$$

【例 3-3-3】　$x_1(n) = R_3(n)$，$x_2(n) = (n+1)R_3(n)$，计算

$$y(n) = x_1(n) * x_2(n) = \sum_{m=-\infty}^{\infty} x_1(m) x_2(n-m)$$

$$y_1(n) = x_1(n) \textcircled{4} x_2(n) = \sum_{m=0}^{3} x_1(m) x_2((n-m))_4 R_4(n)$$

$$y_2(n) = x_1(n) \textcircled{5} x_2(n) = \sum_{m=0}^{4} x_1(m) x_2((n-m))_5 R_5(n)$$

解： $y(n) = x_1(n) * x_2(n)$ 的线性卷积过程及结果如图 3-3-6(a)所示。

$y_1(n) = x_1(n) \textcircled{4} x_2(n)$，其 4 点圆周卷积过程及结果如图 3-3-6(b)所示。

$y_2(n) = x_1(n) \textcircled{5} x_2(n)$，其 5 点圆周卷积过程及结果如图 3-3-6(c)所示。

可见，$y_2(n) = y(n)$。

图 3-3-7 所示为 $y(n)$ 以 $L = 4$ 进行周期延拓产生非零序列值重叠的示意图。

2．利用对称性计算实序列的 DFT

离散傅里叶变换的计算通常是复数运算，所以，离散傅里叶变换的计算量很大。但实际上大多数应用中信号是实序列，因为任何实序列都可以看成是虚部为零的复数，因此可以利用离散傅里叶变换的对称性来简化计算。例如，计算长度为 N 的实序列 $x(n)$ 的 DFT，只需计算出一半，另外一半可由实序列 DFT 的对称性根据式（3-3-26）得到。

【例 3-3-4】　用一个 N 点 DFT 同时计算两个 N 点实序列的 DFT。

解： 设 $x_1(n)$ 和 $x_2(n)$ 都是 N 点实数序列，它们的离散傅里叶变换分别为

$$X_1(k) = \mathrm{DFT}[x_1(n)] \qquad X_2(k) = \mathrm{DFT}[x_2(n)]$$

将 $x_1(n)$ 和 $x_2(n)$ 构成一个复序列，即

$$x(n) = x_1(n) + \mathrm{j}x_2(n)$$

则　　　　$\mathrm{DFT}[x(n)] = X(k) = \mathrm{DFT}[x_1(n) + \mathrm{j}x_2(n)] = \mathrm{DFT}[x_1(n)] + \mathrm{j}\mathrm{DFT}[x_2(n)] = X_1(k) + \mathrm{j}X_2(k)$

又因为　　　　$x_1(n) = \mathrm{Re}[x(n)]$

根据共轭对称性，由式（3-3-24）得

$$\mathrm{DFT}[x_1(n)] = X_1(k) = \mathrm{DFT}\{\mathrm{Re}[x(n)]\}$$

$$= X_{\mathrm{ep}}(k) = \frac{1}{2}[X(k) + X^*((N-k))_N R_N(k)] \tag{3-3-35}$$

同样，由于 $x_2(n) = \mathrm{Im}[x(n)]$，由式（3-3-25）得

$$X_2(k) = -\mathrm{j}X_{\mathrm{op}}(k) = \frac{1}{2\mathrm{j}}[X(k) - X^*((N-k))_N R_N(k)] \tag{3-3-36}$$

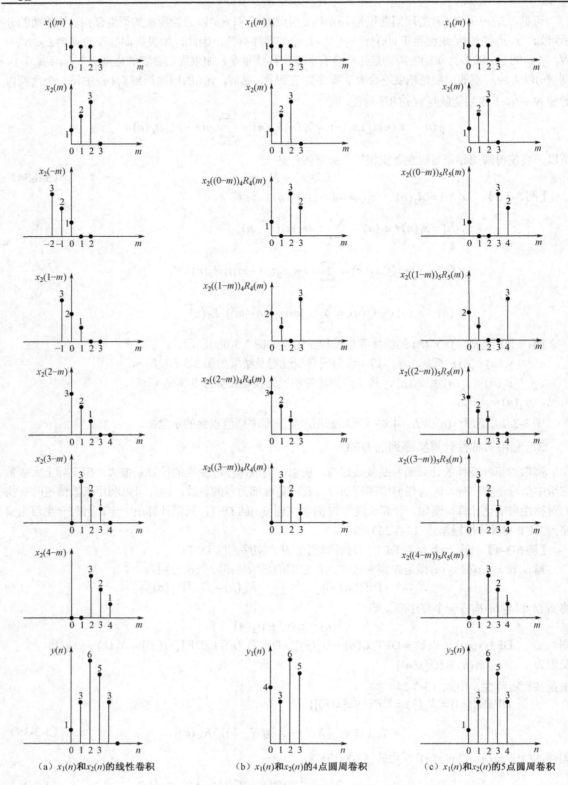

（a）$x_1(n)$和$x_2(n)$的线性卷积　　（b）$x_1(n)$和$x_2(n)$的4点圆周卷积　　（c）$x_1(n)$和$x_2(n)$的5点圆周卷积

图 3-3-6　$x_1(n)$和 $x_2(n)$的卷积过程及结果

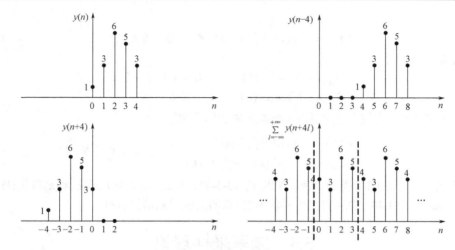

图 3-3-7 $y(n)$ 的周期延拓 $\tilde{y}_L(n)$ （$L=4$）

这样，利用一次 N 点 DFT 求出 $X(k)$，再用式（3-3-35）和式（3-3-36）就求出了两个 N 点实数序列 $x_1(n)$ 和 $x_2(n)$ 的 DFT $X_1(k)$ 和 $X_2(k)$。

【例 3-3-5】   用一个 N 点 DFT 计算一个 $2N$ 点实序列的 DFT。

解：设 $x(n)$ 是 $2N$ 点实数序列，将 $x(n)$ 按 n 的奇偶进行分组，分成偶数组 $x_1(n)$ 和奇数组 $x_2(n)$

$$x_1(n) = x(2n) \qquad n = 0,1,2,\cdots,N-1$$
$$x_2(n) = x(2n+1) \qquad n = 0,1,2,\cdots,N-1$$

将 $x_1(n)$ 和 $x_2(n)$ 构成一个复序列，即

$$w(n) = x_1(n) + jx_2(n)$$

则
$$\mathrm{DFT}[w(n)] = W(k) = \mathrm{DFT}[x_1(n) + jx_2(n)] = \mathrm{DFT}[x_1(n)] + j\mathrm{DFT}[x_2(n)]$$
$$= X_1(k) + jX_2(k)$$

利用式（3-3-24）和式（3-3-25）可得

$$X_1(k) = W_{\mathrm{ep}}(k) = \frac{1}{2}[W(k) + W^*((N-k))_N R_N(k)] \tag{3-3-37}$$

$$X_2(k) = -jW_{\mathrm{op}}(k) = \frac{1}{2j}[W(k) - W^*((N-k))_N R_N(k)] \tag{3-3-38}$$

这里要求的是 $2N$ 点的实序列 $x(n)$ 的离散傅里叶变换 $X(k)$，因此，需要求出 $X(k)$ 与 $X_1(k)$ 和 $X_2(k)$ 的关系。

$$X_1(k) = \mathrm{DFT}[x_1(n)] = \mathrm{DFT}[x(2n)]$$
$$= \sum_{n=0}^{N-1} x(2n)W_N^{nk} = \sum_{n=0}^{N-1} x(2n)W_{2N}^{2nk}$$
$$X_2(k) = \mathrm{DFT}[x_2(n)] = \mathrm{DFT}[x(2n+1)]$$
$$= \sum_{n=0}^{N-1} x(2n+1)W_N^{nk} = \sum_{n=0}^{N-1} x(2n+1)W_{2N}^{2nk}$$
$$X(k) = \mathrm{DFT}[x(n)] = \sum_{n=0}^{2N-1} x(n)W_{2N}^{nk} = \sum_{n=0}^{N-1} x(2n)W_{2N}^{2nk} + \sum_{n=0}^{N-1} x(2n+1)W_{2N}^{(2n+1)k}$$
$$= \sum_{n=0}^{N-1} x(2n)W_{2N}^{2nk} + W_{2N}^{k}\sum_{n=0}^{N-1} x(2n+1)W_{2N}^{2nk}$$

所以

$$X(k) = X_1(k) + W_{2N}^k X_2(k) \qquad 0 \le k \le 2N-1 \qquad (3\text{-}3\text{-}39)$$

注意到 DFT 隐含周期性

$$X_1(k+N) = X_1(k) \qquad 0 \le k \le N-1$$
$$X_2(k+N) = X_2(k) \qquad 0 \le k \le N-1$$

不难理解式（3-3-39）。利用上述关系以及考虑到 $W_{2N}^{k+N} = -W_{2N}^k$，则

$$\begin{cases} X(k) = X_1(k) + W_{2N}^k X_2(k) \\ X(k+N) = X_1(k) - W_{2N}^k X_2(k) \end{cases} \qquad 0 \le k \le N-1 \qquad (3\text{-}3\text{-}40)$$

这样，计算一次 N 点的 DFT 得到 $W(k)$，利用式（3-3-37）和式（3-3-38）求出 $X_1(k)$ 和 $X_2(k)$，再通过式（3-3-39）或式（3-3-40）就可得到所要求的 $2N$ 点的实序列 $x(n)$ 的 DFT。

3.4 频率采样理论

 ### 3.4.1 频率采样

时域采样定理告诉我们，一个频带有限的信号，在满足时域采样定理的前提下，可以对它进行时域采样而不丢失信息；而 DFT 变换实现了频域的离散化，即频域采样。现在的问题是，是否对于任意的频率特性（或任意序列）都能进行频率采样且不丢失信息？有无限制？如果有，是什么？为了回答这些问题，首先分析任意序列进行频率采样在时域将引起什么变化。

考虑一个任意绝对可和的序列 $x(n)$，它的 Z 变换

$$X(z) = \sum_{n=-\infty}^{\infty} x(n) z^{-n}$$

由于 $x(n)$ 绝对可和，所以，单位圆上 Z 变换存在，因此可以对其在单位圆上进行 N 等分取样。因为单位圆上的 Z 变换就是序列的傅里叶变换，是一个周期函数，如果在单位圆上对 $X(z)$ 进行 N 等分取样，可以得到一个周期序列

$$\tilde{X}(k) = X(z)\big|_{z=e^{j\frac{2\pi}{N}k}} = \sum_{n=-\infty}^{\infty} x(n) e^{-j\frac{2\pi}{N}nk} \qquad (3\text{-}4\text{-}1)$$

那么，这样采样以后，是否会造成信息的丢失？或者由频率采样值还能否恢复出原序列 $x(n)$？为此，考察由 $\tilde{X}(k)$ 进行 IDFS 所得到的 $\tilde{x}_N(n)$。

$$\tilde{x}_N(n) = \text{IDFS}[\tilde{X}(k)] = \frac{1}{N}\sum_{k=0}^{N-1} \tilde{X}(k) e^{j\frac{2\pi}{N}nk} = \frac{1}{N}\sum_{k=0}^{N-1}\sum_{m=-\infty}^{\infty} x(m) e^{-j\frac{2\pi}{N}mk} e^{j\frac{2\pi}{N}nk}$$

交换求和顺序

$$\tilde{x}_N(n) = \sum_{m=-\infty}^{\infty} x(m) \frac{1}{N}\sum_{k=0}^{N-1} e^{j\frac{2\pi}{N}(n-m)k}$$

由于

$$\frac{1}{N}\sum_{k=0}^{N-1} e^{j\frac{2\pi}{N}(n-m)k} = \begin{cases} 1 & m = n+rN \qquad r\text{为任意整数} \\ 0 & \text{其他} \end{cases}$$

所以

$$\tilde{x}_N(n) = \sum_{r=-\infty}^{\infty} x(n+rN) \qquad (3\text{-}4\text{-}2)$$

即 $\tilde{x}_N(n)$ 是原序列 $x(n)$ 的周期延拓序列，其周期为频域采样点数 N。由 1.1.1 节的讨论可知，时域采样造成频域周期化，其周期是采样频率。这里见证了对称性的又一个例子：频域采样对应造成时域周期化，其周期为频域采样点数 N。根据上述分析，可以得出如下结论。

（1）如果 $x(n)$ 不是有限长序列，则时域周期延拓后，必然造成混叠，产生误差。

（2）如果 $x(n)$ 是有限长序列，序列长度为 M，当频域采样不够密，即频域采样点数 $N<M$ 时，时域以 N 为周期进行延拓后，也会造成混叠。此时，从 $\tilde{x}_N(n)$ 中不能恢复出 $x(n)$。

（3）如果 $x(n)$ 是有限长序列，序列长度为 M，频域采样点数 N，当满足

$$N \geqslant M \tag{3-4-3}$$

时，有

$$x_N(n) = \tilde{x}_N(n) R_N(n) = \sum_{r=-\infty}^{\infty} x(n+rN) R_N(n) = x(n) \tag{3-4-4}$$

即频率采样不失真的条件是频域采样点数 N 大于等于序列的时域长度 M。

 ### 3.4.2　内插

既然当 $N>M$ 时 N 个频率采样样本值 $X(k)$ 可以不失真地代表 N 点有限长序列，那么这 N 个样本值 $X(k)$ 就可以完整地表达整个 $X(z)$ 及频率响应 $X(e^{j\omega})$。下面讨论如何由 $X(k)$ 来表达 $X(z)$ 及 $X(e^{j\omega})$。

设 $x(n)$ 是长度为 N 的有限长序列，其 Z 变换

$$X(z) = \sum_{n=0}^{N-1} x(n) z^{-n}$$

因为

$$x(n) = \frac{1}{N} \sum_{k=0}^{N-1} X(k) e^{j\frac{2\pi}{N}nk}$$

代入 $X(z)$ 的表达式中，得

$$X(z) = \sum_{n=0}^{N-1} \left[\frac{1}{N} \sum_{k=0}^{N-1} X(k) e^{j\frac{2\pi}{N}nk} \right] z^{-n} = \frac{1}{N} \sum_{k=0}^{N-1} X(k) \sum_{n=0}^{N-1} W_N^{-nk} z^{-n}$$

$$= \frac{1}{N} \sum_{k=0}^{N-1} X(k) \frac{1 - W_N^{-Nk} z^{-N}}{1 - W_N^{-k} z^{-1}} = \frac{1 - z^{-N}}{N} \sum_{k=0}^{N-1} \frac{X(k)}{1 - W_N^{-k} z^{-1}} \tag{3-4-5}$$

或

$$X(z) = \sum_{k=0}^{N-1} X(k) \phi_k(z) \tag{3-4-6}$$

式中

$$\phi_k(z) = \frac{1 - z^{-N}}{N} \frac{1}{1 - W_N^{-k} z^{-1}} \tag{3-4-7}$$

式（3-4-5）或式（3-4-6）就是用 $X(z)$ 在单位圆上的 N 个取样值 $X(k)$ 表示 $X(z)$ 的内插公式，$\phi_k(z)$ 称为内插函数。

将 $z = e^{j\omega}$ 代入式（3-4-6）中，得到频域的内插公式

$$X(e^{j\omega}) = \sum_{k=0}^{N-1} X(k) \phi_k(e^{j\omega}) \tag{3-4-8}$$

而

$$\phi_k(e^{j\omega}) = \frac{1}{N} \frac{1 - e^{-j\omega N}}{1 - e^{-j(\omega - \frac{2\pi}{N}k)}} = \frac{1}{N} \frac{\sin(\omega N/2)}{\sin[(\omega - 2\pi k/N)/2]} e^{-j\left(\frac{N-1}{2}\omega + \frac{\pi k}{N}\right)} \tag{3-4-9}$$

若将$\phi_k(e^{j\omega})$表示为

$$\phi_k(e^{j\omega}) = \phi(\omega - 2\pi k / N) \tag{3-4-10}$$

式中

$$\phi(\omega) = \frac{1}{N} \frac{\sin(\omega N / 2)}{\sin(\omega / 2)} e^{-j\left(\frac{N-1}{2}\omega\right)} \tag{3-4-11}$$

则式（3-4-8）变为

$$X(e^{j\omega}) = \sum_{k=0}^{N-1} X(k)\phi(\omega - 2\pi k / N) \tag{3-4-12}$$

式（3-4-12）中，$\phi(\omega)$也称为内插函数。式（3-4-12）表明，长度为N的序列$x(n)$，其傅里叶变换可用Z平面单位圆上的N个频率采样值$X(k)$来表示。图 3-4-1(a)、图 3-4-1(b)分别表示$N = 5$时$\phi(\omega)$的幅度特性和相位特性曲线。

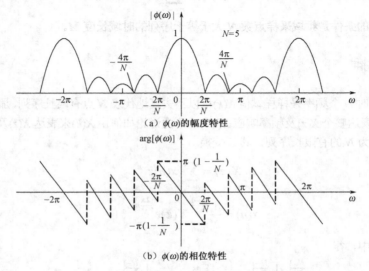

（a）$\phi(\omega)$的幅度特性

（b）$\phi(\omega)$的相位特性

图 3-4-1　内插函数$\phi(\omega)$的幅度特性与相位特性

　　内插函数$\phi(\omega - 2\pi k/N)$的幅度函数

$$\phi_k(\omega) = \frac{1}{N} \frac{\sin[(\omega - 2\pi k / N)N / 2]}{\sin[(\omega - 2\pi k / N) / 2]} = \begin{cases} 1, & \omega = 2\pi k / N = \omega_k \\ 0, & \omega = 2\pi i / N = \omega_i \qquad i \neq k \end{cases} \tag{3-4-13}$$

这个函数的特点是：当$\omega = 2\pi k/N$时，即在第k个取样点上，$\phi_k(\omega)$的函数值为 1，而在其他取样点上的函数值为 0。因此，第k个取样点上的$X(e^{j\omega})$值等于$X(k)$，而取样点之间的$X(e^{j\omega})$则是各取样值对内插函数加权后叠加的结果，如图 3-4-2 所示。

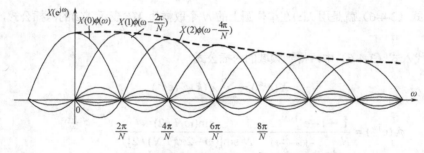

图 3-4-2　由内插函数求$X(e^{j\omega})$的示意图

3.4.3　DFT 与 DTFT 和 Z 变换的关系

一个长度为 N 的有限长序列 $x(n)$，其离散时间傅里叶变换

$$X(\mathrm{e}^{\mathrm{j}\omega}) = \mathrm{DTFT}[x(n)] = \sum_{n=0}^{N-1} x(n)\mathrm{e}^{-\mathrm{j}\omega n}$$

若 $\omega = \dfrac{2\pi}{N}k$，则

$$X(\mathrm{e}^{\mathrm{j}\frac{2\pi}{N}k}) = \sum_{n=0}^{N-1} x(n)\mathrm{e}^{-\mathrm{j}\frac{2\pi}{N}nk} = \mathrm{DFT}[x(n)] = X(k)$$

即

$$X(k) = X(\mathrm{e}^{\mathrm{j}\omega})\Big|_{\omega=\frac{2\pi}{N}k} \tag{3-4-14}$$

式（3-4-14）表明，**离散傅里叶变换是离散时间傅里叶变换在 $[0, 2\pi]$ 的 N 等分采样**，即离散傅里叶变换实现了频域的离散化。

前面讨论过，离散时间傅里叶变换（DTFT）是单位圆上的 Z 变换，即

$$X(\mathrm{e}^{\mathrm{j}\omega}) = X(z)\big|_{z=\mathrm{e}^{\mathrm{j}\omega}}$$

因此，**离散傅里叶变换是单位圆上 Z 变换的 N 等分采样**，即

$$X(k) = X(z)\big|_{z=\mathrm{e}^{\mathrm{j}\frac{2\pi}{N}k}} \tag{3-4-15}$$

事实上，由于有限长序列 $x(n)$ 的 Z 变换其收敛域为 $|z|>0$，在单位圆上 Z 变换总是存在的，所以，单位圆上 Z 变换的 N 等分采样也总是存在的，也就是有限长序列的离散傅里叶变换总是存在的。

图 3-4-3 所示为有限长序列的几种变换之间的关系。

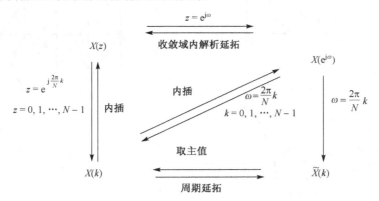

图 3-4-3　几种变换之间的关系

【**例 3-4-1**】　一个有限长序列 $x(n) = \displaystyle\sum_{r=0}^{4} \delta(n-r)$

（1）求 $x(n)$ 的 Z 变换；

（2）求 $x(n)$ 的 DTFT；

（3）求 $N=5$ 和 $N=10$ 时 $x(n)$ 的 DFT。

解：（1）　$X(z) = \displaystyle\sum_{n=-\infty}^{\infty} x(n)z^{-n} = \sum_{n=0}^{4} z^{-n} = \dfrac{1-z^{-5}}{1-z^{-1}}$　　　　$|z|>0$

（2）$X(e^{j\omega}) = X(z)\big|_{z=e^{j\omega}} = \dfrac{1-e^{-j\omega 5}}{1-e^{-j\omega}} = e^{-j2\omega}\dfrac{\sin(5\omega/2)}{\sin(\omega/2)}$

（3）由式（3-4-14），当 $N=5$ 时

$$X(k) = X(e^{j\omega})\big|_{\omega=\frac{2\pi}{N}k} = e^{-j\frac{4}{5}\pi k}\dfrac{\sin(\pi k)}{\sin(\pi k/5)}$$

当 $N=10$ 时

$$X(k) = X(e^{j\omega})\big|_{\omega=\frac{2\pi}{N}k} = e^{-j\frac{2}{5}\pi k}\dfrac{\sin(\pi k/2)}{\sin(\pi k/10)}$$

图 3-4-4(b)和图 3-4-4(c)所示分别为 $X(e^{j\omega})$ 的幅度 $\left|X(e^{j\omega})\right|$ 及相位 $\arg[\,X(e^{j\omega})\,]$，图 3-4-4(d)所示为 $N=5$ 时的 $\left|X(k)\right|$，图 3-4-4(e)和图 3-4-4(f)所示为 $N=10$ 时的 $\left|X(k)\right|$ 和 $\arg[X(k)]$。这里请读者注意两点：对于 $N=5$ 的情况，$x(n)$ 相当于直流信号采样（注意：DFT 隐含着周期性），所以它的频谱只在 $k=0$ 时不为 0，而其他 k 不为 0 处 $X(k)=0$；而对于 $N=10$ 的情况，$x(n)$ 相当于矩形脉冲信号采样。另外在 $X(e^{j\omega})=0$，即 $\omega=\dfrac{2\pi}{N}k$ 的频率点上相位是不连续的。

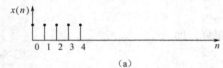

(a)

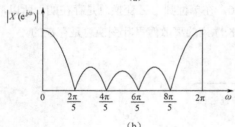

(b)

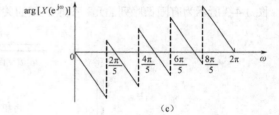

(c)

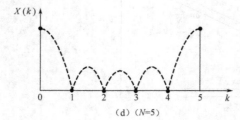

(d)（$N=5$）

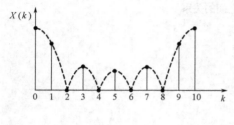

(e)（$N=10$）

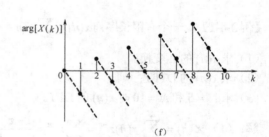

(f)

图 3-4-4　$x(n)$ 的 DTFT 及 DFT

3.5　利用 DFT 计算模拟信号的傅里叶变换

前面讲述了 DFT，它在时域和频域均已离散化，可以用计算机进行计算。但在工程实际中，经常遇到的是连续非周期信号 $x_a(t)$，其频谱函数 $X_a(j\Omega)$ 也是连续函数。如果知道 $x_a(t)$ 的数学表达式，信号的频谱可以用解析法精确求解，当不知道其数学表达式时，可以用数值计算法作近似分析。通过 DFT 对信号进行分析与综合是目前应用的主要方法。一般对 $x_a(t)$ 进行谱分析的方法是先对 $x_a(t)$ 进行时域采样，再对得到的 $x(n) = x_a(nT)$ 进行 DFT，所得到 $X(k)$ 是 $x(n)$ 的离散时间傅里叶变换 $X(e^{j\omega})$ 在频率区间 $[0, 2\pi]$ 上的 N 点等间隔采样。注意：这里的 $x(n)$ 和 $X(k)$ 均为有限长序列。

然而，由傅里叶变换理论可知，若信号持续时间有限长，则其频谱无限宽；反之，若信号频谱有限宽，则持续时间无限长。所以严格地讲，持续时间有限的带限信号是不存在的。实际上对频谱很宽的信号，为防止时域采样后产生频谱混叠失真，须用预滤波法滤除幅度很小的高频成分，使连续信号的带宽小于采样频率的一半也就是小于折叠频率。对于持续时间很长的信号，采样点数太多会给存储和计算带来极大的困难，所以必须截取有限点进行 DFT。

因此，用 DFT 对连续信号进行谱分析必然是近似的，其近似程度与信号带宽、采样频率和截取长度等有关。实际上从工程角度看，滤除幅度很小的高频成分和除去幅度很小的部分时间信号是允许的。

下面讨论如何利用 DFT 计算模拟信号的傅里叶变换对，以及利用 DFT 对连续时间信号进行逼近时可能存在的几个问题和解决的方法。

 ### 3.5.1　利用 DFT 计算模拟信号的傅里叶变换

连续时间非周期信号的傅里叶变换对

$$X_a(j\Omega) = \int_{-\infty}^{\infty} x_a(t)e^{-j\Omega t}dt \tag{3-5-1}$$

$$x_a(t) = \frac{1}{2\pi}\int_{-\infty}^{\infty} X_a(j\Omega)e^{j\Omega t}d\Omega \tag{3-5-2}$$

为了利用 DFT，首先将 $x_a(t)$ 采样变成离散信号，即 $x_a(t)|_{t=nT} = x_a(nT) = x(n)$。或者说对于正变换式将积分区间 $(-\infty, \infty)$ 分为无穷多小段，每段长度为 T，并认为在这小段里 $x_a(t)$ 不变，分别求出每一小段的积分再加起来。即用矩形法近似积分，对于正变换式（3-5-1）

$$t \to nT, \qquad dt \to T, \qquad \int_{-\infty}^{\infty} \to \sum_{n=-\infty}^{\infty}$$

于是

$$X_a(j\Omega) \approx T\sum_{n=-\infty}^{\infty} x_a(nT)e^{-jn\Omega T} \tag{3-5-3}$$

设待分析的信号从 $t = 0$ 开始，持续时间为 T_0，或者说是将 $x_a(nT) = x(n)$ 截断，取 $n = 0 \sim N-1$，则式（3-5-3）的求和限变成从 0 到 $N-1$，即

$$X_a(j\Omega) \approx T\sum_{n=0}^{N-1} x_a(nT)e^{-jn\Omega T} \tag{3-5-4}$$

因为时域采样将导致频谱函数以采样频率为周期产生周期延拓，只要 $x_a(t)$ 是带限的，则频域有可能不产生混叠。

考虑到时域离散化会造成频域的周期延拓，逆变换式（3-5-2）成为式（3-5-5）

$$x_a(nT) \approx \frac{1}{2\pi}\int_0^{\Omega_s} X_a(j\Omega)e^{j\Omega nT}d\Omega \tag{3-5-5}$$

注意这里积分限变成了一个周期。从式（3-5-5）可以看到频域是连续的，因此还需进行频域的离散化。对于式（3-5-5），以 ω_0 为间隔进行频率采样

$$\Omega \to k\omega_0, \qquad \mathrm{d}\Omega \to \omega_0, \qquad \int_0^{\Omega_s} \to \sum_{k=0}^{N-1}$$

则式（3-5-5）变为

$$x_a(nT) \approx \frac{1}{2\pi} \sum_{k=0}^{N-1} X_a(\mathrm{j}k\omega_0) \mathrm{e}^{\mathrm{j}k\omega_0 nT} \cdot \omega_0 \tag{3-5-6}$$

考虑到 $\omega_0 = \dfrac{2\pi f_s}{N}$ 及 $f_s \cdot T = 1$，则式（3-5-6）变为

$$x_a(nT) \approx f_s \frac{1}{N} \sum_{k=0}^{N-1} X_a(\mathrm{j}k\omega_0) \mathrm{e}^{\mathrm{j}\frac{2\pi}{N}kn} = f_s \cdot \mathrm{IDFS}[X(k)] \tag{3-5-7}$$

式中，$X(k) = X_a(\mathrm{j}k\omega_0)$。同样，在式（3-5-4）中将 $\Omega \to k\omega_0$ 代入，也考虑到 $\omega_0 = \dfrac{2\pi f_s}{N}$ 及 $f_s \cdot T = 1$，则

$$X(k) = X_a(\mathrm{j}k\omega_0) \approx T \sum_{n=0}^{N-1} x_a(nT) \mathrm{e}^{-\mathrm{j}\frac{2\pi}{N}nk} = T \cdot \mathrm{DFT}[x(n)] \tag{3-5-8}$$

于是得到用离散傅里叶变换求连续非周期信号的采样值的傅里叶变换计算表达式，即

$$\begin{cases} X(k) = X_a(\mathrm{j}k\omega_0) = X(\mathrm{j}\Omega)\big|_{\Omega = k\omega_0} \approx T \cdot \mathrm{DFT}[x(n)] \\ x(n) = x_a(nT) = x_a(t)\big|_{t=nT} \approx f_s \cdot \mathrm{IDFT}[X(k)] \end{cases} \tag{3-5-9}$$

可见由时域样点用 DFT 计算频谱和根据频域样点用 IDFT 求逆变换之间差一个系数 T 和 $1/T$。

下面再换一个角度分析上述分析过程。

设模拟信号 $x_a(t)$ 的傅里叶变换为 $X_a(\mathrm{j}\Omega)$，对信号进行等间隔采样，采样周期为 T，得

$$x_1(n) = x_a(nT) = x_a(t)|_{t=nT}$$

对 $x_a(t)$ 进行时域采样，对应于频域的周期延拓，即 $X_a(\mathrm{j}\Omega)$ 变成 $X_1(\mathrm{e}^{\mathrm{j}\omega})$，周期为 2π（模拟域中为 $\Omega_s = 2\pi/T$），这实际就是离散时间傅里叶变换。

$$X_1(\mathrm{e}^{\mathrm{j}\omega}) \approx \sum_{n=-\infty}^{\infty} x_1(n) \mathrm{e}^{-\mathrm{j}\omega n} = \sum_{n=-\infty}^{\infty} x_a(nT) \mathrm{e}^{-\mathrm{j}\Omega T n} \tag{3-5-10}$$

对 $x_1(n)$ 截取一段，相当于在时域乘上一个截断函数（又称为窗函数）$w(n)$，在频域就是一个卷积，$X_1(\mathrm{e}^{\mathrm{j}\omega})$ 变成 $X_1(\mathrm{e}^{\mathrm{j}\omega}) * W(\mathrm{e}^{\mathrm{j}\omega})/(2\pi)$，这依旧是对应于 DTFT。在频域以 $\omega_0 = \Omega_s/N$ 为采样间隔对连续谱进行频域采样，将其离散化为 $\tilde{X}_N(k)$。由于频域离散化对应于时域周期化，因此时域成为 $\tilde{x}_N(n)$，时域和频域均是离散的和周期的，这就是 DFS，在时域和频域都截取一个周期，这就是 DFT。利用 DFT 逼近连续信号的傅里叶变换过程如图 3-5-1 所示。利用 DFT 逼近连续信号频谱，其频谱变化过程如图 3-5-2 所示。

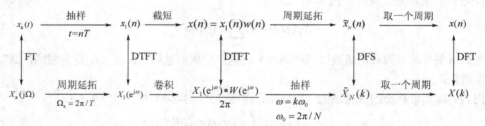

图 3-5-1　利用 DFT 逼近连续信号的傅里叶变换过程

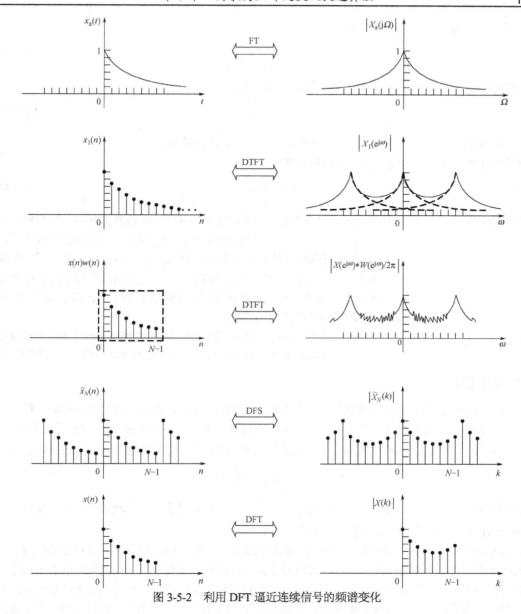

图 3-5-2　利用 DFT 逼近连续信号的频谱变化

3.5.2　利用 DFT 计算模拟信号的傅里叶变换可能造成的误差

1. 频率混叠现象

设信号的最高频率为 f_m，系统的采样频率为 f_s，根据采样定理，$f_s > 2f_m$，否则将产生频率混叠现象。在实际中可以根据信号波形来估计信号的最高频率。在信号波形中选择变化最陡峭的部分，如图 3-5-3 中，如果信号从 a 点到 b 点经历时间为 t_0，则可近似地认为

$$f_m = \frac{1}{2t_0} \tag{3-5-11}$$

为了避免频率混叠现象，应该在采样之前添加限带滤波器。下面分析有关参数之间的关系。

设信号的时域采样间隔为 T，则

$$T = \frac{1}{f_s} < \frac{1}{2f_m} \tag{3-5-12}$$

如果频域采样间隔为 F_0，信号的记录长度为 T_0，则

$$F_0 = \frac{1}{T_0} \tag{3-5-13}$$

这里，频域采样间隔 F_0 就是利用 DFT 进行频谱分析时的频谱分辨率。

根据采样信号频谱的周期为 f_s，得频域采样点数

$$N = \frac{f_s}{F_0} = \frac{T_0}{T} \tag{3-5-14}$$

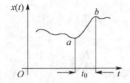

信号最高频率 f_m 与频谱分辨率之间存在矛盾。如果固定 N，信号最高频率 f_m 增加，则根据采样定理要求采样频率增加，频域采样间隔 F_0 增加，于是频谱分辨率下降；如果要求频域采样间隔 F_0 减小，则采样频率也减小，为了不产生频率混叠，允许的信号最高频率也减小。系统能分析的信号最高频率称为高频容限。如果既要高频容限大，又要频谱分辨率高，即 f_m 高和 F_0 小，则需要增加信号的记录长度 T_0。

图 3-5-3　估计信号最高频率

若已知信号频谱无限宽，则可选取信号总能量 98% 左右的频带宽度 f_m 作为信号的最高频率，并在采样之前加限带滤波器以避免产生频谱混叠。

2．频谱泄漏

实际工作中往往需要把信号的观察时间限制在一定的时间段内，即需要对信号作截断。设有一很长的序列 $x_1(n)$，其频谱为 $X_1(e^{j\omega})$，时域截取一段 $x(n)$，相当于在时域乘以一个矩形窗函数，即 $x(n) = x_1(n) \cdot w(n)$（这里 $w(n) = R_N(n)$）。而在频域则是 $X_1(e^{j\omega})$ 与窗函数频谱 $W(e^{j\omega})$ 的卷积，即

$$X(e^{j\omega}) = \frac{1}{2\pi} X_1(e^{j\omega}) * W(e^{j\omega})$$

这一卷积造成了 $X(e^{j\omega})$ 与原来的信号频谱 $X_1(e^{j\omega})$ 不一样，也就是说产生了频谱的失真，这种失真表现为频谱的扩展，也就是所谓的"频谱泄漏"。

需要说明的是，泄漏与混叠是分不开的，泄漏也会造成混叠，因为泄漏将导致频谱的扩展，从而使最高频率有可能超过折叠频率（$f_s/2$），造成混叠失真。由于时域截断，在频域将可能引起误差，那么是否可以不作截断？答案是否定的，不可以！因为按照频域采样理论，要使频域采样不失真，频域采样点数必须大于或等于时域序列的长度，所以在进行 DFT 计算时，必须进行数据截断。可见频谱泄漏是 DFT 所固有的，应该设法减小。

减小泄漏的方法之一是增加数据长度，即增加窗的宽度，但这会增加计算量和存储量。另一种更有效的方法就是改变窗函数频谱的形状，换句话说，就是改变窗函数 $w(n)$ 或改变信号数据截断的方式。

3．栅栏效应

栅栏效应是因为用 DFT 计算频谱时，只能计算基波频率 F_0 的整数倍处的频谱，而不能得到连续频谱而产生的。当用 DFT 计算整个频谱时，就好像通过一个"栅栏"来观看一个景象一样，只能在离散点上看到真实的景象，而两个离散点之间的部分不能被观察到，这种现象称为栅栏效应。

减小栅栏效应的一个方法就是增加频率采样的点数 N，使频率采样更密集，如果不改变时域数据，

就相当于在原记录后面添零点。频域采样点间的间隔为 $\dfrac{2\pi}{N}$，所以 N 增加，频域采样点之间的距离减小，谱线变密，原来观察不到的谱分量就可能观察到。

例如，图 3-5-4 所示为对信号频谱增加采样点后 $X(k)$ 的变化，从图中可以看出，随着 $x(n)$ 后面的零点的增多，也就是频域采样点的增加，频谱的轮廓趋于清晰。实际上，频域采样点的增加等效为信号 $x(n)$ 后面添零。

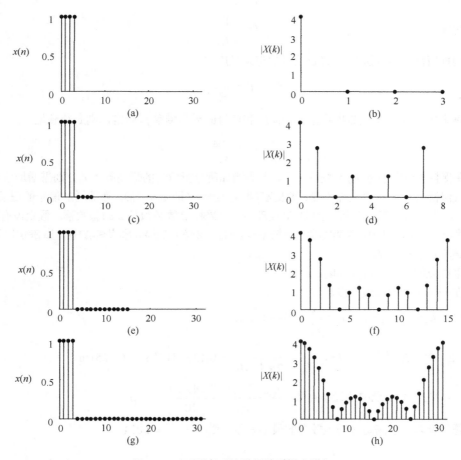

图 3-5-4　时域序列补零频域采样点增加

下面进一步分析时域序列后补充零点是否能提高频谱分辨率？频谱分辨率是指对两个最近的频谱峰值能够分辨的能力，前面已经分析过

$$F_0 = \frac{f_s}{N} = \frac{1}{NT} = \frac{1}{T_0} \tag{3-5-15}$$

所以如果信号的记录长度 T_0 越长，N 越大，则物理分辨率越高。这里 T_0 是观测信号的实际时间长度，而非补零后的长度。时域序列后补充零点可使 N 增大，但时域补零并不能增加数据有效长度，因而不能增加任何信息，所以不能增加物理分辨率。时域补零可以使频域采样点增加，减小栅栏效应。如果不增加信号记录长度，仅增加时域采样点数，即提高时域采样频率，又能否提高频谱分辨率呢？根据式（3-5-15），不增加信号记录长度，增加时域采样点数，并不能提高物理分辨率。

3.5.3　用 DFT 进行谱分析的有关参数选择原则

设信号的时域采样间隔 T，采样频率 f_s，$x_a(t)$ 的最高频率分量 f_m，频率分辨率 F_0，$x_a(t)$ 的记录长度 T_0。根据前面的分析，总结出如下参数选择原则。

（1）采样频率 f_s 应满足奈奎斯特采样定理。

采样频率

$$f_s > 2f_m$$

时域采样间隔

$$T < \frac{1}{2f_m}$$

（2）根据所需频谱分辨率 F_0 确定信号的记录长度 T_0

$$T_0 > \frac{1}{F_0}$$

（3）确定采样点数 N。如果频谱分辨率 F_0 和信号的最高频率 f_m 给定，则必须满足

$$N > \frac{2f_m}{F_0}$$

（4）在保持频谱分辨率 F_0 不变情况下，若需增加所分析信号的最高频率 f_m，则需增加信号的记录长度 T_0；或保持信号最高频率 f_m 不变，要提高频谱分辨率（即减小 F_0），亦需增加信号的记录长度 T_0。

【例 3-5-1】　有一频谱分析用的 DFT 处理器，其采样点数必须是 2 的整数幂。假定没有采用任何特殊的数据处理措施，已知条件为①频谱分辨率 $\leqslant$ 10Hz，②信号的最高频率 $\leqslant$ 4kHz，试确定以下参量：

（1）最小记录长度 T_0；

（2）采样点间的最大时间间隔 T；

（3）在一个记录中的最小点数 N。

解：（1）最小记录长度　　$T_0 > \dfrac{1}{F_0} = \dfrac{1}{10} = 0.1(s)$

　　　（2）最大采样间隔　　$T < \dfrac{1}{2f_m} = \dfrac{1}{2 \times 4 \times 10^3} = 0.125 \times 10^{-3}(s) = 0.125(ms)$

　　　（3）在一个记录中的最小点数　　$N > \dfrac{2f_m}{F_0} = \dfrac{2 \times 4 \times 10^3}{10} = 800$

按照题目要求，取满足 2 的整数幂的最小整数，则 $N = 2^{10} = 1\,024$。

3.6　傅里叶变换的快速算法——快速傅里叶变换 FFT

DFT 可以直接用来分析信号的频谱，频谱分析在数字信号处理中用途极广，如语音通信中的频带压缩需要对语音信号进行频谱分析，声呐系统对水面目标与水下目标的分析以及雷达系统对运动目标的测定等都需要各种特定信号的频谱分析。在各种测量仪器中，频谱分析被大量使用。在后面 FIR 滤波器的设计中，也处处有从 $h(n)$ 求 $H(k)$ 以及从 $H(k)$ 求 $h(n)$ 的计算。因此，在数字信号处理中经常需要进行 DFT 和 IDFT 运算。

虽然 DFT 运算如此重要，但是在很长一段时间里，由于其运算的冗长和繁杂，DFT 并没有得到真正的运用，频谱分析仍然大多采用模拟方法解决。直到 1965 年首次发现了 DFT 运算的一种快速算法以后，情况才发生了根本性的转变。人们开始认识到 DFT 运算的一些内在规律，从而很快地发展和完善了一套高效的运算方法，也就是现在普遍称为快速傅里叶变换算法的 FFT 算法。FFT 算法使 DFT

的运算时间大大缩短，运算时间一般可以缩短 1～2 个数量级之多。可以说 FFT 的出现是数字信号处理领域的一个里程碑，从此以后，DFT 的运算才真正在实际中得到了广泛的使用。

3.6.1　DFT 运算的特点及减少计算量的途径

下面分析对 $x(n)$ 进行一次 DFT 运算所需要的运算量。设 $x(n)$ 是一个长度为 N 的有限长序列，根据定义

$$X(k) = \mathrm{DFT}[x(n)] = \sum_{n=0}^{N-1} x(n)W_N^{nk}, \quad k = 0, 1, \cdots, N-1$$

一般来说，$x(n)$ 和 W_N^{nk} 都是复数。因此，每计算一个 $X(k)$ 值，需要进行 N 次复数乘法和（$N-1$）次复数加法。$X(k)$ 共有 N 个点，因此要完成全部 DFT 运算需要进行 N^2 次复数乘法和 $N(N-1)$ 次复数加法。每一次复数乘法包括 4 次实数乘法和 2 次实数加法。这样每运算一个 $X(k)$ 值需要进行 $4N$ 次实数乘法和 $2N + 2(N-1) = 2(2N-1)$ 次实数加法。因此整个 DFT 运算需要 $4N^2$ 次实数乘法和 $2N(2N-1)$ 次实数加法。

从上面的统计可以看到，在 DFT 运算中，不论是所需的乘法次数还是加法次数都是和 N^2 成正比的。当 N 较大时，所需的运算工作量是非常大的。例如，计算 10 个点的 DFT，需要 100 次复数相乘，而当 $N = 1024$ 时，则需 1 048 576 次复数乘法，即一百多万次的复数乘法运算。因此，如果信号要求实时处理，对计算速度的要求将是十分苛刻的。

当然以上统计与实际所需的运算会稍有出入，因为系数 W_N^{nk} 有时是简单的，例如，$W_N^0 = 1$，实际上就无须乘法运算。但是为了便于和其他运算方法比较，一般总是将系数 W_N^{nk} 都看为复数，而不考虑个别特例，特别是当 N 很大时，这种特例的影响是很小的。

对于离散傅里叶逆变换

$$x(n) = \mathrm{IDFT}[X(k)] = \frac{1}{N}\sum_{k=0}^{N-1} X(k)W_N^{-nk}, \quad n = 0, 1, \cdots, N-1$$

可见，IDFT 运算与 DFT 运算具有相同的结构，只是多乘一个常数 $1/N$，所以 IDFT 运算与 DFT 运算具有基本相同的运算工作量。

由于 N 点 DFT 的运算量是与 N 的平方成正比的，容易想到，当 N 很大时，减少计算量的途径之一就是将其分解为若干短序列的 DFT 运算的组合。例如，将 N 点 DFT 分解为 M 个 N/M 点的 DFT，则复数乘法次数为 $(N/M)^2 M = N^2/M$，下降到原来的 $1/M$。另外利用 W_N^{nk} 的周期性、对称性和可约性可使运算量得到改善。

周期性　　　$W_N^{n(N-k)} = W_N^{(N-n)k} = W_N^{-nk}$

对称性　　　$W_N^{n+\frac{N}{2}} = -W_N^n, \quad (W_N^{N-n})^* = W_N^n$

可约性　　　$W_N^{nk} = W_{mN}^{mnk}, \quad W_N^{nk} = W_{N/m}^{nk/m}$

利用 W_N^{nk} 的上述特性，可以将一个长序列的 DFT 运算分解为若干短序列的 DFT 运算的组合，从而减少运算量。

快速傅里叶变换算法正是基于这样的基本思想而发展起来的。它的算法形式有很多种，但基本上可以分成两大类：即按时间抽取的快速傅里叶变换 DIT-FFT（Decimation In Time FFT）和按频率抽取的快速傅里叶变换 DIF-FFT（Decimation In Frequency FFT）。下面的讨论先从时间抽取法开始。

3.6.2　按时间抽取的基-2 FFT 算法

按时间抽取的基-2FFT 算法也称为库利-图基算法。

1. 算法原理

序列 $x(n)$ 的 N 点 DFT

$$X(k) = \mathrm{DFT}[x(n)] = \sum_{n=0}^{N-1} x(n)W_N^{nk}, \quad k = 0,1,\cdots,N-1$$

设 N 是基-2 数，也就是 2 的整数次幂，即

$$N = 2^M$$

式中，M 为正整数。这样，可以将序列 $x(n)$ 按照 n 的奇偶分解为两组

$$\begin{cases} x(2r) = x_1(r) \\ x(2r+1) = x_2(r) \end{cases} \quad r = 0,1,\cdots,N/2-1 \tag{3-6-1}$$

将 DFT 运算也相应地分为两组

$$\begin{aligned} X(k) = \mathrm{DFT}[x(n)] &= \sum_{n=0}^{N-1} x(n)W_N^{nk} \\ &= \sum_{\substack{n=0 \\ n\text{为偶数}}}^{N-1} x(n)W_N^{nk} + \sum_{\substack{n=0 \\ n\text{为奇数}}}^{N-1} x(n)W_N^{nk} \\ &= \sum_{r=0}^{N/2-1} x(2r)W_N^{2rk} + \sum_{r=0}^{N/2-1} x(2r+1)W_N^{(2r+1)k} \\ &= \sum_{r=0}^{N/2-1} x_1(r)W_N^{2rk} + W_N^k \sum_{r=0}^{N/2-1} x_2(r)W_N^{2rk} \end{aligned}$$

根据 W_N^{nk} 的可约性，W_N^{2nk} 可以化为 $W_{N/2}^{nk}$，因此

$$X(k) = \sum_{r=0}^{N/2-1} x_1(r)W_{N/2}^{rk} + W_N^k \sum_{r=0}^{N/2-1} x_2(r)W_{N/2}^{rk} = X_1(k) + W_N^k X_2(k) \tag{3-6-2}$$

式中，$X_1(k)$ 和 $X_2(k)$ 分别是长度为 $N/2$ 的序列 $x_1(n)$ 和 $x_2(n)$ 的 $N/2$ 点 DFT

$$X_1(k) = \sum_{r=0}^{N/2-1} x_1(r)W_{N/2}^{rk} = \sum_{r=0}^{N/2-1} x(2r)W_{N/2}^{rk} \qquad k = 0,1,\cdots,N/2-1 \tag{3-6-3a}$$

$$X_2(k) = \sum_{r=0}^{N/2-1} x_2(r)W_{N/2}^{rk} = \sum_{r=0}^{N/2-1} x(2r+1)W_{N/2}^{rk} \qquad k = 0,1,\cdots,N/2-1 \tag{3-6-3b}$$

这样，一个 N 点 DFT 就被分解为两个 $N/2$ 点 DFT，这两个 $N/2$ 点 DFT 再按照式（3-6-2）合成为一个 N 点 DFT。这里应该注意到 $X_1(k)$、$X_2(k)$ 只有 $N/2$ 个点，即 $k = 0,1,\cdots,N/2-1$，而 $X(k)$ 却有 N 个点，即 $k = 0,1,\cdots,N-1$，要用 $X_1(k)$、$X_2(k)$ 表达全部 $X(k)$ 值还需利用系数 W_N^{nk} 的周期性，即

$$W_{N/2}^{rk} = W_{N/2}^{r(k+N/2)}$$

于是

$$X_1\left(k + \frac{N}{2}\right) = \sum_{r=0}^{N/2-1} x_1(r)W_{N/2}^{r(k+N/2)} = \sum_{r=0}^{N/2-1} x_1(r)W_{N/2}^{rk} \tag{3-6-4}$$

即

$$X_1\left(k + \frac{N}{2}\right) = X_1(k)$$

同样

$$X_2\left(k+\frac{N}{2}\right)=X_2(k)$$

再利用 W_N^{rk} 的对称性

$$W_N^{(k+N/2)}=W_N^{N/2}W_N^k=-W_N^k$$

所以

$$X\left(k+\frac{N}{2}\right)=X_1(k)-W_N^k X_2(k) \qquad k=0,1,2,\cdots,N/2-1 \qquad (3\text{-}6\text{-}5)$$

式（3-6-2）表示 $X(k)$ 前半部分即 $k=0$ 到 $N/2-1$ 的组成方式，式（3-6-5）则表示 $X(k)$ 后半部分的组成方式。这两式所表达的运算可以用一个专用的蝶形信号流图符号来表示，这个符号如图 3-6-1 所示。以 $N=2^3=8$ 为例，采用这种表示法，就可将以上所讨论的分解过程用图 3-6-2 所示的流图来表示。

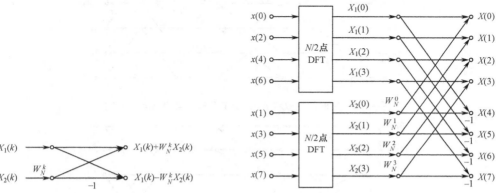

图 3-6-1　蝶形运算　　　　　　　图 3-6-2　按时间抽取将一个 N 点 DFT 分解为
　　　　　　　　　　　　　　　　　　　　　　　　两个 $N/2$ 点 DFT

通过这样分解，每一个 $N/2$ 点 DFT 只需 $(N/2)^2=N^2/4$ 次复数相乘运算，两个 $N/2$ 点的 DFT 需要 $2(N/2)^2=N^2/2$ 次复数乘法，再加上将两个 $N/2$ 点 DFT 合成为 N 点 DFT 时的 $N/2$ 次复数乘法，一共需要 $N^2/2+N/2 \approx N^2/2$ 次复数乘法。因此，这样分解后运算量节省了近一半。

既然这样分解是有效的，由于 $N=2^M$，$N/2$ 仍然是偶数，因此可以对两个 $N/2$ 点的 DFT 再分别进一步分解。例如对 $x_1(r)$，可以再按 r 的奇偶分解

$$x_1(2l)=x_3(l), \qquad l=0,1,\cdots,N/4-1$$
$$x_1(2l+1)=x_4(l), \qquad l=0,1,\cdots,N/4-1$$

同理

$$X_1(k)=\sum_{l=0}^{N/4-1}x_1(2l)W_{N/2}^{2lk}+\sum_{l=0}^{N/4-1}x_1(2l+1)W_{N/2}^{(2l+1)k}$$

$$=\sum_{l=0}^{N/4-1}x_3(l)W_{N/4}^{lk}+W_{N/2}^k\sum_{l=0}^{N/4-1}x_4(l)W_{N/4}^{lk}$$

$$=X_3(k)+W_{N/2}^k X_4(k) \qquad k=0,1,\cdots,N/4-1$$

利用 $W_{N/2}^k$ 的对称性和周期性得

$$X_1\left(k+\frac{N}{4}\right)=X_3(k)-W_{N/2}^k X_4(k) \qquad k=0,1,\cdots,N/4-1$$

同样，$x_2(r)$ 也可这样分解，并且将系数统一为 $W_{N/2}^k=W_N^{2k}$，这样一个 8 点的 DFT 就分解成为 4 个 2 点 DFT，其流图如图 3-6-3 所示。

最后，剩下的是 2 点 DFT，它也可以用一个蝶形表示，例如 $x(0)$、$x(4)$ 所组成的 2 点 DFT 就可表示为

$$X_3(0) = x(0) + W_2^0 x(4) = x(0) + W_N^0 x(4)$$

$$X_3(1) = x(0) + W_2^1 x(4) = x(0) - W_N^0 x(4)$$

这样，得到一个完整的按时间抽取 8 点 DFT 运算流图，如图 3-6-4 所示。

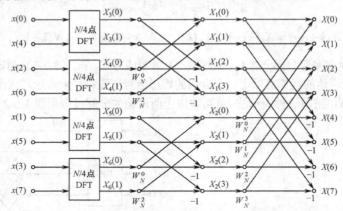

图 3-6-3　按时间抽取将 N 点 DFT 分解为 4 个 N/4 点 DFT

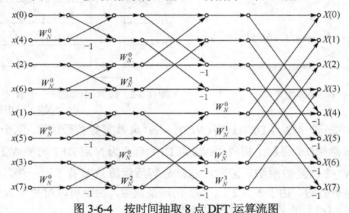

图 3-6-4　按时间抽取 8 点 DFT 运算流图

这种方法由于每一步分解都是按输入序列在时域上的序号是偶数还是奇数来抽取的，所以称为"按时间抽取的快速傅里叶变换 DIT-FFT"或"时间抽取法"。

2. 运算效率

对于任何一个基-2 数 $N = 2^M$，总是可以通过 M 次的分解，最后完全成为 2 点的 DFT 运算的。从以上的流图可以看到，这样的 M 次分解，构成了从 $x(n)$ 到 $X(k)$ 的 M 级蝶形运算。其中每一级运算都由 $N/2$ 个蝶形运算构成，每个蝶形有一次复数乘法和两次复数加法。因此每一级运算都需要 $N/2$ 次复数乘法和 N 次复数加法，这样，经过时间抽取以后，M 级运算总共需要

复数乘法次数 $\qquad\qquad m_\mathrm{f} = \dfrac{N}{2} \cdot M = \dfrac{N}{2} \log_2 N$ $\qquad\qquad\qquad$ （3-6-6）

复数加法次数 $\qquad\qquad a_\mathrm{f} = N \cdot M = N \log_2 N$ $\qquad\qquad\qquad\quad$ （3-6-7）

可见，用时间抽取法所需的运算工作量不论是复数乘法还是复数加法都是与 $N \log_2 N$ 成正比的，而直接运算时则都是与 N^2 成正比的。以不同的 N 值将 DFT 直接计算和采样 FFT 计算的运算量列于表 3-6-1 中进行比较，从表 3-6-1 中可以看到，N 越大，FFT 运算效率越高，图 3-6-5 所示的是直接 DFT 运算与用按时间抽取-FFT 运算所需乘法次数的关系曲线，从这里可以体会到 FFT 算法的重大突破意义。

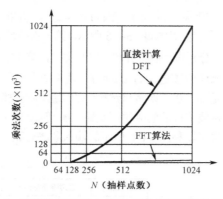

图 3-6-5　直接计算 DFT 与 FFT 算法所需乘法次数的比较

表 3-6-1　直接计算 DFT 与 FFT 算法比较

N	N^2	$N\log_2 N$	$N^2/(N\log_2 N)$
2	4	2	2.0000
4	16	8	2.0000
8	64	24	2.6667
16	265	64	4.0000
32	1024	160	6.4000
64	4096	384	10.6667
128	16 384	896	18.2857
256	65 536	2048	32.000 0
512	262 144	4608	56.888 9
1024	1 048 576	10 240	102.400 0
2048	4 194 304	22 528	186.181 8

3. 运算规律及编程思想

为了能用软件或硬件电路来实现 FFT，下面来分析 FFT 的运算规律。

1）原位运算和变址

这里，需要分析考察时间抽取法在运算方式上的特点。从图 3-6-4 可以看到，时间抽取法运算是很有规律的。它的每一级运算都是由 $N/2$ 个蝶形运算构成的，其基本运算结构是图 3-6-1 所示的蝶形运算，分析这个运算结构图可以发现一个重要的特点，就是可以采用原位运算的方式。所谓原位运算，是指每一级的输入数据和运算的结果储存在同一组存储器中。例如，图 3-6-4 所示 $N=8$ 的运算，输入 $x(0), x(4), x(2), x(6), \cdots, x(7)$ 可以分别存入 8 个存储单元 $A(1), A(2), \cdots, A(8)$ 中。在第一级运算中，首先是存储单元 $A(1)$、$A(2)$ 中的 $x(0)$、$x(4)$ 进入蝶形运算。$x(0)$、$x(4)$ 进入运算器以后，其数值就不再需要保存了。因此蝶形运算的结果就可以仍然送入存储单元 $A(1)$、$A(2)$ 中保存。然后 $A(3)$、$A(4)$ 中的 $x(2)$、$x(6)$ 再进行蝶形运算，其结果送回 $A(3)$、$A(4)$，一直到 $A(7)$、$A(8)$ 中的 $x(3)$、$x(7)$ 算完，完成第一级运算。第二级运算仍然可以采用这种原位的方式，但是进入蝶形结的组合关系不同，首先进行蝶形运算的是 $A(1)$、$A(3)$ 存储单元中的数据，运算结果仍可送回 $A(1)$、$A(3)$ 保存，然后进行蝶形运算的是 $A(2)$、$A(4)$ 中的数据，$\cdots$，可见，每一级运算均可在原位进行，这种原位运算的结构可以节省存储单元，降低设备成本。

当运算完毕时，存储单元 $A(1), A(2), \cdots, A(8)$ 中正好顺序地存放着 $X(0), X(1), X(2), X(3), \cdots, X(7)$，因此可以直接按顺序输出。但输入 $x(n)$ 却不是按这种自然顺序存放在存储单元中的，而是按 $x(0)$、$x(4)$、$x(2)$ $x(6)$、$x(1)$、$x(5)$、$x(3)$、$x(7)$ 的顺序存入存储单元。这种顺序看起来相当杂乱，然而它却是有规律的。用二进制码表示这个顺序时，它正好是"码位倒置"的顺序。因为 $N=2^M$ ，所以 N 个数据可用 M 位二进制数 $(n_{M-1}n_{M-2}\cdots n_1n_0)$ 表示，M 次时域分组过程如图3-6-6所示，第一次按最低位 n_0 的0和1将 $x(n)$ 分成奇偶两组，第二次按次低位 n_1 的0和1分别对奇偶组分解，以此类推，第 M 次按 n_{M-1} 位的0和1进行分解。

以 $N=8$ 为例，在原来自然顺序应该是 $x(1)$ 的地方，现在放着的是 $x(4)$ 。用二进制码表示时，则是在 $x(001)$ 的地方，现在放着的是 $x(100)$ 。即将自然顺序的二进制码位倒置过来，第一位码变成最末位码，最末位码变成第一位码，这样倒置以后的顺序正是输入所需要的顺序。表 3-6-2 所示为 $N=8$ 时按码位倒置规律所得的顺序，此结果可以和图3-6-6所示的输入顺序对照，不难看出这个规律是正确的。

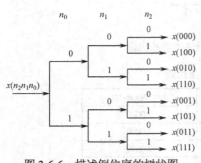

图 3-6-6　描述倒位序的树状图

表 3-6-2　码位倒置顺序

自然顺序	二进制码表示	码位倒置	码位倒置顺序
0	000	000	0
1	001	100	4
2	010	010	2
3	011	110	6
4	100	001	1
5	101	101	5
6	110	011	3
7	111	111	7

但是在实际运算中，输入数据 $x(n)$ 是按自然序排列的，要直接将按码位倒置的顺序排好后输入是很不方便的，因此总是先按自然顺序输入存储单元，再通过变址运算将自然顺序的存储变换成按码位倒置顺序存储，然后进行 FFT 的原位运算。这个变址处理如图3-6-7所示，它可以按图3-6-8所示的程序来完成。其中 I 表示自然顺序的 $x(n)$ 的存储单元 $A(I)$ 的标号，J 表示倒置顺序后的 $x(n)$ 的存储单元 $A(I)$ 的标号，K 代表二进制数位的权。

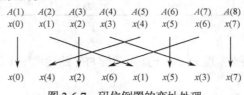

图 3-6-7　码位倒置的变址处理

2）旋转因子的变化规律

在 N 点 DIT-FFT 流图中，每一级都有 $N/2$ 个蝶形，每个蝶形都要乘以旋转因子 W_N^p ，p 为旋转因子的指数。若用 L 表示从左到右的运算级数（$L=1,2,\cdots,M$），第 L 级共有 2^{L-1} 种不同的旋转因子。当 $N=2^3=8$ 时，各级旋转因子为

$L=1$ 级　　　$W_N^p=W_{N/4}^J=W_{2^L}^J$　　　　　$J=0$

$L=2$ 级　　　$W_N^p=W_{N/2}^J=W_{2^L}^J$　　　　　$J=0,1$

$L=3$ 级　　　$W_N^p=W_N^J=W_{2^L}^J$　　　　　$J=0,1,2,3$

对于 $N=2^M$ 的一般情况，第 L 级的旋转因子

$$W_N^p=W_{2^L}^J\qquad J=0,1,2,\cdots,2^{L-1}-1\qquad\qquad(3\text{-}6\text{-}8)$$

由于　　　　$2^L=2^M\times 2^{L-M}=N\times 2^{L-M}$

所以　　　　$W_N^p=W_{N\times 2^{L-M}}^J=W_N^{J\times 2^{M-L}}\qquad J=0,1,2,\cdots,2^{L-1}-1\qquad\qquad(3\text{-}6\text{-}9)$

这样，可以按照式（3-6-9）来确定第 L 级的旋转因子。

3）蝶形运算规律

仍以 $N = 2^3 = 8$ 为例，从图 3-6-4 可以看出，第一级每个蝶形的两节点之间的距离为"1"，第二级每个蝶形的两节点之间的距离为"2"，第三级每个蝶形的两节点之间的距离为"4"，以此类推，第 L 级每个蝶形的两节点之间的距离为" 2^{L-1} "。第 L 级蝶形的计算公式为

$$X_L(k) = X_{L-1}(k) + X_{L-1}(k + 2^{L-1})W_N^p$$

$$X_L(k + 2^{L-1}) = X_{L-1}(k) - X_{L-1}(k + 2^{L-1})W_N^p$$

根据上述分析，DIT-FFT 可以按图 3-6-9 所示的流程来实现。其中，$LE1$ 代表蝶形运算的两点之间的距离，U 代表旋转因子，W 代表同级蝶形运算中旋转因子的增量。循环变量 K 所在循环是第 L 级中同种蝶形（即旋转因子相同的蝶形）的运算，J 所在循环是第 L 级中不同种的蝶形（即旋转因子不同的蝶形）的运算，L 所在循环是不同级的蝶形运算，共 M 级。

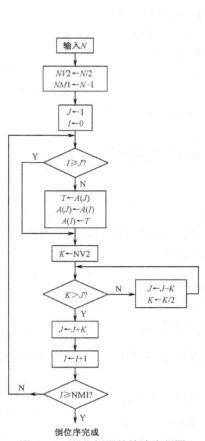

图 3-6-8 码位倒置的算法流程图

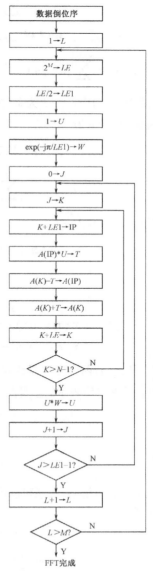

图 3-6-9 DIT-FFT 实现流程图

3.6.3　按频率抽取的基-2 FFT 算法

对于 $N = 2^M$ 情况下的另外一种普遍使用的 FFT 结构是按频率抽取，按频率抽取的基-2 FFT 算法也称为桑德-图基算法。频率抽取法不是将输入序列按偶数奇数分组，而是按前后对半分开，这样可将 N 点 DFT 写成前后两部分。

$$\begin{aligned}
X(k) &= \sum_{n=0}^{N/2-1} x(n)W_N^{nk} + \sum_{n=N/2}^{N-1} x(n)W_N^{nk} \\
&= \sum_{n=0}^{N/2-1} x(n)W_N^{nk} + \sum_{n=0}^{N/2-1} x(n+N/2)W_N^{(n+N/2)k} \\
&= \sum_{n=0}^{N/2-1} [x(n)+x(n+N/2)W_N^{(N/2)k}]W_N^{nk}
\end{aligned}$$

因为　　　　$W_N^{N/2} = -1$ ，　$W_N^{(N/2)k} = (-1)^k$

所以　　　　$X(k) = \sum_{n=0}^{N/2-1} [x(n)+(-1)^k x(n+N/2)]W_N^{nk}$　　　　　　　　　　　（3-6-10）

当 k 为偶数时，$(-1)^k = 1$ ，k 为奇数时，$(-1)^k = -1$ ，所以可将 $X(k)$ 进一步分解为偶数组和奇数组。

当 k 为偶数时，$k = 2r$

$$\begin{aligned}
X(k) = X(2r) &= \sum_{n=0}^{N/2-1} [x(n)+x(n+N/2)]W_N^{2rn} \\
&= \sum_{n=0}^{N/2-1} [x(n)+x(n+N/2)]W_{N/2}^{rn}
\end{aligned}$$　　　　（3-6-11）

当 k 为奇数时，$k = 2r+1$

$$\begin{aligned}
X(2r+1) &= \sum_{n=0}^{N/2-1} [x(n)-x(n+N/2)]W_N^{(2r+1)n} \\
&= \sum_{n=0}^{N/2-1} [x(n)-x(n+N/2)]W_N^n W_{N/2}^{rn}
\end{aligned}$$　　　　（3-6-12）

令　　　$\left.\begin{aligned} x_1(n) &= x(n)+x(n+N/2) \\ x_2(n) &= [x(n)-x(n+N/2)]W_N^n \end{aligned}\right\}$　　$n = 1,2,\cdots,N/2-1$　　（3-6-13）

这样 $x_1(n)$ 和 $x_2(n)$ 两个序列都是 $N/2$ 点的序列，将其分别代入式（3-6-11）和式（3-6-12），就能很清楚地看到，这两式所表示的正是两个 $N/2$ 点的 DFT 运算。

$$X(2r) = \sum_{n=0}^{N/2-1} x_1(n)W_{N/2}^{nr}$$

$$X(2r+1) = \sum_{n=0}^{N/2-1} x_2(n)W_{N/2}^{nr}$$

式（3-6-13）表示的运算关系可以用图 3-6-10 所示的蝶形运算来表示，一个 $N = 8$ 的频率抽取流图如图 3-6-11 所示。

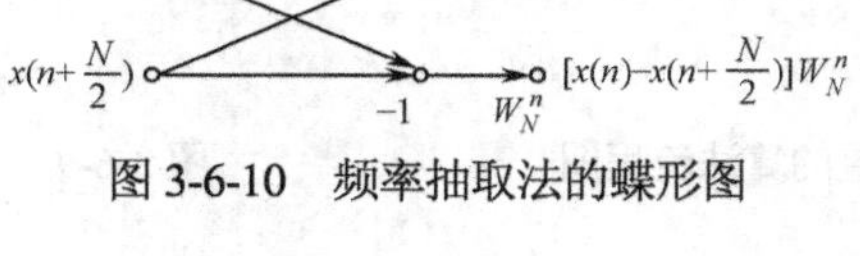

图 3-6-10　频率抽取法的蝶形图

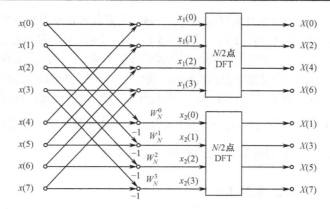

图 3-6-11　按频率抽取将 N 点 DFT 分解为两个 $N/2$ 点的 DFT

与时间抽取法的推导过程一样，由于 $N = 2^M$，$N/2$ 仍然是一个偶数，因此可以将 $N/2$ 点 DFT 再进行分解。即将 $N/2$ 点的 DFT 进一步分解为两个 $N/4$ 点的 DFT。图 3-6-12 表示了进一步分解的过程。这样，一个 $N = 2^M$ 点的 DFT 通过 M 次分解后，最后全部变成 2 点的 DFT。2 点 DFT 实际上只有加减运算。为了方便比较，也为了统一运算的结构，仍然用一个系数为 W_N^n 的蝶形运算来表示，图 3-6-13 所示为一个 $N = 8$ 的完整的按频率抽取的 FFT 结构。

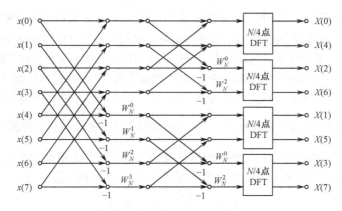

图 3-6-12　按频率抽取将 N 点 DFT 分解为 4 个 $N/4$ 点的 DFT

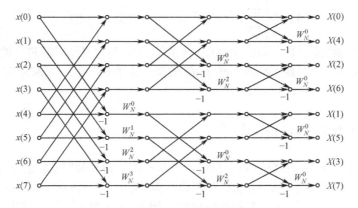

图 3-6-13　$N = 8$ 的按频率抽取 FFT 蝶形图

这种分组的方法由于每一次都是按输出 $X(k)$ 的频域序号是偶数还是奇数分解为两组的，所以称为按频率抽取的快速傅里叶变换（DIF-FFT）。从图 3-6-13 可以看到，频率抽取法也是可以原位运算的，而且它的输入正好是自然顺序，但是它的输出却是码位倒置的顺序。因此，运算完毕后，要通过变址运算将码位倒置的顺序转换为自然顺序然后再输出，变址的程序和时间抽取法相同。同时，从图 3-6-13 也可以看到，频率抽取法同样共有 M 级运算，每级运算需要 $N/2$ 个蝶形运算来完成，因此也需要 $m_{\mathrm{f}} = \dfrac{N}{2} \cdot M = \dfrac{N}{2} \log_2 N$ 次复数乘法和 $a_{\mathrm{f}} = N \cdot M = N \log_2 N$ 次复数加法。其运算工作量是和时间抽取法相等的，所以频率抽取法与时间抽取法是两种等价的 FFT 运算。

 ### 3.6.4 快速傅里叶逆变换 IFFT

以上所讨论的 FFT 算法同样可以用于 IDFT 运算，即快速傅里叶逆变换（IFFT）。IDFT 的公式

$$x(n) = \mathrm{IDFT}[X(k)] = \frac{1}{N} \sum_{k=0}^{N-1} X(k) W_N^{-nk} \tag{3-6-14}$$

与 DFT 的公式比较

$$X(k) = \mathrm{DFT}[x(n)] = \sum_{n=0}^{N-1} x(n) W_N^{nk} \tag{3-6-15}$$

显然，只要把 DFT 运算中的每一个系数 W_N^{nk} 改为 W_N^{-nk}，并且最后再乘以常数 $1/N$，那么所有以上讨论的按时间抽取或按频率抽取的 FFT 算法都可以直接用于运算 IDFT。但是在命名上要颠倒一下，当把 FFT 的时间抽取法用于 IDFT 运算时，由于输入变量由时间序列 $x(n)$ 改成了频率序列 $X(k)$，因此原来按 $x(n)$ 的奇偶次序分组的时间抽取法 FFT，现在就成了按 $X(k)$ 的奇偶次序抽取了，因此应该称为频率抽取 IFFT。同样，频率抽取的 FFT 运算用于 IDFT 时，也应该称为时间抽取的 IFFT 运算。另外，在 IFFT 的运算中，经常将常数 $1/N$ 分解为 $\left(\dfrac{1}{2}\right)^M$，在 M 级运算中，每级运算都分别乘一个 $1/2$ 因子即可。

这种 IFFT 算法虽然编程序也很方便，但需要对 FFT 的程序和参数稍加改动才能实现。另外，还有一种 IFFT 的算法则可以完全不用改动 FFT 的程序。对式（3-6-14）取共轭

$$x^*(n) = \frac{1}{N} \sum_{k=0}^{N-1} X^*(k) W_N^{nk}$$

因此

$$x(n) = \frac{1}{N} \left[\sum_{k=0}^{N-1} X^*(k) W_N^{nk} \right]^* = \frac{1}{N} \{\mathrm{DFT}[X^*(k)]\}^*$$

这就是说，可以先将 $X(k)$ 取共轭，即将 $X(k)$ 的虚部乘以(−1)，然后直接调用 FFT 的子程序，最后再对运算结果取一次共轭并乘以常数 $1/N$ 即可得到 $x(n)$ 的值。这样不论是 FFT 运算还是 IFFT 运算，都可以共用一个子程序，在实际中比较方便。

 ### 3.6.5 N 为复合数的 FFT 算法

以上所讨论的都是以 2 为基数的 FFT 算法，即 $N = 2^M$，这种情况实际上使用得最多。因为以 2 为基数的 FFT 运算，程序简单，效率很高，使用起来非常方便。同时在实际应用时，有限长序列的长度 N 到底是多少，在很大程度上是由人为因素确定的，因此，大多数情况下，人们可以将 N 选定为 2^M，从而可以直接使用以 2 为基数的 FFT 运算程序。

如果长度 N 不能人为确定，而 N 的数值又不是以 2 为基数的整数幂，那么一般可以有两种处理办法。

（1）将 $x(n)$ 用补零的办法延长，使 N 增加到最邻近的一个 2^M 数值。例如，$N=30$，则在 $x(n)$ 序列中补进 $x(30)=x(31)=0$ 两个零值点，使 N 成为 $2^5=32$。这样就可以直接采用以 2 为基数 $M=5$ 的 FFT 程序。有限长序列补零以后并不影响其频谱，只是频谱的采样点数增加了。例如，由 30 点增加到 32 点，这在许多场合是无害的。

（2）如果要求准确的 N 点 DFT 值，则可以用以任意数为基数的 FFT 算法来计算。下面讨论这种算法的基本原理。

快速傅里叶变换的基本思想就是要将长序列的 DFT 运算尽量分解成若干短序列的 DFT 的组合，以减少运算工作量。如果 N 可以分解为两个整数 p 与 q 的乘积，$N=p\cdot q$，像在前面以 2 为基数时一样，也希望将 N 点的 DFT 分解为 p 个 q 点 DFT 或者 q 个 p 点的 DFT，以便减少运算工作量。于是，可以将 $x(n)$ 首先分成 p 组，即

$$p\text{组}\begin{cases} x(pr) \\ x(pr+1) \\ \vdots \\ x(pr+p-1) \end{cases} \qquad r=0,1,\cdots,q-1$$

这 p 组序列每一组都是一个长度为 q 的有限长序列，例如 $N=15$，取 $p=3$，$q=5$，则可将 $x(n)$ 分为 3 组序列，每组各有 5 个序列值，其分组情况为

$$3\text{组}\begin{cases} x(0) & x(3) & x(6) & x(9) & x(12) \\ x(1) & x(4) & x(7) & x(10) & x(13) \\ x(2) & x(5) & x(8) & x(11) & x(14) \end{cases}$$

然后将 N 点 DFT 运算也相应分解为 p 组

$$\begin{aligned}
X(k) &= \sum_{n=0}^{N-1} x(n)W_N^{nk} = \sum_{r=0}^{q-1} x(pr)W_N^{prk} + \sum_{r=0}^{q-1} x(pr+1)W_N^{(pr+1)k} + \cdots + \sum_{r=0}^{q-1} x(pr+p-1)W_N^{(pr+p-1)k} \\
&= \sum_{r=0}^{q-1} x(pr)W_N^{prk} + W_N^k \sum_{r=0}^{q-1} x(pr+1)W_N^{prk} + \cdots + W_N^{(p-1)k}\sum_{r=0}^{q-1} x(pr+p-1)W_N^{prk} \\
&= \sum_{l=0}^{p-1} W_N^{lk} \sum_{r=0}^{q-1} x(pr+l)W_N^{prk}
\end{aligned}$$

由于 $W_N^{prk} = W_{N/p}^{rk} = W_q^{rk}$，因此此式中第 2 个和式代表的就是一个 q 点的 DFT 运算，即

$$X(k) = \sum_{l=0}^{p-1} Q_l(k)W_N^{lk} \qquad (3\text{-}6\text{-}16)$$

式中，$Q_l(k)$ 就是第 l 组序列的 q 点 DFT。

$$Q_l(k) = \text{DFT}[x(pr+l)] = \sum_{r=0}^{q-1} x(pr+l)W_q^{rk} \qquad (3\text{-}6\text{-}17)$$

式（3-6-16）表明，一个 $N=p\cdot q$ 点 DFT 可以用 p 组 q 点 DFT 来组成，这个关系可以用图 3-6-14 来表示。为了简明起见，举一个 $N=6$，$p=3$，$q=2$ 的例子，其流图如图 3-6-15 所示。

实际上很少有这样简单的实例，但是这种分解的原则对于任何更加复杂的情况都是适用的。例如，如果当 N 可以分解为 m 个质数因子 $p_1, p_2, \cdots, p_m$ 时，即

$$N = p_1 p_2 \cdots p_m$$

那么，第一步可以把 N 先分解为两个因子 $N = p_1 \cdot q_1$，其中 $q_1 = p_2 p_3 \ldots p_m$，并用以上所讨论的方法将

DFT 分解为 p_1 个 q_1 点 DFT，然后第二步将 q_1 分解为 $q_1 = p_2 \cdot q_2$，其中 $q_2 = p_3 p_4 \cdots p_m$。将每一个 q_i 点 DFT 再分解为 p_{i+1} 个 q_{i+1} 点 DFT，这样通过 m 次分解，可以得到最少点数的 DFT 运算，从而使运算获得最高的效率。

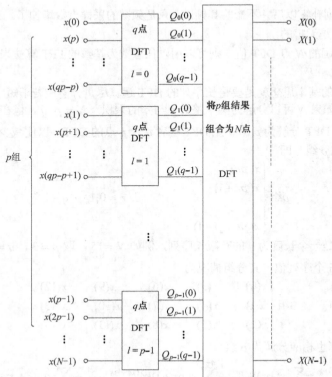

图 3-6-14　任意因子 p、q 的分组示意图

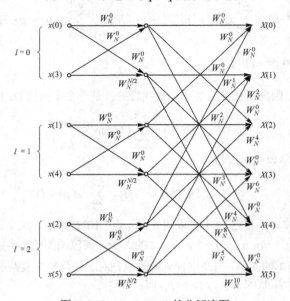

图 3-6-15　$p = 3, q = 2$ 的分解流图

3.7　线性卷积的 FFT 算法

设信号 $x(n)$ 的长度为 N，系统的单位脉冲响应 $h(n)$ 的长度为 M（即 FIR 系统），系统响应为 $y(n)$，则

$$y(n) = x(n)*h(n) = \sum_{m=0}^{M-1} h(m)x(n-m) \qquad (3\text{-}7\text{-}1)$$

下面来分析由式（3-7-1）直接计算卷积的计算量。

根据式（3-7-1），计算线性卷积时，每一个 $x(n)$ 的输入值都必须和全部的 $h(n)$ 值乘一次，因此，总共需要 MN 次乘法运算，以 m_d 来表示这个乘法次数，即

$$m_\mathrm{d} = M \cdot N \qquad (3\text{-}7\text{-}2)$$

在后面的章节中会讲到，许多情况下都是采用线性相位 FIR 滤波器，而线性相位滤波器由于其 $h(n)$ 具有偶对称或奇对称的特性，即

$$h(n) = \pm h(N-1-n)$$

则相乘次数大约可以减少一半，即

$$m_\mathrm{d} = M \cdot N / 2 \qquad (3\text{-}7\text{-}3)$$

由于乘法更耗时，所以主要考察乘法次数。

3.7.1　有限长序列线性卷积的 FFT 算法

对于式（3-7-1）所示的卷积式，前面已经讨论过，$y(n)$ 的长度为 $N+M-1$，两个有限长序列的卷积可以用它们的圆周卷积来代替。要使圆周卷积的结果不产生混淆现象的必要条件是使 $x(n)$、$h(n)$ 都至少加长到 $L \geqslant N+M-1$，即

$$x(n) = \begin{cases} x(n) & 0 \leqslant n \leqslant N-1 \\ 0 & N \leqslant n \leqslant L-1 \end{cases}$$

$$h(n) = \begin{cases} h(n) & 0 \leqslant n \leqslant M-1 \\ 0 & M \leqslant n \leqslant L-1 \end{cases}$$

然后计算 L 点圆周卷积

$$y(n) = x(n) \textcircled{L} h(n)$$

因此，用 DFT 计算的步骤为：

（1）计算 $H(k) = \mathrm{DFT}[h(n)]$，$L$ 点；

（2）计算 $X(k) = \mathrm{DFT}[x(n)]$，$L$ 点；

（3）计算 $Y(k) = H(k)X(k)$；

（4）求 $y(n) = \mathrm{IDFT}[Y(k)]$。

下面来分析这种计算方法的计算量。

从用 DFT 计算卷积的 4 步可以看出，这样处理的结果大部分工作量都可以用 FFT 运算来完成。假定 L 是以 2 为基数的整数幂，这种采用圆周卷积代替直接卷积所需要的工作量，一共需要进行三次 FFT 运算。但是第一步实际上是不需要的，因为 $H(k)$ 是设计好的参数，因此实际只要两次 FFT 运算，共需 $L\log_2 L$ 次乘法及 $2L\log_2 L$ 次加法，另外第（3）步还需 L 次乘法，因此总共需要的计算量乘法次数

$$m_\mathrm{f} = L\log_2 L + L = L(1 + \log_2 L) \qquad (3\text{-}7\text{-}4)$$

下面来比较直接计算与用 FFT 算法运算两种算法方式的乘法次数。假设式（3-7-3）与式（3-7-4）之比为 c_m，并考虑到 $L = M+N-1$，则

$$c_{\mathrm{m}} = m_{\mathrm{d}} / m_{\mathrm{f}} = \frac{MN}{2} / [L(1+\log_2 L)] = \frac{MN}{2(M+N-1)[1+\log_2(M+N-1)]} \tag{3-7-5}$$

首先当 $x(n)$ 与 $h(n)$ 长度差不多的情况，例如 $M=N$，$L=2M-1\approx 2M$，这时

$$c_{\mathrm{m}} = \frac{M}{4[1+\log_2(2M)]} = \frac{M}{4(2+\log_2 M)} \tag{3-7-6}$$

举几个实际数字进行比较：

$$M = 8 \qquad c_{\mathrm{m}} = 8 / [4(2+3)] = 1/2.5$$

即圆周卷积比直接卷积工作量约大 2.5 倍。

$$M = 32 \qquad c_{\mathrm{m}} = 32 / [4(2+5)] = 1.1$$

即圆周卷积与直接卷积工作量大约相当。

$$M = 512 \qquad c_{\mathrm{m}} = 512 / [4(2+9)] = 11.6$$

即圆周卷积比直接卷积工作量约小 12 倍，快约 12 倍。

$$M = 4096 \qquad c_{\mathrm{m}} = 4096 / [4(2+12)] = 73$$

即圆周卷积可快 73 倍。因此，可以看到当长度 M 超过 32 以后，M 越长，圆周卷积的优越性越大，因此通常将用圆周卷积计算线性卷积称为快速卷积。

如果信号 $x(n)$ 很长很长，即 $N \gg M$，则 $L \approx N$

这时

$$c_{\mathrm{m}} \approx \frac{M}{2(1+\log_2 N)} \tag{3-8-7}$$

由于 N 太大，使得圆周卷积代替线性卷积的运算失去优势。另外，在需要实时信号处理的场合，例如，需要计算一段语音信号通过一个 FIR 滤波器的响应，为了尽快得到输出，不允许等到全部 $x(n)$ 集齐后再处理，否则，会产生很大的延时，即使在允许有延时的情况下，需要的存储单元也太多。为此，需采用分段卷积或称为分段过滤的方法。

3.7.2　分段卷积

设 $h(n)$ 是一个长度为 M 的有限长序列，$x(n)$ 是一个长度远远大于 M 的有限长序列（与 $h(n)$ 相比时可以看成是无限长序列），下面讨论分段卷积的两种方法：重叠相加法和重叠保留法。

1. 重叠相加法

先将 $x(n)$（不失一般地，假设 $x(n)$ 是因果序列）分段，每段长度为 N。选择 N，使得 N 与 M 的数量级相当。用 $x_i(n)$ 表示 $x(n)$ 分段后的第 i 段

$$x_i(n) = \begin{cases} x(n+iN) & 0 \leqslant n \leqslant N-1 \\ 0 & \text{其他} \end{cases} \tag{3-7-8}$$

则

$$x(n) = \sum_i x_i(n-iN) \tag{3-7-9}$$

把式（3-7-9）代入式（3-7-1），得

$$\begin{aligned} y(n) &= \sum_{m=0}^{M-1} h(m)x(n-m) = \sum_{m=0}^{M-1} h(m)\sum_i x_i(n-m-iN) \\ &= \sum_i \sum_{m=0}^{M-1} h(m)x_i(n-m-iN) \\ &= \sum_i y_i(n-iN) \end{aligned} \tag{3-7-10}$$

式中，$y_i(n)$ 的长度为 $L = M + N - 1$，它可以由 L 点的圆周卷积来计算，进而可以用 DFT 算法来计算。这样，一个长度为 M 的有限长序列 $h(n)$ 与一个很长很长序列 $x(n)$ 的线性卷积和变成了 $h(n)$ 与许多短序列 $x_i(n)$ 的卷积和。为了便于使用基-2 FFT，一般可取 $L = N + M - 1 = 2^m$。在计算时，先对 $h(n)$ 和 $x_i(n)$ 补零，使两者的长度为 L，用 FFT 计算 $h(n)$ 和 $x_i(n)$ 的 L 点圆周卷积，再进行相加。这里需要注意的是，由于 $x_i(n)$ 的第 i 段和第 $(i+1)$ 段之间的起点相隔 N 个点，而卷积后的结果 $y_i(n)$ 的长度为 $L = M + N - 1$，所以在按式（3-7-10）进行相加时，每一个 $y_i(n)$ 段的最后 $(M-1)$ 个点必然和下一段 $y_{i+1}(n)$ 的前 $(M-1)$ 个点重叠。图 3-7-1 所示为 $x_i(n)$ 与 $x(n)$ 的关系和 $y_i(n)$ 与 $y(n)$ 的计算关系。由于各 $y_i(n)$ 之间有重叠，重叠部分需要相加，故称为重叠相加法。

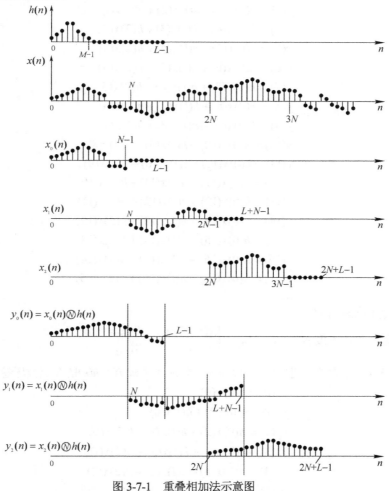

图 3-7-1　重叠相加法示意图

用 FFT 实现重叠相加法的步骤：

（1）将 $x(n)$ 分段，每段长度为 N，对 $h(n)$ 和 $x(n)$ 补零，使得两者的长度 $L \geqslant M + N - 1$；

（2）计算 $H(k) = \text{FFT}[h(n)]$，L 点；

（3）从 $i = 0$ 开始，计算 $X_i(k) = \text{FFT}[x_i(n)]$，$L$ 点；

（4）计算 $Y_i(k) = H(k)X_i(k)$；

（5）求 $y_i(n) = \text{IFFT}[Y_i(k)]$；

（6）将 $y_i(n)$ 与 $y_{i+1}(n)$ 重叠相加；

（7）重复步骤（3）～（6），直到完成全部计算。

为让读者对重叠相加法有一个更直观的理解，下面举例说明。

【例 3-7-1】 设 $x(n)$ 是一很长很长的长序列，$h(n)$ 的长度 $M = 3$，用直接法和重叠相加法求

$$y(n) = x(n)*h(n)$$

解：（1）直接计算

$$y(0) = h(0)x(0)$$
$$y(1) = h(0)x(1) + h(1)x(0)$$
$$y(2) = h(0)x(2) + h(1)x(1) + h(2)x(0)$$
$$y(3) = h(0)x(3) + h(1)x(2) + h(2)x(1)$$
$$y(4) = h(0)x(4) + h(1)x(3) + h(2)x(2)$$
$$y(5) = h(0)x(5) + h(1)x(4) + h(2)x(3)$$
$$y(6) = h(0)x(6) + h(1)x(5) + h(2)x(4)$$
$$y(7) = h(0)x(7) + h(1)x(6) + h(2)x(5)$$
$$y(8) = h(0)x(8) + h(1)x(7) + h(2)x(6)$$
$$y(9) = h(0)x(9) + h(1)x(8) + h(2)x(7)$$
$$y(10) = h(0)x(10) + h(1)x(9) + h(2)x(8)$$
$$y(11) = h(0)x(11) + h(1)x(10) + h(2)x(9)$$
$$y(12) = h(0)x(12) + h(1)x(11) + h(2)x(10)$$
$$y(13) = h(0)x(13) + h(1)x(12) + h(2)x(11)$$
$$y(14) = h(0)x(14) + h(1)x(13) + h(2)x(12)$$
$$y(15) = h(0)x(15) + h(1)x(14) + h(2)x(13)$$
$$y(16) = h(0)x(16) + h(1)x(15) + h(2)x(14)$$
$$y(17) = h(0)x(17) + h(1)x(16) + h(2)x(15)$$
$$\cdots$$

（2）用重叠相加法计算

将 $x(n)$ 分段，每段长度 $N = 6$，$x_i(n) = \begin{cases} x(n+iN) & 0 \leqslant n \leqslant N-1 \\ 0 & \text{其他} \end{cases}$

对 $x_i(n)$ 和 $h(n)$ 分别添 0，使其长度为 $L = 8$，分别计算 $x_i(n)$ 和 $h(n)$ 的 8 点循环卷积，则

$$y_0(0) = h(0)x(0)$$
$$y_0(1) = h(0)x(1) + h(1)x(0)$$
$$y_0(2) = h(0)x(2) + h(1)x(1) + h(2)x(0)$$
$$y_0(3) = h(0)x(3) + h(1)x(2) + h(2)x(1)$$
$$y_0(4) = h(0)x(4) + h(1)x(3) + h(2)x(2)$$
$$y_0(5) = h(0)x(5) + h(1)x(4) + h(2)x(3)$$
$$y_0(6) = h(1)x(5) + h(2)x(4)$$
$$y_0(7) = h(2)x(5)$$
$$y_1(0) = h(0)x(6)$$
$$y_1(1) = h(0)x(7) + h(1)x(6)$$
$$y_1(2) = h(0)x(8) + h(1)x(7) + h(2)x(6)$$
$$y_1(3) = h(0)x(9) + h(1)x(8) + h(2)x(7)$$

$$y_1(4) = h(0)x(10) + h(1)x(9) + h(2)x(8)$$

$$y_1(5) = h(0)x(11) + h(1)x(10) + h(2)x(9)$$

$$y_1(6) = h(1)x(11) + h(2)x(10)$$

$$y_1(7) = h(2)x(11)$$

$$y_2(0) = h(0)x(12)$$

$$y_2(1) = h(0)x(13) + h(1)x(12)$$

$$\cdots$$

从 $i = 0$ 开始，将 $y_i(n)$ 的后 $M-1$ 点即末尾 2 点与 $y_{i+1}(n)$ 的前 $M-1$ 点即前 2 点重叠相加，可以得到与直接卷积完全一致的结果。

2. 重叠保留法

重叠相加法的重叠相加是由于每个 $x_i(n)$ 与 $h(n)$ 的线性卷积后的 $y_i(n)$ 比 $x_i(n)$ 的分段要长造成的。这里，通过改变分段方式可以免去重叠相加的过程。与重叠相加法的分段方法不同，不是取 N 点 $x_i(n)$ 再补零至 L，而是这样分段：在重叠相加法的基础上，每个分段的前面补上前一段的后 $(M-1)$ 个点构成长度为 L 的 $x_i(n)$，即

$$\left. \begin{array}{l} x_0(n) = \begin{cases} 0 & 0 \leqslant n < M-1 \\ x(n-M+1) & M-1 \leqslant n \leqslant L-1 \end{cases} \\ x_i(n) = x(n+iN-M+1) \qquad 0 \leqslant n \leqslant L-1, \qquad i = 1,2,\cdots \end{array} \right\} \qquad (3\text{-}7\text{-}11)$$

用 FFT 算法来计算 $h(n)$ 和 $x_i(n)$ 的 L 点圆周卷积，则 $y_i(n)$ 的前 $(M-1)$ 个点不等于线性卷积值，删去，即

$$w_i(n) = x_i(n) ⓛ h(n)$$

$$y_i(n) = \begin{cases} 0 & 0 \leqslant n < M-1 \\ w_i(n) & M-1 \leqslant n \leqslant L-1 \end{cases}$$

$$y(n) = \sum_i y_i(n-iN-M+1) \qquad (3\text{-}7\text{-}12)$$

或者 $\qquad y(n+iN-M+1) = y_i(n) \qquad M-1 \leqslant n \leqslant L-1, \qquad i = 0,1,2\cdots \qquad (3\text{-}7\text{-}13)$

【例 3-7-2】　条件同【例 3-7-1】，用重叠保留法求 $y(n) = x(n) * h(n)$。

解：将 $x(n)$ 按式 (3-7-11) 分段，则

$$x_0(n) = \{0 \qquad 0 \qquad x(0) \qquad x(1) \qquad x(2) \qquad x(3) \qquad x(4) \qquad x(5)\}$$

$$x_1(n) = \{x(4) \qquad x(5) \qquad x(6) \qquad x(7) \qquad x(8) \qquad x(9) \qquad x(10) \qquad x(11)\}$$

$$x_2(n) = \{x(10) \qquad x(11) \qquad x(12) \qquad x(13) \qquad x(14) \qquad x(15) \qquad x(16) \qquad x(17)\}$$

$$\cdots$$

分别计算 $x_i(n)$ 与 $h(n)$ 的 8 点圆周卷积，得

$$y_0(0) = h(1)x(5) + h(2)x(4)$$

$$y_0(1) = h(2)x(5)$$

$$y_0(2) = h(0)x(0)$$

$$y_0(3) = h(0)x(1) + h(1)x(0)$$

$$y_0(4) = h(0)x(2) + h(1)x(1) + h(2)x(0)$$

$$y_0(5) = h(0)x(3) + h(1)x(2) + h(2)x(1)$$

$$y_0(6) = h(0)x(4) + h(1)x(3) + h(2)x(2)$$

$$y_0(7) = h(0)x(5) + h(1)x(4) + h(2)x(3)$$
$$y_1(0) = h(0)x(4) + h(1)x(11) + h(2)x(10)$$
$$y_1(1) = h(0)x(5) + h(1)x(4) + h(2)x(11)$$
$$y_1(2) = h(0)x(6) + h(1)x(5) + h(2)x(4)$$
$$y_1(3) = h(0)x(7) + h(1)x(6) + h(2)x(5)$$
$$y_1(4) = h(0)x(8) + h(1)x(7) + h(2)x(6)$$
$$y_1(5) = h(0)x(9) + h(1)x(8) + h(2)x(7)$$
$$y_1(6) = h(0)x(10) + h(1)x(9) + h(2)x(8)$$
$$y_1(7) = h(0)x(11) + h(1)x(10) + h(2)x(9)$$
$$y_2(0) = h(0)x(10) + h(1)x(17) + h(2)x(16)$$
$$y_2(1) = h(0)x(11) + h(1)x(10) + h(2)x(17)$$
$$y_2(2) = h(0)x(12) + h(1)x(11) + h(2)x(10)$$
$$y_2(3) = h(0)x(13) + h(1)x(12) + h(2)x(11)$$
$$\cdots$$

比较【例 3-7-1】可见，只要将 $y_i(n)$ 的前 $(M-1)$ 个点删除，保留后 N 个点，并将它们拼接起来，就是要求的 $y(n) = x(n) * h(n)$ 。

这种方法中，$x_i(n)$ 与前一段有 $(M-1)$ 个点重叠，$x_i(n)$ 由前一段保留的 $(M-1)$ 个点和 $(L-M+1)$ 个新点组成，且圆周卷积的部分结果被保留并通过拼接方式得到要求的线性卷积，因而得名重叠保留法。与重叠相加法相比，重叠保留法没有了求 $y(n)$ 时对 $y_i(n)$ 的重叠相加，所以计算量更小。

用 FFT 实现重叠保留法的步骤：

（1）计算 $H(k) = \text{FFT}[h(n)]$ ，L 点；

（2）将 $x(n)$ 按式（3-7-11）进行分段，每段长度为 L；

（3）从 $i = 0$ 开始，计算 $X_i(k) = \text{FFT}[x_i(n)]$ ，L 点；

（4）计算 $Y_i(k) = H(k)X_i(k)$ ；

（5）求 $y_i(n) = \text{IFFT}[Y_i(k)]$ ；

（6）将 $y_i(n)$ 的前 $(M-1)$ 个点删除，其余 N 个点输出；

（7）重复步骤（3）～（6），直到完成全部计算。

3.8　线性调频 Z 变换

前面已经讲到，采用 FFT 算法可以很快地计算出全部 DFT 值，即 Z 变换在单位圆上的全部等间隔采样值。但在实际中，很多情况并不需要对整个单位圆上的频谱进行分析，例如，对于窄带信号，往往只需要对信号所在的一段频带进行分析，这时希望在所关心的这段频带内进行密集的采样，而对这个频带以外的部分可以完全不管。另外，有时也希望采样点能不局限于单位圆上。例如，语音信号处理中，往往需要知道其 Z 变换的极点所在频率，当极点位置离单位圆较远时，若仅仅利用单位圆上的采样值，就很难从中识别出极点所在的频率，此时需要沿一条接近这些极点的弧线而不是沿单位圆进行采样。此外，如果序列长度 N 是一个大素数，不能分解，又该如何有效地计算 DFT？

Z 变换的螺线采样就是一种适合这类需要的变换，并且可以采用 FFT 来快速计算，这种变换称为 Chirp-Z 变换（Chirp-Z Transform，CZT），它沿 Z 平面上的一段螺线进行等分角的采样，这些采样点可表示为

$$z_k = AW^{-k}, \qquad k = 0, 1, \cdots, M-1 \tag{3-8-1}$$

式中，M 为采样点的总数，A 为起始点位置，这个位置可以进一步用它的半径 A_0 及相角 θ_0 来表示

$$A = A_0 e^{j\theta_0} \tag{3-8-2}$$

参数 W 可表达为

$$W = W_0 e^{-j\phi_0} \tag{3-8-3}$$

式中，W_0 为螺线的伸展率；$W_0 > 1$，螺线内缩（逆时针方向）；$W_0 < 1$，螺线外伸。ϕ_0 为螺线上采样点之间的等分角。螺线采样点在 Z 平面上的分布如图 3-8-1 所示。

当 $M = N$、$A = 1$、$W = e^{-j\frac{2\pi}{N}}$ 时，z_k 就等间隔地分布在单位圆上，这时 CZT 退化为 DFT。

现在来分析一般情况下 z_k 点上采样值计算的特点。假定 $x(n)$ 是长度为 N 的有限长序列，则其 Z 变换在采样点 z_k 上的值

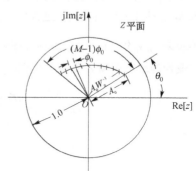

$$X(z_k) = \sum_{n=0}^{N-1} x(n) z_k^{-n}, \qquad k = 0, 1, \cdots, M-1 \tag{3-8-4}$$

图 3-8-1　CZT 中 Z 平面上的螺线采样点分布

很明显，同直接计算 DFT 的情况相仿，如果 $z_k^{-n} = (AW^{-k})^{-n}$ 是已知的，按照式（3-8-4）计算出全部 M 点采样值需要 $m_d = NM$ 次复数乘法（实际上 $z_k^{-n} = (AW^{-k})^{-n}$ 也是需要计算的）及 $a_d = (N-1)M$ 次复数加法，当 N 及 M 数值较大时，这个计算量可能很大。为了减少计算量，可以通过一定的变换，将以上运算转换为卷积形式，从而可以采用 FFT 来进行，这样，就可以大大提高运算速度。

1．算法基本原理

将式（3-8-1）代入式（3-8-4）可得

$$X(z_k) = \sum_{n=0}^{N-1} x(n) A^{-n} W^{nk} \tag{3-8-5}$$

考虑到 nk 可以用以下表达式来替换

$$nk = \frac{1}{2}[k^2 + n^2 - (k-n)^2] \tag{3-8-6}$$

则式（3-8-5）可以改写为

$$X(z_k) = W^{\frac{k^2}{2}} \sum_{n=0}^{N-1} x(n) A^{-n} W^{\frac{n^2}{2}} \cdot W^{-\frac{(k-n)^2}{2}} \tag{3-8-7}$$

如果定义

$$g(n) = x(n) A^{-n} W^{\frac{n^2}{2}}, \qquad n = 0, 1, 2, \cdots, N-1 \tag{3-8-8}$$

$$h(n) = W^{-\frac{n^2}{2}} \tag{3-8-9}$$

则 $g(k)$ 与 $h(k)$ 的卷积

$$g(k) * h(k) = \sum_{n=0}^{N-1} g(n) h(k-n) = \sum_{n=0}^{N-1} x(n) A^{-n} W^{\frac{n^2}{2}} \cdot W^{-\frac{(k-n)^2}{2}}, \qquad k = 0, 1, \cdots, M-1 \tag{3-8-10}$$

式（3-8-10）正好是式（3-8-7）的求和部分，因此式（3-8-7）又可以卷积的形式表示为

$$X(z_k) = [g(k) * h(k)] W^{\frac{k^2}{2}}, \qquad k = 0, 1, \cdots, M-1 \tag{3-8-11}$$

式（3-8-11）说明，如果对信号按式（3-8-8）先进行一次加权处理，加权系数为 $A^{-n} W^{\frac{n^2}{2}}$，然后通过一个单位脉冲响应为 $h(n)$ 的线性系统，最后，对该系统的前 M 点输出再进行一次 $W^{\frac{n^2}{2}}$ 的加权，就得到了全部 M 点螺线采样值，这个过程可用图 3-8-2 来表示。从图中可以看到，运算的主要部分是由这个线性系统来完成的。在雷达系统中称序列 $h(n) = W^{\frac{n^2}{2}}$ 这样的信号为线性调频信号（Chirp Signal），因此称这种变换为线性调频 Z 变换，或 Chirp-Z 变换。

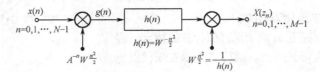

图 3-8-2   CZT 的运算流程

2. 实现步骤

读者也许已经注意到，这个线性系统是非因果的，从式（3-8-10）可以看到：当 n 从 0 到 $(N-1)$ 取值，k 从 0 到 $(M-1)$ 取值时，$h(n)$ 的 n 是从 $-(N-1)$ 到 $(M-1)$ 取值的，所以，可以认为 $h(n)$ 是一个有限长序列，其长度为 $L = M + N - 1$，如图 3-8-3(a)所示。同时，输入信号 $g(n)$ 也是有限长序列，长度为 N，如图 3-8-3(c)所示。因此其输出是两个有限长序列的直接卷积。在前面已经讨论过，有限长序列的卷积可以用圆周卷积来实现，其不失真的条件是圆周卷积的点数应该大于等于 $N + L - 1$。但是，由于只需要输出前 M 个值，在 M 以后的值即使产生了混叠失真也无妨，这样，不难验证这个圆周卷积的点数可以进一步缩小到 L。这时 $h(n)$ 的主值序列 $\hat{h}(n)$ 可以由 $h(n)$ 以 L 为周期进行周期延拓后在 $0 < n < L-1$ 上获得，如图 3-8-3(b)所示。将 $\hat{h}(n)$ 与 $g(n)$ 圆周卷积后，其输出的前 M 个值就是以上系统的输出，如图 3-8-3(d)所示。这个圆周卷积的过程可以在频域上进行，并通过 FFT 来实现。这样，整个 Chirp-Z 变换可以通过以下步骤来完成。

（1）选择一个最小整数 L，使其满足 $L \geqslant N + M - 1$，同时 $L = 2^m$；

（2）求 $h(n)$ 的主值序列 $\hat{h}(n)$，并计算 DFT；

$$\hat{h}(n) = \begin{cases} W^{-\frac{n^2}{2}} & 0 \leqslant n \leqslant M-1 \\ \text{任意值} & M \leqslant n \leqslant L-N \\ W^{-\frac{(n-L)^2}{2}} & L-N+1 \leqslant n \leqslant L-1 \end{cases}$$

$$H(k) = \text{DFT}[\hat{h}(n)], \ L \text{ 点}$$

（3）对 $x(n)$ 加权、补零，并计算 DFT；

$$g(n) = \begin{cases} x(n) A^{-n} W^{\frac{n^2}{2}}, & 0 \leqslant n \leqslant N-1 \\ 0, & N \leqslant n \leqslant L-1 \end{cases}$$

$$G(k) = \text{DFT}[g(n)], \ L \text{ 点}$$

（4）$Y(k) = G(k) H(k)$，L 点；

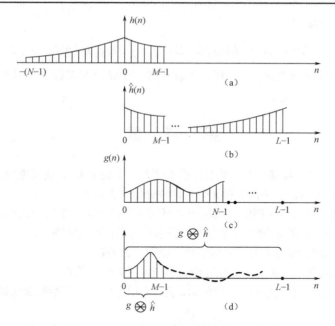

图 3-8-3 Chirp-Z 变换圆周卷积示意图

（5） $y(n) = \text{IDFT}[Y(k)]$，L 点；

（6） $X(z_k) = W^{\frac{k^2}{2}} y(k)$，$0 \leqslant k \leqslant M-1$。

3. 运算量估计

在上述计算中，$W^{\frac{n^2}{2}}$ 的计算多次使用，可以用递推方式来完成，设

$$H_n = W^{\frac{n^2}{2}}, \quad D_n = W^{\frac{1}{2}} W^n$$

则

$$H_{n+1} = W^{\frac{(n+1)^2}{2}} = W^{\frac{n^2}{2}} W^{\frac{1}{2}} W^n = H_n D_n \qquad (3\text{-}8\text{-}12)$$

而

$$D_{n+1} = W^{\frac{1}{2}} W^{n+1} = D_n W \qquad (3\text{-}8\text{-}13)$$

令 $H_0 = 1$，$D_0 = W^{\frac{1}{2}}$，利用式（3-8-12）和式（3-8-13）可以递推出 $W^{\frac{n^2}{2}}$。因此，CZT 的计算包括：

（1）形成 $\hat{h}(n)$，考虑到 $W^{-\frac{n^2}{2}}$ 是偶函数，如果 $N > M$，则利用上述递推计算，需要 $2N$ 次复数乘法；

（2）计算 $g(n)$，对 $x(n)$ 加权系数 $C_n = A^{-n} W^{\frac{n^2}{2}}$，同样可以用上述递推计算法，设初值为：$C_0 = 1$，则 $C_{n+1} = A^{-1} C_n D_n$，共需 $3N$ 次复数乘法；

（3）计算 $H(k)$、$G(k)$、$y(n)$ 共三次 DFT，共需 $\frac{3}{2} L \log_2 L$ 次复数乘法；

（4）计算 $Y(k) = G(k) H(k)$，L 次复数乘法；

（5）计算 $X(z_k) = W^{\frac{k^2}{2}} y(k)$，$M$ 次复数乘法。

综上所述，总共需用复数乘法次数

$$m_c = 2N + 3N + \frac{3}{2}L\log_2 L + L + M = \frac{3}{2}L\log_2 L + 5N + M + L$$

直接计算式（3-8-5）的乘数 $m_d = N \cdot M$，可以看到，当 M 及 N 都较大时用 FFT 算法计算 Chirp-Z 变换在运算速度上会有很大的提高。

思 考 题

1．离散傅里叶级数与连续傅里叶级数有什么不同？一个周期为 N 的周期序列的傅里叶级数为什么只用 N 个谐波分量来表示，而不需要用无穷个谐波分量来表示？

2．周期信号的频谱与从该周期信号截取一个周期所得到的非周期信号频谱之间有何关系？有限长序列的 DFT 与周期序列的离散傅里叶级数有何联系？它们有本质区别吗？

3．有限长序列的 DFT 与其 Z 变换及傅里叶变换有什么关系？

4．线性卷积和、周期卷积和圆周卷积有什么不同？又有什么关系？

5．设序列 $x_1(n)$ 和 $x_2(n)$ 的长度分别为 N 和 M，现在要用它们的圆周卷积来代替它们的线性卷积和，应该如何处理？

6．频域取样和时域取样有什么不同？所导致的结果有什么类似的地方？

7．离散时间周期信号的频谱与连续时间周期信号的频谱有什么异同点？能否从前者求出后者？

8．用 DFT 计算连续信号频谱时，可能存在哪些误差？有关参数如何选择？

9．如何减小"栅栏效应"？

10．在序列后面添零能否提高频谱分辨率？为什么？

11．什么是频谱分辨率？使用 FFT 对信号进行谱分析时，频谱分辨率与所分析信号的最高频率有何关系？

12．时间抽取法和频率抽取法 FFT 算法的流程图各有什么特点？

13．什么是蝶形运算、原位运算和变址运算？

14．试说明使用 FFT 来计算线性卷积和的步骤。

15．什么是线性调频 Z 变换？试说明计算线性调频 Z 变换的计算步骤。

习 题

3-1　习题 3-1 图所示的序列 $\tilde{x}(n)$ 是周期为 4 的周期性序列，试确定其傅里叶级数的系数 $\tilde{X}(k)$。

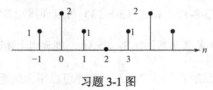

习题 3-1 图

3-2　设 $\tilde{x}(n)$ 为实周期序列：

（1）证明 $\tilde{x}(n)$ 的傅里叶级数 $\tilde{X}(k)$ 是共轭对称的，即 $\tilde{X}(k) = \tilde{X}^*(-k)$；

（2）证明当 $\tilde{x}(n)$ 为实偶函数时，$\tilde{X}(k)$ 也是实偶函数。

3-3　习题 3-3 图所示为一个实数周期信号 $\tilde{x}(n)$。利用 DFS 的特性及习题 3-2 的结果直接计算其傅里叶级数的系数 $\tilde{X}(k)$，确定以下公式是否正确。

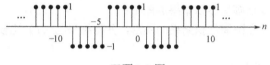

习题 3-3 图

（1）$\tilde{X}(k) = \tilde{X}(k+10)$，对于所有的 k；

（2）$\tilde{X}(k) = \tilde{X}^*(-k)$，对于所有的 k；

（3）$\tilde{X}(0) = 0$。

3-4　习题 3-4 图所示为一个有限长序列 $x(n)$，画出 $x_1(n)$、$x_2(n)$ 和 $x_3(n)$ 的图形。

（1）$x_1(n) = x((n-3))_5 R_5(n)$

（2）$x_2(n) = x((3-n))_5 R_5(n)$

（3）$x_3(n) = x((3-n))_6 R_6(n)$

习题 3-4 图

3-5　设 $x(n) = R_4(n)$，$y(n) = R_3(n-4)$，$\tilde{x}(n) = \sum_{r=-\infty}^{\infty} x(n+7r)$，$\tilde{y}(n) = \sum_{r=-\infty}^{\infty} y(n+7r)$，求 $\tilde{x}(n)$ 和 $\tilde{y}(n)$ 的周期卷积序列 $\tilde{f}(n)$ 及 $\tilde{F}(k)$。

3-6　习题 3-6 图所示的两个周期序列 $\tilde{x}_1(n)$ 和 $\tilde{x}_2(n)$ 的周期都为 6，计算这两个序列的周期卷积并画图表示。

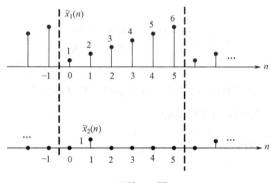

习题 3-6 图

3-7　计算下列序列的 N 点 DFT。

（1）$x(n) = \delta(n)$　　　　　　　　　　（2）$x(n) = \delta((n-n_0))_N R_N(n)$，　　$0 < n_0 < N$

（3）$x(n) = a^n R_N(n)$　　　　　　　　　（4）$x(n) = \cos(\frac{2\pi}{N}nm)$，　　$0 \leq n \leq N-1, 0 < m < N$

（5）$x(n) = R_N(n)$

3-8　用封闭形式表达以下有限长序列的 DFT[$x(n)$]。

（1）$x(n) = e^{j\omega_0 n} R_N(n)$　　　（2）$x(n) = \sin(\omega_0 n) R_N(n)$　　　（3）$x(n) = n R_N(n)$

3-9　已知 $X(k) = \begin{cases} e^{j\theta} & k = m \\ e^{-j\theta} & k = N-m \end{cases}$，求 IDFT[$X(k)$]。其中，$m$ 为某一正整数 $0 < m < N/2$。

3-10　设 $x(n) = \delta(n) + 2\delta(n-1) + 2\delta(n-2) + \delta(n-3)$

（1）绘出 $x(n)$ 与 $x(n)$ 的线性卷积结果的图形；

（2）绘出 $x(n)$ 与 $x(n)$ 的 4 点圆周卷积结果的图形；

（3）绘出 $x(n)$ 与 $x(n)$ 的 8 点圆周卷积结果的图形，并将结果与（1）比较，说明线性卷积与圆周卷积之间的关系。

3-11　长度为 $N = 10$ 的两序列

$$x(n) = \begin{cases} 1 & 0 \leqslant n \leqslant 4 \\ 0 & 5 \leqslant n \leqslant 9 \end{cases} \qquad y(n) = \begin{cases} 1 & 0 \leqslant n \leqslant 4 \\ -1 & 5 \leqslant n \leqslant 9 \end{cases}$$

作图表示 $x(n)$、$y(n)$，并求 $x(n)$ 与 $y(n)$ 的 10 点圆周卷积。

3-12　$x(n)$ 是长度为 N 的有限长序列，$x_{ep}(n)$、$x_{op}(n)$ 分别为 $x(n)$ 的圆周共轭对称分量及圆周共轭反对称分量，即

$$x_{ep}(n) = \frac{1}{2}[x(n) + x*((N-n))_N R_N(n)]$$

$$x_{op}(n) = \frac{1}{2}[x(n) - x*((N-n))_N R_N(n)]$$

证明：　　$\mathrm{DFT}[x_{ep}(n)] = \mathrm{Re}[X(k)]$

$\mathrm{DFT}[x_{op}(n)] = \mathrm{j\,Im}[X(k)]$

3-13　已知 $\mathrm{DFT}[x(n)] = X(k)$，求 $\mathrm{DFT}\left[x(n)\cos\left(\dfrac{2\pi m}{N}n\right)R_N(n)\right]$，$\mathrm{DFT}\left[x(n)\sin\left(\dfrac{2\pi m}{N}n\right)R_N(n)\right]$，$0 < m < N$。

3-14　已知 $x(n)$ 是长度为 N 的有限长序列，$X(k) = \mathrm{DFT}[x(n)]$，现将长度扩大 r 倍得长度为 rN 的有限长序列 $y(n)$

$$y(n) = \begin{cases} x(n) & 0 \leqslant n \leqslant N-1 \\ 0 & N \leqslant n \leqslant rN-1 \end{cases}$$

求 $\mathrm{DFT}[y(n)]$ 与 $X(k)$ 的关系。

3-15　已知 $x(n)$ 是长度为 N 的有限长序列，$X(k) = \mathrm{DFT}[x(n)]$，现将 $x(n)$ 的每二点之间补进 $r-1$ 个零值，得到一个长度为 rN 的有限长序列 $y(n)$

$$y(n) = \begin{cases} x(n/r) & n = ri,\ i = 0,1,2,\cdots,N-1 \\ 0 & 其他 \end{cases}$$

求 $\mathrm{DFT}[y(n)]$ 与 $X(k)$ 的关系。

3-16　若 $\mathrm{DFT}[x(n)] = X(k)$，求证：$\mathrm{DFT}[X(n)] = N \cdot x((-k))_N R_N(n)$。

3-17　一复有限长序列 $f(n)$ 是由两个实有限长序列 $x(n)$、$y(n)$ 组成，$f(n) = x(n) + \mathrm{j}y(n)$，今已知 $\mathrm{DFT}[f(n)] = F(k)$，求 $X(k)$、$Y(k)$ 以及 $x(n)$、$y(n)$。

（1）$F(k) = \dfrac{1-a^N}{1-aW_N^k} + \mathrm{j}\dfrac{1-b^N}{1-bW_N^k}$ 　　　　　　（2）$F(k) = 1 + \mathrm{j}N$

3-18　已知序列 $x(n) = a^n u(n)$，$0 < |a| < 1$，今对其 Z 变换 $X(z)$ 在单位圆上 N 等分采样，采样值为 $X(k) = X(z)|_{z = W_N^{-k}}$，求有限长序列 $\mathrm{IDFT}[X(k)]$。

3-19　设 $\tilde{x}(n)$ 是周期为 N 的周期序列，通过系统 $H(z)$ 以后，求证输出序列 $\tilde{y}(n)$ 为

$$\tilde{y}(n) = \frac{1}{N}\sum_{k=0}^{N-1} H(W_N^{-k})\tilde{X}(k)W_N^{-nk}$$

3-20　若线性非移变系统 $H(z)$ 的输入为周期单位脉冲序列

$$\tilde{x}(n) = \tilde{\delta}(n) = \begin{cases} 1, & n = mNm,\ 为任意整数 \\ 0, & 其他 n \end{cases}$$

测得系统的输出序列 $\tilde{y}(n)$ 及 $\mathrm{DFS}[\tilde{y}(n)] = \tilde{Y}(k)$，问：系统函数 $H(z)$ 在单位圆上的采样值 $H(W_N^{-k})$ 等于多少？

3-21　有限长序列的离散傅里叶变换相当于其 Z 变换在单位圆上的采样。例如，10 点序列 $x(n)$ 的离散傅里叶变换相当于 $X(z)$ 在单位圆 10 个等分点上的采样，如习题 3-21 图(a)所示。为求出习题 3-21 图(b)所示圆周上 $X(z)$ 的等间隔采样，即 $X(z)$ 在 $z = 0.5\mathrm{e}^{\mathrm{j}[(2\pi k/10)+(\pi/10)]}$ 各点上的采样，试指出如何修改 $x(n)$，才能得到序列 $x_1(n)$，使其傅里叶变换相当于上述 Z 变换的采样。

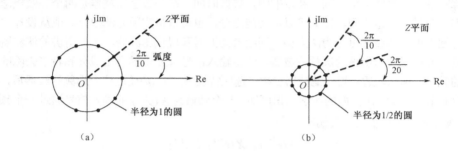

习题 3-21 图

3-22　已知 $x(n)$ 是长为 N 的有限长序列，$X(k) = \mathrm{DFT}[x(n)]$

（1）用各 $x(n)$ 表示 $X(0)$；

（2）用各 $X(k)$ 表示 $x(0)$。

3-23　对模拟信号作谱分析时，模拟信号以 16kHz 的采样频率被采样，计算了 512 个点的 DFT，试确定 $X(k)$ 各频谱间的间隔是多少？

3-24　如果一台通用计算机计算一次复数乘法需要 1μs，计算一次复数加法需要 0.2μs，现在用它来计算 $N = 1024$ 点的 DFT，问直接计算 DFT 和用 FFT 计算 DFT 各需要多少时间？

3-25　试画出通过计算两个 8 点 DFT 的办法来完成一个 16 点 DFT 计算的流程图。

3-26　设 $x(n) = \{0,1,0,1,1,1\}$，现对 $x(n)$ 进行谱分析。画出 FFT 的流程图，FFT 算法任选。并计算出每级蝶形运算的结果。

3-27　使用基-2FFT 对一模拟信号作谱分析，已知：①频率分辨率 $F \leqslant 5\mathrm{Hz}$；②信号最高频率 $f_0 = 1.25\mathrm{kHz}$，试确定下列参数：

（1）最小记录长度 t_p；

（2）采样点之间的最大时间间隔 T；

（3）一个记录长度中的最少点数。

第4章　IIR 数字滤波器设计

数字滤波器（Digital Filter，DF）是对数字信号实现滤波的离散时间系统，它将输入的数字序列通过特定运算转变为所需的数字序列。在本书中，离散时间系统与数字滤波器是两个等效概念。滤波器的种类很多，分类方法也不同，比如可以从功能上分，也可以从实现方法上分，或从设计方法上分，等等。但总地来说，滤波器可分为两大类，即经典滤波器和现代滤波器，本书所讲的滤波器属于经典滤波器范畴。经典滤波即所谓的选频滤波器，假定输入信号 $x(n)$ 中的有用成分和希望去除的成分各自占有不同的频带，那么，适当设计滤波器参数（选频特性），当 $x(n)$ 通过这个选频滤波器后，就可将欲去除的成分有效地滤除。由前面的所学知识可知，一个频谱为 $X(e^{j\omega})$ 的输入信号通过一个频率响应为 $H(e^{j\omega})$ 的线性非移变系统后，其输出为

$$Y(e^{j\omega}) = X(e^{j\omega})H(e^{j\omega})$$

即输入信号 $X(e^{j\omega})$ 经过滤波后，变为 $X(e^{j\omega})H(e^{j\omega})$。如果 $|H(e^{j\omega})|$ 的值在某些频率上较小，则输入信号中对应的这些频率分量在输出时将被抑制。按照输入信号频谱的特点和处理信号的目的，适当选择 $H(e^{j\omega})$ 的参数，使得滤波后的 $Y(e^{j\omega})$ 符合特定要求，这就是经典数字滤波器的设计。

为了讲述方便，本章在介绍数字滤波器设计的基本概念基础上，先简单介绍模拟滤波器的设计，然后再讨论数字滤波器的设计问题。

4.1　数字滤波器设计的基本概念

数字滤波器设计的一个重要目标是确定一个物理可实现的稳定的传递函数 $H(z)$，用来逼近一个具有指定频率特性的系统。确定一个物理可实现的稳定的传递函数 $H(z)$ 的过程称为数字滤波器设计。通常，在 $H(z)$ 确定后，还需要用一个合适的运算结构来实现 $H(z)$，这个运算结构叫做滤波器结构。运算结构确定之后，再根据所确定滤波器结构用硬件或软件来实现所要求的滤波器。

在设计传递函数 $H(z)$ 之前，需要考虑两个问题：一是分析系统需求，确定合理的数字滤波器频率响应的技术指标；二是选择所设计的滤波器是 FIR 系统还是 IIR 系统。本节将介绍数字滤波器的技术指标和设计步骤，至于是选择 FIR 滤波器还是 IIR 滤波器，将在第 5 章 FIR 滤波器设计讲述完成之后进行介绍。

4.1.1　数字滤波器的技术指标

和模拟滤波器一样，经典数字滤波器按照频率响应的通带特性可划分为低通（Low-Pass，LP）、高通（High-Pass，HP）、带通（Band-Pass，BP）、带阻（Band-Stop，BS）和全通（All-Pass，AP）等几种形式，几种典型滤波器的频率响应如图 4-1-1 所示。

理想滤波器物理上是不可实现的，其根本原因是从通带到阻带或从阻带到通带的频率响应有突变。为了物理上可实现，在通带和阻带之间设置一个过渡带，且频率响应在阻带内不是严格为零，而

是一较小的容限。一般来说，滤波器的性能要求往往以幅度特性的容许误差来表征。以低通滤波器为例，如图 4-1-2 所示，频率响应有通带、过渡带及阻带三个频率范围（而不是理想的锐截止的通带、阻带两个频率范围）。图 4-1-2 中 α_1 为通带容限，α_2 为阻带容限，即在通带内

$$1-\alpha_1 \leqslant |H(e^{j\omega})| \leqslant 1 \qquad |\omega| \leqslant \omega_p \qquad (4\text{-}1\text{-}1a)$$

在阻带内

$$|H(e^{j\omega})| \leqslant \alpha_2 \qquad \omega_{st} \leqslant |\omega| \leqslant \pi \qquad (4\text{-}1\text{-}1b)$$

式（4-1-1a）和式（4-1-1b）中的 ω_p 和 ω_{st} 分别为通带截止频率（又称为通带边频）和阻带起始频率（或称为阻带边频），它们都是数字域频率。另外，还有一个非零宽度 $(\omega_{st}-\omega_p)$ 的过渡带，过渡带的频率响应不作规定，它平滑地从通带下降到阻带。

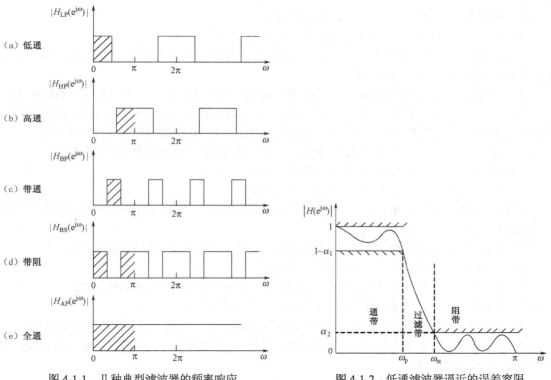

图 4-1-1　几种典型滤波器的频率响应　　　　图 4-1-2　低通滤波器逼近的误差容限

　　除了用通带容限 α_1 和阻带容限 α_2 来表征滤波器特性外，实际中具体指标往往由通带允许的最大衰减 δ_p(dB) 和阻带应达到的最小衰减 δ_{st}(dB) 给出。通带及阻带的衰减 δ_p、δ_{st} 分别定义为

$$\delta_p = 20\lg\frac{|H(e^{j0})|}{|H(e^{j\omega_p})|} = -20\lg|H(e^{j\omega_p})| = -20\lg(1-\alpha_1) \qquad (4\text{-}1\text{-}2a)$$

$$\delta_{st} = 20\lg\frac{|H(e^{j0})|}{|H(e^{j\omega_{st}})|} = -20\lg|H(e^{j\omega_{st}})| = -20\lg\alpha_2 \qquad (4\text{-}1\text{-}2b)$$

式（4-1-2）中假定 $H(e^{j0})$ 已经被归一化为 1。例如，可以提这样的技术要求：$H(e^{j\omega})$ 在 ω_p 处下降为 0.707，即 $\delta_p = 3$dB，在 ω_{st} 处下降为 0.01，即 $\delta_{st} = 40$dB。这样，ω_p 就是我们熟悉的 3dB 带宽。需要说明的是，在滤波器设计时，ω_p 处频率响应衰减不一定是 3dB，可以根据需要设置为其他值。

　　在数字滤波器中，ω 的单位是弧度，而实际中，给出的频率要求往往是实际频率（单位为 Hz），

因此，在数字滤波器的设计中还应给出采样频率 f_s。如果 f_p 和 f_{st} 分别表示模拟通带截止频率（又称为通带边频）和阻带起始频率（又称为阻带边频），则

$$\omega_p = 2\pi f_p / f_s \tag{4-1-3a}$$

$$\omega_{st} = 2\pi f_{st} / f_s \tag{4-1-3b}$$

4.1.2　数字滤波器设计的基本步骤

不论是 IIR 滤波器还是 FIR 滤波器的设计，都包括以下几个步骤。

（1）根据要求，确定所需滤波器的技术指标；

（2）设计一个因果稳定系统 $H(z)$，使其逼近所提出的技术指标（这个因果稳定系统可以是 IIR 系统，也可以是 FIR 系统）；

（3）选择适当的运算结构作为 $H(z)$ 的实现形式；

（4）根据选定的运算结构，用硬件或软件实现这个因果稳定系统。

其中，步骤（2）是本章和第 5 章讨论的主要内容，步骤（3）将在第 6 章中讲述，步骤（4）不在本书的讲述范围内，由其他课程讲述。

目前，IIR 数字滤波器设计通用的方法是借助于模拟滤波器来进行设计。模拟滤波器的设计已经有了一套相当成熟的方法，它不但有完整的设计公式，而且还有较为完整的图表供查询，因此，充分利用这些已有的资源将会给数字滤波器的设计带来很大方便。IIR 数字滤波器的设计步骤如下。

（1）按一定规则将给出的数字滤波器的技术指标转换为模拟低通滤波器的技术指标；

（2）根据转换后的技术指标设计模拟低通滤波器原型 $H_a(s)$；

（3）按一定规则将 $H_a(s)$ 转换为数字低通滤波器 $H(z)$；

若所设计的数字滤波器是低通的，那么上述步骤可完成设计工作，若所要设计的是高通、带通或带阻滤波器，那么还需步骤（4）；

（4）将数字低通滤波器通过频率变换转换为数字高通、数字带通或数字带阻滤波器。

此外，IIR 数字滤波器还可以按以下设计步骤设计。

（1）按一定规则将给出的数字滤波器的技术指标转换为模拟低通滤波器的技术指标；

（2）根据转换后的技术指标设计归一化模拟低通滤波器原型 $H_{an}(s)$；

（3）通过模拟频率变换将 $H_{an}(s)$ 转换为模拟低通、模拟高通、模拟带通、模拟带阻滤波器；

（4）将模拟低通、模拟高通、模拟带通、模拟带阻滤波器映射为所需的数字低通、数字高通、数字带通或数字带阻滤波器。

实际中，如果是用数字方法解决模拟问题，则给出的技术指标就是模拟技术指标。

4.2　模拟滤波器的设计

为了利用模拟滤波器设计 IIR 数字滤波器，必须先设计一个满足技术指标的模拟滤波器原型，也就是要把数字滤波器的技术指标转变成模拟原型滤波器的技术指标。

常用的模拟低通原型滤波器有巴特沃斯滤波器（Butterworth Filter）、切比雪夫滤波器（Chebyshev Filter）、椭圆（Elliptic Filter）滤波器、贝塞尔滤波器（Bessel Filter）等。这些滤波器都有严格的设计公式和现成的设计图表供设计人员使用。而高通、带通、带阻滤波器等则可以利用频率变换方法，由低通滤波器变换得到。所以，设计滤波器时，总是先设计低通滤波器，再通过频率变换将低通滤波器转换成所要求类型的滤波器。下面先介绍表征滤波器特性的幅度平方函数，再分别介绍几种模拟滤波器设计。

4.2.1　由幅度平方函数确定系统函数

模拟滤波器幅度响应常用幅度平方函数 $|H_a(j\Omega)|^2$ 来表示

$$|H_a(j\Omega)|^2 = H_a(j\Omega)H^*_a(j\Omega)$$

由于滤波器的单位冲激响应 $h_a(t)$ 是实函数，$H(j\Omega)$ 满足 $H_a(-j\Omega) = H^*_a(j\Omega)$，于是

$$|H_a(j\Omega)|^2 = H_a(j\Omega)H_a(-j\Omega) \tag{4-2-1}$$

将 $|H_a(j\Omega)|^2$ 在 S 平面上作解析延拓，即令 $j\Omega = s$，则

$$|H_a(j\Omega)|^2\Big|_{j\Omega=s} = H_a(j\Omega)H_a(-j\Omega)\big|_{j\Omega=s} = H_a(s)H_a(-s) \tag{4-2-2}$$

式中，$H_a(s)$ 是模拟滤波器的传递函数，它是 s 的有理函数，$H_a(j\Omega)$ 是滤波器的频率响应，$|H_a(j\Omega)|$ 是滤波器的幅频响应。

现在的问题是要由已知的幅度平方函数 $|H_a(j\Omega)|^2$ 来确定传递函数 $H_a(s)$。设 $H_a(s)$ 有一个复数极点（或零点）位于 $s = s_0$ 处，由于单位冲激响应 $h_a(t)$ 是实函数，则极点（或零点）必以共轭对形式出现，因而 $s = s_0^*$ 处也一定有一极点（或零点），由式（4-2-2），与之对应 $H_a(-s)$ 在 $s = -s_0$ 和 $s = -s_0^*$ 处必有极点（或零点），所以 $H_a(s)H_a(-s)$ 的极点、零点分布是呈象限对称的。由于 $H_a(s)$ 的复数极点（或零点）共轭成对出现，因此 $H_a(s)H_a(-s)$ 在虚轴上的零点一定是二阶的（稳定系统在虚轴上是没有极点的），如图 4-2-1 所示。

由于所设计的滤波器都应是稳定的，因此，其系统函数 $H_a(s)$ 的极点必落在 S 平面的左半平面，所以左半平面的极点一定属于 $H_a(s)$，而右半平面的极点则必属于 $H_a(-s)$。

零点的分布则没有这样的限制，只和滤波器的相位特性有关。如果有特殊要求，则零点的分配按要求来考虑。例如，要求滤波器具有最小相移特性，则 $H_a(s)$ 取左半平面的零点。

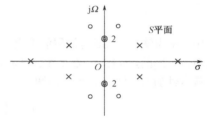

图 4-2-1　$H_a(s)H_a(-s)$ 的零极点分布

如无特殊要求，则可将对称零点的任意一半（若为复数零点，应为共轭对称）作为 $H_a(s)$ 的零点。若所求出的零点为 s_i，$i = 1, 2, \cdots, M$，极点为 s_k，$k = 1, 2, \cdots, N$，则

$$H_a(s) = A_0 \frac{\sum\limits_{i=1}^{M}(s - s_i)}{\sum\limits_{k=1}^{N}(s - s_k)} \tag{4-2-3}$$

最后，按照 $H_a(j\Omega)$ 与 $H_a(s)$ 的低频特性或高频特性确定出常数 A_0。

【例 4-2-1】　根据以下幅度平方函数 $|H_a(j\Omega)|^2$ 确定系统函数 $H_a(s)$。

$$|H_a(j\Omega)|^2 = \frac{16(25 - \Omega^2)^2}{(49 + \Omega^2)(36 + \Omega^2)}$$

解： 由式（4-2-2）有

$$H_a(s)H_a(-s) = |H_a(j\Omega)|^2\Big|_{j\Omega=s} = |H_a(j\Omega)|^2\Big|_{\Omega^2=-s^2}$$

$$= \frac{16(25 + s^2)^2}{(49 - s^2)(36 - s^2)}$$

极点：$s_{1,4} = \pm7$，$s_{2,3} = \pm6$，零点：$s_0 = \pm j5$（二阶）

选左半 S 平面的极点 $s_1 = -7$，$s_2 = -6$ 及一对虚轴上的共轭零点 $s_0 = \pm j5$ 为 $H_a(s)$ 的极点和零点，

并设增益常数为 A_0，于是有

$$H_a(s) = \frac{A_0(s^2+25)}{(s+7)(s+6)}$$

由 $H_a(s)\big|_{s=0} = H_a(j\Omega)\big|_{\Omega=0}$ 可得 $A_0 = 4$，所以

$$H_a(s) = \frac{4(s^2+25)}{(s+7)(s+6)}$$

4.2.2　巴特沃斯模拟低通滤波器的设计

1. 幅度平方函数及主要特征

巴特沃斯滤波器是根据幅频特性在通频带内具有最平坦特性来定义的滤波器。对一个 N 阶低通滤波器来说，所谓最平坦特性，是指滤波器的幅度平方特性函数的前 $2N{-}1$ 阶导数在模拟频率 $\Omega=0$ 处为零。巴特沃斯滤波器是以巴特沃斯函数来逼近滤波器幅度平方函数的，其幅度平方函数

$$|H_a(j\Omega)|^2 = \frac{1}{1+\left(\dfrac{\Omega}{\Omega_c}\right)^{2N}} \tag{4-2-4}$$

式中，N 为整数，代表滤波器的阶次，Ω_c 为截止频率。巴特沃斯滤波器的幅度特性在通带和阻带内都是单调下降的，如图 4-2-2 所示。可以看出，截止频率 Ω_c 处的幅度平方响应的值始终为 1/2，滤波器的幅频特性随着滤波器阶次 N 的增大而变得越来越陡峭。

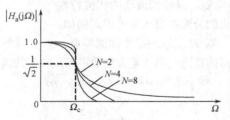

图 4-2-2　巴特沃斯低通滤波器的幅频特性及与 N 的关系

巴特沃斯低通滤波器的主要特征：

（1）对于所有的 N，$|H_a(j0)|^2 = 1$，$|H_a(j\Omega_c)|^2 = 1/2$；

（2）$|H_a(j\Omega)|^2$ 是 Ω 的单调下降函数；

（3）$|H_a(j\Omega)|^2$ 随 N 的增大逐步逼近理想特性。

2. 系统函数和零、极点分布

设巴特沃斯滤波器的频率响应为 $H_a(j\Omega)$，根据幅度平方函数与系统函数的关系，且 $H_a(j\Omega)$ 是实系数的，由式（4-2-2）和式（4-2-4）得

$$|H_a(j\Omega)|^2\Big|_{\Omega=\frac{s}{j}} = H_a(s)H_a(-s) = \frac{1}{1+\left(\dfrac{s}{j\Omega_c}\right)^{2N}}$$

可见，巴特沃斯滤波器是一个全极点型滤波器，令此式中分母为零，得 $H_a(s)H_a(-s)$ 的 $2N$ 个极点 s_k

$$s_k = (-1)^{\frac{1}{2N}}(j\Omega_c) = \Omega_c e^{j\left[\frac{1}{2} + \frac{2k-1}{2N}\right]\pi}, \quad k = 1, 2, \cdots, 2N \tag{4-2-5}$$

图 4-2-3(a)和图 4-2-3(b)所示分别为 $N = 3$、$N = 4$ 时 $H_a(s)H_a(-s)$ 的极点在 S 平面的分布情况，可以看出，当 N 为偶数时，实轴上无极点；当 N 为奇数时，实轴上有极点；但无论 N 为偶数还是奇数，虚轴上均无极点；所有极点都均匀等间隔地分布在 S 平面中以原点为圆心、Ω_c 为半径的圆周上（这个圆称为巴特沃斯圆），而且以原点为对称中心成对出现，即对任一极点 $s = s_k$，必有另一极点 $s = -s_k$。考虑到系统的稳定性，系统函数的极点应该位于 S 平面的左半部分。所以

$$s_k = \Omega_c e^{j\left[\frac{1}{2} + \frac{2k-1}{2N}\right]\pi} \quad k = 1, 2, \cdots, N$$

于是

$$H_a(s) = \frac{A_0}{\displaystyle\prod_{k=1}^{N}(s - s_k)}$$

将 $H_a(s)|_{s=0} = H_a(j\Omega)|_{\Omega=0} = 1$ 代入上式得：

$$H_a(s) = \frac{\Omega_c^N}{\displaystyle\prod_{k=1}^{N}(s - s_k)} \tag{4-2-6}$$

以 $N = 3$ 为例，巴特沃斯低通滤波幅度平方函数的极点

$$s_1 = \Omega_c e^{j\frac{2}{3}\pi} \quad s_2 = \Omega_c e^{j\pi} \quad s_3 = \Omega_c e^{j\frac{4}{3}\pi}$$

系统函数

$$H_a(s) = \frac{\Omega_c^3}{(s - s_1)(s - s_2)(s - s_3)}$$

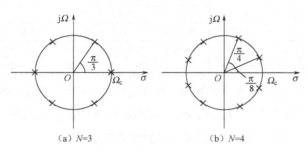

（a）$N=3$　　　　　　　（b）$N=4$

图 4-2-3　巴特沃斯滤波器 $H_a(s)H_a(-s)$ 在 S 平面上的极点位置

3．系统函数的归一化

前面推导得到的式（4-2-6）就是所求的系统函数，可以看出，$H_a(s)$ 与 Ω_c 有关。为了使设计统一，将所有的频率归一化，即取 Ω_c 为 1。

一般设计中，把归一化的系统函数记为 $H_{an}(s)$，$H_a(s)$ 代表所需的巴特沃斯低通滤波器，则

$$H_a(s) = H_{an}\left(\frac{s}{\Omega_c}\right) \tag{4-2-7}$$

因为归一化的系统函数中 $\Omega_c = 1$，所以

$$H_{an}(s) = \frac{1}{\prod\limits_{k=1}^{N}(s-s_k)} = \frac{1}{s^N + a_{N-1}s^{N-1} + \cdots + a_2 s^2 + a_1 s + 1} \qquad (4\text{-}2\text{-}8)$$

归一化巴特沃斯滤波器的极点分布和相应的系统函数的分母多项式系数都有现成表格可查。表 4-2-1 和表 4-2-2 所示为归一化巴特沃斯滤波器的极点和归一化滤波器系统函数的系数。

表 4-2-1 归一化巴特沃斯滤波器的极点

N=1	−1.000 0				
N=2	−0.707 1±j0.707 1				
N=3	−0.500 0±j0.866 0	−1.000 0			
N=4	−0.382 7±j0.923 9	−0.923 9±j0.382 7			
N=5	−0.309 0±j0.951 1	−0.809 0±j0.587 8	−1.000 0		
N=6	−0.258 8±j0.965 9	−0.707 1±j0.707 1	−0.965 9±j0.258 8		
N=7	−0.222 5±j0.974 9	−0.623 5±j0.781 8	−0.901 0±j0.433 9	−1.000 0	
N=8	−0.195 1±j0.980 8	−0.555 6±j0.831 5	−0.831 5±j0.555 6	−0.980 8±j0.195 1	
N=9	−0.173 6±j0.984 8	−0.500 0±j0.866 0	−0.766 0±j0.642 8	−0.939 7±j0.342 0	−1.000 0
N=10	−0.156 4±j0.987 7	−0.454 0±j0.891 0	−0.707 1±j0.707 1	−0.891 0±j0.454 0	−0.987 7±j 0.156 4

表 4-2-2 归一化滤波器系统函数的系数

	a_1	a_2	a_3	a_4	a_5	a_6	a_7	a_8	a_9
1	1.000 0								
2	1.414 2								
3	2.000 0	2.000 0							
4	2.613 1	3.414 2	2.613 1						
5	3.236 1	5.236 1	5.236 1	3.236 1					
6	3.863 7	7.464 1	9.141 6	7.464 1	3.863 7				
7	4.494 0	10.097 8	14.591 8	14.591 8	10.097 8	4.494 0			
8	5.125 8	13.137 1	21.846 2	25.688 4	21.846 2	13.137 1	5.125 8		
9	5.758 8	16.581 7	31.163 4	41.986 4	41.986 4	16.581 7	31.163 4	5.758 8	
10	6.392 5	20.431 7	42.802 1	64.882 4	74.233 4	64.882 4	42.802 1	20.431 7	6.392 5

【例 4-2-2】 设计一巴特沃斯低通滤波器，使其满足以下指标：通带边频 $\Omega_p = 20\pi$ rad/s，通带的最大衰减 $\delta_p = 2$dB，阻带边频 $\Omega_{st} = 30\pi$ rad/s，阻带的最小衰减 $\delta_{st} = 20$dB。

解： （1）求阶数 N。根据巴特沃斯低通滤波器的幅度平方函数

$$\left| H_a(j\Omega) \right|^2 = \frac{1}{1 + \left(\dfrac{\Omega}{\Omega_c} \right)^{2N}},$$

将技术指标写成数学表达式

$$\delta_p = -20 \lg |H_a(j\Omega_p)| = 10 \lg[1 + (\Omega_p / \Omega_c)^{2N}] \qquad (4\text{-}2\text{-}9)$$

$$\delta_{st} = -20 \lg |H_a(j\Omega_{st})| = 10 \lg[1 + (\Omega_{st} / \Omega_c)^{2N}] \qquad (4\text{-}2\text{-}10)$$

联解上述两式

$$\frac{10^{\delta_p/10} - 1}{10^{\delta_{st}/10} - 1} = \left(\frac{\Omega_p}{\Omega_{st}} \right)^{2N}$$

$$N = \lg\left(\frac{10^{\delta_p/10}-1}{10^{\delta_{st}/10}-1}\right)\Bigg/\left[2\lg\left(\frac{\Omega_p}{\Omega_{st}}\right)\right] \qquad (4\text{-}2\text{-}11)$$

带入已知数据，计算出 $N = 5.885\,8$，取大于它的整数 $N = 6$。

（2）求 Ω_c。将 $N = 6$ 带入通带指标中计算出 $\Omega_c = 64.264\,1$。这样计算出的 N 和 Ω_c，通带指标刚好满足，而阻带指标有裕量。

（3）根据 $N = 6$ 查表 4-2-2，得归一化的 N 阶巴特沃斯低通滤波器传递函数。查表得

$$H_{an}(s) = \frac{1}{s^6 + 3.863\,7s^5 + 7.464\,1s^4 + 9.141\,6s^3 + 7.464\,1s^3 + 3.863\,7s + 1}$$

由 $H_a(s) = H_{an}\left(\dfrac{s}{\Omega_c}\right)$，带入 $\Omega_c = 64.264\,1$，计算出 $H_a(s)$

$$H_a(s) = \frac{64.264\,1^6}{s^6 + 248.297\,2s^5 + 3.082\,6\times10^4 s^4 + 2.426\,2\times10^6 s^3 + 1.273\,1\times10^8 s^3 + 4.234\,9\times10^9 s + 1}$$

在以后进行设计和分析时，经常以归一化巴特沃斯低通滤波器 $H_{an}(s)$ 为原型滤波器，一旦归一化低通滤波器的传递函数确定后，其他巴特沃斯低通滤波器及高通、带通、带阻滤波器的传递函数都可以通过频率变换法从归一化低通原型的传递函数 $H_{an}(s)$ 中得到。

4. 设计步骤

综上所述，低通巴特沃斯滤波器的设计步骤如下：

（1）根据技术指标 Ω_p、δ_p、Ω_{st}、δ_{st}，由式（4-2-11）用收尾法取整求出滤波器阶次 N；

（2）将 N 代入式（4-2-9），求 Ω_c；

（3）根据 N 查表得到归一化低通原型的传递函数 $H_{an}(s)$；

（4）由式（4-2-7）得所求低通滤波器系统函数。

4.2.3　切比雪夫模拟低通滤波器的设计

巴特沃斯低通滤波器的幅频特性随 Ω 的增加而单调下降。当 N 较小时，阻带幅频特性下降较慢，要想使其幅频特性接近理想低通滤波器，就必须增加滤波器的阶数。滤波器阶数增加意味着滤波器复杂度的增加。

由于巴特沃斯滤波器的频率特性曲线无论在通带和阻带都是频率的单调函数，因此，当通带边界处满足指标要求时，阻带内肯定会有裕量。一种更有效的设计方法应该是将精确度均匀地分布在整个通带内，或均匀地分布在整个阻带内，或同时分布在两者之内，这样就可用较低的阶数来满足系统设计要求。为此，可以通过选择具有等波纹特性的函数来逼近。切比雪夫滤波器的幅频特性就具有这种等波纹特性。它有两种形式：一种是幅频特性在通带内是等波纹而在阻带内是单调的切比雪夫 I 型滤波器；另一种是幅频特性在通带内是单调而在阻带内是等波纹的切比雪夫 II 型滤波器。采用何种形式的切比雪夫滤波器取决于实际需求。

图 4-2-4 所示为切比雪夫 I 型滤波器幅频特性，图 4-2-5 所示为切比雪夫 II 型滤波器幅频特性。这里主要介绍切比雪夫 I 型滤波器的设计。

1. 幅度平方函数及主要特征

切比雪夫 I 型滤波器的幅度平方函数

$$|H_a(\mathrm{j}\Omega)|^2 = \frac{1}{1 + \varepsilon^2 C_N^2\left(\dfrac{\Omega}{\Omega_c}\right)} \qquad (4\text{-}2\text{-}12)$$

式中，$0<\varepsilon<1$，是表示通带波纹大小的参数，ε 越大，波纹也越大。Ω/Ω_c 为 Ω 对 Ω_c 的归一化频率，Ω_c 为截止频率，即滤波器衰减到某一分贝处的通带宽度，这个分贝数不一定是 3dB，也就是说，在切比雪夫滤波器中，Ω_c 不一定是 3dB 的带宽。$C_N(x)$ 是 N 阶切比雪夫多项式，定义为

$$C_N(x) = \begin{cases} \cos(N\arccos x) & |x| \leqslant 1 \\ \cosh(N\operatorname{arcosh} x) & |x| > 1 \end{cases} \qquad (4\text{-}2\text{-}13)$$

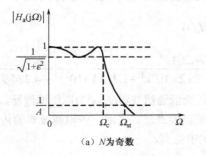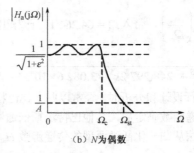

（a）N 为奇数　　　　　　　　　（b）N 为偶数

图 4-2-4　切比雪夫 I 型滤波器幅频特性

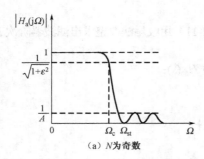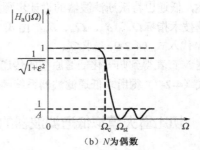

（a）N 为奇数　　　　　　　　　（b）N 为偶数

图 4-2-5　切比雪夫 II 型滤波器幅频特性

当 $|x| \leqslant 1$ 时，$C_N(x)$ 是余弦函数，所以 $|C_N(x)| \leqslant 1$，且多项式 $C_N(x)$ 在 $|x| \leqslant 1$ 内具有等波纹幅度特性；当 $|x| > 1$ 时，$C_N(x)$ 是双曲余弦函数，它随 x 的增大而单调地增加。图 4-2-6 所示为 $N = 0$、1、2、3、4、5 时的切比雪夫多项式特性。由此可见，切比雪夫多项式的零值点在 $|x| \leqslant 1$ 范围内。

根据式（4-2-12），切比雪夫 I 型滤波器的幅频响应有如下特点。

（1）$\Omega = 0$ 时，若 N 为奇数，则 $|H_a(\mathrm{j}\Omega)| = 1$，若 N 为偶数，则 $|H_a(\mathrm{j}\Omega)| = 1/\sqrt{1+\varepsilon^2}$；

（2）$0 < \Omega < \Omega_c$ 时，$|H_a(\mathrm{j}\Omega)|$ 在 1 与 $1/\sqrt{1+\varepsilon^2}$ 之间等幅波动，ε 越大，波动幅度也越大，波动的次数等于 N；

（3）$\Omega = \Omega_c$ 时，对所有的 N，$|H_a(\mathrm{j}\Omega)|$ 均为 $1/\sqrt{1+\varepsilon^2}$；

（4）$\Omega > \Omega_c$ 时，$|H_a(\mathrm{j}\Omega)|$ 单调下降，ε 越大，N 越大，下降越快。

2. 系统函数和零、极点分布

根据切比雪夫滤波器的幅度平方特性可得

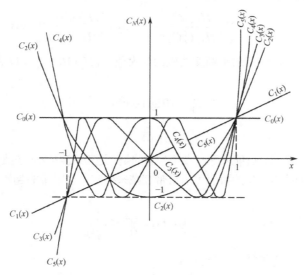

图 4-2-6　$N=0$、1、2、3、4、5 时的切比雪夫多项式特性

$$\left| H_{\mathrm{a}}(\mathrm{j}\Omega) \right|^2 \Big|_{\Omega=\frac{s}{\mathrm{j}}} = H_{\mathrm{a}}(s)H_{\mathrm{a}}(-s) = \frac{1}{1+\varepsilon^2 C_N^2\left(\dfrac{s}{\mathrm{j}\Omega_{\mathrm{c}}}\right)} \qquad (4\text{-}2\text{-}14)$$

所以，切比雪夫滤波器是一个全极点型，设由式（4-2-14）计算出的 $2N$ 个极点为 $s_k = \sigma_k + \mathrm{j}\Omega_k$，当 $\Omega_{\mathrm{c}} = 1$ 时

$$\sigma_k = \pm a\sin\left[\frac{\pi}{2N}(2k-1)\right], \qquad k=1,2,\cdots,2N \qquad (4\text{-}2\text{-}15)$$

$$\Omega_k = \pm b\cos\left[\frac{\pi}{2N}(2k-1)\right], \qquad k=1,2,\cdots,2N \qquad (4\text{-}2\text{-}16)$$

式中

$$a = \sinh\left[\frac{1}{N}\operatorname{arsinh}\left(\frac{1}{\varepsilon}\right)\right] \qquad (4\text{-}2\text{-}17\mathrm{a})$$

$$b = \cosh\left[\frac{1}{N}\operatorname{arcosh}\left(\frac{1}{\varepsilon}\right)\right] \qquad (4\text{-}2\text{-}17\mathrm{b})$$

推导过程可参考相关文献。将式（4-2-15）和式（4-2-16）分别除
以 a 和 b，再取平方并相加得

$$\frac{\sigma_k^2}{a^2} + \frac{\Omega_k^2}{b^2} = \sin^2\left[\frac{\pi}{2N}(2k-1)\right] + \cos^2\left[\frac{\pi}{2N}(2k-1)\right] = 1 \qquad (4\text{-}2\text{-}18)$$

这是 S 平面上的一个椭圆方程，长、短轴分别位于实轴和虚轴上。
函数 $H_{\mathrm{a}}(s)H_{\mathrm{a}}(-s)$ 的 $2N$ 个极点分布在该椭圆的圆周上，呈对称
分布，如图 4-2-7 所示。

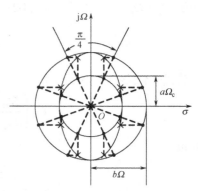

图 4-2-7　$N=4$ 时的切比雪夫 I 型
滤波器的极点位置

3. 设计步骤

由幅度平方函数式（4-2-12）可知，切比雪夫滤波器有三个参数 ε、Ω_{c} 和 N。设计切比雪夫滤波
器时，一般是预先给定通带截止频率 Ω_{c}、通带波纹 δ_{p}（dB）和阻带最小衰减 δ_{st}（dB）。下面来看切比
雪夫滤波器的设计，即系统函数的确定。

（1）ε 的确定。ε 是一个与通带纹波 δ_{p} 大小有关的参数，通带纹波 δ_{p} 可表示成

$$\delta_{\mathrm{p}}=10\lg\frac{\left|H_{\mathrm{a}}(\mathrm{j}\Omega)\right|_{\max}^{2}}{\left|H_{\mathrm{a}}(\mathrm{j}\Omega)\right|_{\min}^{2}}=20\lg\frac{\left|H_{\mathrm{a}}(\mathrm{j}\Omega)\right|_{\max}}{\left|H_{\mathrm{a}}(\mathrm{j}\Omega)\right|_{\min}}(\mathrm{dB}) \tag{4-2-19}$$

这里，$|H_{\mathrm{a}}(\mathrm{j}\Omega)|_{\max}=1$，表示通带幅度响应的最大值。$|H_{\mathrm{a}}(\mathrm{j}\Omega)|_{\min}=1/\sqrt{1+\varepsilon^{2}}$，表示通带幅度响应的最小值，所以

$$\delta_{\mathrm{p}}=10\lg(1+\varepsilon^{2})$$

$$\varepsilon=\sqrt{10^{\frac{\delta_{\mathrm{p}}}{10}}-1} \tag{4-2-20}$$

可以看出，给定通带波纹值δ_{p}后，就能求得ε。值得注意的是，通带纹波δ_{p}不一定是3dB，也可以是其他值。

（2）滤波器阶数N的确定。N的数值可由阻带衰减来确定。设阻带的起始频率用Ω_{st}表示，在Ω_{st}处幅度平方函数满足

$$\left|H_{\mathrm{a}}(\mathrm{j}\Omega_{\mathrm{st}})\right|^{2}\leqslant\frac{1}{A^{2}} \tag{4-2-21}$$

式中，A为常数，若用分贝数δ_{st}表示，则

$$\delta_{\mathrm{st}}=20\lg\frac{1}{1/A}=20\lg A$$

所以

$$A=10^{\frac{\delta_{\mathrm{st}}}{20}}=10^{0.05\delta_{\mathrm{st}}}$$

当$\Omega=\Omega_{\mathrm{st}}$时，

$$\left|H_{\mathrm{a}}(\mathrm{j}\Omega_{\mathrm{st}})\right|^{2}=\frac{1}{1+\varepsilon^{2}C_{N}^{2}\left(\dfrac{\Omega_{\mathrm{st}}}{\Omega_{\mathrm{c}}}\right)}\leqslant\frac{1}{A^{2}}$$

由此可得

$$C_{N}\left(\frac{\Omega_{\mathrm{st}}}{\Omega_{\mathrm{c}}}\right)\geqslant\frac{1}{\varepsilon}\sqrt{A^{2}-1} \tag{4-2-22}$$

由于$\Omega_{\mathrm{st}}/\Omega_{\mathrm{c}}>1$，所以由式（4-2-13）得

$$C_{N}\left(\frac{\Omega_{\mathrm{st}}}{\Omega_{\mathrm{c}}}\right)=\cosh\left[N\mathrm{arcosh}\left(\frac{\Omega_{\mathrm{st}}}{\Omega_{\mathrm{c}}}\right)\right] \tag{4-2-23}$$

再将式（4-2-23）代入式（4-2-22），得

$$C_{N}\left(\frac{\Omega_{\mathrm{st}}}{\Omega_{\mathrm{c}}}\right)=\cosh\left[N\mathrm{arcosh}\left(\frac{\Omega_{\mathrm{st}}}{\Omega_{\mathrm{c}}}\right)\right]\geqslant\frac{1}{\varepsilon}\sqrt{A^{2}-1}$$

所以

$$N\geqslant\frac{\mathrm{arcosh}\left(\dfrac{1}{\varepsilon}\sqrt{A^{2}-1}\right)}{\mathrm{arcosh}\left(\dfrac{\Omega_{\mathrm{st}}}{\Omega_{\mathrm{c}}}\right)}=\frac{\mathrm{arcosh}\left(\dfrac{1}{\varepsilon}\sqrt{10^{0.1\delta_{\mathrm{st}}}-1}\right)}{\mathrm{arcosh}\left(\dfrac{\Omega_{\mathrm{st}}}{\Omega_{\mathrm{c}}}\right)} \tag{4-2-24}$$

（3）求滤波器系统函数$H_{\mathrm{a}}(s)$。与巴特沃斯低通滤波器设计一样，切比雪夫滤波器也有归一化表格可查，表4-2-3和表4-2-4分别列出了N阶归一化切比雪夫滤波器系数和N阶归一化切比雪夫滤波器的极点。根据N和ε，取$\Omega_{\mathrm{c}}=1$，通过查表方法可以得到N阶归一化系统函数$H_{\mathrm{an}}(s)$。

表 4-2-3　归一化切比雪夫滤波器分母多项式的系数

N	a_0	a_1	a_2	a_3	a_4	a_5	a_6	a_7	a_8	a_9
(a) 1/2–dB 波纹（$\varepsilon=0.3493114$，$\varepsilon^2=0.1220184$）										
1	2.8627752									
2	1.5162026	1.4256245								
3	0.7156938	0.5348954	1.2529130							
4	0.3790506	1.0254553	1.7168662	1.1973856						
5	0.1789234	0.7525181	1.3095747	1.9373675	1.1724909					
6	0.0947626	0.4323669	1.1718613	1.5897635	2.1718446	1.1591761				
7	0.0447309	0.2820722	0.7556511	1.6479029	1.8694079	2.4126510	1.1512176			
8	0.0236907	0.1525444	0.5735604	1.1485894	2.1840154	2.1492173	2.6567498	1.1460801		
9	0.0111827	0.0941198	0.3408193	0.9836199	1.6113880	2.7814990	2.4293297	2.9027337	1.1425705	
10	0.0059227	0.0492855	0.2372688	0.6269689	1.5274307	2.1442372	3.4409268	2.7097415	3.1498757	1.1400664
(b) 1–dB 波纹（$\varepsilon=0.5088471$，$\varepsilon^2=0.2589254$）										
1	1.9652267									
2	1.1025103	1.0977343								
3	0.4913067	1.2384092	0.9883412							
4	0.2756276	0.7426194	1.4539248	0.9528114						
5	0.1228267	0.5805342	0.9743961	1.6888160	0.9368201					
6	0.0689069	0.3070808	0.9393461	1.2021409	1.9308256	0.9282510				
7	0.0307066	0.2136712	0.5486192	1.3575440	1.4287930	2.1760778	0.9231228			
8	0.0172267	0.1073447	0.4478257	0.8468243	1.8369024	1.6551557	2.4230264	0.9198113		
9	0.0076767	0.0706048	0.2441864	0.7863109	1.2016071	2.3781188	1.8814798	2.6709468	0.9175476	
10	0.0043067	0.0344971	0.1824512	0.4553892	1.2444914	1.6129856	2.9815094	2.1078524	2.9194657	0.9159320
(c) 2–dB 波纹（$\varepsilon=0.7647831$，$\varepsilon^2=0.5848932$）										
1	1.3075603									
2	0.6367681	0.8038164								
3	0.3268901	1.0221903	0.7378216							
4	0.2057651	0.5167981	1.2564819	0.7162150						
5	0.0817225	0.4593491	0.6934770	1.4995433	0.7064606					
6	0.0514413	0.2102706	0.7714618	0.8670149	1.7458587	0.7012257				
7	0.0204228	0.1660920	0.3825056	1.1444390	1.0392203	1.9935272	0.6978929			
8	0.0128603	0.0729373	0.3587043	0.5982214	1.5795807	1.2117121	2.2422529	0.6960646		
9	0.0051076	0.0543756	0.1684473	0.6444677	0.8568648	2.0767479	1.3837464	2.4912897	0.6946793	
10	0.0032151	0.0233347	0.1440057	0.3177560	1.0389104	1.15825287	2.6362507	1.5557424	2.7406032	0.6936904
(d) 3–dB 波纹（$\varepsilon=0.9976283$，$\varepsilon^2=0.9952623$）										
1	1.0023773									
2	0.7079478	0.6448996								
3	0.2505943	0.9283480	0.5972404							
4	0.1769869	0.4047679	1.1691176	0.5815799						
5	0.0626391	0.4079421	0.5488626	1.4149847	0.5744296					
6	0.0442467	0.1634299	0.6990977	0.6906098	1.6628481	0.5706979				
7	0.0156621	0.1461530	0.3000167	1.0518448	0.8314411	1.9115507	0.5684201			
8	0.0110617	0.0564813	0.3207646	0.4718990	1.4666990	0.9719473	2.1607148	0.5669476		
9	0.0039154	0.0475900	0.1313851	0.5834984	0.6789075	1.9438443	1.1122863	2.4101346	0.5659234	
10	0.0027654	0.0180313	0.1277560	0.2492043	0.9499208	0.9210659	2.4834205	1.2526467	2.6597378	0.5652218

表4-2-4　归一化切比雪夫滤波器分母多项式的根

(a) 1/2–dB 波纹（$\varepsilon=0.3493114$，$\varepsilon^2=0.1220184$）

N=1	N=2	N=3	N=4	N=5	N=6	N=7	N=8	N=9	N=10
−2.8627752	−0.7128122 ±j1.0040425	−0.6264565	−0.1753531 ±j1.0162529	−0.3623196	−0.0776501 ±j1.0084608	−0.2561700	−0.0436201 ±j1.0050021	−0.1984053	−0.0278994 ±j1.0032732
		−0.3132282 ±j1.0219275	−0.4233398 ±j0.4209457	−0.1119629 ±jl.0115574	−0.2121440 ±j0.7382446	−0.0570032 ±j1.0064085	−0.1242195 +j0.8519996	−0.0344527 ±j1.0040040	−0.0809672 ±j0.9050658
				−0.2931227 ±j0.6251768	−0.2897940 ±j0.2702162	−0.1597194 ±j0.8070770	−0.1859076 +j0.5692879	−0.0992026 ±j0.8829063	−0.1261094 ±j0.7182643
						−0.2308012 +j0.4478939	−0.2192929 +j0.1999073	−0.1519873 +j0.6553170	−0.1589072 ±j0.4611541
								−0.1864400 +j0.3486869	−0.1761499 ±j0.1589029

(b) 1–dB 波纹（$\varepsilon=0.5088471$，$\varepsilon^2=0.2589254$）

N=1	N=2	N=3	N=4	N=5	N=6	N=7	N=8	N=9	N=10
−1.9652267	−0.5488672 +j0.8951286	−0.4941706	−0.1395360 +j0.9833792	−0.2894933	−0.0621810 ±j0.9934115	−0.2054141	−0.0350082 +j0.9964513	−0.1593305	−0.0224144 ±j0.9977755
		−0.2470853 ±j0.9659987	−0.3368697 ±j0.4073290	−0.0894584 ±j0.9901071	−0.1698817 ±j0.7272275	−0.0457089 ±j0.9952839	−0.0996950 ±j0.8447506	−0.0276674 ±j0.9972297	−0.1013166 ±j0.7143284
				−0.2342050 ±j0.6119198	−0.2320627 ±j0.2661837	−0.1280736 ±j0.7981557	−0.1492041 +j0.5644443	−0.0796652 ±j0.8769490	−0.0650493 ±j0.9001063
						−0.1850717 +j0.4429430	−0.1759983 +j0.1982065	−0.1220542 +j0.6508954	−0.1276664 ±j0.4586271
								−0.1497217 +j0.3463342	−0.1415193 ±j0.1580321

(c) 2–dB 波纹（$\varepsilon=0.7647831$，$\varepsilon^2=0.5848932$）

N=1	N=2	N=3	N=4	N=5	N=6	N=7	N=8	N=9	N=10
−1.3075603	−0.4019082 +j0.6893750	−0.3689108	−0.1048872 ±j0.9579530	−0.2183083	−0.0469732 ±j0.9817052	−0.1552958	−0.0264924 +j0.9897870	−0.1206298	−0.0169758 ±j0.9934868
		−0.1844554 +j0.9230771	−0.2532202 +j0.3967971	−0.0674610 +j0.9734557	−0.1283332 +j0.7186581	−0.0345566 +j0.9866139	−0.0754439 +j0.8391009	−0.0209471 +j0.9919471	−0.0767332 ±j0.7112580
				−0.1766151 +j0.6016287	−0.1753064 +j0.2630471	−0.0968253 +j0.7912029	−0.1129098 +j0.5606693	−0.0603149 +j0.8723036	−0.0492657 +j0.8962374
						−0.1399167 +j0.4390845	−0.1331862 +j0.1968809	−0.0924078 +j0.6474475	−0.0966894 +j0.4566558
								−0.1133549 +j0.3444996	−0.1071810 +j0.1573528

(d) 3–dB 波纹（$\varepsilon=0.9976283$，$\varepsilon^2=0.9952623$）

N=1	N=2	N=3	N=4	N=5	N=6	N=7	N=8	N=9	N=10
−1.0023773	−0.3224498 +j0.7771576	−0.2986202	−0.0851704 ±j0.9464844	−0.1775058	−0.0382295 ±j0.9764060	−0.1264854	−0.0215782 ±j0.9867664	−0.0982716	−0.0138320 ±j0.9915418
		−0.1493101 j0.9038144	−0.2056195 +j0.3920467	−0.0548531 +j0.9659238	−0.1044450 +j0.7147788	−0.0281456 +j0.9826957	−0.0614494 +j0.8365401	−0.0170647 +j0.9895516	−0.0401419 +j0.8944827
				−0.1436074 ±j0.5969738	−0.1426745 ±j0.2616272	−0.0788623 +j0.7880608	−0.0919655 +j0.5589582	−0.0491358 ±j0.8701971	−0.0625225 +j0.7098655
						−0.1139594 +j0.4373407	−0.1084807 +j0.1962800	−0.0752804 +j0.6458839	−0.0787829 +j0.4557617
								−0.0923451 ±j0.3436677	−0.0873316 +j0.1570448

比如可以查表 4-2-4 得到滤波器归一化系统函数 $H_a(s)$ 的极点 s_k，得出 $H_{an}(s)$ 的表达式

$$H_{an}(s) = \frac{A_0}{\prod\limits_{k=1}^{N}(s-s_k)} \qquad (4\text{-}2\text{-}25)$$

由 $\Omega = \Omega_c = 1$ 时，$|H_{an}(j\Omega)| = 1/\sqrt{1+\varepsilon^2}$ 可以解出

$$A_0 = \frac{1}{\varepsilon \cdot 2^{N-1}} \qquad (4\text{-}2\text{-}26)$$

于是

$$H_{an}(s) = \frac{1/(\varepsilon \cdot 2^{N-1})}{\prod\limits_{k=1}^{N}(s-s_k)} \qquad (4\text{-}2\text{-}27)$$

所以

$$H_a(s) = \frac{\Omega_c^N/(\varepsilon \cdot 2^{N-1})}{\prod\limits_{k=1}^{N}(s-\Omega_c s_k)} \qquad (4\text{-}2\text{-}28)$$

综上所述，切比雪夫低通滤波器的设计步骤如下：

（1）根据技术指标 δ_p 由式（4-2-20）求出 ε；

（2）根据技术指标 Ω_c、Ω_{st}、δ_{st}，由式（4-2-24）用收尾法取整求滤波器的阶次 N；

（3）根据 N 查表得到归一化低通原型的传递函数 $H_{an}(s)$；

（4）由式（4-2-27）得所求低通滤波器系统函数。

【例 4-2-3】　设计一切比雪夫 I 型滤波器，技术指标同【例 4-2-2】。

解：（1）由题意 $\Omega_c = 20\pi$ rad/s

（2）求通带纹波参数 ε

由

$$\varepsilon^2 = 10^{\frac{\delta_p}{10}} - 1$$

得

$$\varepsilon = \sqrt{10^{\frac{\delta_p}{10}} - 1} = 0.7648$$

（3）求阶次

$$N \geqslant \frac{\text{arcosh}\left(\dfrac{1}{\varepsilon}\sqrt{A^2-1}\right)}{\text{arcosh}\left(\dfrac{\Omega_{st}}{\Omega_c}\right)} = \frac{\text{arcosh}\left(\dfrac{1}{\varepsilon}\sqrt{10^{0.1\delta_{st}}-1}\right)}{\text{arcosh}\left(\dfrac{\Omega_{st}}{\Omega_c}\right)} = 3.4675$$

取 $N = 4$。

（4）根据 N 和 ε 查表 4-2-3 得

$$H_{an}(s) = \frac{A_0}{s^4 + 0.7162s^3 + 1.2565s^2 + 0.5168s + 0.2058}$$

式中

$$A_0 = \frac{1}{\varepsilon \cdot 2^{N-1}}$$

在 $H_{an}(s)$ 中代入 $s = s/\Omega_c$ 得

$$H_a(s) = H_{an}\left(\frac{s}{\Omega_c}\right)$$

比较【例 4-2-2】和【例 4-2-3】的结果可见，相同的技术指标，切比雪夫滤波器比巴特沃斯滤波器所需要的阶次更低。

4.2.4　椭圆滤波器

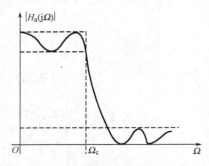

图 4-2-8　椭圆滤波器幅频响应特性

椭圆滤波器又名考尔滤波器（Cauer Filter），这种滤波器在通带和阻带内都具有等波纹幅频响应特性，如图 4-2-8 所示。由于其频率特性在通带和阻带都具有等波纹特性，所以，用椭圆滤波器来实现相同技术指标的滤波器时，所需滤波器的阶数更低，因此，其性能价格比高，应用非常广泛。

椭圆滤波器的幅度平方函数

$$|H_a(j\Omega)|^2 = \frac{1}{1+\varepsilon^2 R_N^2(\frac{\Omega}{\Omega_c})} \qquad (4\text{-}2\text{-}29)$$

式中，$R_N(x)$ 是 N 阶雅可比椭圆函数。椭圆滤波器逼近理论是复杂的纯数学问题，这个问题的详细推导超出了本书的范围。不过只要给定滤波器技术指标，通过调用 MATLAB 信号处理工具箱提供的椭圆滤波器设计函数，很容易得到椭圆滤波器零、极点位置和系统函数。

4.3　模拟滤波器映射成数字滤波器的方法

利用模拟滤波器设计数字滤波器，就是要寻找某种映射，把 S 平面映射成 Z 平面，使模拟滤波器系统函数 $H_a(s)$ 映射成所需的数字滤波器系统函数 $H(z)$。为了使得数字滤波器与模拟滤波器频率特性之间有某种相似性，并且是一种因果稳定的映射，这种由 S 平面到 Z 平面的映射应当满足以下两条：第一，S 平面的虚轴 $j\Omega$ 轴必须映射为 Z 平面的单位圆；第二，S 平面的左半平面必须映射为 Z 平面的单位圆内。常用的映射方法有：冲激响应不变法、阶跃响应不变法和双线性变换法。下面分别讲述冲激响应不变法和双线性变换法。

4.3.1　冲激响应不变法

1. 变换原理

冲激响应不变法是从滤波器的冲激响应出发，使数字滤波器的单位脉冲响应序列 $h(n)$ 正好等于模拟滤波器的单位冲激响应 $h_a(t)$ 的采样值，即 $h(n) = h_a(t)|_{t=nT}$，T 为采样间隔。

设 $H_a(s)$ 及 $H(z)$ 分别表示模拟滤波器和数字滤波器的系统函数，即

$$H_a(s) = L[h_a(t)]$$
$$H(z) = Z[h(n)]$$

则根据上述基本原理，冲激响应不变法设计数字滤波器的设计步骤为：

（1）对 $H_a(s)$ 进行拉普拉斯逆变换得到 $h_a(t)$；

（2）对 $h_a(t)$ 进行等间隔采样得到数字滤波器的单位脉冲响应序列 $h(n)$，即 $h(n) = h_a(t)|_{t=nT}$；

（3）计算 $h(n)$ 的 Z 变换，得到数字滤波器的系统函数 $H(z)$。

实际上，由模拟滤波器转换成数字滤波器，就是建立模拟系统函数 $H_a(s)$ 与数字系统函数 $H(z)$ 之间的关系。下面推导 $H_a(s)$ 与 $H(z)$ 之间的映射关系。为了简化推导，设 $H_a(s)$ 的全部极点 s_k（$k=1,2,3,\cdots,N$）是单阶的，且分母的阶次高于分子阶次，则系统函数可表达为部分分式形式

$$H_a(s) = \sum_{k=1}^{N} \frac{A_k}{s - s_k} \tag{4-3-1}$$

其拉普拉斯逆变换

$$h_a(t) = L^{-1}[H_a(s)] = \sum_{k=1}^{N} A_k e^{s_k t} u(t) \tag{4-3-2}$$

式中，$u(t)$ 是单位阶跃函数。对 $h_a(t)$ 采样得到数字滤波器的单位脉冲响应序列

$$h(n) = h_a(nT) = h_a(t)\big|_{t=nT} = \sum_{k=1}^{N} A_k e^{s_k nT} u(nT)$$

再对 $h(n)$ 进行 Z 变换，得到数字滤波器的传递函数

$$H(z) = \sum_{n=-\infty}^{\infty} h(n) z^{-n} = \sum_{n=0}^{\infty} \sum_{k=1}^{N} A_k e^{s_k nT} z^{-n} = \sum_{k=1}^{N} A_k \sum_{n=0}^{\infty} (e^{s_k T} z^{-1})^n$$

$$= \sum_{k=1}^{N} \frac{A_k}{1 - e^{s_k T} z^{-1}} \tag{4-3-3}$$

对于 $H_a(s)$ 含有高阶极点的情况，留作练习由读者自行推导（见习题 4-1）。

下面分析从模拟滤波器所在 S 平面到数字滤波器所在 Z 平面之间的映射关系。

设 $h_a(t)$ 的理想采样用 $\hat{h}_a(t)$ 表示，则

$$\hat{h}_a(t) = h_a(t) \delta_T(t) = \sum_{n=-\infty}^{\infty} h_a(t) \delta(t - nT)$$

对 $\hat{h}_a(t)$ 进行拉普拉斯变换

$$\hat{H}_a(s) = \int_{-\infty}^{\infty} \sum_{n=-\infty}^{\infty} h_a(t) \delta(t - nT) \, e^{-st} dt$$

$$= \sum_{n=-\infty}^{\infty} \int_{-\infty}^{\infty} h_a(t) \delta(t - nT) \, e^{-st} dt = \sum_{n=-\infty}^{\infty} h_a(nT) \, e^{-snT}$$

对 $h(n)$ 进行 Z 变换

$$H(z) = \sum_{n=-\infty}^{\infty} h(n) z^{-n} = \sum_{n=-\infty}^{\infty} h_a(nT) z^{-n} \tag{4-3-4}$$

可以看出 S 平面和 Z 平面之间的映射关系

$$z = e^{sT} \tag{4-3-5}$$

以上分析表明，采用冲激响应不变法将模拟滤波器变换为数字滤波器时，它所完成的从 S 平面到 Z 平面的变换，正是拉普拉斯变换到 Z 变换的标准变换关系。

将 $s = \sigma + j\Omega$ 代入式（4-3-5），则

$$z = e^{sT} = e^{\sigma T} e^{j\Omega T} = r e^{j\Omega T}$$

所以

$$r = e^{\sigma T}$$

$$\omega = \Omega T$$

如 2.3.3 节中所讨论过的一样，按照这样的映射关系，S 平面上的每一条宽度为 $2\pi/T$ 的横条都将重叠地映射到整个 Z 平面上，每一横条的左半部分映射到 Z 平面单位圆以内，右半部分映射到 Z 平面单位圆以外，S 平面的虚轴（$j\Omega$ 轴）映射到 Z 平面单位圆上，虚轴上每一段长为 $2\pi/T$ 的线段都映射为 Z 平面单位圆的一个圆周，如图 4-3-1 所示。这也正好反映了 $H(z)$ 和 $H_a(s)$ 的周期延拓关系，说明利用冲激响应不变法从 S 平面与 Z 平面的映射关系不是单值的。

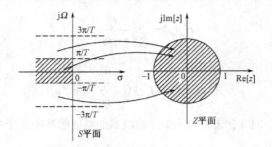

图 4-3-1   冲激响应不变法 S 平面与 Z 平面的映射关系

2. 混叠失真

按照冲激响应不变法设计数字滤波器，数字滤波器的频率响应并不是简单地重现模拟滤波器的频率响应，而是模拟滤波器频率响应的周期延拓。

根据 2.3.3 节中曾讨论的抽样序列的 Z 变换与拉普拉斯变换的关系，利用式（2-3-32）和式（2-3-34）得

$$H(z)\big|_{z=e^{sT}} = \frac{1}{T}\sum_{k=-\infty}^{\infty} H_a\left(s - j\frac{2\pi}{T}k\right) \tag{4-3-6}$$

在式（4-3-6）中，令 $z = e^{j\omega}$、$s = j\Omega$，并考虑到 $\omega = \Omega T$，则

$$H(e^{j\omega}) = \frac{1}{T}\sum_{k=-\infty}^{\infty} H_a\left(j\frac{\omega - 2\pi k}{T}\right) \tag{4-3-7}$$

由采样定理可知，只有模拟滤波器的频率响应是带限的，且 T 满足采样定理，或者说模拟滤波器的频率响应是带限于折叠频率 $\Omega_s / 2$ 以内，即

$$H_a(j\Omega) = 0, \quad |\Omega| \geq \frac{\pi}{T} = \frac{\Omega_s}{2} \tag{4-3-8}$$

时，数字滤波器的频率响应才能不失真地重现模拟滤波器的频率响应，即有

$$H(e^{j\omega}) = \frac{1}{T}H_a\left(j\frac{\omega}{T}\right) \quad |\omega| < \pi \tag{4-3-9}$$

但是，任何一个实际的模拟滤波器，其频率响应都不可能是严格带限的，因此不可避免地存在频谱的交叠，即产生频谱混叠，如图 4-3-2 所示。

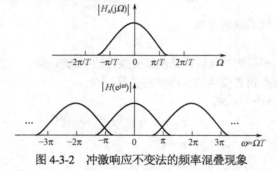

图 4-3-2   冲激响应不变法的频率混叠现象

这种频谱混叠现象会使所设计的数字滤波器在 $\omega = \pi$ 附近的频率特性不同程度地偏离模拟滤波器的频率特性，严重时数字滤波器不能满足给定的技术指标。为此，要求所设计的滤波器是带限的滤波器，所以，冲激响应不变法不适合高通滤波器、带阻滤波器的设计。频谱混叠是冲激响应不变法最大的缺点。如果模拟滤波器在折叠频率以上的频率响应衰减很大，那么这种失真很小，采用冲激响应不变法设计数字滤波器还是能得到良好的结果。

冲激响应不变法的优点之一是频率坐标变换是线性的，即

$$\omega = \Omega T \tag{4-3-10}$$

如果不考虑频谱混叠现象，或者说频谱混叠可以忽略，则这种方法设计的数字滤波器会很好地重现原模拟滤波器的频率特性。冲激响应不变法的另外一个优点是数字滤波器的单位脉冲响应能完全模仿模拟滤波器的单位冲激响应，时域特性逼近好。

3. 系统函数的修正

从式（4-3-9）可见，数字滤波器的频率响应与采样间隔 T 成反比，如果采样频率很高，即采样间隔 T 很小，则数字滤波器的增益会很高，这并不好。为了使数字滤波器的频率响应增益不随采样频率变化，作如下修正，即令

$$h(n) = T h_a(nT) \tag{4-3-11}$$

在无重极点的情况下

$$H(z) = \sum_{k=1}^{N} \frac{T A_k}{1 - e^{s_k T} z^{-1}} \tag{4-3-12}$$

用冲激响应不变法设计数字滤波器时，其设计与参数 T 有关。但是，如果用数字域频率 ω 来规定数字滤波器的指标，那么在冲激响应不变法设计中 T 是一个无关紧要的参数，因此，常取 $T = 1$ 或一个方便计算的数。冲激响应不变法最适合于用部分分式表示的传递函数。

【例 4-3-1】　设模拟滤波器的系统函数为 $H_a(s) = \dfrac{1}{s^2 + s + 1}$，试采用冲激响应不变法将其转换成数字滤波器，设 $T = 2$。

解： 将 $H_a(s)$ 展开成部分分式

$$H_a(s) = \frac{\mathrm{j}\sqrt{3}/3}{s - \left(-\dfrac{1}{2} + \mathrm{j}\dfrac{\sqrt{3}}{2}\right)} - \frac{\mathrm{j}\sqrt{3}/3}{s - \left(-\dfrac{1}{2} - \mathrm{j}\dfrac{\sqrt{3}}{2}\right)}$$

利用 $H_a(s)$ 与 $H(z)$ 的映射关系，并代入 $T = 2$，得

$$H(z) = \frac{\mathrm{j}\sqrt{3}/3}{1 - e^{(-1+\mathrm{j}\sqrt{3})} z^{-1}} - \frac{\mathrm{j}\sqrt{3}/3}{1 - e^{(-1-\mathrm{j}\sqrt{3})} z^{-1}} = \frac{2\sqrt{3}}{3} \cdot \frac{z^{-1} e^{-1} \sin\sqrt{3}}{1 - 2z^{-1} e^{-1} \cos\sqrt{3} + z^{-2} e^{-2}}$$

4.3.2　双线性变换法

1. 变换原理

冲激响应不变法的主要缺点是会产生频谱混叠现象，使数字滤波器的频率响应偏离模拟滤波器的频率响应。产生频谱混叠的原因是模拟滤波器的频率响应在超过折叠频率 $\Omega_s/2$ 后不为 0，通过标准映射关系 $z = e^{sT}$，结果在 $\omega = \pi$ 附近出现频谱混叠现象。为了克服这一缺点，可以用非线性频率压缩方法先将频率轴压缩在 $\pm \pi T$ 之间，再用 $z = e^{sT}$ 转换到 Z 平面上，这样使 S 平面与 Z 平面满足一一对应的关系，消除了多值映射，也就消除了频谱混叠现象。

图 4-3-3 所示为双线性变换法的映射关系。采用二次映射法，先将 S 平面 $\mathrm{j}\Omega$ 轴压缩到一个中间平面 S_1 平面的 $\mathrm{j}\Omega_1$ 一条横带（$-\pi/T \sim +\pi/T$）范围，这个压缩变换可通过正切函数实现，即

$$\Omega = c \cdot \tan\left(\frac{\Omega_1 T}{2}\right) \tag{4-3-13}$$

式中，c 是待定常数，后面会讲到可根据需要用不同的方法确定。这样，从$-\infty$到$+\infty$变化的Ω压缩成了从$-\pi/T$到$+\pi/T$变化的Ω_1，$\Omega=0$映射成$\Omega_1=0$。把式（4-3-13）改写成

$$j\Omega = c\frac{e^{j\frac{\Omega_1 T}{2}} - e^{-j\frac{\Omega_1 T}{2}}}{e^{j\frac{\Omega_1 T}{2}} + e^{-j\frac{\Omega_1 T}{2}}} \tag{4-3-14}$$

将 $j\Omega$ 作解析延拓到整个 S 平面，$j\Omega_1$ 作解析延拓到整个 S_1 平面，即令

$$j\Omega = s，\quad j\Omega_1 = s_1$$

则

$$s = c\cdot\frac{e^{\frac{s_1 T}{2}} - e^{-\frac{s_1 T}{2}}}{e^{\frac{s_1 T}{2}} + e^{-\frac{s_1 T}{2}}} = c\cdot\frac{1 - e^{-s_1 T}}{1 + e^{-s_1 T}} \tag{4-3-15}$$

将 S_1 平面用 $z = e^{s_1 T}$ 映射到 Z 平面上，得到从 S 平面到 Z 平面的单值映射关系

$$s = c\frac{1 - z^{-1}}{1 + z^{-1}} \tag{4-3-16}$$

或

$$z = \frac{c+s}{c-s} \tag{4-3-17}$$

于是

$$H(z) = H_a(s)\Big|_{s=c\frac{1-z^{-1}}{1+z^{-1}}} = H_a\left(c\frac{1-z^{-1}}{1+z^{-1}}\right) \tag{4-3-18}$$

式（4-3-18）就是用双线性变换法直接将模拟滤波器系统函数 $H_a(s)$ 转换成数字滤波器系统函数 $H(z)$ 的变换公式。

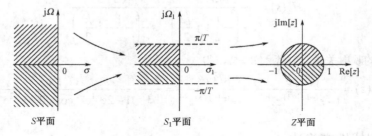

图 4-3-3 双线性变换法的映射关系

将 $s = \sigma + j\Omega$ 代入式（4-3-17）中，得

$$z = \frac{c+s}{c-s} = \frac{c+\sigma+j\Omega}{c-\sigma-j\Omega} \tag{4-3-19}$$

所以

$$|z| = \frac{\sqrt{(c+\sigma)^2 + \Omega^2}}{\sqrt{(c-\sigma)^2 + \Omega^2}} \tag{4-3-20}$$

由此可见：

    $\sigma < 0$，$|z| < 1$，即左半 S 平面映射到 Z 平面的单位圆内；

    $\sigma = 0$，$|z| = 1$，即 S 平面的虚轴映射到 Z 平面的单位圆上；

    $\sigma > 0$，$|z| > 1$，即右半 S 平面映射到 Z 平面的单位圆外。

所以双线性变换法符合前面提出的变换关系应满足的条件，稳定因果的模拟滤波器通过双线性变换法映射为稳定因果的数字滤波器。

2．变换常数的选择及频率之间的映射关系

在式（4-3-13）中令 $\omega = \Omega_1 T$，得

$$\Omega = c \cdot \tan\frac{\omega}{2} \tag{4-3-21}$$

式（4-3-21）中，常数 c 的选择可以使模拟滤波器的频响特性和数字滤波器的频响特性在不同的频率范围有某种对应的关系，起到调节两者频带间关系的作用。选择的方法通常有以下两种。

（1）使模拟滤波器和数字滤波器的频响特性在低频部分有较确切的对应关系，即频率较低时

$$\Omega \approx \Omega_1 \tag{4-3-22}$$

因为当 Ω_1 较小时，有

$$\tan\left(\frac{\Omega_1 T}{2}\right) \approx \frac{\Omega_1 T}{2} \tag{4-3-23}$$

将式（4-3-23）代入式（4-3-13），结合式（4-3-22）得

$$c = \frac{2}{T} \tag{4-3-24}$$

（2）使数字滤波器的某一特定频率（如截止频率 $\omega_c = \Omega_{1c} T$）与模拟原型滤波器的特定频率（如 Ω_c）严格对应，即

$$\Omega_c = c \cdot \tan\left(\frac{\Omega_{1c} T}{2}\right) = c \cdot \tan\left(\frac{\omega_c}{2}\right)$$

所以

$$c = \Omega_c \cdot \text{ctan}\left(\frac{\omega_c}{2}\right) \tag{4-3-25}$$

由于在特定的模拟频率处的频率响应和特定的数字频率处的频率响应严格相等，因而可以较准确地控制截止频率的位置。

根据式（4-3-21），模拟域频率 Ω 与数字域频率 ω 之间是一一对应的，这避免了冲激响应不变法的频率响应混叠。但是不管采用哪种方式选择 c，根据式（4-3-21）模拟域频率 Ω 与数字域频率 ω 之间都存在严重的非线性，如图 4-3-4 所示。

在零频率附近，Ω 与 ω 接近于线性关系，随着 Ω 增加，ω 增长变得缓慢，当 $\Omega \to \infty$ 时，$\omega \to \pi$。Ω 与 ω 之间的非线性关系会导致如下结果。

（1）数字滤波器的幅频响应相对于模拟滤波器的幅频响应有畸变。例如，一个模拟微分器，它的幅度与频率是直线关系，但通过双线性变换后，就不能得到数字微分器，如图 4-3-5 所示。

（2）由于幅频响应存在畸变，所以要求模拟滤波器的频率响应是分段恒定的。因此，双线性变换法只能用于设计低通、高通、带通、带阻等选频滤波器。

为了保证各边界频率点为预先指定的频率，在确定模拟低通滤波的系统函数之前必须进行所谓的"频率预畸变"，即将数字滤波器技术指标转换为模拟滤波器技术指标时，按照非线性关系式（4-3-21），计算模拟滤波器的边界频率

$$\Omega_p = c \cdot \tan\frac{\omega_p}{2} \tag{4-3-26a}$$

$$\Omega_{st} = c \cdot \tan\frac{\omega_{st}}{2} \qquad (4\text{-}3\text{-}26b)$$

则通过双线性变换后，所得数字滤波器的边界频率就能满足所要求的数字边界频率。

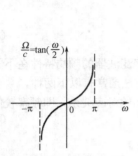 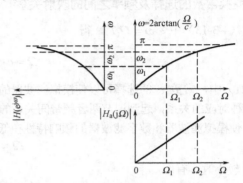

图 4-3-4　双线性变换的频率间非线性关系　　图 4-3-5　理想微分器经双线性变换后幅频响应产生畸变

综上所述，可以总结出双线性变换法设计 IIR 滤波器的设计步骤如下。

（1）确定数字滤波器技术指标 ω_p、ω_{st}、δ_p、δ_{st}；

（2）按照式（4-3-26a）和式（4-3-26b）进行频率预畸变，得到相应的模拟滤波器技术指标 Ω_p、Ω_{st}、δ_p、δ_{st}；

（3）设计满足技术指标要求的模拟滤波器 $H_a(s)$；

（4）按照式（4-3-18）将模拟滤波器 $H_a(s)$ 转化为数字滤波器 $H(z)$；

（5）验证。

只有通过步骤（2）进行频率预畸变，才有可能使由步骤（3）和（4）得到的数字滤波器满足步骤（1）提出的技术要求。

【例 4-3-2】　利用双线性变换法设计一阶巴特沃斯数字低通滤波器，其截止频率为 ω_c。

解： 设双线性变换法中的参数为 T，取 $c = \dfrac{2}{T}$

按照式（4-3-26a）作频率预畸变，相应的模拟滤波器截止频率

$$\Omega_c = \frac{2}{T} \cdot \tan\frac{\omega_c}{2}$$

一阶模拟巴特沃斯低通滤波器的传递函数

$$H_a(s) = \frac{1}{1+\dfrac{s}{\Omega_c}} = \frac{1}{1+\dfrac{Ts}{2\tan\dfrac{\omega_c}{2}}}$$

利用双线性变换

$$H(z) = H_a(s)\Big|_{s=\frac{2}{T}\frac{1-z^{-1}}{1+z^{-1}}} = \frac{1}{1+\dfrac{T}{2\tan\dfrac{\omega_c}{2}}\dfrac{2}{T}\dfrac{1-z^{-1}}{1+z^{-1}}} = \frac{\tan\dfrac{\omega_c}{2}(1+z^{-1})}{1+\tan\dfrac{\omega_c}{2}+(\tan\dfrac{\omega_c}{2}-1)z^{-1}}$$

从这个简单的例中可以看出，在设计数字滤波器时，双线性变换法中的参数 T 与最终设计出的数字滤波器无关。所以为了简单起见，在设计中通常取 $T = 2$。

4.4　IIR 数字滤波器的频率变换方法

如果已经有了一个数字滤波器的低通原型 $H_d(z)$，可以通过一定的变换来设计其他各种不同的数字滤波器系统函数 $H(z)$，这种变换也就是由 $H_d(z)$ 所在的 Z 平面到 $H(z)$ 所在的 Z 平面的一个映射变换，称这种由低通原型 $H_d(z)$ 到其他各型滤波器的变换叫做原型变换或频率变换。为了便于区分变换前后两个不同的 Z 平面，可以把变换前的 Z 平面定义为 U 平面，并将这一映射关系用一个函数 g 来表达

$$u^{-1} = g(z^{-1}) \tag{4-4-1}$$

这样，数字滤波器的频率变换就可以表达为

$$H(z) = H_d(u) \big|_{u^{-1} = g(z^{-1})} \tag{4-4-2}$$

在式（4-4-1）中之所以选用 u^{-1} 及 z^{-1} 而不用 u 及 z，是因为实际上在传递函数表示中，u 和 z 都是以负幂形式出现的。

现在来分析函数 $g(z^{-1})$ 应满足的一般特性。首先，希望变换以后的传递函数应该保持其因果稳定性不变，因此要求 U 平面的单位圆内部必须映射为 Z 平面的单位圆内部；其次，两个函数的频响要满足一定的变换要求，即频率轴要对应，因此，U 平面的单位圆上应该映射到 Z 平面的单位圆上。若 $e^{j\theta}$ 表示 U 平面的单位圆，$e^{j\omega}$ 表示 Z 平面的单位圆，则式（4-4-1）应满足

$$e^{-j\theta} = g(e^{-j\omega}) = |g(e^{-j\omega})| e^{j\phi(\omega)} \tag{4-4-3}$$

式中，$|g(e^{-j\omega})|$ 是 $g(e^{-j\omega})$ 的幅度响应函数，$\phi(\omega)$ 是 $g(e^{-j\omega})$ 的相位响应函数。从式（4-4-3）得到 $|g(e^{-j\omega})| \equiv 1$，即函数 $g(z^{-1})$ 在单位圆上的幅度恒等于 1，这就是第 2 章中讨论过的全通函数。因为任意全通函数都可以表达为

$$u^{-1} = g(z^{-1}) = \pm \prod_{i=1}^{N} \frac{z^{-1} - \alpha_i^*}{1 - z^{-1}\alpha_i} \tag{4-4-4}$$

根据第 2 章中讨论过的全通函数的基本特点：N 阶全通函数的极点 α_i 可以是实数，也可以是共轭复数，但都必须在单位圆内，即 $|\alpha_i| < 1$；当 ω 由 0 变到 π 时，其相位函数 $\phi(\omega)$ 的变化量为 $N\pi$。所以，适当选择 α_i 和 N，可以得到所需的各种类型的频率变换。

下面具体讨论各种原型变换。

1. 低通—低通

设 $H_L(z)$ 是所需的低通系统，则在低通到低通的变换中，$H_d(e^{j\theta})$ 及 $H_L(e^{j\omega})$ 都是低通系统的频率响应，只是截止频率不相同，如图 4-4-1 所示，θ_c 映射为 ω_c，且当 θ 由 0 变到 π 时，相应 ω 也应由 0 变到 π，根据全通函数的相位 $\phi(\omega)$ 变化量为 $N\pi$ 的性质可确定全通函数的阶数 N 应为 1，并且必须满足以下两条件

$$g(1) = 1 \qquad g(-1) = -1 \tag{4-4-5}$$

即

$$u = 1 \qquad \rightarrow \qquad z = 1$$

$$u = -1 \qquad \rightarrow \qquad z = -1$$

根据式（4-4-4），满足以上要求的映射函数为

$$g(z^{-1}) = \frac{z^{-1} - \alpha}{1 - z^{-1}\alpha} \tag{4-4-6}$$

式中，α 是实数。将 $u = e^{j\theta}$、$z = e^{j\omega}$ 代入式（4-4-6），得

$$e^{-j\theta} = \frac{e^{-j\omega} - \alpha}{1 - e^{-j\omega}\alpha} \tag{4-4-7}$$

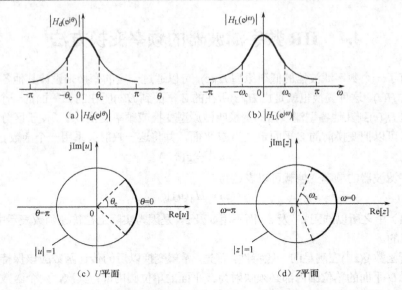

图 4-4-1　数字低通—数字低通的变换

从中可以解出这个变换所反映的频率变换关系是

$$\omega = \arctan\left[\frac{(1-\alpha^2)\sin\theta}{2\alpha + (1+\alpha^2)\cos\theta}\right] = \theta - 2\arctan\left[\frac{\alpha\sin\theta}{1+\alpha\cos\theta}\right] \quad (4\text{-}4\text{-}8)$$

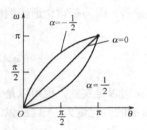

图 4-4-2　数字低通—数字低通变换
频率间的非线性映射关系

θ 与 ω 的关系如图 4-4-2 所示，从图中可以看到，当 $\alpha = 0$ 时，$\theta = \omega$；当 $\alpha > 0$ 时，代表的是频率压缩；而当 $\alpha < 0$ 时，则是频率扩展。设低通原型的截止频率为 θ_c，而所需变换后的相应截止频率为 ω_c，即

$$\begin{cases} \theta_c & \rightarrow & \omega_c \\ -\theta_c & \rightarrow & -\omega_c \end{cases}$$

将这个映射关系代入式（4-4-7），即

$$e^{-j\theta_c} = \frac{e^{-j\omega_c} - \alpha}{1 - e^{-j\omega_c}\alpha}$$

由此可以确定参数 α

$$\alpha = \frac{\sin\dfrac{\theta_c - \omega_c}{2}}{\sin\dfrac{\theta_c + \omega_c}{2}} \quad (4\text{-}4\text{-}9)$$

这样，由式（4-4-6）和式（4-4-9）就可以将低通原型 $H_d(z)$ 转换为所需的低通 $H_L(z)$

$$H_L(z) = H_d(u)\big|_{u^{-1} = \frac{z^{-1} - \alpha}{1 - z^{-1}\alpha}} \quad (4\text{-}4\text{-}10)$$

2. 低通—高通

如果在低通变换中将 z 用 $(-z)$ 替换，实际就是将单位圆上的频率响应旋转 $180°$。如图 4-4-3 所示，即 $\theta = 0$，映射为 $\omega = \pi$；$\theta = \pi$，映射为 $\omega = 0$，因此这个变换也称为旋转变换。利用旋转变换，原 Z 平面上的低通就变换为相应的高通了，所以，只要将式（4-4-6）中的 z^{-1} 代之以 $(-z^{-1})$，就完成了由低通到高通的原型变换，即

$$u^{-1} = g(z^{-1}) = -\frac{z^{-1}+\alpha}{1+z^{-1}\alpha} \tag{4-4-11}$$

同理，如果低通原型的截止频率为 θ_c，而所需变换后的相应高通滤波器的截止频率为 ω_c，那么，将 $u = e^{j\theta}$、$z = e^{j\omega}$ 代入式（4-4-11），可解出

$$\alpha = -\frac{\cos\dfrac{\theta_c+\omega_c}{2}}{\cos\dfrac{\theta_c-\omega_c}{2}} \tag{4-4-12}$$

因此，低通原型 $H_d(z)$ 转换为所需的高通 $H_{HP}(z)$ 的变换

$$H_{HP}(z) = H_d(u)\big|_{u^{-1}=-\frac{z^{-1}+\alpha}{1+z^{-1}\alpha}} \tag{4-4-13}$$

式中，α 如式（4-4-12）所示。

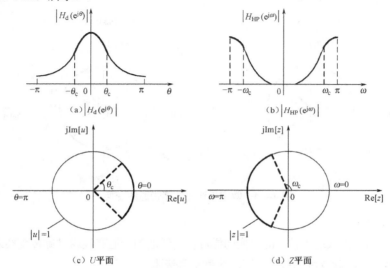

(a) $\left|H_d(e^{j\theta})\right|$　　　　　　(b) $\left|H_{HP}(e^{j\omega})\right|$

(c) U 平面　　　　　　(d) Z 平面

图 4-4-3　数字低通—数字高通的变换

3．低通—带通

低通到带通的频率映射如图 4-4-4 所示，若带通的中心频率为 ω_0，它应该对应于低通原型的通带中心，即 $\theta = 0$ 点；当带通频率 ω 由 ω_0 变到 π 时，是由通带走向阻带，因此应该对应于 θ 由 0 变到 π；同样，当带通频率 ω 由 ω_0 变到 0 时，也就是由通带走向另一边阻带，它对应的是低通原型的镜像部分，即相应于 θ 由 0 变到 –π。即

$$\begin{cases} \theta = 0 & \rightarrow & \omega = -\omega_0, \omega_0 \\ \theta = \pi & \rightarrow & \omega = 0, \pi \\ \theta = \theta_c & \rightarrow & \omega = -\omega_1, \omega_2 \\ \theta = -\theta_c & \rightarrow & \omega = -\omega_2, \omega_1 \end{cases}$$

可见，当 ω 由 0 变到 π 时，θ 相应变化 2π，即应选择 2 阶全通函数，这时

$$g(z^{-1}) = \pm\frac{z^{-1}-\alpha^*}{1-\alpha z^{-1}}\frac{z^{-1}-\alpha}{1-\alpha^* z^{-1}} \tag{4-4-14}$$

且满足映射关系

$$g(-1) = -1 \qquad\qquad g(1) = -1 \tag{4-4-15}$$

所以，式（4-4-14）前面应取负号。在式（4-4-14）中用实系数表示，则

$$u^{-1} = g(z^{-1}) = -\frac{d_2 + d_1 z^{-1} + z^{-2}}{1 + d_1 z^{-1} + d_2 z^{-2}} \tag{4-4-16}$$

如果将带通的上、下截止频率 ω_1、ω_2 与其对应的低通原型截止频率 $-\theta_c$、θ_c 代入式（4-4-16），则整个变换函数的参数就可以确定了，其结果列于表 4-4-1 中。

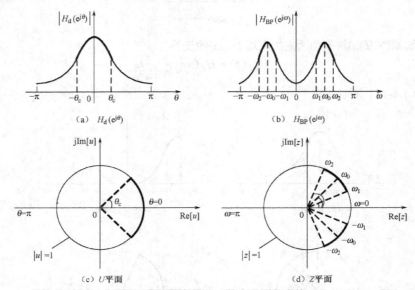

图 4-4-4　数字低通—数字带通的变换

4. 低通—带阻

如图 4-4-5 所示，由低通到带阻的变换同样可以由低通到带通变换通过旋转变换来完成，其相应结果也列于表 4-4-1 中，读者可以自己验正，这里不再赘述。

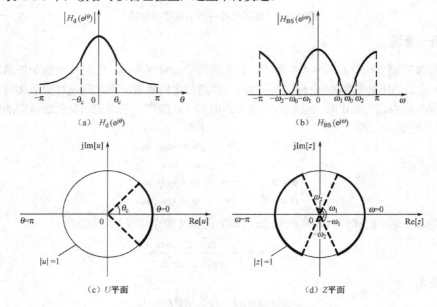

图 4-4-5　数字低通—数字带阻的变换

表 4-4-1 由截止频率为 θ_c 的低通原型数字滤波器（u）转换成各型数字滤波器（z）

变换类型	变换公式	相关参数
低通 | 低通	$u^{-1} = \dfrac{z^{-1} - \alpha}{1 - z^{-1}\alpha}$	$\alpha = \dfrac{\sin\dfrac{\theta_c - \omega_c}{2}}{\sin\dfrac{\theta_c + \omega_c}{2}}$
低通 | 高通	$u^{-1} = -\dfrac{z^{-1} + \alpha}{1 + z^{-1}\alpha}$	$\alpha = -\dfrac{\cos\dfrac{\theta_c + \omega_c}{2}}{\cos\dfrac{\theta_c - \omega_c}{2}}$
低通 | 带通	$u^{-1} = -\dfrac{d_2 + d_1 z^{-1} + z^{-2}}{1 + d_1 z^{-1} + d_2 z^{-2}}$	$d_1 = -\dfrac{2\alpha k}{1 + k} \qquad d_2 = \dfrac{k-1}{k+1}$ $\alpha = \dfrac{\cos\dfrac{\omega_2 + \omega_1}{2}}{\cos\dfrac{\omega_2 - \omega_1}{2}} \qquad k = \mathrm{ctan}\dfrac{\omega_2 - \omega_1}{2}\tan\dfrac{\theta_c}{2}$ ω_1、ω_2 为通带上、下截止频率 ω_0 为通带中心频率
低通 | 带阻	$u^{-1} = \dfrac{d_2 + d_1 z^{-1} + z^{-2}}{1 + d_1 z^{-1} + d_2 z^{-2}}$	$d_1 = -\dfrac{2\alpha}{1 + k} \qquad d_2 = \dfrac{k-1}{k+1}$ $\alpha = \dfrac{\cos\dfrac{\omega_2 + \omega_1}{2}}{\cos\dfrac{\omega_2 - \omega_1}{2}} \qquad k = \tan\dfrac{\omega_2 - \omega_1}{2}\tan\dfrac{\theta_c}{2}$ ω_1、ω_2 为阻带上、下截止频率 ω_0 为阻带中心频率

4.5 设 计 举 例

本节将举例说明 IIR 数字滤波器的设计过程。IIR 数字滤波器设计的基本步骤如下。

（1）确定数字滤波器的技术指标；如果给出的是模拟频率，由 $\omega = 2\pi f / f_s = \Omega T$ 确定数字域频率。

（2）根据选择的模拟到数字的映射方式将数字域技术指标转化为相应的模拟域技术指标。如果采用冲激响应不变法：$\Omega = \omega / T$，如果采用双线性变换法：$\Omega = \dfrac{2}{T}\tan\dfrac{\omega}{2}$。

（3）将模拟域技术指标转化为模拟低通原型技术指标。

（4）设计满足技术要求的模拟低通原型。

（5）将模拟滤波器映射为数字滤波器。

（6）数字频率变换。

【例 4-5-1】 用冲激响应不变法设计数字巴特沃斯低通滤波器，技术要求为
$$f_s = 10\text{kHz}, \quad f_p = 1\text{kHz}, \quad f_{st} = 1.5\text{kHz}, \quad \delta_p \leqslant 1\text{dB}, \quad \delta_{st} \geqslant 15\text{dB}$$

解：（1）确定数字域技术指标。
$$\omega_p = 2\pi f_p / f_s = 0.2\pi \qquad \delta_p \leqslant 1\text{dB}$$
$$\omega_{st} = 2\pi f_{st} / f_s = 0.3\pi \qquad \delta_{st} \geqslant 15\text{dB}$$

设 $\omega = 0$ 处幅度归一化为 1，技术指标可以表示为
$$20\lg|H(\mathrm{e}^{\mathrm{j}\omega_p})| = 20\lg|H(\mathrm{e}^{\mathrm{j}0.2\pi})| \geqslant -1$$
$$20\lg|H(\mathrm{e}^{\mathrm{j}\omega_{st}})| = 20\lg|H(\mathrm{e}^{\mathrm{j}0.3\pi})| \leqslant -15$$

（2）确定模拟滤波器原型的技术指标。根据冲激响应不变法中数字域频率与模拟域频率的关系

$$\Omega_{\mathrm{p}} = \omega_{\mathrm{p}} / T = \omega_{\mathrm{p}} f_{\mathrm{s}} = 2\pi \times 10^3 \qquad \delta_{\mathrm{p}} \leqslant 1\mathrm{dB}$$

$$\Omega_{\mathrm{st}} = \omega_{\mathrm{st}} / T = \omega_{\mathrm{st}} f_{\mathrm{s}} = 3\pi \times 10^3 \qquad \delta_{\mathrm{st}} \geqslant 15\mathrm{dB}$$

所以模拟滤波器的技术指标为

$$20\lg \mid H_{\mathrm{a}}(\mathrm{j}\Omega_{\mathrm{p}})\mid = 20\lg \mid H_{\mathrm{a}}(\mathrm{j}2\pi \times 10^3)\mid \geqslant -1$$

$$20\lg \mid H_{\mathrm{a}}(\mathrm{j}\Omega_{\mathrm{st}})\mid = 20\lg \mid H_{\mathrm{a}}(\mathrm{j}3\pi \times 10^3)\mid \leqslant -15$$

（3）计算模拟低通滤波器。

确定滤波器的阶次 N 和截止频率 Ω_{c}，根据巴特沃斯低通滤波器的幅度平方函数式（4-2-4）

$$\mid H_{\mathrm{a}}(\mathrm{j}\Omega)\mid^2 = \dfrac{1}{1 + \left(\dfrac{\Omega}{\Omega_{\mathrm{c}}}\right)^{2N}}$$

代入技术指标有

$$20\lg \mid H_{\mathrm{a}}(\mathrm{j}\Omega_{\mathrm{p}})\mid = -10\lg[1 + (2\pi \times 10^3 / \Omega_{\mathrm{c}})^{2N}] \geqslant -1 \qquad (4\text{-}5\text{-}1)$$

$$20\lg \mid H_{\mathrm{a}}(\mathrm{j}\Omega_{\mathrm{st}})\mid = -10\lg[1 + (3\pi \times 10^3 / \Omega_{\mathrm{c}})^{2N}] \leqslant -15 \qquad (4\text{-}5\text{-}2)$$

式（4-5-1）和式（4-5-2）中取等号联立求解，得

$$N = 5.885\,8 \text{ 和 } \Omega_{\mathrm{c}} = 7.047\,43 \times 10^3，取 N = 6$$

根据 $N = 6$，查表 5-2-2 得归一化滤波器的极点

$$s_{1,2} = -0.258\,8 \pm \mathrm{j}0.9659 \qquad s_{3,4} = -0.707\,1 \pm \mathrm{j}0.707\,1 \qquad s_{5,6} = -0.965\,9 \pm \mathrm{j}0.258\,8$$

所以归一化模拟低通滤波器的传递函数

$$H_{\mathrm{an}}(s) = \frac{1}{\displaystyle\prod_{k=1}^{6}(s - s_k)} = \frac{1}{(s^2 + 0.517\,6s + 1)(s^2 + 1.414\,2s + 1)(s^2 + 1.931\,8s + 1)}$$

将 s 用 $\dfrac{s}{\Omega_{\mathrm{c}}}$ 代入，得截止频率为 Ω_{c} 的低通滤波器系统函数

$$H_{\mathrm{a}}(s) = \frac{\Omega_{\mathrm{c}}^{N}}{\displaystyle\prod_{k=1}^{N}(s - s_k \Omega_{\mathrm{c}})}$$

$$= \frac{12\,251 \times 10^{18}}{(s^2 + 3.640\,0 \times 10^3 s + 49.450\,4 \times 10^6)(s^2 + 9.944\,8 \times 10^3 s + 49.450\,4 \times 10^6)(s^2 + 13.584\,8 \times 10^3 s + 49.450\,4 \times 10^6)}$$

（4）将 $H_{\mathrm{a}}(s)$ 部分分式展开，利用冲激响应不变法修正公式（4-3-12），求得所需数字滤波器系统函数

$$H(z) = \frac{0.287\,1 - 0.446\,6z^{-1}}{1 - 1.29\,7z^{-1} + 0.694\,9z^{-2}} + \frac{-2.142\,8 + 1.145\,4z^{-1}}{1 - 1.069\,1z^{-1} + 0.369\,9z^{-2}} + \frac{1.855\,8 - 0.630\,4z^{-1}}{1 - 0.992\,7z^{-1} + 0.257\,0z^{-2}}$$

（5）验证。

将 $z = \mathrm{e}^{\mathrm{j}\omega}$ 代入求出频率响应，如图 4-5-1 所示，可见满足技术要求。

【例 4-5-2】　用双线性变换法设计切比雪夫数字低通滤波器，技术要求如【例 4-5-1】。

解：（1）根据【例 4-5-1】，数字域技术指标为

$$20\lg \mid H(\mathrm{e}^{\mathrm{j}\omega_{\mathrm{p}}})\mid = 20\lg \mid H(\mathrm{e}^{\mathrm{j}0.2\pi})\mid \geqslant -1$$

$$20\lg|H(\mathrm{e}^{\mathrm{j}\omega_{st}})|=20\lg|H(\mathrm{e}^{\mathrm{j}0.3\pi})|\leqslant -15$$

（2）确定模拟滤波器原型的技术指标。

根据双线性变换中数字域频率与模拟域频率的关系进行频率预畸变

$$\Omega_{st}=\frac{2}{T}\tan\frac{\omega_{st}}{2}$$

在切比雪夫低通滤波器中

$$\Omega_{c}=\Omega_{p}=\frac{2}{T}\tan\frac{\omega_{p}}{2}=0.6498$$

为了简化计算，取 $T=1$，所以模拟滤波器的技术指标为

$$20\lg|H_{a}(\mathrm{j}2\tan\frac{\omega_{c}}{2})|=20\lg|H_{a}(\mathrm{j}2\tan0.1\pi)\geqslant -1$$

$$20\lg|H_{a}(\mathrm{j}2\tan\frac{\omega_{st}}{2})|=20\lg|H_{a}(\mathrm{j}2\tan0.15\pi)\leqslant -15$$

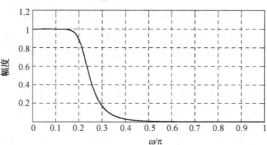

（a）幅度特性

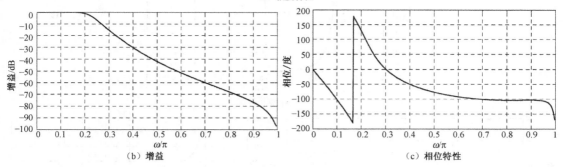

（b）增益　　　　　　　　　　　　　　　（c）相位特性

图 4-5-1　用冲激响应不变法设计数字巴特沃斯低通滤波器

（3）计算模拟低通滤波器。

根据通带衰减 $\delta_{p}\leqslant 1\mathrm{dB}$，由式（4-2-20）得

$$\varepsilon=\sqrt{10^{\frac{\delta_{p}}{10}}-1}=\sqrt{10^{0.1}-1}=0.5088$$

由式（4-2-24）有

$$N\geqslant\frac{\operatorname{arcosh}\left(\dfrac{1}{\varepsilon}\sqrt{10^{0.1\delta_{st}}-1}\right)}{\operatorname{arcosh}\left(\dfrac{\Omega_{st}}{\Omega_{c}}\right)}=\frac{\operatorname{arcosh}\left(\dfrac{1}{0.5088}\sqrt{10^{1.5}-1}\right)}{\operatorname{arcosh}\left(\dfrac{2\tan0.15\pi}{2\tan0.1\pi}\right)}=3.1977$$

取 $N=4$。

根据 $N = 4$ 和 $\varepsilon = 0.508\,8$，查表 4-2-3，得

$$H_{an}(s) = \frac{k}{s^4 + 0.952\,8s^3 + 1.453\,9s^2 + 0.742\,6s + 0.275\,6}$$

$$k = \frac{1}{\varepsilon \cdot 2^{N-1}}$$

在 $H_{an}(s)$ 中用 s/Ω_c 代 s，得

$$H_a(s) = H_{an}\left(\frac{s}{\Omega_c}\right) = \frac{\Omega_c^4 / (0.508\,8 \cdot 2^3)}{s^4 + 0.952\,8\Omega_c s^3 + 1.453\,9\Omega_c^2 s^2 + 0.742\,6\Omega_c^3 s + 0.275\,6\Omega_c^4}$$

$$= \frac{\Omega_c^4 / (0.508\,8 \cdot 2^3)}{s^4 + 0.952\,8\Omega_c s^3 + 1.453\,9\Omega_c^2 s^2 + 0.742\,6\Omega_c^3 s + 0.275\,6\Omega_c^4}$$

$$= \frac{0.043\,81}{s^4 + 0.619\,2s^3 + 0.614\,0s^2 + 0.203\,8s + 0.049\,2}$$

（4）对 $H_a(s)$ 作双线性变换，得所求切比雪夫数字低通滤波器系统函数。

$$H_L(z) = H_a(s)\Big|_{s = \frac{2}{T}\frac{1-z^{-1}}{1+z^{-1}}} = \frac{0.001\,8 + 0.007\,3z^{-1} + 0.011\,0z^{-2} + 0.007\,3z^{-3} + 0.001\,8z^{-4}}{1 - 3.054\,3z^{-1} + 3.828\,9z^{-2} - 2.292\,4z^{-3} + 0.550\,7z^{-4}}$$

（5）验证。

将 $z = e^{j\omega}$ 代入求出频率响应，如图 4-5-2 所示，可见满足技术要求。

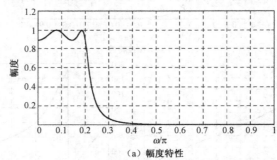

（a）幅度特性

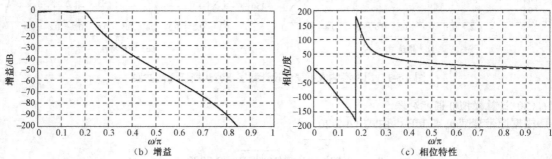

（b）增益　　　　　　　　　　　　　　　（c）相位特性

图 4-5-2　双线性变换法设计切比雪夫数字低通滤波器

思　考　题

1．数字滤波器的技术指标主要有哪些？

2．IIR 滤波器的主要设计方法是什么？

3. 巴特沃斯和切比雪夫模拟滤波器的幅度特性各具有什么特点？

4. 巴特沃斯和切比雪夫模拟滤波器的极点分布各有什么特点？

5. 冲激响应不变法的主要优缺点有哪些？适用范围是什么？

6. 双线性变换法的主要优缺点有哪些？适用范围是什么？

7. 用冲激响应不变法和双线性变换法设计 IIR 滤波器时，模拟域频率与数字域频率之间的对应关系是什么？

8. 试写出利用模拟滤波器设计 IIR 数字低通滤波器的步骤。

9. 何时需要频率预畸变？为什么？

习　题

4-1　用冲激响应不变法将以下 $H_a(s)$ 转换为 $H(z)$，采样周期为 T。

（1）$H_a(s) = \dfrac{s+a}{(s+a)^2 + b^2}$　　　　　　（2）$H_a(s) = \dfrac{a}{(s+s_2)^2}$

4-2　$H_a(s) = \dfrac{1}{s}$ 是理想积分器，其输出信号是输入信号的积分值

$$y_a(t) = \int_{-\infty}^{t} x_a(\tau) d\tau$$

$y_a(t)$ 是曲线 $x_a(t)$ 下的面积。现用冲激响应不变法将 $H_a(s)$ 转换为数字积分器，写出数字积分器的传递函数、差分方程。并证明所得数字系统的功能与原模拟系统的差别就在于以 $x_a(t)$ 采样值向后所作的矩形面积来代替 $x_a(\tau)$ 的连续面积，如习题 4-2 图所示。

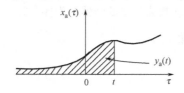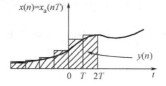

习题 4-2 图

4-3　以双线性变换 $s = \dfrac{2}{T}\dfrac{1-z^{-1}}{1+z^{-1}}$ 代替冲激响应不变法，重复第 4-2 题，并证明这时数字系统的功能就是将前后两采样点之间连线所围成的梯形面积来代替 $x_a(\tau)$ 的连续面积。

4-4　给定模拟滤波器的幅度平方函数为

$$|H_a(j\Omega)|^2 = \frac{\Omega^2 + 256}{\Omega^4 + 16\Omega^2 + 256}$$

且 $H_a(0) = 1$。

（1）试求稳定的模拟滤波器的系统函数 $H_a(s)$；

（2）分别用冲激响应不变法和双线性变换法，将 $H_a(s)$ 映射成数字滤波器 $H(z)$。

4-5　一个采样数字低通滤波器如习题 4-5 图所示，$H(z)$ 的截止频率为 $\omega_c = 0.2\pi$，整个系统相当于一个模拟低通滤波器，令采样频率 $f_s = 1\text{kHz}$，问等效于模拟低通的截止频率 $f_c = ?$，若采样频率分别改变为 $f_s = 5\text{kHz}$、200Hz，而 $H(z)$ 不变，问这时等效模拟低通的截止频率又为多少？

4-6　习题 4-6 图所示为一个数字滤波器的频率响应，已知 $f_s = 10\text{kHz}$。

（1）用冲激响应不变法，试求原型模拟滤波器的频率响应；

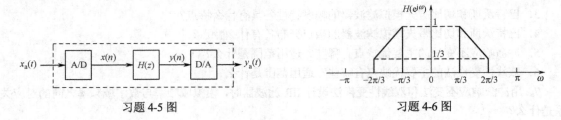

习题 4-5 图　　　　　　　　　　　　　　　习题 4-6 图

（2）当采用双线性变换法时，试求原型模拟滤波器的频率响应。

4-7　设模拟低通滤波器的系统函数为 $H_a(s)$，又知 $H(z) = H_a\left(\dfrac{z+1}{z-1}\right)$，试问数字滤波器 $H(z)$ 的通带中心为下面哪种情况，并说明理由。

（1）$\omega = 0$（低通）；

（2）$\omega = \pi$（高通）；

（3）除了 0 和 π 以外的某一频率（带通）。

4-8　设 $h_a(t)$ 为一模拟滤波器的单位冲激响应

$$h_a(t) = e^{-0.9t}u(t)$$

用冲激响应不变法将此模拟滤波器转换为数字滤波器，$h(n)$ 为数字滤波器的单位脉冲响应，即 $h(n) = h_a(nT)$。确定数字滤波器系统函数 $H(z)$，并把采样间隔 T 作为参数，证明无论 T 为何值时，数字滤波器都是稳定的，并说明该数字滤波器近似为低通还是高通滤波器？

4-9　已知模拟滤波器 $H_a(s) = \dfrac{1}{s+a},\ (a>0)$

（1）试用双线性变换法将其转化为数字滤波器，并求数字滤波器的单位脉冲响应 $h(n)$；

（2）对于所给出的 $H_a(s)$ 能否用冲激不变法将其转换为数字滤波器？为什么？

（3）设 $H_a(s) = \dfrac{s}{s+a},\ (a>0)$，重复上述（1）和（2）。

第 **5** 章   FIR 数字滤波器设计

    IIR 数字滤波器的设计主要是利用模拟滤波器成熟的设计理论来进行设计的, 因而保留了一些典型模拟滤波器优良的幅度特性。但 IIR 滤波器有一个明显的缺点, 就是相位特性不好控制, 如果需要线性相位特性, 必须用全通网络进行复杂的相位校正。而许多电子系统都要求具有线性相位特性, 比如通信系统中调制解调器、数据传输等应用中希望相位特性是线性的; 又如在图像处理系统中, 相位的非线性会使图像产生严重失真; 希尔伯特变换器、理想微分器等都要求具有严格的线性相位特性。在这方面 FIR 滤波器有其独到的优点, FIR 滤波器可以在幅度特性随意设计的同时, 保证严格的线性相位特性。此外, FIR 滤波器的单位脉冲响应 $h(n)$ 是有限长序列, 它的 Z 变换在整个有限 Z 平面上收敛, 因此 FIR 滤波器肯定是稳定滤波器。同时, FIR 滤波器也没有因果性问题, 因为任何一个非因果的有限长序列, 只要通过一定的延时, 总是可以转变为因果序列, 因此总可以用一个因果系统来实现。FIR 滤波器还可以采用快速傅里叶变换的方法过滤信号, 从而大大提高运算效率。所有这些特点使 FIR 滤波器得到越来越广泛的应用。

    我们知道, FIR 滤波器的系统函数只是 z^{-1} 的有理多项式, 而 IIR 滤波器的系统函数是 z^{-1} 的有理分式。正是这样的差别使得 FIR 滤波器的设计方法和 IIR 滤波器的设计方法完全不一样。本章主要讨论具有线性相位的 FIR 滤波器, 对于非线性相位的 FIR 滤波器, 一般可以用 IIR 滤波器来代替, 因为同样的幅度特性, IIR 滤波器所需的阶数比 FIR 滤波器的阶数要少得多, 这里不作讨论。

    与 IIR 滤波器的设计方法不同, FIR 滤波器的设计方法与模拟滤波器设计没有任何联系。FIR 滤波器的设计是基于对指定幅度特性的直接逼近, 并且, 通常要求是线性相位的。在下面的讨论中, 先讲述 FIR 滤波器的线性相位条件, 再给出 FIR 滤波器的设计方法。

5.1   线性相位 FIR 数字滤波器的条件和特点

    FIR 系统的最主要特性之一是它可以在幅度特性任意设计的同时, 满足严格的线性相位特性。所谓线性相位特性, 是指滤波器对不同频率的正弦信号所产生的相移与正弦信号的频率成直线关系。因此, 信号通过滤波器后, 除了由相频特性的斜率决定的延迟外, 可以不失真地保留通带以内的全部信号。

 ### 5.1.1   线性相位条件

    对于长度为 N 的 $h(n)$, 其频率响应为

$$H(e^{j\omega}) = \sum_{n=0}^{N-1} h(n)e^{-j\omega n} \tag{5-1-1}$$

当 $h(n)$ 为实序列时, 可将 $H(e^{j\omega})$ 表示为

$$H(e^{j\omega}) = \pm|H(e^{j\omega})|e^{j\theta(\omega)} = H(\omega)e^{j\theta(\omega)} \tag{5-1-2}$$

式中, $|H(e^{j\omega})|$ 是真正的幅度响应, 而 $H(\omega)$ 是可正可负的实函数, 称为幅度函数。$H(e^{j\omega})$ 具有线性相位是指 $\theta(\omega)$ 是 ω 的线性函数, 即

$$\theta(\omega) = -\alpha\omega \qquad\qquad (5\text{-}1\text{-}3\text{a})$$

或
$$\theta(\omega) = \theta_0 - \alpha\omega \qquad\qquad (5\text{-}1\text{-}3\text{b})$$

式中，α 为常数，θ_0 为相位起始值。

　　数字滤波器的群延迟为

$$\tau(\omega) = -\frac{\mathrm{d}\theta(\omega)}{\mathrm{d}\omega} \qquad\qquad (5\text{-}1\text{-}4)$$

由式（5-1-4）看出，式（5-1-3a）和式（5-1-3b）均满足群延迟是一个常数。一般称满足式（5-1-3a）的为第一类线性相位；称满足式（5-1-3b）的为第二类线性相位。

　　FIR 滤波器具有线性相位应满足的条件是：$h(n)$ 是实序列且满足奇对称或偶对称，即

$$h(n) = h(N-1-n) \qquad\qquad (5\text{-}1\text{-}5\text{a})$$

或
$$h(n) = -h(N-1-n) \qquad\qquad (5\text{-}1\text{-}5\text{b})$$

　　证明：

$$H(z) = \sum_{n=0}^{N-1} h(n)z^{-n}$$

将式（5-1-5）代入此式得

$$H(z) = \sum_{n=0}^{N-1} \pm h(N-1-n)z^{-n}$$

令 $m = N-1-n$，则

$$H(z) = \sum_{m=0}^{N-1} \pm h(m)z^{-(N-1-m)} = z^{-(N-1)}\sum_{m=0}^{N-1} \pm h(m)z^{m}$$

即
$$H(z) = \pm z^{-(N-1)}H(z^{-1}) \qquad\qquad (5\text{-}1\text{-}6)$$

由式（5-1-6）可以将 $H(z)$ 表示为

$$H(z) = \frac{1}{2}[H(z) \pm z^{-(N-1)}H(z^{-1})] = \frac{1}{2}\sum_{n=0}^{N-1} h(n)[z^{-n} \pm z^{-(N-1)}z^{n}]$$

$$= z^{-\left(\frac{N-1}{2}\right)}\sum_{n=0}^{N-1} h(n)\frac{1}{2}\left[z^{-n+\left(\frac{N-1}{2}\right)} \pm z^{n-\left(\frac{N-1}{2}\right)}\right] \qquad (5\text{-}1\text{-}7)$$

对于偶对称情况，即满足式（5-1-5a），式（5-1-7）中取 "+" 号，代入 $z = \mathrm{e}^{\mathrm{j}\omega}$ 得

$$H(\mathrm{e}^{\mathrm{j}\omega}) = \mathrm{e}^{-\mathrm{j}\left(\frac{N-1}{2}\right)\omega}\sum_{n=0}^{N-1} h(n)\cos\left[\left(n-\frac{N-1}{2}\right)\omega\right] \qquad (5\text{-}1\text{-}8)$$

根据式（5-1-2），幅度函数和相位函数分别为

$$H(\omega) = \sum_{n=0}^{N-1} h(n)\cos\left[\left(n-\frac{N-1}{2}\right)\omega\right] \qquad\qquad (5\text{-}1\text{-}9)$$

和
$$\theta(\omega) = -\frac{N-1}{2}\omega \qquad\qquad (5\text{-}1\text{-}10)$$

对于奇对称情况，即满足式（5-1-5b），式（5-1-7）中取 "−" 号，同样将 $z = \mathrm{e}^{\mathrm{j}\omega}$ 代入其中，得

$$H(\mathrm{e}^{\mathrm{j}\omega}) = -\mathrm{j}\mathrm{e}^{-\mathrm{j}\left(\frac{N-1}{2}\right)\omega}\sum_{n=0}^{N-1} h(n)\sin\left[\left(n-\frac{N-1}{2}\right)\omega\right] = \mathrm{e}^{-\mathrm{j}\left(\frac{N-1}{2}\right)\omega+\mathrm{j}\frac{\pi}{2}}\sum_{n=0}^{N-1} h(n)\sin\left[\left(\frac{N-1}{2}-n\right)\omega\right] \quad (5\text{-}1\text{-}11)$$

因此，幅度函数和相位函数分别为

$$H(\omega) = \sum_{n=0}^{N-1} h(n) \sin\left[\left(\frac{N-1}{2} - n\right)\omega\right] \tag{5-1-12}$$

$$\theta(\omega) = -\frac{N-1}{2}\omega + \frac{\pi}{2} \tag{5-1-13}$$

由式（5-1-10）和式（5-1-13）可知，群延迟 $\tau(\omega) = (N-1)/2$ 为常数。这里，除了要求 $h(n)$ 是实序列，且满足式（5-1-5）所要求的对称关系外，不涉及 $h(n)$ 的具体值。因此，只要 $h(n)$ 是实序列，且满足式（5-1-5a）或式（5-1-5b），那么该滤波器就一定具有线性相位。

5.1.2　线性相位 FIR 滤波器的幅度特点

由于 $h(n)$ 的长度 N 取奇数还是偶数，对 $H(\omega)$ 的特性有影响，因此，对于两类线性相位 FIR 系统，分 4 种情况讨论其幅度特性。

（1）第一种情况：$h(n)$ 为偶对称，N 为奇数。

将 $h(n)$ 为偶对称时的幅度函数 $H(\omega)$ 式（5-1-9）重书于下

$$H(\omega) = \sum_{n=0}^{N-1} h(n) \cos\left[\left(n - \frac{N-1}{2}\right)\omega\right]$$

在这种情况下，一方面，$h(n)$ 对于 $(N-1)/2$ 呈偶对称，另一方面，由于

$$\cos\left[\left(N-1-n-\frac{N-1}{2}\right)\omega\right] = \cos\left[\left(n - \frac{N-1}{2}\right)\omega\right]$$

所以，$\cos[\omega(n-(N-1)/2)]$ 对于 $(N-1)/2$ 也呈偶对称，因此，可以把 $(N-1)/2$ 作为对称中心，将式（5-1-9）中和号下相等的项进行两两合并。由于 N 为奇数，故余下中间项，即 $n = (N-1)/2$ 项不能合并。这样，幅度函数可以表示为

$$H(\omega) = h\left(\frac{N-1}{2}\right) + \sum_{n=0}^{(N-3)/2} 2h(n) \cos\left[\left(n - \frac{N-1}{2}\right)\omega\right]$$

令 $m = (N-1)/2 - n$，则有

$$H(\omega) = h\left(\frac{N-1}{2}\right) + \sum_{m=1}^{(N-1)/2} 2h\left(\frac{N-1}{2} - m\right)\cos(\omega m)$$

此式可表示为

$$H(\omega) = \sum_{n=0}^{(N-1)/2} a(n)\cos(\omega n) \tag{5-1-14}$$

式中

$$a(0) = h\left(\frac{N-1}{2}\right), \quad a(n) = 2h\left(\frac{N-1}{2} - n\right), \quad n = 1, 2, 3, \cdots, (N-1)/2 \tag{5-1-15}$$

式（5-1-14）中，由于 $\cos(\omega n)$ 项对 $\omega = 0$、π 皆为偶对称，因此幅度函数 $H(\omega)$ 对于 $\omega = 0$、π 也呈偶对称。

（2）第二种情况：$h(n)$ 为偶对称，N 为偶数。

推导过程和第一种情况类似，不同点是由于 N 为偶数，因此式（5-1-9）中无单独项，全部可以两两合并，所以

$$H(\omega) = \sum_{n=0}^{\frac{N}{2}-1} 2h(n)\cos\left[\left(\frac{N-1}{2}-n\right)\omega\right]$$

令 $m = N/2-n$ ，则

$$H(\omega) = \sum_{m=1}^{N/2} 2h\left(\frac{N}{2}-m\right)\cos\left[\left(m-\frac{1}{2}\right)\omega\right]$$

将 m 用 n 代替，因此

$$H(\omega) = \sum_{n=1}^{N/2} b(n)\cos\left[\left(n-\frac{1}{2}\right)\omega\right] \tag{5-1-16}$$

式中

$$b(n) = 2h\left(\frac{N}{2}-n\right) \qquad n=1,2,3,\cdots,N/2 \tag{5-1-17}$$

根据式（5-1-16），当 $\omega = \pi$ 时， $\cos[\omega(n-1/2)]=0$ ，因此 $H(\pi)=0$ ，即 $H(z)$ 在 $z=-1$ 处有一个零点，而且由于余弦项对 $\omega = \pi$ 呈奇对称，所以， $H(\omega)$ 对 $\omega = \pi$ 呈奇对称。

如果数字滤波器在 $\omega = \pi$ 处幅度不能为零，如高通滤波器和带阻滤波器，则不适合采用这种 $h(n)$ 为偶对称， N 为偶数的 FIR 滤波器。

（3）第三种情况： $h(n)$ 为奇对称， N 为奇数。

将 $h(n)$ 奇对称时的幅度函数式（5-1-12）重书于下

$$H(\omega) = \sum_{n=0}^{N-1} h(n)\sin\left[\left(\frac{N-1}{2}-n\right)\omega\right]$$

由于 $h(n) = -h(N-n-1)$ ，当 $n=(N-1)/2$ 时

$$h\left(\frac{N-1}{2}\right) = -h\left(N-1-\frac{N-1}{2}\right) = -h\left(\frac{N-1}{2}\right)$$

因此， $h\left(\dfrac{N-1}{2}\right)=0$ ，即 $h(n)$ 奇对称、 N 为奇数时，中间项一定为零，且 $h(n)$ 对于 $(N-1)/2$ 呈奇对称。此外，

$$\sin\left[\left(\frac{N-1}{2}-(N-1-n)\right)\omega\right] = -\sin\left[\left(\frac{N-1}{2}-n\right)\omega\right]$$

即 $\sin\left[\left(\dfrac{N-1}{2}-n\right)\omega\right]$ 与 $h(n)$ 满足同样的对称性，也对 $(N-1)/2$ 呈奇对称。因此，在式（5-1-12）中，第 n 项和第 $(N-1-n)$ 项相等，将式（5-1-12）中相等的项两两合并，得

$$H(\omega) = \sum_{n=0}^{(N-3)/2} 2h(n)\sin\left[\left(\frac{N-1}{2}-n\right)\omega\right]$$

令 $m=(N-1)/2-n$ ，代入此式

$$H(\omega) = \sum_{m=1}^{(N-1)/2} 2h\left(\frac{N-1}{2}-m\right)\sin(\omega m)$$

即

$$H(\omega) = \sum_{n=1}^{(N-1)/2} c(n)\sin(\omega n) \tag{5-1-18}$$

式中

$$c(n) = 2h\left(\frac{N-1}{2}-n\right) \qquad n=1,2,3,\cdots,(N-1)/2 \tag{5-1-19}$$

由于 $\sin(\omega n)$ 在 $\omega=0$、π 处都为零,并对这些点呈奇对称,因此幅度函数 $H(\omega)$ 在 $\omega=0$、π 处为零,即 $H(z)$ 在 $z=\pm1$ 上都有零点,且 $H(\omega)$ 对 $\omega=0$、π 也呈奇对称。

如果数字滤波器在 $\omega=0$、π 处幅度不能为零,如低通滤波器、高通滤波器和带阻滤波器,则不能用这种 $h(n)$ 为奇对称,N 为奇数的数字滤波器来设计。

（4）第四种情况:$h(n)$ 为奇对称,N 为偶数。

和前面第三种情况推导类似,不同点是由于 N 为偶数,因此全部可以两两合并,合并后共有 $N/2$ 项,所以

$$H(\omega)=\sum_{n=0}^{\frac{N}{2}-1} 2h(n)\sin\left[\left(\frac{N-1}{2}-n\right)\omega\right]$$

令 $m=N/2-n$,则

$$H(\omega)=\sum_{m=1}^{N/2} 2h\left(\frac{N}{2}-m\right)\sin\left[\left(m-\frac{1}{2}\right)\omega\right]$$

因此

$$H(\omega)=\sum_{n=1}^{N/2} d(n)\sin[(n-\frac{1}{2})\omega] \tag{5-1-20}$$

式中

$$d(n)=2h\left(\frac{N}{2}-n\right),\ n=1,2,3,\cdots,N/2 \tag{5-1-21}$$

在式（5-1-20）中,当 $\omega=0$ 时,$\sin[(n-1/2)\omega]=0$,且对 $\omega=0$ 呈奇对称。因此,$H(\omega)$ 在 $\omega=0$ 处为零,即 $H(z)$ 在 $z=1$ 处有一个零点,且 $H(\omega)$ 对 $\omega=0$ 也呈奇对称。

如果数字滤波器在 $\omega=0$ 时幅度不能为零,如低通滤波器和带阻滤波器,则不能用这种 $h(n)$ 为奇对称,N 为偶数的数字滤波器来设计。

实际上,$h(n)$ 为奇对称的情况,即第二类线性相位 FIR 滤波器不适合于一般意义下的选频滤波器。

以上 4 种情况的幅度特性、相位特性及 $h(n)$ 满足的条件综合归纳于表 5-1-1 中。

表 5-1-1　4 种线性相位 FIR 滤波器特性

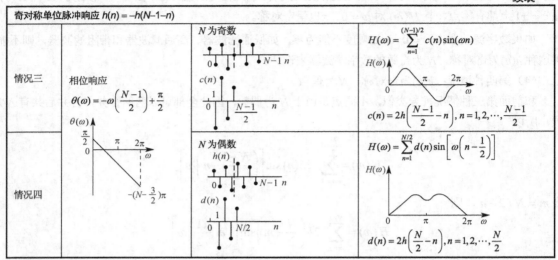

奇对称单位脉冲响应 $h(n) = -h(N-1-n)$			
情况三 情况四	相位响应 $\theta(\omega) = -\omega\left(\dfrac{N-1}{2}\right) + \dfrac{\pi}{2}$	N 为奇数 $c(n)$	$H(\omega) = \displaystyle\sum_{n=1}^{(N-1)/2} c(n)\sin(\omega n)$ $c(n) = 2h\left(\dfrac{N-1}{2} - n\right),\ n = 1, 2, \cdots, \dfrac{N-1}{2}$
		N 为偶数 $h(n)$ $d(n)$	$H(\omega) = \displaystyle\sum_{n=1}^{N/2} d(n)\sin\left[\omega\left(n - \dfrac{1}{2}\right)\right]$ $d(n) = 2h\left(\dfrac{N}{2} - n\right),\ n = 1, 2, \cdots, \dfrac{N}{2}$

 ### 5.1.3　线性相位 FIR 滤波器的零点分布特点

第一类和第二类线性相位 FIR 滤波器的系统函数均满足式（5-1-6），即

$$H(z) = \pm z^{-(N-1)} H(z^{-1})$$

由此可见，若 $z = z_i$ 是 $H(z)$ 的零点，则 $z = 1/z_i$ 也一定是 $H(z)$ 的零点。因为当 $h(n)$ 是实数时，$H(z)$ 的复数零点必共轭成对出现，所以，若 z_i 是 $H(z)$ 的复数零点，则 $z = z_i^*$ 及 $z = 1/z_i^*$ 也必定是 $H(z)$ 的零点。因此线性相位滤波器的零点位置共有以下 4 种可能情况。

（1）z_i 是既不在实轴上又不在单位圆上的复数零点，则必然是互为倒数的两组共轭零点对，如图 5-1-1(a) 所示。

（2）z_i 是在单位圆上，但不在实轴上的复数零点，其复共轭零点也在单位圆上，共轭和倒数重合，如图 5-1-1(b) 所示。

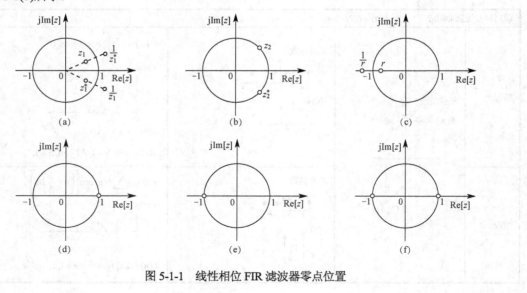

图 5-1-1　线性相位 FIR 滤波器零点位置

（3）z_i 是在实轴上，但不在单位圆上的零点。显然这是实数零点，它没有复共轭零点，但有一个倒数零点 $z = 1 / z_i$，如图 5-1-1(c)所示。

（4）z_i 是既在实轴上又在单位圆上的零点。因为该零点没有复共轭零点，其倒数又是它自身，所以这时零点或位于 $z = 1$ 点，或位于 $z = -1$ 点，或者在 $z = 1$ 点和 $z = -1$ 点，如图 5-1-1(d、e、f)中零点所示。

由前面关于幅度特性的讨论可知，当 $h(n)$ 为偶对称，N 为偶数时，$z = -1$ 处有单根零点；而当 $h(n)$ 为奇对称，N 为偶数时，$z = 1$ 处有单根零点；当 $h(n)$ 为奇对称，N 为奇数时，则 $z = 1$ 及 $z = -1$ 都为零点。

显然，线性相位 FIR 滤波器的系统函数 $H(z)$ 只能由上述几种可能的零点因子构成。

5.2　窗函数法设计 FIR 滤波器

5.2.1　设计原理

FIR 滤波器的设计问题，就是要使所设计的 FIR 滤波器的频率响应 $H(e^{j\omega})$ 逼近所要求的理想滤波器的频率响应 $H_d(e^{j\omega})$。由第 2 章分析可知

$$
\left.
\begin{aligned}
H_d(e^{j\omega}) &= \sum_{n=-\infty}^{\infty} h_d(n) e^{-j\omega n} \\
h_d(n) &= \frac{1}{2\pi} \int_{-\pi}^{\pi} H_d(e^{j\omega}) e^{j\omega n} d\omega
\end{aligned}
\right\}
\tag{5-2-1}
$$

一般来说，理想的选频滤波器的 $H_d(e^{j\omega})$ 具有分段常数性，且在通带或阻带边界处有不连续点，如图 5-2-1(a)所示。例如，要求设计一个 FIR 低通数字滤波器，假设理想低通滤波器的频率响应为

$$
H_d(e^{j\omega}) = \begin{cases} e^{-j\omega\alpha} & |\omega| \leqslant \omega_c \\ 0 & \omega_c < |\omega| \leqslant \pi \end{cases}
\tag{5-2-2}
$$

相应的单位脉冲响应 $h_d(n)$ 为

$$
h_d(n) = \frac{1}{2\pi} \int_{-\omega_c}^{\omega_c} e^{-j\omega\alpha} e^{j\omega n} d\omega = \frac{\sin[\omega_c(n-\alpha)]}{\pi(n-\alpha)}
\tag{5-2-3}
$$

$h_d(n)$ 是一个偶对称于中心点 α 的无限长非因果序列，如图 5-2-1(b)所示。为了构造一个长度为 N 的线性相位滤波器，需要将 $h_d(n)$ 截取一段，并保证截取的一段关于 $(N-1)/2$ 对称，所以必须取 $\alpha = (N-1)/2$。设截取的一段用 $h(n)$ 表示

$$
h(n) = \begin{cases} h_d(n) & 0 \leqslant n \leqslant N-1 \\ 0 & \text{其他} \end{cases}
\tag{5-2-4}
$$

通常，可以把 $h(n)$ 表示为 $h_d(n)$ 与一个有限长的窗口函数（简称为窗函数）序列 $w(n)$ 的乘积，即

$$
h(n) = h_d(n) w(n)
\tag{5-2-5}
$$

式（5-2-5）中，如果采用式（5-2-4）中的简单截取方式，则窗函数就是矩形函数，即

$$
w(n) = R_N(n) = \begin{cases} 1 & 0 \leqslant n \leqslant N-1 \\ 0 & \text{其他} \end{cases}
\tag{5-2-6}
$$

矩形窗的图形如图 5-2-1(c)所示。$h(n)$ 的图形如图 5-2-1(e)所示。

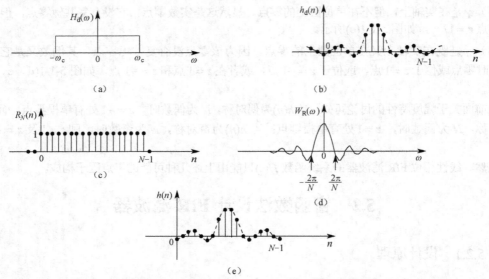

图 5-2-1　理想矩形频谱特性和 $h_d(n)$、矩形窗、频谱以及 $h(n) = h_d(n)w(n)$

 ### 5.2.2　矩形窗截断的影响

现在来考察将理想低通滤波器的单位脉冲响应经加窗处理后，其频率响应会产生什么变化，或者这种逼近的质量如何，为此需要考察所设计的滤波器 $h(n)$ 的频率特性。

设 $W_R(e^{j\omega})$ 为矩形窗 $R_N(n)$ 的频谱，根据复卷积定理，两序列乘积的频谱为

$$H(e^{j\omega}) = \frac{1}{2\pi}\int_{-\pi}^{\pi} H_d(e^{j\theta})W_R(e^{j(\omega-\theta)})d\theta \tag{5-2-7}$$

因此，逼近质量的好坏完全取决于窗函数的频谱特性。矩形窗函数 $R_N(n)$ 的频谱

$$W_R(e^{j\omega}) = \sum_{n=-\infty}^{\infty} R_N(n)e^{-j\omega n} = \sum_{n=0}^{N-1} e^{-j\omega n} = \frac{\sin\frac{\omega N}{2}}{\sin\frac{\omega}{2}} e^{-j\omega\frac{N-1}{2}} = W_R(\omega)e^{-j\omega\alpha} \tag{5-2-8}$$

式中，$\alpha = (N-1)/2$，$W_R(\omega) = \sin\frac{\omega N}{2}/\sin\frac{\omega}{2}$ 是其幅度函数，它在 $\omega = \pm 2\pi/N$ 之内有一主瓣，然后两侧呈衰减振荡展开，形成许多副瓣，如图 5-2-1(d)所示。理想频率响应也可写成

$$H_d(e^{j\omega}) = H_d(\omega)e^{-j\omega\alpha} \tag{5-2-9}$$

式中

$$H_d(\omega) = \begin{cases} 1 & |\omega| \leqslant \omega_c \\ 0 & \omega_c < |\omega| \leqslant \pi \end{cases}$$

是其幅度函数，如图 5-2-1(a)所示。将式（5-2-9）和式（5-2-8）的结果代入式（5-2-7），则

$$H(e^{j\omega}) = \frac{1}{2\pi}\int_{-\pi}^{\pi} H_d(\theta)e^{-j\theta\alpha}W_R(\omega-\theta)e^{-j(\omega-\theta)\alpha}d\theta = e^{-j\omega\alpha}\frac{1}{2\pi}\int_{-\pi}^{\pi} H_d(\theta)W_R(\omega-\theta)d\theta$$

因此，实际上 FIR 滤波器幅度函数 $H(\omega)$ 为

$$H(\omega) = \frac{1}{2\pi}\int_{-\pi}^{\pi} H_d(\theta)W_R(\omega-\theta)d\theta \tag{5-2-10}$$

可见，对实际滤波器频响 $H(\omega)$ 产生影响的部分是窗函数的幅度函数（简称窗谱）。

式（5-2-10）的卷积过程可用图 5-2-2 说明。只要找出几个特殊频率点的 $H(\omega)$，即可看出 $H(\omega)$ 的一般状况。在下面的分析中，请读者特别注意这个卷积过程给 $H(\omega)$ 造成的起伏现象。

（1）$\omega = 0$ 时的响应值 $H(0)$：由式（5-2-10）可知，$H(0)$ 就是图 5-2-2(a) 与图 5-2-2(b) 所示的两函数乘积的积分，也就是 $W_R(\theta)$ 在 $\theta = -\omega_c$ 到 $\theta = +\omega_c$ 一段的面积。由于一般情况下都满足 $\omega_c \gg 2\pi/N$ 的条件，所以 $H(0)$ 可近似为 θ 从 $-\pi$ 到 $+\pi$ 的 $W_R(\theta)$ 的全部面积。

（2）$\omega = \omega_c$ 时的响应值 $H(\omega_c)$：此时 $H_d(\theta)$ 与 $W_R(\omega-\theta)$ 的一半重叠如图 5-2-2(c) 所示。因此，$H(\omega_c)/H(0) = 0.5$。

（3）$\omega = \omega_c - 2\pi/N$ 时的响应值 $H(\omega_c-2\pi/N)$：这时 $W_R(\omega-\theta)$ 的全部主瓣都在 $H_d(\theta)$ 的通带内，如图 5-2-2(d) 所示，因此，$H(\omega_c-2\pi/N)$ 为最大值，频响出现正肩峰。

（4）$\omega = \omega_c + 2\pi/N$ 时的响应值 $H(\omega_c+2\pi/N)$：这时 $W_R(\omega-\theta)$ 的全部主瓣刚好在 $H_d(\theta)$ 的通带外，如图 5-2-2(e) 所示，而积分有效范围内的副瓣负的面积大于正的面积，因此 $H(\omega_c+2\pi/N)$ 出现负肩峰。

（5）当 $\omega > \omega_c + 2\pi/N$ 时，随着 ω 的继续增大，卷积值随着 $W_R(\omega-\theta)$ 的旁瓣在 $H_d(\theta)$ 的通带内面积的变化而变化，$H(\omega)$ 将围绕着零值波动。

（6）当 ω 由 $\omega_c - 2\pi/N$ 向通带内减小时，$W_R(\omega-\theta)$ 的右旁瓣进入 $H_d(\theta)$ 的通带，使得 $H(\omega)$ 围绕 $H(0)$ 值波动。$H(\omega)$ 如图 5-2-2(f) 所示。

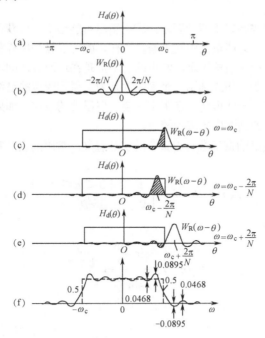

图 5-2-2　矩形窗的卷积过程

综上所述，可得出加窗处理对理想特性产生以下三点影响。

（1）使理想频率特性不连续突变边沿变成了一个过渡带，过渡带的宽度约等于 $W_R(\theta)$ 的主瓣宽度，在矩形窗的情况下，$W_R(\theta)$ 的主瓣宽度 $\Delta\omega = 4\pi/N$。

（2）使平坦的通带和阻带特性变成有波动的不平坦特性，在截止频率 ω_c 的两旁 $\omega = \omega_c \pm 2\pi/N$ 的地方（即过渡带两旁），$H(\omega)$ 出现最大值和最小值，形成肩峰值。肩峰值的两侧，形成长长的余振，它们取决于窗函数频谱的副瓣，副瓣越多，余振也越多。

（3）增加截取长度 N，并不能改变上述波动，这是因为窗函数主瓣附近的频谱结构为

$$W_R(\omega) = \frac{\sin \dfrac{\omega N}{2}}{\sin \dfrac{\omega}{2}} \approx \frac{\sin \dfrac{\omega N}{2}}{\dfrac{\omega}{2}} = N \frac{\sin x}{x}$$

式中，$x = \dfrac{\omega N}{2}$。所以，改变长度 N，只能改变窗谱 $W_R(\omega)$ 的绝对大小，而不能改变主瓣与副瓣的相对比例（但 N 太小时则会影响副瓣相对值），这个相对比例是由 $\sin x/x$ 决定的，或者说只取决于窗函数的形状。因此增加截取长度 N 只能相应地减小过渡带宽度，而不能改变肩峰值。例如，在矩形窗的情况下，最大肩峰值为 8.9%，当 N 增大时，只能使起伏振荡变密，而最大肩峰值却总是 8.9%，这种现象称为吉布斯（Gibbs）效应。肩峰值大小对滤波器的性能影响很大。

5.2.3　常用窗函数

矩形窗截断造成的肩峰值为 8.9%，则阻带最小衰减为 $20\lg(8.9\%) \approx -21\text{dB}$，这个阻带衰减量在工程上常常是不够的。为了加大阻带衰减，只能改变窗函数的形状。可以想到，当窗谱逼近冲激函数时，也就是绝大部分能量集中于频谱中点时，$H(\omega)$ 就会逼近 $H_d(\omega)$。这样相当于窗的宽度为无限长，等于不加窗截断，没有实际意义。

一般希望窗函数的频谱满足以下两项要求：①主瓣尽可能地窄，以获得较陡的过渡带；②最大的副瓣相对于主瓣尽可能地小，即能量集中在主瓣，这样，就可以减少肩峰和余振，提高阻带的衰减。但是这两项要求不可能同时得到最佳满足，常用的窗函数是在这两者之间取适当的折中，往往需要增加主瓣宽度以换取副瓣的抑制。如果选用一个窗函数是为了得到较窄的过渡带，就应选用主瓣较窄的窗函数，这样在通带中将产生一些振荡，在阻带中会出现显著的波纹；如果主要是为了得到较小的阻带波纹，这时选用的窗函数的副瓣电平应当较小。

所以，选择一个特性良好的窗函数有着重要的实际意义。常用的窗函数有以下几种。

1）矩形窗

$$w(n) = R_N(n) = \begin{cases} 1 & 0 \leqslant n \leqslant N-1 \\ 0 & \text{其他} \end{cases} \tag{5-2-11}$$

前面已讨论过，其窗谱

$$W_R(e^{j\omega}) = \frac{\sin \dfrac{\omega N}{2}}{\sin \dfrac{\omega}{2}} e^{-j\frac{N-1}{2}\omega} \tag{5-2-12}$$

2）三角形窗

$$w(n) = \begin{cases} \dfrac{2n}{N-1} & 0 \leqslant n \leqslant \dfrac{N-1}{2} \\ 2 - \dfrac{2n}{N-1} & \dfrac{N-1}{2} < n \leqslant N-1 \end{cases} \tag{5-2-13}$$

窗谱

$$W_R(e^{j\omega}) = \frac{2}{N-1} \left[\frac{\sin \dfrac{N-1}{4}\omega}{\sin \dfrac{\omega}{2}} \right]^2 e^{-j\frac{N-1}{2}\omega} \approx \frac{2}{N} \left[\frac{\sin \dfrac{N-1}{4}\omega}{\sin \dfrac{\omega}{2}} \right]^2 e^{-j\frac{N-1}{2}\omega} \tag{5-2-14}$$

3）汉宁（Hanning）窗（又称升余弦窗）

$$w(n) = \frac{1}{2}\left[1 - \cos\left(\frac{2\pi n}{N-1}\right)\right]R_N(n) \tag{5-2-15}$$

窗谱

$$W(\mathrm{e}^{\mathrm{j}\omega}) = \left\{0.5W_R(\omega) + 0.25\left[W_R\left(\omega - \frac{2\pi}{N-1}\right) + W_R\left(\omega + \frac{2\pi}{N-1}\right)\right]\right\}\mathrm{e}^{-\mathrm{j}\frac{N-1}{2}\omega} \tag{5-2-16}$$

当 $N \gg 1$ 时，$N-1 \approx N$，所以

$$W(\omega) \approx 0.5W_R(\omega) + 0.25\left[W_R\left(\omega - \frac{2\pi}{N}\right) + W_R\left(\omega + \frac{2\pi}{N}\right)\right] \tag{5-2-17}$$

频谱特性如图 5-2-3 所示，从图中可以看到，由于这三部分频谱的相加，使副瓣大大抵消，从而使能量更有效地集中在主瓣内，它的代价是使主瓣加宽了一倍。

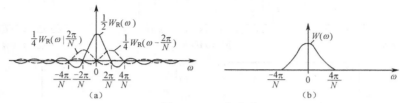

图 5-2-3　汉宁窗谱

4）海明（Hamming）窗（又称改进的升余弦窗）

对升余弦窗再进行一点调整可以得到旁瓣更小的效果，这就是改进的升余弦窗，窗函数为

$$w(n) = \left[0.54 - 0.46\cos\left(\frac{2\pi n}{N-1}\right)\right]R_N(n) \tag{5-2-18}$$

窗谱幅度

$$W(\omega) = 0.54W_R(\omega) + 0.23\left[W_R\left(\omega - \frac{2\pi}{N-1}\right) + W_R\left(\omega + \frac{2\pi}{N-1}\right)\right]$$

$$\approx 0.54W_R(\omega) + 0.23\left[W_R\left(\omega - \frac{2\pi}{N}\right) + W_R\left(\omega + \frac{2\pi}{N}\right)\right] \tag{5-2-19}$$

这一结果使得 99.96% 的能量集中在主瓣内，在与升余弦窗相等的主瓣宽度下，获得了更好的副瓣抑制。

5）布莱克曼（Blackman）窗（又称二阶升余弦窗）

如果要再进一步抑制副瓣，可以对升余弦窗再加一个二次谐波的余弦分量，这样得到的窗函数为

$$w(n) = \left[0.42 - 0.5\cos\left(\frac{2\pi n}{N-1}\right) + 0.08\cos\left(\frac{4\pi n}{N-1}\right)\right]R_N(n) \tag{5-2-20}$$

窗谱幅度

$$W(\omega) = 0.42W_R(\omega) + 0.25\left[W_R\left(\omega - \frac{2\pi}{N-1}\right) + W_R\left(\omega + \frac{2\pi}{N-1}\right)\right]$$

$$+ 0.04\left[W_R\left(\omega - \frac{4\pi}{N-1}\right) + W_R\left(\omega + \frac{4\pi}{N-1}\right)\right] \tag{5-2-21}$$

这样可以得到更低的副瓣，但是主瓣宽度却进一步加宽到矩形窗的三倍。

图 5-2-4 所示为这 5 种窗函数的包络曲线，图 5-2-5 所示为 5 种窗函数的幅度谱，表 5-2-1 所示为几种窗函数基本参数的比较。

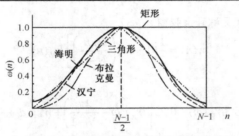

图 5-2-4　几种常用窗函数的包络曲线

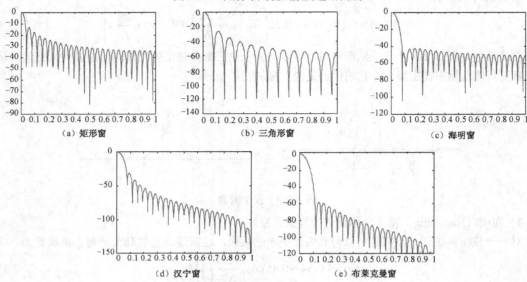

（a）矩形窗　　　　　　　　（b）三角形窗　　　　　　　　（c）海明窗

（d）汉宁窗　　　　　　　　（e）布莱克曼窗

图 5-2-5　几种窗函数的幅度谱（N=51）

表 5-2-1　几种窗函数基本参数的比较

窗的类型	主瓣宽度	旁瓣峰值(dB)	过渡带宽度$\Delta\omega$	最小阻带衰减(dB)
矩形窗	$4\pi/N$	−13	$1.8\pi/N$	−21
三角形窗	$8\pi/N$	−25	$4.1\pi/N$	−25
汉宁窗	$8\pi/N$	−31	$6.2\pi/N$	−44
海明窗	$8\pi/N$	−41	$6.6\pi/N$	−53
布莱克曼窗	$12\pi/N$	−57	$11\pi/N$	−74

6）凯塞（Kaiser）窗

这是一种适应性较强的窗，其窗函数的表达式为

$$w(n) = \frac{I_0\left(\beta\sqrt{1-[1-2n/(N-1)]^2}\right)}{I_0(\beta)} \qquad 0 \leqslant n \leqslant N-1 \qquad (5\text{-}2\text{-}22)$$

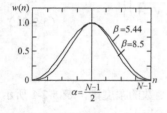

图 5-2-6　凯塞窗函数的包络曲线

式中，$I_0(.)$是第一类变形零阶贝塞尔函数，β是一个可自由选择的参数。凯塞窗函数的包络曲线如图 5-2-6 所示。

参数β选得越大，其频谱的副瓣越小，但主瓣宽度也相应增加。因而，改变β的值就可以在主瓣宽度与副瓣衰减之间进行选择。例如，$\beta=0$相当于矩形窗，$\beta=5.44$的曲线接近于海明窗。$\beta=8.5$的曲线接近于布莱克曼窗。β的典型值在$4<\beta<9$范围内。在不同β值下的性能如表 5-2-2 所示。

表 5-2-2　凯塞窗参数对滤波器的性能的影响

β	过渡带宽度$\Delta\omega$	通带波纹(dB)	最小阻带衰减(dB)
2.120	$3.00\pi/N$	±0.27	−30
3.384	$4.46\pi/N$	±0.086 8	−40
4.538	$5.86\pi/N$	±0.027 4	−50
5.568	$7.24\pi/N$	±0.008 68	−60
6.764	$8.64\pi/N$	±0.002 75	−70
7.865	$10.0\pi/N$	±0.000 868	−80
8.960	$11.4\pi/N$	±0.000 275	−90

虽然凯塞窗看上去没有初等函数的解析表达式。但是，在设计凯塞窗时，对变形零阶贝塞尔函数可采用式（5-2-23）所示的无穷级数来表达。

$$I_0(x) = \sum_{k=0}^{\infty}\left[\frac{1}{k!}\left(\frac{x}{2}\right)^k\right]^2 = 1 + \sum_{k=1}^{\infty}\left[\frac{1}{k!}\left(\frac{x}{2}\right)^k\right]^2 \tag{5-2-23}$$

这个无穷级数可用有限项级数去近似，项数多少由要求的精度来确定，采用计算机很容易求解。

 ### 5.2.4　窗函数法设计 FIR 数字滤波器的基本步骤

综上所述，可得窗函数法设计 FIR 滤波器的步骤如下。

（1）给定要求的频率响应函数 $H_d(e^{j\omega})$；

（2）计算 $h_d(n) = \text{IDTFT}[H_d(e^{j\omega})]$；

（3）根据过渡带宽及阻带最小衰减的要求，由表 5-2-1 和表 5-2-2 选定窗函数，再由表中查出窗函数的过渡带宽 $\Delta\omega$，根据给出的过渡带要求估计滤波器长度 N；

（4）根据所选择的窗函数，计算所设计的 FIR 数字滤波器的单位脉冲响应

$$h(n) = w(n)h_d(n) \qquad n = 0,1,2,\cdots,N-1$$

（5）求 $H(e^{j\omega}) = \text{DTFT}[h(n)]$，检验是否满足设计要求，如果不满足，重新设计。

设计计算中可能遇到以下主要问题。

（1）当 $H_d(e^{j\omega})$ 很复杂或不能按式（5-2-1）直接计算积分时，就很难得到或根本得不到 $h_d(n)$ 的表达式，这时可用求和代替积分，以便于在计算机上进行计算。即采用频域取样方式来进行，设频域取样点数为 M，则

$$h_M(n) = \frac{1}{M}\sum_{k=0}^{M-1} H_d\left(e^{j\frac{2\pi}{M}k}\right)e^{j\frac{2\pi}{M}kn} \tag{5-2-24}$$

（2）窗函数设计法的另一个困难是需要预先确定窗函数的形式和窗函数的长度 N，以满足预定的频率响应指标，当按照前面所述的设计步骤设计出的滤波器不能满足要求时，需要重新调整。这个问题可以利用计算机程序，采用试探法来确定。

对于低通 FIR 数字滤波器的设计，有些学者提出了根据滤波器技术指标直接估计滤波器阶次的方法：设归一化通带截止角频率为 ω_p，归一化阻带截止角频率为 ω_{st}，通带纹波为 δ_p，阻带纹波为 δ_{st}

Kaiser 方程
$$N \approx \frac{-20\lg(\sqrt{\delta_p\delta_{st}}) - 13}{14.6(\omega_{st} - \omega_p)/(2\pi)} \tag{5-2-25}$$

Bellanger 方程
$$N \approx \frac{2\lg(10\delta_p\delta_{st})}{3(\omega_{st} - \omega_p)/(2\pi)} - 1 \tag{5-2-26}$$

Hemann 方程
$$N \approx \frac{D_\infty(\delta_p,\delta_{st}) - F(\delta_p,\delta_{st})[(\omega_{st} - \omega_p)/(2\pi)]^2}{(\omega_{st} - \omega_p)/(2\pi)} \tag{5-2-27}$$

式中
$$D_{\infty}(\delta_{\mathrm{p}},\delta_{\mathrm{st}})=[a_1(\lg\delta_{\mathrm{p}})^2+a_2\lg\delta_{\mathrm{p}}+a_3]\lg\delta_{\mathrm{st}}-[a_4(\lg\delta_{\mathrm{p}})^2+a_5\lg\delta_{\mathrm{p}}+a_6] \tag{5-2-28a}$$

$$F(\delta_{\mathrm{p}},\delta_{\mathrm{st}})=b_1+b_2(\lg\delta_{\mathrm{p}}-\lg\delta_{\mathrm{st}}) \tag{5-2-28b}$$

并且
$$a_1=0.005\,309 \qquad a_2=0.071\,14 \qquad a_3=-0.476\,1 \tag{5-2-28c}$$

$$a_4=0.002\,660 \qquad a_5=0.594\,1 \qquad a_6=0.427\,8 \tag{5-2-28d}$$

$$b_1=11.012\,17 \qquad b_2=0.512\,44 \tag{5-2-28e}$$

当 $\delta_{\mathrm{p}}\geqslant\delta_{\mathrm{st}}$ 时，式（5-2-27）成立，若 $\delta_{\mathrm{p}}<\delta_{\mathrm{st}}$，则交换式（5-2-28a）和式（5-2-28b）中的 δ_{p} 和 δ_{st}，仍可由式（5-2-27）估计 N。

对于 δ_{p} 和 δ_{st} 都很小的情况，上述式（5-2-25）、式（5-2-26）和式（5-2-27）都能给出较为准确的结果。当 δ_{p} 和 δ_{st} 值很大时，式（5-2-27）给出的结果更准确。

窗函数设计的优点是大多数都有封闭公式可循，所以窗函数设计法简单、方便、实用；缺点是通带、阻带截止频率不易控制。

5.2.5　设计举例

【例 5-2-1】　考察窗函数对理想低通滤波器频率响应的影响。设低通滤波器的截止频率 $\omega_{\mathrm{c}}=0.3\pi$，长度 $N=51$，用 5 种不同的窗函数进行设计。

（1）考察窗函数对理想低通滤波器频率响应的影响；

（2）改变 N 观测滤波器特性的变化。

解：（1）由式（5-2-6）
$$h_{\mathrm{d}}(n)=\frac{1}{2\pi}\int_{-\omega_{\mathrm{c}}}^{\omega_{\mathrm{c}}}\mathrm{e}^{-\mathrm{j}\omega\alpha}\mathrm{e}^{\mathrm{j}\omega n}\mathrm{d}\omega=\frac{\sin[\omega_{\mathrm{c}}(n-\alpha)]}{\pi(n-\alpha)}$$

利用窗函数设计法，在 $h(n)=w(n)h_{\mathrm{d}}(n)$ 中，$w(n)$ 分别取成矩形窗、三角形窗、海明窗、汉宁窗和布莱克曼窗进行计算。图 5-2-7 所示为用 5 种不同窗函数设计的理想低通滤波器的幅度谱。从图 5-2-7 中可以看出，用矩形窗设计的过渡带最窄，但阻带最小衰减最差。用布莱克曼窗函数设计的阻带最小衰减能达到 -74dB，但过渡带最宽。换句话说，窗函数的主瓣宽度的增加与过渡带宽的增加有关。同样，副瓣幅度的减小会获得阻带衰减的增加。

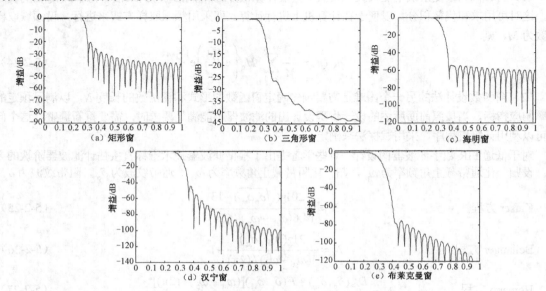

图 5-2-7　理想低通滤波器加窗后的幅度谱（$N=51$）

（2）以海明窗为例改变 N，分别取 $N=51$、$N=71$、$N=91$、$N=101$，设计的线性相位低通滤波器其频率特性如图 5-2-8 所示。从图中 5-2-8 可以看出，增大 N，可以减小过渡带，但是不会改变阻带衰减，而 N 的增大，意味着滤波器复杂度的增加。

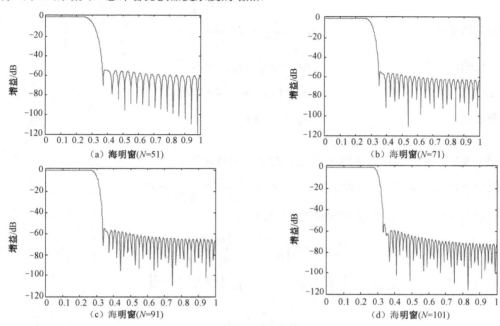

图 5-2-8　不同长度海明窗设计低通滤波器的频率特性

【例 5-2-2】　低通滤波器的期望指标为：通带截止频率为 $\omega_p = 0.3\pi$，阻带起始频率为 $\omega_{st} = 0.5\pi$，最小阻带衰减为 $\delta_s = 40\text{dB}$，选择窗函数并估计滤波器的长度。

解：由题意

截止频率 $\qquad\qquad\qquad\qquad\qquad\qquad \omega_c = (\omega_p + \omega_{st})/2 = 0.4\pi$

归一化的过渡带宽 $\qquad\qquad\qquad\qquad \Delta\omega = (\omega_{st} - \omega_p) = 0.2\pi$

根据表 5-2-1 可知，汉宁窗、海明窗和布莱克曼窗都可以得到期望的最小阻带衰减 δ_s

汉宁窗 $\qquad\qquad\qquad\qquad\qquad\qquad\qquad \Delta\omega = 6.2\pi/N$

所以 $\qquad\qquad\qquad\qquad\qquad\qquad N = \dfrac{6.2\pi}{\Delta\omega} = \dfrac{6.2\pi}{0.2\pi} = 31$

海明窗 $\qquad\qquad\qquad\qquad\qquad\qquad\qquad \Delta\omega = 6.6\pi/N$

所以 $\qquad\qquad\qquad\qquad\qquad\qquad N = \dfrac{6.6\pi}{\Delta\omega} = \dfrac{6.6\pi}{0.2\pi} = 33$

布莱克曼窗 $\qquad\qquad\qquad\qquad\qquad\qquad \Delta\omega = 11\pi/N$

所以 $\qquad\qquad\qquad\qquad\qquad\qquad N = \dfrac{11\pi}{\Delta\omega} = \dfrac{11\pi}{0.2\pi} = 55$

可见，选择不同的窗函数时，所需的滤波器长度是不一样的，因此其实现的复杂度也是不一样的。

【例 5-2-3】　设计一个线性相位 FIR 低通滤波器，给定采样频率为：$\Omega_s = 2\pi \times 1.5 \times 10^4 (\text{rad}/\text{s})$，通带截止频率为 $\Omega_s = 2\pi \times 1.5 \times 10^3 (\text{rad}/\text{s})$，阻带起始频率为 $\Omega_s = 2\pi \times 3 \times 10^3 (\text{rad}/\text{s})$，阻带衰减不小于 50dB。

解：（1）根据题意，对应的模拟低通滤波器如图 5-2-9 所示。下面求各对应的数字指标。

通带截止频率
$$\omega_p = \frac{\Omega_p}{f_s} = 2\pi \frac{f_p}{f_s} = 0.2\pi$$

阻带起始频率
$$\omega_{st} = \frac{\Omega_{st}}{f_s} = 2\pi \frac{f_{st}}{f_s} = 0.4\pi$$

归一化的过渡带宽
$$\Delta\omega = (\omega_{st} - \omega_p) = 0.2\pi$$

截止频率
$$\omega_c = (\omega_p + \omega_{st}) / 2 = 0.3\pi$$

阻带衰减
$$\delta_{st} = -50\text{dB}$$

（2）选择窗函数，估计滤波器长度。

根据表 5-2-1，海明窗的最小阻带衰减为−53dB，可选海明窗。

根据归一化的过渡带宽估计滤波器长度
$$N = \frac{3.3 \times 2\pi}{\Delta\omega} = \frac{6.6\pi}{0.2\pi} = 33$$

（3）求 $h_d(n)$。设 $H_d(e^{j\omega})$ 为理想线性相位滤波器

$$H_d(e^{j\omega}) = \begin{cases} e^{-j\omega\alpha} & |\omega| \leqslant \omega_c \\ 0 & \omega_c < |\omega| \leqslant \pi \end{cases}$$

由式（5-2-3）得
$$h_d(n) = \frac{1}{2\pi} \int_{-\omega_c}^{\omega_c} e^{-j\omega\alpha} e^{j\omega n} d\omega = \frac{\sin[\omega_c(n-\alpha)]}{\pi(n-\alpha)}$$

式中
$$\alpha = \frac{N-1}{2} = 16$$

（4）求 $h(n)$。由海明窗的表达式得

$$w(n) = \left[0.54 - 0.46\cos\left(\frac{2\pi n}{N-1}\right)\right] R_N(n)$$

$$h(n) = h_d(n) \cdot w(n) = \frac{\sin[0.3\pi(n-16)]}{\pi(n-16)} \cdot \left[0.54 - 0.46\cos\left(\frac{n\pi}{16}\right)\right] R_N(n)$$

（5）由 $h(n)$ 求 $H(e^{j\omega})$，检验各项指标是否满足要求。画出 $|H(e^{j\omega})|$ 如图 5-2-10 所示，可见满足设计要求。若不满足，则改变 N 或选择其他窗函数，重新计算。

其他高通、带通、带阻滤波器的设计方法与低通滤波器设计方法和步骤一样，不同的只是 $h_d(n)$。如果给出的是数字指标，则没有【例 5-2-3】中的第一步。

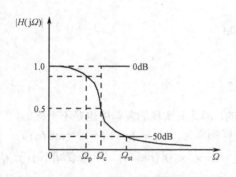
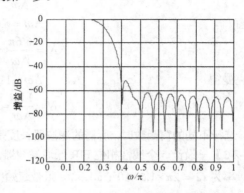

图 5-2-9 【例 5-2-3】对应的模拟低通滤波器　　图 5-2-10 【例 5-2-3】设计出的线性相位低通滤波器频率特性

5.3　频率采样法设计 FIR 滤波器

5.3.1　设计原理

窗函数设计法的出发点是从时域开始，用窗函数截取具有理想频率特性的滤波器的单位脉冲响应 $h_d(n)$ 来得到 $h(n)$，以有限长 $h(n)$ 近似理想的 $h_d(n)$，从而使频率响应 $H(e^{j\omega})$ 逼近期望的频率响应 $H_d(e^{j\omega})$。频率采样法则是从频域出发。因为有限长序列 $h(n)$ 可用其离散傅里叶变换 $H(k)$ 来唯一确定，于是可将所希望的理想滤波器系统函数 $H_d(z)$ 在 Z 平面单位圆上等间隔采样，以这些采样值 $H_d(k)$ 值作为实际 FIR 数字滤波器频率特性的采样值 $H(k)$，或者说，让 $H(k)$ 正好等于所要求的频率响应 $H_d(e^{j\omega})$ 在 0～2π 范围的 N 个等间隔的采样值，即

$$H(k) = H_d(k) = H_d(z)\big|_{z=e^{j\frac{2\pi}{N}k}} \qquad k = 0,1,2,\cdots,N-1 \qquad (5\text{-}3\text{-}1)$$

或

$$H(k) = H_d(k) = H_d(e^{j\omega})\big|_{\omega=\frac{2\pi}{N}k} \qquad k = 0,1,2,\cdots,N-1 \qquad (5\text{-}3\text{-}2)$$

由频率采样内插公式知道，利用这 N 个频域采样值 $H(k)$ 同样可求得 FIR 滤波器的系统函数 $H(z)$ 及频率响应 $H(e^{j\omega})$。这个 $H(k)$ 或 $H(e^{j\omega})$ 将逼近 $H_d(k)$ 或 $H_d(e^{j\omega})$，$H(z)$ 和 $H(e^{j\omega})$ 的内插公式为

$$H(z) = \frac{1-z^{-N}}{N} \sum_{k=0}^{N-1} \frac{H(k)}{1-W_N^{-k}z^{-1}} \qquad (5\text{-}3\text{-}3)$$

$$H(e^{j\omega}) = \sum_{k=0}^{N-1} H(k)\phi\left(\omega - \frac{2\pi k}{N}\right) \qquad (5\text{-}3\text{-}4)$$

式中

$$\phi(\omega) = \frac{1}{N} \frac{\sin(N\omega/2)}{\sin(\omega/2)} e^{-j\frac{N-1}{2}\omega}$$

上面的分析提供了直接由频域 $H(k)$ 出发设计 FIR 数字滤波器的途径，如图 5-3-1 所示，即按照给定的滤波器频率响应特性指标 $H_d(e^{j\omega})$（或者 $H_d(z)$），在 Z 平面单位圆上 N 等分采样得 $H(k)$。根据所得的 $H(k)$，由式（5-3-3）或式（5-3-4）可以求出所设计的滤波器的系统函数 $H(z)$ 或频率响应 $H(e^{j\omega})$。

$$H_d(e^{j\omega}) \xrightarrow[\text{频率采样}]{} H_d(e^{j\frac{2\pi}{N}k}) = H(k) \xrightarrow[\text{IDFT}]{} h(n) \longrightarrow H(e^{j\omega})$$

图 5-3-1　频率采样法设计 FIR 滤波器的原理

5.3.2　线性相位约束条件

要设计线性相位 FIR 滤波器，其采样值 $H(k)$ 的幅度和相位一定要满足在表 5-1-1 中列出的约束条件。当 $h(n)$ 为偶对称，即 $h(n) = h(N-1-n)$ 时，由表 5-1-1 第一栏

$$H(e^{j\omega}) = H(\omega)e^{-j\frac{N-1}{2}\omega} \qquad (5\text{-}3\text{-}5)$$

对第一种情况的线性相位滤波器，即 $h(n)$ 为偶对称，N 为奇数，幅度函数 $H(\omega)$ 应为偶对称

$$H(\omega) = H(2\pi - \omega) \qquad (5\text{-}3\text{-}6)$$

同理，当 $h(n)$ 为偶对称，N 为偶数时，即第二种情况

$$H(\omega) = -H(2\pi - \omega) \tag{5-3-7}$$

当 $h(n)$ 为奇对称，即 $h(n) = -h(N-1-n)$ 时，由表 5-1-1 第二栏

$$H(e^{j\omega}) = H(\omega)e^{-j\frac{N-1}{2}\omega + j\frac{\pi}{2}} \tag{5-3-8}$$

对第三种情况，当 $h(n)$ 为奇对称，N 为奇数时

$$H(\omega) = -H(2\pi - \omega) \tag{5-3-9}$$

当 $h(n)$ 为奇对称，N 为偶数时，即第四种情况

$$H(\omega) = H(2\pi - \omega) \tag{5-3-10}$$

对 $H(e^{j\omega})$ 在 $0 \sim 2\pi$ 之间等间隔取样 N 点，得到 $H(k)$

$$H(k) = H(e^{j\omega})\Big|_{\omega=\frac{2\pi}{N}k} \qquad k = 0,1,2,\cdots,N-1 \tag{5-3-11}$$

将 $H(k)$ 写成幅度 H_k（纯标量）和相位 θ_k 的形式 $H(k) = H_k e^{j\theta_k}$，当 $h(n)$ 为偶对称，N 为奇数时

$$H_k = H\left(\frac{2\pi}{N}k\right)$$

$$\theta_k = -\frac{N-1}{2}\frac{2\pi}{N}k = -k\pi\left(1-\frac{1}{N}\right)$$

又根据 DFT 的对称性有

$$\begin{cases} H(k) = H\left(\dfrac{2\pi}{N}k\right)e^{-jk\pi\left(1-\frac{1}{N}\right)} & 0 \leqslant k \leqslant \dfrac{N-1}{2} \\[4mm] H(N-k) = H^*(k) & 1 \leqslant k \leqslant \dfrac{N-1}{2} \end{cases} \tag{5-3-12}$$

同理，当 $h(n)$ 为偶对称，N 为偶数时

$$\begin{cases} H(k) = H\left(\dfrac{2\pi}{N}k\right)e^{-jk\pi\left(1-\frac{1}{N}\right)} & 0 \leqslant k \leqslant \dfrac{N}{2}-1 \\[4mm] 0 & k = \dfrac{N}{2} \\[4mm] H(N-k) = H^*(k) & 1 \leqslant k \leqslant \dfrac{N}{2}-1 \end{cases} \tag{5-3-13}$$

当 $h(n)$ 为奇对称，N 为奇数时

$$\begin{cases} 0 & k = 0, k = \dfrac{N-1}{2} \\[4mm] \left.\begin{array}{l} H(k) = jH\left(\dfrac{2\pi}{N}k\right)e^{-jk\pi\left(1-\frac{1}{N}\right)} \\[4mm] H(N-k) = H^*(k) \end{array}\right\} & 1 \leqslant k \leqslant \dfrac{N-3}{2} \end{cases} \tag{5-3-14}$$

当 $h(n)$ 为奇对称，N 为偶数时

$$\begin{cases} 0 & k = 0 \\[4mm] \left.\begin{array}{l} H(k) = jH\left(\dfrac{2\pi}{N}k\right)e^{-jk\pi\left(1-\frac{1}{N}\right)} \\[4mm] H(N-k) = H^*(k) \end{array}\right\} & 1 \leqslant k \leqslant \dfrac{N}{2} \end{cases} \tag{5-3-15}$$

【例 5-3-1】　设计一个线性相位 FIR 数字滤波器，使其频率采样值在采样点上满足下面所给的理想低通滤波器的幅度特性，分别以 $N=11$ 和 $N=33$ 进行分析。

$$|H_{\mathrm{d}}(\mathrm{e}^{\mathrm{j}\omega})| = \begin{cases} 1 & |\omega| \leqslant 0.4\pi \\ 0 & 0.4\pi < |\omega| \leqslant \pi \end{cases}$$

解：根据题意，设 $N=11$，将 $|H_{\mathrm{d}}(\mathrm{e}^{\mathrm{j}\omega})|$ 在 $0 \sim 2\pi$ 范围进行 $N=11$ 等分采样，结果如图 5-3-2 所示。由式（5-3-12）可得

$$H(0)=1 \qquad H(1)=\mathrm{e}^{-\mathrm{j}\frac{10}{11}\pi} \qquad H(2)=\mathrm{e}^{-\mathrm{j}\frac{20}{11}\pi} \qquad H(3)=0$$

$$H(4)=0 \qquad H(5)=0 \qquad H(6)=H^{*}(11-6)=H^{*}(5)=0$$

$$H(7)=H^{*}(11-7)=H^{*}(4)=0 \qquad H(8)=H^{*}(11-8)=H^{*}(3)=0$$

$$H(9)=H^{*}(11-9)=H^{*}(2)=\mathrm{e}^{\mathrm{j}\frac{20}{11}\pi} \qquad H(10)=H^{*}(11-10)=H^{*}(1)=\mathrm{e}^{\mathrm{j}\frac{10}{11}\pi}$$

由此可得　$h(n)=\mathrm{IDFT}[H(k)]$

$$h(0)=h(10)=0.069\,4 \qquad h(1)=h(9)=-0.054 \qquad h(2)=h(8)=-0.109\,4$$

$$h(3)=h(7)=0.047\,4 \qquad h(4)=h(6)=0.319\,4 \qquad h(5)=0.454\,5$$

图 5-3-2　理想低通滤波器的幅度特性及 $N=11$ 时的频率采样点

其幅度特性 $|H(\mathrm{e}^{\mathrm{j}\omega})| = \left| \sum\limits_{n=0}^{N-1} h(n)\mathrm{e}^{-\mathrm{j}\omega n} \right|$ 如图 5-3-3(a)所示。可以看到所设计出的 FIR 滤波器在频率采样点上是满足给定条件的，但是在通带内有较大的过冲，阻带内也有较大的波动，增益如图 5-3-3(b)所示，其阻带衰减不到 20dB。

取 $N=33$，重新计算，得到的幅度特性如图 5-3-4 所示。其阻带衰减也不到 20dB。这在实际中往往是不够的。

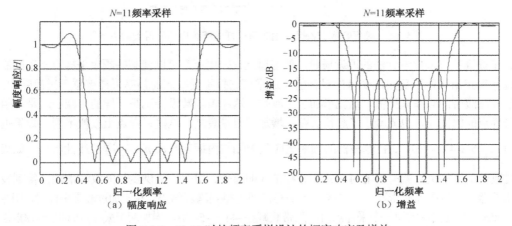

图 5-3-3　$N=11$ 时的频率采样设计的幅度响应及增益

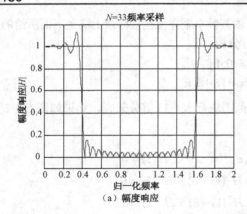
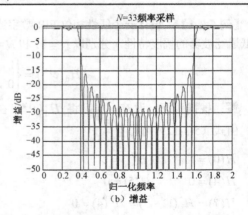

图 5-3-4 $N=33$ 时的频率采样设计的幅度响应及增益

5.3.3   过渡带采样的优化设计

从以上的例子可以看出，频率取样设计方法很简单，但是这样设计所得的频响 $H(e^{j\omega})$ 与理想特性 $H_d(e^{j\omega})$ 是有差别的。下面来分析 $H(e^{j\omega})$ 对 $H_d(e^{j\omega})$ 的逼近情况。

根据内插公式可知，在每个采样点上，$H(e^{j\omega})$ 与 $H_d(e^{j\omega})$ 严格相等，逼近误差为零；而在两个采样点之间，频率响应则是由各采样点间的内插函数加权确定的，因而有一定的逼近误差，误差的大小取决于希望的频率响应 $H_d(e^{j\omega})$ 的曲线形状和采样点数 N 的大小。如果所希望的特性曲线变化越平坦，采样点数 N 越大，则由内插所引入的误差越小；反之，则内插值与希望值之间的误差就越大。这种误差主要表现为频率响应的不连续点附近会产生较大的肩峰和波动。图 5-3-5 表示所要求的频率响应 $H_d(e^{j\omega})$ 及由频率采样的连续内插所得到的 $H(e^{j\omega})$，黑圆点表示采样值。可以简单地认为过渡带宽为

$$\Delta\omega = \frac{2\pi}{N} \tag{5-3-16}$$

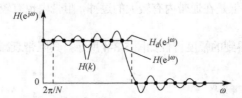

图 5-3-5   频率响应 $H_d(e^{j\omega})$ 及由频率采样的连续内插所得到的 $H(e^{j\omega})$

为了提高频率采样设计法的逼近质量，使得逼近误差更小，可以使某些频率采样点不受限制，然后通过计算找出这些不受限制变量的最佳值。通常可选择不受限制的频率采样点位于过渡带中，"自由"选择过渡带的频率采样值，这就增加了过渡带，这和窗函数设计法是一样的。减小通带与阻带边沿两采样点间的突变，也就减小了起伏振荡，增加了阻带衰减。这些采样点上取值不同，效果也将不同。由式（5-3-4）可知，FIR 滤波器的频率响应是 $H(k)$ 与内插函数 $\phi(\omega - \frac{2\pi k}{N})$ 的线性组合。如果精心设计过渡带的采样值，就有可能对它的相邻频带（即通带、阻带）提供良好的纹波消除，得到较好性能的滤波器。一般在过渡带取一、二或三点采样值即可得到满意结果。在不加过渡带采样时，阻带衰减约为–20dB，在过渡带增加一个采样点时，阻带衰减在–44～–54dB，增加两个采样点时阻带衰减在–65～–75dB，而增加三个采样点时阻带衰减可达–85～–95dB。

增加过渡点可以使阻带衰减明显提高，付出的代价是过渡带加宽，如图 5-3-6 所示。增加一个点，过渡带变为 $4\pi / N$，增加两个点，过渡带变为 $6\pi / N$。因此，可以将式（5-3-16）修改为

$$\Delta\omega = \frac{2\pi}{N}(m+1), \qquad m = 0,1,2,\cdots \tag{5-3-17}$$

式中，m 为过渡带中的采样点数。过渡带采样点的个数 m 与阻带衰减的经验数据列于表 5-3-1 中。

表 5-3-1　过渡带采样点数 m 与阻带衰减的经验数据

m	1	2	3
阻带衰减（dB）	44～54	65～75	85～95

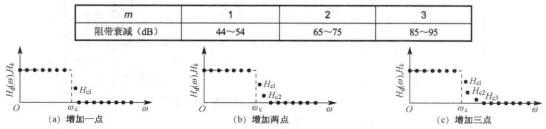

图 5-3-6　增加过渡带采样点

5.3.4　频率采样法设计线性相位 FIR 数字滤波器的步骤

综上所述，频率采样法设计线性相位 FIR 低通滤波器的步骤如下：

（1）根据阻带最小衰减 δ_{st}，由表 5-3-1 选择过渡带采样点的数目 m；

（2）根据过渡带宽 $\Delta\omega$，按照式（5-3-17）确定滤波器长度 N；

（3）满足线性相位约束对希望逼近的滤波器的频率响应函数进行频域采样得到 $H(k)$，并加入过渡带点；

（4）对 $H(k)$ 作 IDFT 得到线性相位 FIR 滤波器的单位脉冲响应 $h(n)$；

（5）检验设计结果，如果未达到设计指标要求，则调整过渡带采样值和 N，直到满足指标要求为止。

【例 5-3-2】　利用频率采样法设计一个线性相位低通 FIR 数字滤波器，其理想频率特性为

$$|H_d(e^{j\omega})| = \begin{cases} 1 & 0 \leqslant |\omega| \leqslant \omega_c \\ 0 & \omega_c < |\omega| \leqslant \pi \end{cases}$$

已知 $\omega_c = 0.5\pi$，过渡带不大于 $\pi/16$。

（1）确定 FIR 滤波器的特性；

（2）如果要求阻带衰减不小于 30dB，重新设计。

解：（1）根据技术要求，如果只考虑过渡带宽，为了使 N 尽可能小，可取采样点数 $N = 33$ 为奇数，画出频率采样值 $H(k)$ 如图 5-3-7(a)所示。由于 $|H(k)|$ 对称于 $\omega = \pi$，我们感兴趣的是 $\omega < \pi$ 区间。而 $\pi < \omega < 2\pi$ 即 $18 < k < 32$ 的图形可略去不画。截止频率 $\omega_c = 0.5\pi$，处在 $\frac{16\pi}{33} < \omega_c < \frac{17\pi}{33}$ 之间，所以

$$|H(k)| = \begin{cases} 1 & 0 \leqslant k \leqslant \text{Int}\left[\dfrac{N\omega_c}{2\pi}\right] = \dfrac{N-1}{4} \\ 0 & \text{Int}\left[\dfrac{N\omega_c}{2\pi}\right]+1 \leqslant k \leqslant \dfrac{N-1}{2} \end{cases}$$

其中 Int[.]表示取整。利用式（5-3-12）得出 $H(k)$。

$H(0) = 1.000\,0$ 　　　　$H(1) = 0.995\,5 - j0.095\,1$ 　　　$H(2) = 0.981\,9 + j0.189\,3$

$H(3) = -0.959\,5 - j0.281\,7$ 　　$H(4) = 0.928\,4 + j0.371\,7$ 　　$H(5) = -0.888\,8 - j0.458\,2$

$H(6) = 0.841\ 3 + j0.540\ 6$　　　$H(7) = -0.786\ 1 - j0.618\ 2$　　　$H(8) = 0.723\ 7 + j0.690\ 1$

$H(9) = H(10) = H(11) = H(12) = H(13) = H(14) = H(15) = H(16) = 0$

$H(17) \sim H(32)$ 由 $H(k) = H^{*}(N-k)$ 得到。

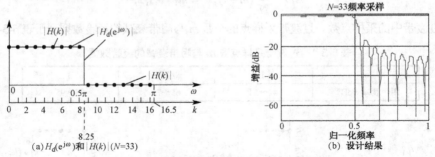

图 5-3-7　频率采样法设计低通滤波器的例子

于是可以由
$$h(n) = \frac{1}{N} \sum_{k=0}^{N-1} H(k) e^{j\frac{2\pi}{N}nk}$$

计算出 $h(n) = \{$　0.020 9　　−0.023 1　　−0.019 3　　　　0.026 1　　　　0.018 0　　　−0.030 3　　　−0.017 0

0.036 5　　0.016 3　　−0.046 3　　−0.015 8　　　　0.064 3　　　　0.015 4　　−0.106 5　　−0.015 2

0.318 4　　0.515 2　　0.318 4　　−0.015 2　　　−0.106 5　　　0.015 4　　　0.064 3　　−0.015 8

−0.046 3　　0.016 3　　0.036 5　　−0.017 0　　　−0.030 3　　　0.018 0　　　0.026 1　　−0.019 3

−0.023 1　　0.020 9$\}$

将 $H(k)$ 代入式（5-3-4），可得

$$H(e^{j\omega}) = e^{-j16\omega} \left\{ \frac{\sin(\frac{33\omega}{2})}{33\sin(\frac{\omega}{2})} + \sum_{k=1}^{8} \left[\frac{\sin[33(\frac{\omega}{2} - \frac{k\pi}{33})]}{33\sin(\frac{\omega}{2} - \frac{k\pi}{33})} + \frac{\sin[33(\frac{\omega}{2} + \frac{k\pi}{33})]}{33\sin(\frac{\omega}{2} + \frac{k\pi}{33})} \right] \right\}$$

由此计算出 $20\lg|H(e^{j\omega})|$ 的结果如图 5-3-7(b)所示。可以看出，过渡带为 $2\pi/33$，最小的阻带衰减不足 20dB。

（2）如果要求阻带衰减不小于 30dB，由表 5-3-1 选择过渡带采样点的数量 $m=1$，在取样点 $k=9$ 处取 $H(9) = 0.5$，而不是零，如图 5-3-8(a)所示。这相当于把指标要求的频率响应曲线边缘处平滑了一些，降低了矩形特性的要求。由此计算出频率响应如图 5-3-8(b)所示。由图可见，这时过渡带加宽了一倍左右，最小阻带衰减也显著加大了。这种做法是牺牲了过渡带指标要求，换取了阻带特性的改善。为了保证过渡带指标要求，应增加采样点数，取 $N=65$，并在 $k=17$ 处取 $H(17) = 0.5$，重新计算，由此得到的频率特性如图 5-3-9 所示。

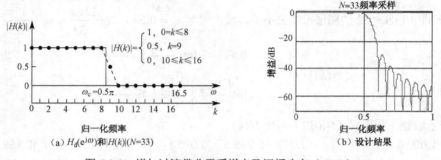

图 5-3-8　增加过渡带非零采样点及幅频响应（$N=33$）

这里 N 值增大，计算量必然增大，这就是改善滤波器性能时所付出的代价。

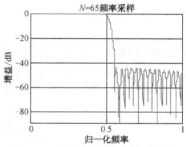

图 5-3-9　增加过渡带非零采样点，$N=65$ 时的幅频响应

 *5.3.5　频率采样的两种方法

频率采样法设计 FIR 滤波器的基本依据是在环绕单位圆的 N 个等间隔点上规定一组所要求的频率响应采样值。频率点的采样方式有 I 型频率采样和 II 型频率采样两种型式。

1）I 型频率采样

I 型频率采样的样值为

$$H(k) = H_d(z)\big|_{z=e^{j\frac{2\pi}{N}k}} = H_d(e^{j\omega})\big|_{\omega=\frac{2\pi}{N}k} \qquad k=0,1,2,\cdots,N-1 \qquad (5\text{-}3\text{-}18)$$

这就是前面所讲的频率采样方法。I 型设计的起始点在 $\omega=0$，即 $z=e^{j0}$ 处，它可分 N 为偶数和奇数两种情况，如图 5-3-10 所示。I 型频率采样时的频率响应 $H(e^{j\omega})$ 如式（5-3-4）所示。

2）II 型频率采样

II 型频率采样值为

$$H(k) = H_d(z)\big|_{z=e^{j\frac{2\pi}{N}(k+\frac{1}{2})}} = H_d(e^{j\omega})\big|_{\omega=\frac{2\pi}{N}(k+\frac{1}{2})} \qquad k=0,1,2,\cdots,N-1 \qquad (5\text{-}3\text{-}19)$$

II 型频率采样设计的起始点在 $z=e^{j\pi/N}$ 处，也可分 N 为偶数和奇数两种情况，如图 5-3-11 所示。由式（5-3-19）可以得到 II 型频率采样值 $H(k)$ 同滤波器的单位抽样响应 $h(n)$ 的关系为

$$H(k) = \sum_{n=0}^{N-1} h(n)e^{-j\frac{2\pi}{N}n\left(k+\frac{1}{2}\right)} = \sum_{n=0}^{N-1} h(n)e^{-j\frac{\pi}{N}n}e^{-j\frac{2\pi}{N}nk} \qquad (5\text{-}3\text{-}20)$$

令

$$g(n) = h(n)e^{-j\frac{\pi}{N}n}$$

则 $H(k)$ 是序列 $g(n)$ 的 DFT，所以 $g(n)$ 是 $H(k)$ 的 IDFT，即

$$g(n) = h(n)e^{-j\frac{\pi}{N}n} = \frac{1}{N}\sum_{k=0}^{N-1} H(k)e^{j\frac{2\pi}{N}nk}$$

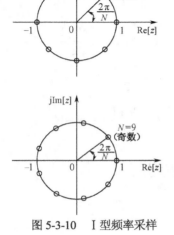

图 5-3-10　I 型频率采样

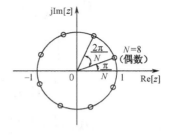

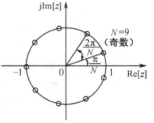

图 5-3-11　II 型频率采样

或

$$h(n) = \frac{1}{N} \sum_{n=0}^{N-1} H(k) e^{j\frac{2\pi}{N}n\left(k+\frac{1}{2}\right)} \tag{5-3-21}$$

对 $h(n)$ 取 Z 变换，即得 II 型设计的 FIR 滤波器的系统函数为

$$H(z) = \sum_{n=0}^{N-1} h(n)z^{-n} = \sum_{n=0}^{N-1} \left[\frac{1}{N} \sum_{k=0}^{N-1} H(k) e^{j\frac{2\pi}{N}n\left(k+\frac{1}{2}\right)} \right] z^{-n} = \sum_{k=0}^{N-1} \frac{H(k)}{N} \sum_{n=0}^{N-1} e^{j\frac{2\pi}{N}n\left(k+\frac{1}{2}\right)} z^{-n}$$

$$= \sum_{k=0}^{N-1} \frac{H(k)\left(1 - e^{j2\pi\left(k+\frac{1}{2}\right)}z^{-N}\right)}{N\left(1 - e^{j\frac{2\pi}{N}\left(k+\frac{1}{2}\right)}z^{-1}\right)} = \frac{1+z^{-N}}{N} \sum_{k=0}^{N-1} \frac{H(k)}{1 - e^{j\frac{2\pi}{N}\left(k+\frac{1}{2}\right)}z^{-1}} \tag{5-3-22}$$

式（5-3-22）中若令 $z = e^{j\omega}$，并简化之，即得 II 型设计的 FIR 数字滤波器的频率响应为

$$H(e^{j\omega}) = e^{-j\frac{N-1}{2}\omega} \frac{\cos\left(\frac{N\omega}{2}\right)}{N} \left\{ \sum_{k=0}^{N-1} \frac{H(k)e^{-j\frac{\pi}{N}\left(k+\frac{1}{2}\right)}}{j\sin\left[\frac{\omega}{2} - \frac{\pi}{N}\left(k+\frac{1}{2}\right)\right]} \right\} \tag{5-3-23}$$

对于 II 型设计，在线性相位滤波器的情况下，也要满足线性相位条件约束，当 $h(n)$ 是实数时，满足

$$H(k) = H^*((N-1-k))_N R_N(k)$$

即

$$|H(k)| = |H(N-1-k)|$$

$$\theta(k) = -\theta(N-1-k)$$

此时，$H(k)$ 的模 $|H(k)|$ 以 $k = (N-1)/2$ 为对称中心呈偶对称，$H(k)$ 的相角 $\theta(k)$ 也以 $k = (N-1)/2$ 为对称中心呈奇对称。再利用线性相位条件 $\theta(\omega) = -\frac{N-1}{2}\omega$，即可得到

当 N 为奇数时

$$\theta(k) = \begin{cases} -\frac{2\pi}{N}\left(k+\frac{1}{2}\right)\left(\frac{N-1}{2}\right) & k = 0,1,2,\cdots,\frac{N-3}{2} \\ \frac{2\pi}{N}\left(N-k-\frac{1}{2}\right)\left(\frac{N-1}{2}\right) & k = \frac{N+1}{2},\cdots,N-1 \\ 0 & k = \frac{N-1}{2} \end{cases} \tag{5-3-24a}$$

$$H(k) = \begin{cases} |H(k)|e^{-j\frac{2\pi}{N}\left(k+\frac{1}{2}\right)\frac{N-1}{2}} & k = 0,1,2,\cdots,\frac{N-3}{2} \\ \left|H\left(\frac{N-1}{2}\right)\right| & k = \frac{N-1}{2} \\ |H(k)|e^{j\frac{2\pi}{N}\left(N-k-\frac{1}{2}\right)\frac{N-1}{2}} & k = \frac{N+1}{2},\cdots,N-1 \end{cases} \tag{5-3-24b}$$

$$H(e^{j\omega}) = e^{-j\frac{N-1}{2}\omega} \left\{ \frac{\left|H\left(\frac{N-1}{2}\right)\right|\cos\left(\frac{N\omega}{2}\right)}{N\cos\left(\frac{\omega}{2}\right)} + \sum_{k=0}^{\frac{N-3}{2}} \frac{|H(k)|}{N} \right.$$

$$\cdot\left[\frac{\sin\left\{N\left[\dfrac{\omega}{2}-\dfrac{\pi}{N}\left(k+\dfrac{1}{2}\right)\right]\right\}}{\sin\left[\dfrac{\omega}{2}-\dfrac{\pi}{N}\left(k+\dfrac{1}{2}\right)\right]}+\frac{\sin\left[N\left[\dfrac{\omega}{2}+\dfrac{\pi}{N}\left(k+\dfrac{1}{2}\right)\right]\right]}{\sin\left[\dfrac{\omega}{2}+\dfrac{\pi}{N}\left(k+\dfrac{1}{2}\right)\right]}\right]\right\} \tag{5-3-25}$$

当 N 为偶数时

$$\theta(k)=\begin{cases}-\dfrac{2\pi}{N}\left(k+\dfrac{1}{2}\right)\left(\dfrac{N-1}{2}\right) & k=0,1,2,\cdots,\dfrac{N}{2}-1\\[3mm]\dfrac{2\pi}{N}\left(N-k-\dfrac{1}{2}\right)\left(\dfrac{N-1}{2}\right) & k=\dfrac{N}{2},\cdots,N-1\end{cases} \tag{5-3-26a}$$

$$H(k)=\begin{cases}|H(k)|\,\mathrm{e}^{-\mathrm{j}\frac{2\pi}{N}\left(k+\frac{1}{2}\right)\frac{N-1}{2}} & k=0,1,2,\cdots,\dfrac{N}{2}-1\\[3mm]|H(k)|\,\mathrm{e}^{\mathrm{j}\frac{2\pi}{N}\left(N-k-\frac{1}{2}\right)\frac{N-1}{2}} & k=\dfrac{N}{2},\cdots,N-1\end{cases} \tag{5-3-26b}$$

因此

$$H(\mathrm{e}^{\mathrm{j}\omega})=\mathrm{e}^{-\mathrm{j}\frac{N-1}{2}\omega}\left\{\sum_{k=0}^{\frac{N}{2}-1}\frac{|H(k)|}{N}\left[\frac{\sin\left\{N\left[\dfrac{\omega}{2}-\dfrac{\pi}{N}\left(k+\dfrac{1}{2}\right)\right]\right\}}{\sin\left[\dfrac{\omega}{2}-\dfrac{\pi}{N}\left(k+\dfrac{1}{2}\right)\right]}+\frac{\sin\left\{N\left[\dfrac{\omega}{2}+\dfrac{\pi}{N}\left(k+\dfrac{1}{2}\right)\right]\right\}}{\sin\left[\dfrac{\omega}{2}+\dfrac{\pi}{N}\left(k+\dfrac{1}{2}\right)\right]}\right]\right\} \tag{5-3-27}$$

5.4　FIR 数字滤波器的优化设计

　　窗函数设计法和频率采样设计法存在一个共同的现象：它们的通带或阻带存在幅度波动。以窗函数设计法为例，如图 5-4-1 所示，在接近通带和阻带的边缘，其波动最大。阻带衰减在第一个副瓣是满足要求的，但对于更高频率的副瓣，它们的衰减大大超出了要求。可以设想如果拉平纹波的幅度，如图 5-4-2 所示，就能更好地接近理想滤波器的响应。由于误差在整个频带均匀分布，对同样的技术指标，用这种方法去逼近所要求的滤波器，则所需的阶数更低；而对同样的滤波器阶数，这种逼近的最大误差最小，这就是等波纹滤波器设计的思想，也称为加权切比雪夫等纹波逼近。由于能得到严格线性相位是 FIR 滤波器有别于 IIR 滤波器的主要优点，故只讨论等纹波线性相位 FIR 滤波器的设计问题。

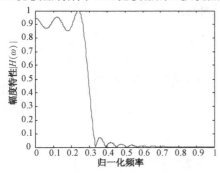

图 5-4-1　窗函数设计滤波器特性

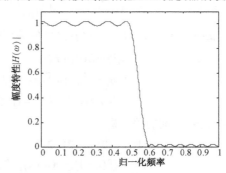

图 5-4-2　等纹波特性滤波器

　　由 5.1 节对线性相位滤波器的讨论可知，在 $h(n)$ 为偶对称或奇对称、N 为偶数或奇数 4 种情况下，其频率响应表达式可表示为

$$H(e^{j\omega}) = e^{-j\frac{N-1}{2}\omega} \cdot e^{j\frac{\pi}{2}L} \cdot H(\omega) \tag{5-4-1}$$

式中，$H(\omega)$ 是标量幅度函数，可正可负。4 种情况的 L 及 $H(\omega)$ 列于表 5-4-1 中。

表 5-4-1   线性相位 FIR 滤波器的 4 种情况

线性相位 FIR 滤波器的 4 种情况	L	$H(\omega)$
第一种情况，$h(n)$偶对称，N奇数	0	$\displaystyle\sum_{n=0}^{(N-1)/2} a(n)\cos(\omega n)$
第二种情况，$h(n)$偶对称，N偶数	0	$\displaystyle\sum_{n=1}^{N/2} b(n)\cos[\omega(n-1/2)]$
第三种情况，$h(n)$奇对称，N奇数	1	$\displaystyle\sum_{n=1}^{(N-1)/2} c(n)\sin(\omega n)$
第四种情况，$h(n)$奇对称，N偶数	1	$\displaystyle\sum_{n=1}^{N/2} d(n)\sin[\omega(n-1/2)]$

为了具有通用性，使其可用到包括低通、高通、带通、带阻及多带通、多带阻等滤波器及微分器、离散希尔伯特变换器等不同情况的线性相位 FIR 滤波器设计中，首先要将 5.1 节讨论的线性相位 FIR 滤波器的 4 种情况的频率响应幅度函数 $H(\omega)$ 的表达式统一到一种公式上，即利用三角恒等式把它们都表示成两项相乘的形式，其中一项是 ω 的固定函数，记为 $Q(\omega)$，另一项为若干余弦函数之和，记为 $P(\omega)$，即

$$H(\omega) = Q(\omega) \cdot P(\omega) \tag{5-4-2}$$

式中

$$Q(\omega) = \begin{cases} 1 & \text{第一种情况} \\ \cos(\omega/2) & \text{第二种情况} \\ \sin\omega & \text{第三种情况} \\ \sin(\omega/2) & \text{第四种情况} \end{cases} \tag{5-4-3}$$

$$P(\omega) = \sum_{n=1}^{r} \tilde{a}(n)\cos(\omega n) \tag{5-4-4}$$

$$\tilde{\alpha}(n) = \begin{cases} \tilde{a}(n) & \text{第一种情况} \\ \tilde{b}(n) & \text{第二种情况} \\ \tilde{c}(n) & \text{第三种情况} \\ \tilde{d}(n) & \text{第四种情况} \end{cases} \tag{5-4-5}$$

其中，$\tilde{a}(n) = a(n)$，$\tilde{b}(n)$ 与 $b(n)$ 之间的关系是

$$\left. \begin{aligned} b(1) &= \tilde{b}(0) + \tilde{b}(1)/2 \\ b(n) &= [\tilde{b}(n) + \tilde{b}(n-1)]/2, \qquad n = 2,3,\cdots,N/2-1 \\ b(N/2) &= \tilde{b}(N/2-1)/2 \end{aligned} \right\} \tag{5-4-6}$$

$\tilde{c}(n)$ 与 $c(n)$ 之间的关系是

$$\left. \begin{aligned} c(1) &= \tilde{c}(0) - \tilde{c}(2)/2 \\ c(n) &= [\tilde{c}(n-1) - \tilde{c}(n+1)]/2, \qquad n = 2,3,\cdots,(N-5)/2 \\ c(n) &= \tilde{c}(n-1)/2, \qquad n = (N-3)/2,(N-1)/2 \end{aligned} \right\} \tag{5-4-7}$$

$\tilde{d}(n)$ 与 $d(n)$ 之间的关系是

$$d(1) = \tilde{d}(0) - \tilde{d}(1)/2$$
$$d(n) = [\tilde{d}(n-1) - \tilde{d}(n)]/2, \qquad n = 2,3,\cdots,N/2-1 \left.\right\}$$
$$d(N/2) = \tilde{d}(N/2-1)/2$$

(5-4-8)

将上述 4 种情况归纳于表 5-4-2 中。

表 5-4-2　用 $H(\omega) = Q(\omega) \times P(\omega)$ 表示线性相位 FIR 滤波器

线性相位 FIR 滤波器的 4 种情况	$Q(\omega)$	$P(\omega)$
第一种情况，$h(n)$ 偶对称，N 奇数	1	$\sum_{n=0}^{r-1} \tilde{a}(n)\cos(\omega n), \quad r = (N+1)/2$
第二种情况，$h(n)$ 偶对称，N 偶数	$\cos(\omega/2)$	$\sum_{n=1}^{r-1} \tilde{b}(n)\cos(\omega n), \quad r = N/2$
第三种情况，$h(n)$ 奇对称，N 奇数	$\sin\omega$	$\sum_{n=1}^{r-1} \tilde{c}(n)\cos(\omega n), \quad r = (N-1)/2$
第四种情况，$h(n)$ 奇对称，N 偶数	$\sin(\omega/2)$	$\sum_{n=1}^{r-1} \tilde{d}(n)\cos(\omega n), \quad r = N/2$

下面引出加权切比雪夫等纹波逼近问题。首先，由于在滤波器设计中通带与阻带误差性能的要求是不一样的，为了统一使用最大误差最小化准则，采用误差函数加权的办法，使不同频段（如通带与阻带）的加权误差最大值相等。设所要求的（已给定）滤波器的频率响应的幅度函数为 $H_d(\omega)$，对线性相位 4 种 FIR 滤波器之一的幅度函数 $H(\omega)$ 逼近，设逼近误差的加权函数为 $W(\omega)$，则加权逼近误差函数定义为

$$E(\omega) = W(\omega)[H_d(\omega) - H(\omega)] \tag{5-4-9}$$

由于不同频带中误差函数 $[H_d(\omega) - H(\omega)]$ 的最大值不一样，故不同频带中 $W(\omega)$ 值可以不同，在公差要求严的频带上可以采用较大的加权值，而公差要求低的频带上，可取较小的加权值。这样使得在各频带上的加权误差 $E(\omega)$ 要求一致（即最大值一样）。将式（5-4-2）代入式（5-4-9）中

$$E(\omega) = W(\omega)[H_d(\omega) - P(\omega)Q(\omega)] = W(\omega)Q(\omega)\left[\frac{H_d(\omega)}{Q(\omega)} - P(\omega)\right] \tag{5-4-10}$$

式（5-4-10）的后一个等号除在 $\omega = 0$、$\omega = \pi$ 处外均成立。

令

$$\hat{H}_d(\omega) = \frac{H_d(\omega)}{Q(\omega)}, \quad \hat{W}(\omega) = W(\omega)Q(\omega) \tag{5-4-11}$$

则

$$E(\omega) = \hat{W}(\omega)[\hat{H}_d(\omega) - P(\omega)] \tag{5-4-12}$$

这就是加权逼近误差函数的最终表达式。利用这一表达式，线性相位 FIR 滤波器的加权切比雪夫等纹波逼近问题可看成是求一组系数 $\alpha(n)$（$\alpha(n)$ 可表示 $\tilde{a}(n)$、$\tilde{b}(n)$、$\tilde{c}(n)$ 或 $\tilde{d}(n)$），使其在完成逼近的各个频带上（这里只指通带或阻带，不包括过渡带），$|E(\omega)|$ 的最大值达到极小，如果用 $\|E(\omega)\|$ 表示这个极小值，则

$$\|E(\omega)\| = \min_{\text{各系数}}[\max_{\omega \in A}|E(\omega)|] \tag{5-4-13}$$

式中，A 表示所研究的各通带和阻带（不包括过渡带），是 $(0,\pi)$ 内的一个闭区间。

对于线性相位 FIR 滤波器的加权切比雪夫等纹波逼近问题，帕克斯（Parks）和麦克莱伦（McClellan）引进交错定理来解决这一问题。

交错定理：若 $P(\omega)$ 是 r 个余弦函数的线性组合，即

$$P(\omega) = \sum_{n=0}^{r-1} \alpha(n)\cos(\omega n) \tag{5-4-14}$$

式中，$\omega \in A$，A 是 $(0,\pi)$ 内的一个闭区间，$\hat{H}_{\mathrm{d}}(\omega)$ 是 A 上的一个连续函数，那么，$P(\omega)$ 是 $\hat{H}_{\mathrm{d}}(\omega)$ 的唯一的和最佳的加权切比雪夫逼近的充分必要条件是：加权逼近误差函数 $E(\omega)$ 在 A 中至少有 $(r+1)$ 个极值点，即 A 中至少有 $(r+1)$ 点 ω_i，且 $\omega_0 < \omega_1 < \omega_2 < \omega_3 < \cdots < \omega_r$，使得

$$E(\omega_i) = -E(\omega_{i+1}), \quad i = 0,1,\cdots,r-1 \tag{5-4-15}$$

且 $$|E(\omega_i)| = \max_{\omega \in A}[E(\omega)]$$

这一逼近可以用图 5-4-3 来说明。

设所要求的滤波器频率响应为

$$H_{\mathrm{d}}(\mathrm{e}^{\mathrm{j}\omega}) = \begin{cases} 1 & |\omega| \leqslant \omega_{\mathrm{p}} \\ 0 & \omega_{\mathrm{st}} < |\omega| \leqslant \pi \end{cases}$$

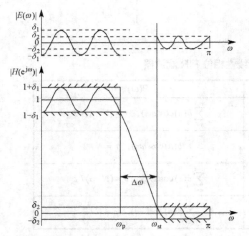

图 5-4-3　低通数字滤波器的一致逼近

式中，ω_{p} 为通带截止频率，ω_{st} 为阻带起始频率。现在的任务是寻找一个 $H(\mathrm{e}^{\mathrm{j}\omega})$，使其在通带和阻带内最佳地一致逼近 $H_{\mathrm{d}}(\mathrm{e}^{\mathrm{j}\omega})$。图 5-4-3 中，$\delta_1$ 为通带纹波峰值，δ_2 为阻带纹波峰值。这样设计的低通数字滤波器 $H(\mathrm{e}^{\mathrm{j}\omega})$ 共有 5 个参数，即 ω_{p}、ω_{st}、δ_1、δ_2 和相应的单位脉冲响应长度 N。根据上述交错定理，如果 $H(\mathrm{e}^{\mathrm{j}\omega})$ 是对 $H_{\mathrm{d}}(\mathrm{e}^{\mathrm{j}\omega})$ 的最佳一致逼近，那么 $H(\mathrm{e}^{\mathrm{j}\omega})$ 通带和阻带内应具有图 5-4-3 所示的等纹波性质。所以最佳一致逼近有时又称为等波纹逼近。

按照式（5-4-12）并根据交错定理，可以写出

$$\hat{W}(\omega_k)\left[\hat{H}_{\mathrm{d}}(\omega_k) - \sum_{n=0}^{r-1} \alpha(n)\cos(\omega_k n)\right] = (-1)^k \delta, \quad k = 0,1,2,\cdots,r \tag{5-4-16a}$$

或

$$\left. \begin{aligned} \hat{H}_{\mathrm{d}}(\omega_k) &= \frac{(-1)^k \delta}{\hat{W}(\omega_k)} + P(\omega_k), \quad k = 0,1,2,\cdots,r \\ P(\omega_k) &= \sum_{n=0}^{r-1}[\alpha(n)\cos(\omega_k n)] \end{aligned} \right\} \tag{5-4-16b}$$

将式（5-4-16）写成矩阵形式

$$\begin{bmatrix} 1 & \cos\omega_0 & \cos(2\omega_0) & \cdots & \cos[(r-1)\omega_0] & 1/\hat{W}(\omega_0) \\ 1 & \cos\omega_1 & \cos(2\omega_1) & \cdots & \cos[(r-1)\omega_1] & -1/\hat{W}(\omega_1) \\ \vdots & \vdots & \vdots & \cdots & \vdots & \vdots \\ 1 & \cos\omega_r & \cos(2\omega_r) & \cdots & \cos[(r-1)\omega_r] & (-1)^r/\hat{W}(\omega_r) \end{bmatrix} \begin{bmatrix} \alpha(0) \\ \alpha(1) \\ \vdots \\ \alpha(r-1) \\ \delta \end{bmatrix} = \begin{bmatrix} \hat{H}_{\mathrm{d}}(\omega_0) \\ \hat{H}_{\mathrm{d}}(\omega_1) \\ \vdots \\ \hat{H}_{\mathrm{d}}(\omega_r) \end{bmatrix}$$

$$\tag{5-4-17}$$

解式（5-4-17）可唯一地求出 $\alpha(n)$，$n = 0,1,2,\cdots,r-1$，以及加权误差最大绝对值 δ。由 $\alpha(n)$ 能求出滤波器的 $h(n)$。但实际上这些交错点组的频率 ω_i 是不知道的，所以直接求解式（5-4-17）比较困难。通过一次次迭代求得一组交错点组频率，而且每一次迭代的过程中避免直接求解式（5-4-17），这就是数值分析中求解该问题的雷米兹（Remez）算法，其算法步骤如下。

（1）在频域任取一组 $r+1$ 个频率或等间隔取 $r+1$ 个频率 $\omega_0 < \omega_1 < \omega_2 < \omega_3 < \cdots < \omega_r$ 作为交错点组的迭代初始值；

（2）通过解式（5-4-17）来计算 δ 值；

$$\delta = \frac{\sum\limits_{k=0}^{r} c_k \hat{H}_\mathrm{d}(\omega_k)}{\sum\limits_{k=0}^{r} (-1)^k c_k \hat{H}_\mathrm{d}(\omega_k) / \hat{W}(\omega_k)} \tag{5-4-18}$$

式中

$$c_k = (-1)^k \prod_{i=0, i \neq k}^{r} \frac{1}{\cos \omega_i - \cos \omega_k} \tag{5-4-19}$$

（3）利用式（5-4-16b）计算 $\omega_0 < \omega_1 < \omega_2 < \omega_3 < \cdots < \omega_r$ 上的 $P(\omega_k)$ 值；

（4）利用拉格朗日插值法，计算 $P(\omega)$；

$$P(\omega) = \frac{\sum\limits_{i=0}^{r-1} \left(\dfrac{\beta_i}{\cos \omega - \cos \omega_i} \right) \cdot c_k}{\sum\limits_{i=0}^{r-1} \left(\dfrac{\beta_i}{\cos \omega - \cos \omega_i} \right)}$$

式中，$\beta_i = \prod\limits_{k=0, i \neq k}^{r-1} \dfrac{1}{\cos \omega_i - \cos \omega_k}$

（5）把计算所得的 $P(\omega)$ 代入式（5-4-12）计算 $E(\omega)$。如果对于所有频率都有 $|E(\omega)| \leqslant \delta$，则最佳逼近已得到，且 δ 就是波纹的极值，而 $\omega_0 < \omega_1 < \omega_2 < \omega_3 < \cdots < \omega_r$ 的初始设置就是交错点组频率，计算结束。否则，在该频率组的某些频率处，就会出现 $|E(\omega)| > \delta$，这时找出误差曲线上 $r+1$ 个极值频率点，返回（2）进行新一轮迭代，直到对于所有频率都有 $|E(\omega)| \leqslant \delta$。

需要指出的是，每一次迭代，都应把通带截止频率 ω_p、阻带起始频率 ω_st 定为诸极值点频率 ω_i 中的两个频率。

5.5　IIR 和 FIR 数字滤波器的比较

第 4 章和第 5 章分别讨论了 IIR 和 FIR 两种滤波器的设计方法。这两种滤波器究竟各自有哪些优劣之处？在实际运用时应该怎样去选择它们？为了回答这个问题，下面对这两种滤波器进行简单的比较。

从性能上来说，IIR 滤波器可以用较少的阶数获得很高的选择性，所用存储单元少，运算次数少，因此经济且效率高。但是这个高效率的代价是相位的非线性，选择性越好，则相位非线性越严重。相反，FIR 滤波器可以得到严格的线性相位。但是，如果要获得一定的选择性，则需要用较高的阶次，成本比较高，信号延时也较大。然而，FIR 滤波器的这些缺点是相对于非线性相位的 IIR 滤波器而言的。如果按相同的选择性和相同的相位线性要求，那么 IIR 滤波器就必须加全通网络进行相位校正。因此，同样要大大增加滤波器的阶数即复杂性。如果相位特性要求严格，那么 FIR 滤波器不仅在性能上而且在经济上都更优于 IIR 滤波器。

从结构上看（关于滤波器结构将在第 6 章中讨论，这里先给出结论），IIR 采用递归结构，极点位置必须在单位圆内，否则系统将不稳定。由于运算过程中需要对序列进行舍入处理，递归结构中，即使设计的极点位置在单位圆内，有时也会引起寄生振荡。相反，FIR 滤波器主要采用非递归结构，不论在理论上，还是在实际的有限精度运算中都不存在稳定性问题，运算误差也较小。此外，FIR 滤波器可以采用快速傅里叶变换算法，运算速度可以大大提高。

从以上简单比较可以看出，IIR 滤波器与 FIR 滤波器各有所长，所以在实际应用时，应该综合考虑多方面因素。例如，从使用要求看，在对相位特性要求不高或对相位不敏感的应用中，如语音通信等，选用 IIR 较为合适，可以充分发挥其经济高效的特点。而对于图像信号处理，数据传输等以波形携带信息的系统，则对系统的相位特性有线性相位特性要求，因此，采用 FIR 滤波器较好，当然在实际设计中还应考虑经济性等多方面的因素。

思 考 题

1．何为线性相位滤波器？FIR 滤波器成为线性相位滤波器的充要条件是什么？

2．对第一类线性相位和第二类线性相位 FIR 数字滤波器，$h(n)$ 分别应满足什么条件？$\theta(\omega)$ 如何表示？

3．对第一类线性相位和第二类线性相位 FIR 数字滤波器，当 N 分别取奇数或偶数时，幅度函数 $H(\omega)$ 具有什么特性？

4．若要设计线性相位高通 FIR 数字滤波器，可否选择 $h(n) = h(N-1-n)$，且 N 取偶数？

5．线性相位 FIR 数字滤波器零点分布具有什么特点？

6．试说明用窗函数法设计 FIR 数字滤波器的原理。

7．使用窗函数法设计 FIR 数字滤波器时，一般对窗函数的频谱有什么要求？这些要求能同时得到满足吗？为什么？

8．使用窗函数法设计 FIR 数字滤波器时，增加窗函数的长度 N 值，会产生什么样的效果？能减小 FIR 数字滤波器幅度响应的肩峰和余振吗？为什么？

9．窗函数法设计 FIR 滤波器时，窗函数的大小、形状对滤波器产生什么样的影响？

10．频率采样法设计 FIR 数字滤波器的原理是什么？

11．用频率采样法设计 FIR 数字滤波器，为了增加阻带衰减，一般可采用什么措施？

12．频率采样法适合哪类滤波器的设计？为什么？

13．FIR 和 IIR 滤波器各自主要的优缺点是什么？各适用于什么场合？

习 题

5-1 设 FIR 滤波器的系统函数为

$$H(z) = \frac{1}{10}(1 + 0.9z^{-1} + 2z^{-2} + 0.9z^{-3} + z^{-4})$$

（1）求出该滤波器的单位脉冲响应 $h(n)$；

（2）判断是否具有线性相位；

（3）求出其幅度特性和相位特性。

5-2 用矩形窗设计线性相位低通滤波器，逼近滤波器传输函数 $H_d(e^{j\omega})$ 为

$$H_d(e^{j\omega}) = \begin{cases} e^{-j\omega\alpha} & |\omega| \leqslant \omega_c \\ 0 & \omega_c < |\omega| \leqslant \pi \end{cases}$$

（1）求出对应于理想低通的单位脉冲响应 $h_d(n)$；

（2）求出矩形窗设计法的 $h(n)$ 表达式，确定 α 与 $h(n)$ 的长度 N 之间的关系；

（3）N 取奇数或偶数对滤波器特性有什么影响？

5-3　用矩形窗设计一线性相位高通滤波器，要逼近的滤波器传输函数 $H_d(e^{j\omega})$ 为

$$H_d(e^{j\omega}) = \begin{cases} 0 & |\omega| \leqslant \omega_c \\ e^{-j\omega\alpha} & \omega_c < |\omega| \leqslant \pi \end{cases}$$

（1）求出该理想高通的单位脉冲响应 $h_d(n)$；

（2）求出矩形窗设计的 $h(n)$ 表达式，确定 α 与 $h(n)$ 的长度 N 之间的关系；

（3）N 的取值有什么限制？为什么？

5-4　理想带通特性为

$$H_d(e^{j\omega}) = \begin{cases} e^{-j\omega\alpha} & \omega_c \leqslant |\omega| \leqslant \omega_c + B \\ 0 & |\omega| < \omega_c, \omega_c + B < |\omega| \leqslant \pi \end{cases}$$

（1）求出该理想带通的单位脉冲响应 $h_d(n)$；

（2）写出用升余弦窗设计的滤波器 $h(n)$ 表达式，确定 α 与 N 之间的关系；

（3）N 的取值是否有限制？为什么？

5-5　如果一个线性相位带通滤波器的频率响应 $H_{BP}(e^{j\omega}) = H_{BP}(\omega)e^{j\phi(\omega)}$

（1）说明 $H_{BS}(e^{j\omega}) = [1 - H_{BP}(\omega)]e^{j\phi(\omega)}$ 是一个线性相位带阻滤波器的频率响应；

（2）试用 $h_{BP}(n)$ 表示 $h_{BS}(n)$。

5-6　如果一个线性相位 FIR 滤波器的频率响应 $H(e^{j\omega}) = H(\omega)e^{j\theta(\omega)}$，其中 $H(\omega)$ 是 ω 的实函数，$\theta(\omega) = -\dfrac{N-1}{2}\omega + \dfrac{\pi}{2}$。已知 $h(0) = 1$，$h(1) = 2$，$h(2) = 3$，$h(3) = 4$。

（1）如果 $h(n)$ 的长度 $N = 8$，试写出 $h(n)$ 的其余各值，问 $h(n)$ 的对称中心为多少？

（2）如果 $h(n)$ 的长度 $N = 9$，试写出 $h(n)$ 的其余各值，问 $h(n)$ 的对称中心为多少？

5-7　一个线性相位 FIR 滤波器有零点 $z = 1$，$z = e^{j2\pi/3}$，$z = 0.5e^{-j2\pi/4}$，$z = -1/4$。

（1）它还会有其他零点吗？如果有，请写出。

（2）它的极点在 Z 平面的什么地方？该系统稳定吗？

（3）该系统的单位脉冲响应 $h(n)$ 的长度 N 最少是多少？

5-8　习题 5-8 图中，$h_1(n)$ 是偶对称序列，$N = 8$，$h_2(n)$ 是 $h_1(n)$ 圆周位移后的序列（位移 $N/2$），设

$H_1(k) = \text{DFT}[h_1(n)]$　　　N 点 DFT

$H_2(k) = \text{DFT}[h_2(n)]$　　　N 点 DFT

问：$|H_1(k)| = |H_2(k)|$ 是否成立？为什么？

$h_2(n)$ 和 $h_1(n)$ 各构成一个低通滤波器，试问它们是否是线性相位的？群延迟是多少？

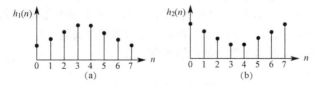

习题 5-8 图　$h_1(n)$ 和 $h_2(n)$ 的序列图

第6章 数字信号处理系统的实现

前面已经讲过，数字信号处理系统一般可用这样的方法实现：一是硬件实现，即根据描述数字信号处理系统的数学模型或信号流图，用数字硬件装配成一台能完成系统规定运算的专门的设备；二是软件实现，就是直接利用通用计算机，将所需要的运算编制成程序让计算机来执行；三是利用通用数字信号处理芯片或可编程逻辑器件，以软硬结合的方式实现对数字信号的处理。

一个离散时间系统可以用系统函数表示为

$$H(z) = \frac{\sum_{k=0}^{M} b_k z^{-k}}{1 - \sum_{k=1}^{N} a_k z^{-k}} \qquad (6\text{-}1\text{-}1)$$

或用差分方程形式表示为

$$y(n) = \sum_{k=0}^{M} b_k x(n-k) + \sum_{k=1}^{N} a_k y(n-k) \qquad (6\text{-}1\text{-}2)$$

当式（6-1-1）或式（6-1-2）中至少有一个 a_k 不为零时为 IIR 系统，若全部 a_k 均为零则是 FIR 系统。不管是 IIR 系统还是 FIR 系统，为了用硬件或软件来实现对信号的处理，都需要把式（6-1-1）或式（6-1-2）变换成一种算法。对应于同一个系统函数 $H(z)$，实现对信号的处理算法可以有很多种，每一种算法对应一种不同的运算结构（网络结构）。在第1章中已经介绍过，实现一个离散时间系统需要几种基本的运算单元：加法器、单位延时和常数乘法器。这些基本的运算单元可以有两种表示法——方框图法和信号流图法，所以系统的运算结构也有这两种表示法。这里，应该注意的是不管是方框图还是信号流图，表示的都是系统的运算结构，而不是系统的具体电路结构或设备结构。在以后的讨论中将看到，同一个系统函数 $H(z)$ 所描述的系统可以有不同的运算结构。在无限精度运算条件下，不同的运算结构实现有着完全相同的表现，但在实际中，由于有限字长的限制，不同的运算结构会对系统的精度、误差、稳定性、经济性和运算速度及运算复杂度等许多重要的性能产生不同的影响。事实上在讨论有限字长效应之前，整个讨论的都是离散时间信号与离散时间系统的分析设计问题，即无限精度的数字信号与系统的问题，但是无论是硬件实现还是软件实现，其数字信号处理系统的有关参数以及运算过程中的结果都是存储在有限字长的存储单元中的。因此，有限字长效应的问题是数字系统实现中必须面对的问题。

在本章中，首先讨论数字滤波器的结构，再研究在有限精度实现情况下，由于字长有限产生的有限字长效应，最后简单介绍实时数字信号处理的实现方法。

6.1 数字滤波器的结构

数字滤波器分为无限长单位脉冲响应（IIR）数字滤波器和有限长单位脉冲响应（FIR）数字滤波器两种。从结构上看，IIR 数字滤波器采用递归结构，FIR 数字滤波器主要采用非递归结构。下面将对它们分别加以讨论。

6.1.1　IIR 滤波器的基本结构

IIR 滤波器的基本网络结构有直接型、级联型和并联型三种。其中，直接型又可分为直接 I 型和直接 II 型。

1. 直接 I 型

一个 N 阶 IIR 滤波器的传递函数和差分方程分别如式（6-1-1）和式（6-1-2）所示。从式（6-1-2）所示的差分方程可以看出，系统的输出由两部分组成：第一部分 $\sum\limits_{k=0}^{M} b_k x(n-k)$ 是一个对输入 $x(n)$ 的 M 节延时链结构，每节延时抽头后加权相加，构成一个横向结构网络；第二部分 $\sum\limits_{k=1}^{N} a_k y(n-k)$ 是一个对输出 $y(n)$ 的 N 节延时链结构，是由输出到输入的反馈网络。其结构流图如图 6-1-1 所示，这种结构称为直接 I 型结构。由图 6-1-1 可看出，整个网络是由上面所述的两部分网络级联组成的，第一个网络实现零点，第二个网络实现极点，从图中还可以看出，直接 I 型结构需要 $(N+M)$ 个延时单元。

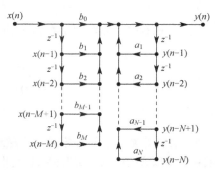

图 6-1-1　N 阶系统的直接 I 型结构

2. 直接 II 型（典范型）

由图 6-1-1 可以看出，直接 I 型结构的系统函数 $H(z)$ 也可以看成是两个独立的系统函数的乘积。

第一部分
$$H_1(z) = \sum_{k=0}^{M} b_k z^{-k}$$

第二部分
$$H_2(z) = \frac{1}{1 - \sum\limits_{k=1}^{N} a_k z^{-k}}$$

这两部分级联构成总的传递函数

$$H(z) = H_1(z) H_2(z)$$

对于一个线性非移变系统，若交换其级联子系统的次序，系统函数不变，也就是总的输入输出关系不改变。这样就得到另外一种结构如图 6-1-2 所示，它的两个级联子网络，第一个实现系统函数的极点，第二个实现系统函数的零点。设 $M=N$，可以看到，这两个子网络中，有一条延时链完全相同，因而可以将它们合并，于是得到图 6-1-3 的结构，称为直接 II 型结构，或称为典范型结构。

直接 I 型和直接 II 型结构的共同优点是简单直观。比较图 6-1-1 和图 6-1-3 可知，直接 II 型比直接 I 型结构的延时单元少，用硬件实现时可以节省移位寄存器，比直接 I 型经济；若用软件实现则可节省存储单元。虽然直接 II 型比直接 I 型结构有上述优点，但不管是直接 I 型还是直接 II 型，都存在一些共同的缺点，那就是对于高阶系统而言，直接型结构存在零点和极点调整困难的缺点，另外在后面的讨论中还会看到，直接型结构还存在极点位置灵敏度大，对系数量化效应敏感等缺点。因此，有必要讨论下面的结构。

3. 级联型

把式（6-1-1）的系统函数进行因式分解，可表示成

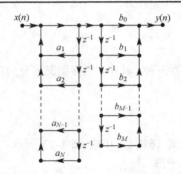

图 6-1-2　将图 6-1-1 的零、极点实现顺序互换

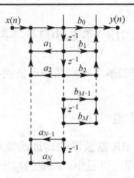

图 6-1-3　直接 II 型结构

$$H(z) = \frac{\displaystyle\sum_{k=0}^{M} b_k z^{-k}}{1 - \displaystyle\sum_{k=1}^{N} a_k z^{-k}} = A\frac{\displaystyle\prod_{k=1}^{M}(1-c_k z^{-1})}{\displaystyle\prod_{k=1}^{N}(1-d_k z^{-1})} \tag{6-1-3a}$$

式中，A 为常数，c_k 和 d_k 分别表示 $H(z)$ 的零点和极点。由于 $H(z)$ 的分子和分母都是实系数多项式，而实系数多项式的根只有实根和共轭复根两种情况。设 e_k、f_k 分别为 $H(z)$ 的实数零点和极点，各有 M_1 和 N_1 个，g_k、g^*_k 和 h_k、h^*_k 为共轭零点和极点，各有 M_2 和 N_2 对。即

$$H(z) = A\frac{\displaystyle\prod_{k=1}^{M_1}(1-e_k z^{-1})}{\displaystyle\prod_{k=1}^{N_1}(1-f_k z^{-1})} \cdot \frac{\displaystyle\prod_{k=1}^{M_2}(1-g_k z^{-1})(1-g^*_k z^{-1})}{\displaystyle\prod_{k=1}^{N_2}(1-h_k z^{-1})(1-h^*_k z^{-1})} \tag{6-1-3b}$$

将每一对共轭极点（零点）合并起来构成一个实系数的二阶因子，并把实根因子两两合并成为二阶因子，把剩余单个的实根因子看成是二阶因子中二次项系数为零的特例，于是，$H(z)$ 可以表示成多个实系数的二阶子系统 $H_k(z)$ 的连乘积形式，如式（6-1-4）所示。

$$H(z) = A\prod_k \frac{1 + \beta_{1k}z^{-1} + \beta_{2k}z^{-2}}{1 - \alpha_{1k}z^{-1} - \alpha_{2k}z^{-2}} = A\prod_k H_k(z) \tag{6-1-4}$$

　　级联的节数视具体情况而定，当 $M = N$ 时，共有 $\text{Int}\left[\dfrac{N+1}{2}\right]$ 节（Int[ ] 表示取整数），如果有奇数个实极点，则有一个系数 $\alpha_{2k} = 0$。同样，如果有奇数个实零点，则有一个系数 $\beta_{2k} = 0$。称组成系统的每一个子系统为基本节，一阶子系统为基本一阶节，二阶子系统为基本二阶节，若每一个基本二阶节 $H_k(z)$ 是用典范型结构来实现的，如图 6-1-4 所示，则可以得到系统函数 $H(z)$ 的级联型结构，如图 6-1-5 所示。级联型结构的特点是只需调整系数 α_{1k}、α_{2k} 就能单独调整滤波器第 k 对极点，而不影响其他零、极点。同样，只需调整系数 β_{1k}、β_{2k} 就能单独调整滤波器第 k 对零点，而不影响其他零、极点。所以这种结构便于准确实现滤波器的零点和极点，因而便于调整滤波器频率特性。此外，因为在级联型结构中，后面子系统

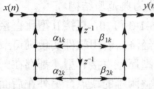

图 6-1-4　基本二阶节

的输出不会返回到前面的子系统中，所以其运算误差也比直接型小。

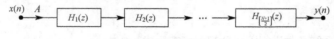

图 6-1-5　级联型结构

4．并联型

将 $H(z)$ 部分分式展开式表示成如式（6-1-5）所示的形式，可以得到数字滤波器的并联型结构。

$$H(z) = \frac{\sum_{k=0}^{M} b_k z^{-k}}{1 - \sum_{k=1}^{N} a_k z^{-k}} = \sum_{k=1}^{N_1} \frac{A_k}{1 - f_k z^{-1}} + \sum_{k=1}^{N_2} \frac{B_k(1 - q_k z^{-1})}{(1 - h_k z^{-1})(1 - h^*_k z^{-1})} + \sum_{k=0}^{M-N} G_k z^{-k} \qquad (6\text{-}1\text{-}5)$$

如果式（6-1-5）中的系数 a_k 和 b_k 都是实数，则 A_k、B_k、G_k 也都是实数，如果 $M < N$，则式（6-1-5）中不包含 $\sum_{k=0}^{M-N} G_k z^{-k}$ 项，如果 $M = N$，则 $\sum_{k=0}^{M-N} G_k z^{-k}$ 项变成 G_0 一项。将实数极点成对地组合，则 $H(z)$ 可写成

$$H(z) = \sum_{k=1}^{M-N} G_k z^{-k} + \sum_{k=1}^{N_3} \frac{r_{0k} + r_{1k} z^{-1}}{1 - \alpha_{1k} z^{-1} - \alpha_{2k} z^{-2}} \qquad (6\text{-}1\text{-}6)$$

式中，$N_3 = \text{Int}\left[\dfrac{N_1 + 1}{2}\right] + N_2$。$M = N = 3$ 时的并联实现如图 6-1-6 所示。

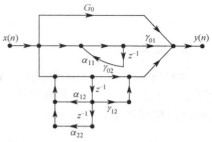

图 6-1-6　3 阶 IIR 滤波器并联型结构

　　并联型结构可以单独调整极点位置，但对于零点的调整却不如级联型方便，而且当滤波器的阶数较高时，部分分式展开比较麻烦。由于并联型结构的各基本节间的误差互不影响，没有误差积累，因此并联型结构比直接型和级联型误差更小。

6.1.2　FIR 滤波器的基本结构

　　前面的讨论针对的是 IIR 系统，其系统结构是递归的。对于有限冲激响应因果系统来说，$H(z)$ 除在 $z = 0$ 处有极点外，在有限 Z 平面没有极点，是一个全零点结构。FIR 滤波器的系统对应函数有如下形式：

$$H(z) = \sum_{n=0}^{N-1} h(n) z^{-n} \qquad (6\text{-}1\text{-}7)$$

　　这就是说，如果 $h(n)$ 的长度为 N，则 $H(z)$ 是 z^{-1} 的 N–1 次多项式。因此，$H(z)$ 在 $z = 0$ 处有 N–1 阶极点，而 N–1 个零点可处于有限 Z 平面的任何位置。如同 IIR 系统有多种结构一样，FIR 系统也有很多种实现方式。基本网络结构有直接型、级联型、频率采样型和快速卷积型等。

1．直接型（横截型、卷积型）

式（6-1-7）所示系统对应的差分方程

$$y(n) = \sum_{m=0}^{N-1} h(m) x(n-m) \qquad (6\text{-}1\text{-}8)$$

　　很明显，这可以由一条 $x(n)$ 的延时链加权求和构成，其结构如图 6-1-7 所示。在这种结构中，每一个 $h(n)$ 的变化都将导致系统零点的变化，从而改变系统特性，这种结构对零点的控制不方便。

图 6-1-7　FIR 滤波器直接型结构

2. 级联型

将系统函数 $H(z)$ 分解成二阶实系数因子的乘积形式

$$H(z) = \sum_{n=0}^{N-1} h(n)z^{-n} = A \prod_{k=1}^{\text{Int}[\frac{N}{2}]} (1 + \beta_{1k}z^{-1} + \beta_{2k}z^{-2}) \tag{6-1-9}$$

若 N 为偶数，则 $N-1$ 为奇数，故系数 β_{2k} 中有一个为零。图 6-1-8 所示为当 N 为奇数时 FIR 的级联结构。级联结构中的每一基本节控制一对零点，因而可以在需要准确控制零点时使用。

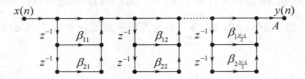

图 6-1-8　FIR 滤波器级联型结构

3. 频率采样型

由频域采样定理可知，对长度为 M 的有限长序列 $h(n)$ 的 Z 变换 $H(z)$ 在单位圆上进行 N 点等间隔采样，当 $N \geq M$ 时，N 个频率采样值就是原序列 $h(n)$ 的 N 点离散傅里叶变换 $H(k)$，此时，$H(z)$ 可以用频域采样序列 $H(k)$ 内插得到

$$H(z) = \frac{1 - z^{-N}}{N} \sum_{k=0}^{N-1} \frac{H(k)}{1 - W_N^{-k}z^{-1}} \tag{6-1-10}$$

式中

$$H(k) = H(z)\Big|_{z=e^{j\frac{2\pi}{N}k}} \qquad k = 0, 1, 2, \cdots, N-1 \tag{6-1-11}$$

式（6-1-10）为实现 FIR 系统提供了另一种可能的结构。将 $H(z)$ 改写为

$$H(z) = \frac{1}{N} H_c(z) \sum_{k=0}^{N-1} H_k'(z) \tag{6-1-12}$$

式中

$$H_c(z) = 1 - z^{-N} \qquad H_k'(z) = \frac{H(k)}{1 - W_N^{-k}z^{-1}}$$

显然，$H(z)$ 的第一部分 $H_c(z)$ 是一个由 N 阶延时单元组成的梳状滤波器，如图 6-1-9 所示，它有 N 个零点，等间隔地分布在单位圆上。

$$z_i = e^{j\frac{2\pi}{N}i} \qquad i = 0, 1, 2, \cdots, N-1$$

第二部分是由 N 个一阶网络 $H_k'(z)$ 组成的并联结构，每个一阶网络在单位圆上有一个极点。因此，$H(z)$ 的第二部分是一个有 N 个极点的谐振网络。这些极点正好与第一部分梳状滤波器的 N 个零点相抵消，从而使 $H(z)$ 在这些频率上的响应等于 $H(k)$。把这两部分级联起来就可以构成 FIR 滤波器的频率采样型结构，如图 6-1-10 所示。

FIR 滤波器的频率采样型结构主要有以下优点：首先，它的系数 $H(k)$ 是滤波器在 $\omega = 2\pi k / N$ 的响应值，因此可以直接控制滤波器的响应；其次，只要滤波器的阶数 N 相同，对于任何频率响应，其梳状滤波器部分的结构完全相同，N 个一阶谐振网络部分的结构也完全相同，只是各支路的增益 $H(k)$ 和反馈系数 W_N^{-k} 不同，因此频率采样型结构便于标准化、模块化。但是，该结构也有以下两个缺点。

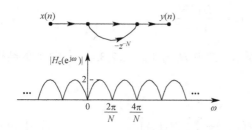

图 6-1-9　梳状滤波器结构及频率幅度响应

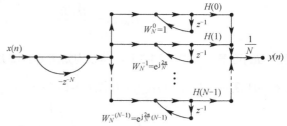

图 6-1-10　FIR 滤波器频率采样型结构

（1）该滤波器的系数 $H(k)$ 和 W_N^{-k} 一般为复数，复数乘法运算实现起来比较复杂；

（2）$H'_k(z)$ 的极点在单位圆上，系统的稳定由位于单位圆上的 N 个零点与之对消来保证，如果滤波器的系数稍有误差，极点就可能移到单位圆外，即使不在单位圆外，但造成零、极点不能完全对消，也会影响系统的稳定性。

为了克服上述缺点，对频率采样型结构做以下修正。

将单位圆上的所有零、极点向内收缩到半径为 r 的圆上，这里的 r 稍小于 1，此时

$$H(z) = \frac{1 - r^N z^{-N}}{N} \sum_{k=0}^{N-1} \frac{H_r(k)}{1 - rW_N^{-k}z^{-1}} \tag{6-1-13}$$

式（6-1-13）中，$H_r(k)$ 是在半径为 r 的圆上对 $H(z)$ 的 N 点等间隔采样值。由于 $r<1$，且 $r \approx 1$，所以可认为 $H_r(k)$ 与 $H(k)$ 近似相等，即 $H_r(k) \approx H(k)$，因此

$$H(z) \approx \frac{1 - r^N z^{-N}}{N} \sum_{k=0}^{N-1} \frac{H(k)}{1 - rW_N^{-k}z^{-1}} = \frac{1}{N} H_{rc}(z) \sum_{k=0}^{N-1} H_{rk}(z) \tag{6-1-14}$$

式中

$$H_{rc}(z) = 1 - r^N z^{-N} \qquad H_{rk}(z) = \frac{H(k)}{1 - rW_N^{-k}z^{-1}}$$

根据 DFT 的共轭对称性，如果 $h(n)$ 是实序列，则其离散傅里叶变换 $H(k)$ 关于 $N/2$ 点共轭对称，即

$$H(k) = H^*(N-k) \quad \begin{cases} k = 1,2,3,\cdots,\dfrac{N-1}{2}, & N \text{ 为奇数} \\[2mm] k = 1,2,3,\cdots,\dfrac{N}{2}-1, & N \text{ 为偶数} \end{cases}$$

又因为 $(W_N^{-k})^* = W_N^{-(N-k)}$，为了得到实系数，将 $H_{rk}(z)$ 和 $H_{r(N-k)}(z)$ 合并为一个二阶网络，记为 $H_k(z)$，则

$$H_k(z) = \frac{H(k)}{1 - rW_N^{-k}z^{-1}} + \frac{H(N-k)}{1 - rW_N^{-(N-k)}z^{-1}} = \frac{H(k)}{1 - rW_N^{-k}z^{-1}} + \frac{H^*(k)}{1 - r(W_N^{-k})^*z^{-1}}$$

$$= \frac{\beta_{0k} + \beta_{1k}z^{-1}}{1 - 2r\cos(\frac{2\pi}{N}k)z^{-1} + r^2z^{-2}} \quad \begin{cases} k = 1,2,3,\cdots,\dfrac{N-1}{2}, & N \text{ 为奇数} \\[2mm] k = 1,2,3,\cdots,\dfrac{N}{2}-1, & N \text{ 为偶数} \end{cases} \tag{6-1-15}$$

式中，$\beta_{0k} = 2\,\mathrm{Re}[H(k)]$，$\beta_{1k} = -2\,\mathrm{Re}[rH(k)W_N^k]$。

该网络是一个谐振频率为 $\omega = 2\pi k/N$ 的有限 Q 值的谐振器，其结构如图 6-1-11 所示。除了共轭复根外，$H(z)$ 还有实根。当 N 为偶数时，有一对实根 $z = \pm r$，因此，$H(z)$ 除有二阶网络外，尚有两个与 $z = \pm r$ 对应的一阶网络

$$H_0(z) = \frac{H(0)}{1 - rz^{-1}} \qquad H_{\frac{N}{2}}(z) = \frac{H(N/2)}{1 + rz^{-1}}$$

这时的 $H(z)$ 可表示为式（6-1-16），其结构如图 6-1-12 所示。图中 $H_k(z)$（$k = 1, 2, 3, \cdots, \frac{N}{2} - 1$）的结构如图 6-1-11 所示，$H_0(z)$ 和 $H_{N/2}(z)$ 如图 6-1-13 所示。

$$H(z) = \frac{1 - r^N z^{-N}}{N} \left[H_0(z) + H_{\frac{N}{2}}(z) + \sum_{k=1}^{\frac{N}{2}-1} H_k(z) \right] \tag{6-1-16}$$

当 N 为奇数时，只有一个实根 $z = r$，对应于一个一阶网络 $H_0(z)$，这时

$$H(z) = \frac{1 - r^N z^{-N}}{N} \left[H_0(z) + \sum_{k=1}^{(N-1)/2} H_k(z) \right] \tag{6-1-17}$$

显然，N 为奇数时的频率采样型修正结构由一个一阶网络和$(N-1)/2$ 个二阶网络组成，而 N 为偶数时的频率采样型修正结构由两个一阶网络和$(N/2-1)$个二阶网络组成。

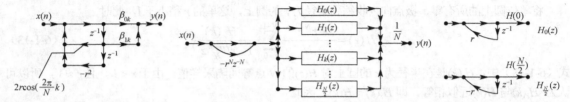

图 6-1-11　二阶谐振器　　　　图 6-1-12　修正后的 FIR 滤波器频率采样型结构　　　图 6-1-13　一阶网络

　　一般来说，当采样点数 N 较大时，频率采样型结构比较复杂，所需的乘法器和延时器比较多。但在以下两种情况时，使用频率采样型结构比较经济。

　　（1）对于窄带滤波器，由于其多数采样值 $H(k)$ 为零，所以只剩下几个不多的谐振器。这时采用频率采样型结构比直接型结构所用的乘法器少。

　　（2）在需要同时使用很多并列的滤波器的情况下，这些并列的滤波器可以采用频率采样型结构，这时可以公用梳状滤波器，只要将各谐振器的输出适当加权组合就能组成各个并列的滤波器。

　　此外，由于频率采样结构具有高度规范性，只要改变二阶谐振器的 β_{0k}、β_{1k} 及 $H(0)$、$H(N/2)$，而不需改变整个结构，就可以构成不同的滤波器，因此便于时分复用。

4．快速卷积型

　　根据圆周卷积和线性卷积的关系可知，如果

$$x(n) = \begin{cases} x(n) & 0 \leqslant n \leqslant N_1 - 1 \\ 0 & N_1 < n \leqslant L - 1 \end{cases} \qquad h(n) = \begin{cases} h(n) & 0 \leqslant n \leqslant N_2 - 1 \\ 0 & N_2 < n \leqslant L - 1 \end{cases}$$

即将输入 $x(n)$ 补上 $L - N_1$ 个零值点，将有限长单位脉冲响应 $h(n)$ 补上 $L - N_2$ 个零值点，只要满足 $L \geqslant N_1 + N_2 - 1$，则 L 点的圆周卷积就能代表线性卷积和。利用圆周卷积定理，采用 FFT 实现有限长序列 $x(n)$ 和 $h(n)$ 的线性卷积，则可得到 FIR 滤波器的快速卷积结构，如图 6-1-14 所示，当 N_1、N_2 较大时，它比直接计算线性卷积要快得多。

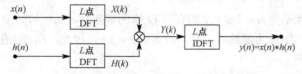

图 6-1-14　FIR 滤波器卷的快速卷积型结构

5. 线性相位 FIR 滤波器的结构

如第 5 章所述，线性相位 FIR 滤波器满足 $h(n) = \pm h(N-1-n)$，根据对称条件，当 N 为奇数时，可得其系统函数

$$H(z) = \sum_{n=0}^{\frac{N-1}{2}-1} h(n)[z^{-n} \pm z^{-(N-1-n)}] + h\left(\frac{N-1}{2}\right)z^{-\frac{N-1}{2}} \tag{6-1-18}$$

式中，方括号内的"+"号表示 $h(n)$ 是偶对称，"−"号表示 $h(n)$ 是奇对称。$h(n)$ 是奇对称时必有 $h[(N-1)/2] = 0$，由式（6-1-18）可得 N 为奇数时线性相位 FIR 滤波器的结构如图 6-1-15 所示。

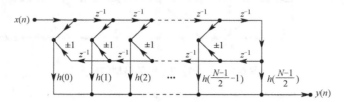

图 6-1-15　N 为奇数时线性相位 FIR 滤波器的结构

当 N 为偶数时，系统函数

$$H(z) = \sum_{n=0}^{\frac{N}{2}-1} h(n)[z^{-n} \pm z^{-(N-1-n)}] \tag{6-1-19}$$

由式（6-1-19）可得 N 为偶数时线性相位 FIR 滤波器的结构如图 6-1-16 所示。

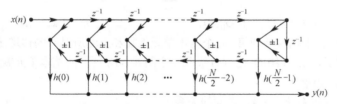

图 6-1-16　N 为偶数时线性相位 FIR 滤波器的结构

6.1.3　数字滤波器的格型结构

由于数字滤波器的格型结构具有模块化，便于高速并行处理，以及对有限字长不敏感等优点，在现代信号处理如功率谱估计、语音信号处理、自适应滤波等方面得到了广泛应用。下面将分别讨论全零点系统、全极点系统的格型结构。

1. 全零点系统（FIR 系统）的格型结构

一个 M 阶 FIR 系统的系统函数

$$H(z) = \sum_{n=0}^{M} h(n)z^{-n}$$

设 $h(0) = 1$，则

$$H(z) = 1 + \sum_{n=1}^{M} h(n)z^{-n} = 1 + \sum_{i=1}^{M} b_i^{(M)} z^{-i} \tag{6-1-20}$$

式中，$h(i) = b_i^{(M)}$，该系统的格型结构如图 6-1-17 所示。从图 6-1-17 可以看出，该格型结构有 M 个参数，共需 $2M$ 次乘法，M 次延时；信号传递从左到右，没有反馈，是一个典型的 FIR 系统；该格型结构的基本单元如图 6-1-18 所示，传递关系为

$$f_m(n) = f_{m-1}(n) + k_m g_{m-1}(n-1) \qquad m = 1, 2, \cdots, M \tag{6-1-21a}$$

$$g_m(n) = k_m f_{m-1}(n) + g_{m-1}(n-1) \qquad m = 1, 2, \cdots, M \tag{6-1-21b}$$

且

$$f_0(n) = g_0(n) = x(n) \tag{6-1-22a}$$

$$f_M(n) = y(n) \tag{6-1-22b}$$

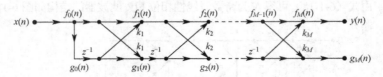

图 6-1-17　全零点系统的格型结构

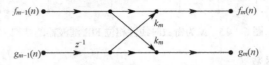

图 6-1-18　全零点系统格型结构的基本单元

若定义

$$B_m(z) = F_m(z) / F_0(z) = 1 + \sum_{i=1}^{m} b_i^{(m)} z^{-i} \qquad m = 1, 2, \cdots, M \tag{6-1-23a}$$

$$\overline{B}_m(z) = G_m(z) / G_0(z), \qquad\qquad m = 1, 2, \cdots, M \tag{6-1-23b}$$

则 $B_m(z)$ 和 $\overline{B}_m(z)$ 分别是由输入端到第 m 个基本单元上端和下端所对应的传递函数。当 $m = M$ 时，$B_M(z) = H(z)$。很明显，$m-1$ 级的 $B_{m-1}(z)$ 级联一个图 6-1-18 所示的基本单元就是 $B_m(z)$。可见，格型结构有非常规则的结构形式。

下面分析 $h(n)$ 与参数 $k_1, k_2, \cdots, k_M$ 之间的关系。

首先分析 $B_m(z)$ 和 $\overline{B}_m(z)$ 与 $B_{m-1}(z)$ 和 $\overline{B}_{m-1}(z)$ 之间的递推关系，对式（6-1-21）两端取 Z 变换，可得

$$F_m(z) = F_{m-1}(z) + k_m z^{-1} G_{m-1}(z) \tag{6-1-24a}$$

$$G_m(z) = k_m F_{m-1}(z) + z^{-1} G_{m-1}(z) \tag{6-1-24b}$$

将式（6-1-24a）和式（6-1-24b）分别除以 $F_0(z)$ 和 $G_0(z)$，由式（6-1-23），并考虑到 $F_0(z) = G_0(z)$，有

$$B_m(z) = B_{m-1}(z) + k_m z^{-1} \overline{B}_{m-1}(z) \tag{6-1-25a}$$

$$\overline{B}_m(z) = k_m B_{m-1}(z) + z^{-1} \overline{B}_{m-1}(z) \tag{6-1-25b}$$

及

$$B_{m-1}(z) = [B_m(z) - k_m \overline{B}_m(z)] / (1 - k_m^2) \tag{6-1-26a}$$

$$\overline{B}_{m-1}(z) = [-z k_m B_m(z) + z \overline{B}_m(z)] / (1 - k_m^2) \tag{6-1-26b}$$

式（6-1-25）和式（6-1-26）给出了格型结构由低到高和由高到低系统函数的传递关系，注意，这里同时包含有 $B_m(z)$ 和 $\overline{B}_m(z)$。

由式（6-1-23）有 $B_0(z) = \overline{B}_0(z) = 1$，所以

$$B_1(z) = B_0(z) + k_1 z^{-1} \overline{B}_0(z) = 1 + k_1 z^{-1}$$

$$\overline{B}_1(z) = k_1 B_0(z) + z^{-1} \overline{B}_0(z) = k_1 + z^{-1}$$

即
$$\bar{B}_1(z) = z^{-1}B_1(z^{-1})$$

令 $m = 2, 3, 4, \cdots, M$ ，不难推出

$$\bar{B}_m(z) = z^{-m}B_m(z^{-1}) \tag{6-1-27}$$

将式（6-1-27）代入式（6-1-25a）和式（6-1-26a）得

$$B_m(z) = B_{m-1}(z) + k_m z^{-m}B_{m-1}(z^{-1}) \tag{6-1-28a}$$

$$B_{m-1}(z) = [B_m(z) - k_m z^{-m}B_m(z^{-1})]/(1-k_m^2) \tag{6-1-28b}$$

这样，就分别得到了格型结构由低到高和由高到低的系统函数的传递关系。

再分析 $h(n)$ 与参数 $k_1, k_2, \cdots, k_M$ 之间的关系。将式（6-1-23a）关于 $B_m(z)$ 和 $B_{m-1}(z)$ 的定义代入式 (6-1-28)，利用待定系数法，可以得两组递推关系

$$\begin{cases} b_m^{(m)} = k_m \\ b_i^{(m)} = b_i^{(m-1)} + k_m b_{m-i}^{(m-1)} \end{cases} \tag{6-1-29a}$$

$$\begin{cases} k_m = b_m^{(m)} \\ b_i^{(m-1)} = [b_i^{(m)} - k_m b_{m-i}^{(m)}]/(1-k_m^2) \end{cases} \tag{6-1-29b}$$

式（6-1-29a）和式（6-1-29b)中， $i = 1, 2, \cdots, (m-1)$ ； $m = 2, 3, \cdots, M$ 。

当给定 $B_M(z) = H(z)$ 时，可以按如下步骤求出参数 $k_1, k_2, \cdots, k_M$ ：

（1）由式（6-1-29）得 $k_M = b_M^{(M)}$ ；

（2）根据式（6-1-29b），由 k_M 及系数 $b_1^{(M)}, b_2^{(M)}, \cdots, b_M^{(M)}$ 求出 $B_{M-1}(z)$ 的系数 $b_1^{(M-1)}$, $b_2^{(M-1)}$, $\cdots$, $b_{M-1}^{(M-1)}$ ，或者直接由式（6-1-28b）求出 $B_{M-1}(z)$ ， $k_{M-1} = b_{M-1}^{(M-1)}$ ；

（3）重复（2），求出全部 $k_M, k_{M-1}, \cdots, k_1$ ； $B_{M-1}(z), B_{M-2}(z), \cdots, B_1(z)$ 。

2. 全极点系统（IIR 系统）的格型结构

一个 N 阶全极点 IIR 系统的系统函数

$$H(z) = \frac{1}{A(z)} = \frac{1}{1 + \displaystyle\sum_{i=1}^{N} a_i^{(N)} z^{-i}} \tag{6-1-30}$$

全极点系统的格型结构如图 6-1-19 所示，该格型结构的基本单元如图 6-1-20 所示，根据图 6-1-19 知传递关系为

$$f_{m-1}(n) = f_m(n) - k_m g_{m-1}(n-1) \qquad m = 1, 2, \cdots, N \tag{6-1-31a}$$

$$g_m(n) = k_m f_{m-1}(n) + g_{m-1}(n-1) \qquad m = 1, 2, \cdots, N \tag{6-1-31b}$$

且
$$f_0(n) = g_0(n) = y(n) \tag{6-1-32a}$$

$$f_N(n) = x(n) \tag{6-1-32b}$$

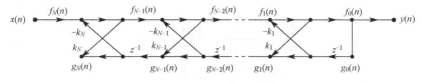

图 6-1-19 全极点系统的格型结构

用与全零点系统的格型结构类似的分析方法，分析系统参数 $a_i^{(N)}$ 与参数 $k_1, k_2, \cdots, k_N$ 之间的关系。

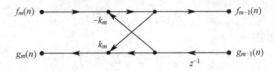

图 6-1-20　全极点系统格型结构的基本单元

在图 6-1-19 中，令 $N=1$，则对应于一阶全极点格型结构，由式（6-1-31）有

$$f_0(n) = f_1(n) - k_1 g_0(n-1) \tag{6-1-33a}$$
$$g_1(n) = k_1 f_0(n) + g_0(n-1) \tag{6-1-33b}$$

因为 $f_0(n) = g_0(n) = y(n)$，$f_1(n) = x(n)$，所以式（6-1-33）又可写成

$$y(n) = f_1(n) - k_1 y(n-1) = x(n) - k_1 y(n-1) \tag{6-1-34a}$$
$$g_1(n) = k_1 y(n) + y(n-1) \tag{6-1-34b}$$

这样式（6-1-34a）所表示的是输入为 $x(n)$、输出为 $y(n)$ 的一阶 IIR 系统，而式（6-1-34b）所表示的是输入为 $y(n)$、输出为 $g_1(n)$ 的一阶 FIR 系统。对式（6-1-34a）取 Z 变换，得

$$\frac{Y(z)}{F_1(z)} = \frac{1}{1+k_1 z^{-1}}$$

令 $A_1(z) = 1 + k_1 z^{-1}$，则

$$\frac{Y(z)}{F_1(z)} = \frac{1}{1+k_1 z^{-1}} = \frac{1}{A_1(z)}$$

对式（6-1-34b）取 Z 变换，得

$$\frac{G_1(z)}{Y(z)} = k_1 + z^{-1} = z^{-1}(1 + k_1 z) = z^{-1} A_1(z^{-1}) = \overline{A}_1(z)$$

若令 $N=2$，则

$$f_1(n) = f_2(n) - k_2 g_1(n-1) \tag{6-1-35a}$$
$$g_2(n) = k_2 f_1(n) + g_1(n-1) \tag{6-1-35b}$$

此时有 $f_2(n) = x(n)$，再由式（6-1-33）得

$$y(n) = -k_1(1+k_2)y(n-1) - k_2 y(n-2) + x(n) \tag{6-1-36a}$$
$$g_2(n) = k_2 y(n) + k_1(1+k_2)y(n-1) + y(n-2) \tag{6-1-36b}$$

可见，式（6-1-36a）所表示的是输入为 $x(n)$、输出为 $y(n)$ 的二阶 IIR 系统，而式（6-1-36b）所表示的是输入为 $y(n)$、输出为 $g_2(n)$ 的二阶 FIR 系统。再对式（6-1-36）取 Z 变换，可得

$$\frac{Y(z)}{F_2(z)} = \frac{1}{1+k_1(1+k_2)z^{-1}+k_2 z^{-2}} = \frac{1}{A_2(z)} \tag{6-1-37a}$$
$$\frac{G_2(z)}{Y(z)} = k_2 + k_1(1+k_2)z^{-1} + z^{-2} = z^{-2} A_2(z^{-1}) = \overline{A}_2(z) \tag{6-1-37b}$$

以此类推，若定义

$$\frac{Y(z)}{F_m(z)} = \frac{1}{A_m(z)}, \quad \frac{G_m(z)}{Y(z)} = \overline{A}_m(z)$$

则

$$\overline{A}_m(z) = z^{-m} A_m(z^{-1})$$

且

$$H(z) = \frac{Y(z)}{F_N(z)} = \frac{1}{A_N(z)} = \frac{1}{1+\displaystyle\sum_{i=1}^{N} a_i^{(N)} z^{-i}}$$

可见，图 6-1-19 对应的全极点 IIR 系统的格型结构，正好是图 6-1-17 对应的全零点 FIR 系统的格型结构的逆过程。由于两种结构的基本差分方程式（6-1-21）和式（6-1-31）是一样的，所以系数 $k_1, k_2, \cdots, k_N$ 以及 $a_i^{(m)}$ 与 FIR 系统的格型结构计算方法一样，所不同的仅仅是将系数 $b_i^{(m)}$ 换成了 $a_i^{(m)}$。

6.1.4　数字滤波器的转置结构

转置定理： 若将信号流图全部支路的方向反向，且保持全部的支路传输系数不变，输入变量（源节点变量）和输出变量（汇节点变量）交换位置，则当信号流图中只有一个输入和一个输出时，转置后的流图与原流图有相同的传输函数。

转置定理是 Mason 公式的一个推论。在此不予证明，而以一个具体例子来说明转置定理的正确性。

例如，图 6-1-21(a)所示的是一个信号流图，按照转置定理，将全部支路的方向都反向，输入 $x(n)$ 与输出 $y(n)$ 互换位置，就得到一个转置流图，如图 6-1-21(b)所示，为了习惯，将图 6-1-21(b)中的输入重画在左边，输出重画在右边，则图 6-1-21(b)可改画为图 6-1-21(c)。

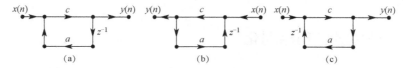

图 6-1-21　流图及其转置

由图 6-1-21(a)，设第一个中间节点变量为 $w(n)$，可以写出

$$W(z) = X(z) + az^{-1}Y(z) \tag{6-1-38}$$
$$Y(z) = cW(z) \tag{6-1-39}$$

将式（6-1-39）代入式（6-1-38）可得传递函数

$$H(z) = \frac{c}{1 - acz^{-1}}$$

由图 6-1-21(b)或图 6-1-21(c) 同样可以写出其传递函数

$$H(z) = \frac{c}{1 - acz^{-1}}$$

可见，转置后的流图与原流图有相同的传递函数。

根据转置定理，可以得出前面各种结构的转置结构（读者自行完成）。

6.2　数字信号处理系统中的有限字长效应分析

在设计数字信号处理系统时，当根据技术指标要求设计出 $H(z)$ 后，可选择 6.1 节所述的某种运算结构（当然还存在其他可选择的运算结构），用有限精度运算来实现这个系统函数，完成数字信号处理系统的实现。但到目前为止，所讨论的数字信号与数字系统都还没有涉及精度问题，因此之前所讨论的内容均为无限精度的信号处理，也就是离散时间信号处理。实际上，任何一个数字系统，不论是采用专用硬件构成还是用通用计算机软件实现，其中的各系数及每次运算过程中的结果总是存储在有限长的存储单元中的。也就是说，数字信号处理系统中的每个数总是用有限长的二进制数来表达的，这种有限字长表达的数当然是有限精度的，因此，必然带来一定的误差。另外，如果系统是采样信号处理系统，输入的模拟量在经过 A/D 变换器转变为有限字长的数字信号时，也同样会带来这种误差，因此在数字系统中，共有三种因量化而引起误差的因素：

（1）A/D 变换的量化效应；

（2）滤波器系数的量化效应；

（3）数字运算过程中的有限字长效应。

其中，前两种是对模拟量量化所引起的误差，最后一种是由于数字量在运算过程中需要对运算结果作尾数处理所引起的误差。分析研究数字系统中存在的这些误差，其目的在于以下两方面。①通过分析，确定系统的置信度。若置信度差，就要采取改进措施。一般情况下，由于计算机字长较长，所以采用通用计算机实现数字信号处理系统时，可不考虑字长的影响。②通过分析，为硬件实现提供器件选择依据。因为一方面系统精度决定着需要的字长，也就是必须知道为达到设计所需的精度应该选用的最小字长；另一方面需要由最小字长选择 DSP 芯片类型，因为不同的 DSP 芯片价格差别很大。因此，数字信号处理系统的设计不可避免地要涉及有限字长效应问题。

数字信号处理系统中上述三种因素所造成的影响是很复杂的，它既和所采用的运算方式有关，也和字长的长短有关，而且还与系统的运算结构有密切的关系。同时将所有这些因素一起分析是困难的，通常将以上三种效应分别进行分析，独立地计算出它们的影响。在分析这三种效应之前先从二进制的数码表示方法开始。

 ### 6.2.1 二进制数的表示和量化

在数字系统中所用的二进制表示方法有多种，最基本的是定点制与浮点制。

1. 定点制与浮点制

在整个运算中，如果小数点在数码中的位置固定不变，称为定点制。例如，7 位字长的数，其小数点固定在第三位上，则在整个运算中，小数点始终都是在第三位上不变，$M = 110.1101$ 所代表的十进制数

$$M = 1 \times 2^2 + 1 \times 2^1 + 0 \times 2^0 + 1 \times 2^{-1} + 1 \times 2^{-2} + 0 \times 2^{-3} + 1 \times 2^{-4} = 6.812\,5$$

通常定点制都把数限制在 ± 1 之间，即

$$-1 < M < 1$$

这样就把小数点规定在第一位二进制码之前，而把整数位作为"符号位"，代表数的正负号，数的本身只有小数部分称为"尾数"。例如，0.75 表示为 0.110，–0.75 则表示为 1.110。定点制在整个运算过程中，所有运算结果的绝对值都不得超过 1。但在实际问题中数可能很大，这时应对运算过程中的各数乘以某一比例因子，使整个运算中数的最大绝对值不超过 1。运算完毕后再除以比例因子，从而还原为真值输出。定点制中加法运算不会增加字长，但是若比例因子选得不当，加法运算存在溢出的可能。如果运算过程中出现绝对值超过 1 时，整数部分就要进入符号位，称为"溢出"。为了避免出现溢出，应选择合适的比例因子。但是，在 IIR 滤波器中分母的系数决定着极点的位置，所以不适合用比例因子，一般对滤波器系数来说不受小数点规定的限制。

定点制数的乘法运算不会造成溢出，因为绝对值小于 1 的两个数相乘后绝对值仍然小于 1，但是，字长却要增加一倍。例如，字长为三位的两个数 $x = 0.101$ 和 $y = 0.011$，相乘后字长为 6 位，$x \times y = 0.001111$。一般来说，$(b+1)$ 位的定点制（其中 b 为字长，1 代表一位符号位），相乘后字长需要 $(2b+1)$ 位，如果再与 b 位字长的数相乘，就需要 $(3b+1)$ 位字长。所以，在定点制的每次相乘运算之后，通常需要对尾数作截尾或舍入的处理，使结果仍然保持 b 位字长。这样的处理会带来截尾误差或舍入误差。

定点制的缺点是动态范围小，有溢出的可能。浮点制则克服了这个缺点，有很大动态范围，溢出的可能性很小，不需要比例因子。浮点制是将一个数表达为尾数和指数两部分。

$$x = \pm M \times 2^c$$

式中，M 是它的尾数部分，2^c 是它的指数部分，c 是阶数，称为"阶码"。例如，$x = 0.110 \times 2^{101}$，其十进数为 $x = 0.75 \times 2^5 = 24$。

浮点制中为了充分利用尾数的有效位数，总是使尾数的第一位保持为 1，称为归一化，例如，$x = 0.011 \times 2^{101}$ 就是非归一化形式，它的归一化形式为 $x = 0.110 \times 2^{100}$。在归一化形式中尾数范围为

$$1/2 \leqslant M < 1$$

尾数的字长决定浮点制的运算精度，而阶码的字长决定浮点制的动态范围。

浮点制的乘法是尾数相乘、阶码相加，尾数相乘的过程与定点制相同，因此也要作截尾或舍入的处理。浮点制的相加需要分三步进行，第一步要对位，使两数的阶码相等，第二步是相加，第三步是使结果归一化并作尾数处理。浮点制的优点是动态范围很大，一般可以不考虑溢出问题。但浮点制运算中，不论是相乘或者相加都需要作尾数量化处理，因而都有量化误差。

2．负数的表示法：原码、补码、反码

不论是定点制还是浮点制的尾数都是将整数值用做符号位，一般的 $(b+1)$ 位码的形式为

$$\beta_0 \beta_1 \beta_2 \cdots \beta_b \tag{6-2-1}$$

β_i 代表第 i 位二进制码，β_i 可以取 0 或 1，β_0 代表符号位，β_1 至 β_b 代表 b 位尾数的尾数值。根据负数表达形式的不同，二进制码又可分为原码、补码、反码 3 种。

1）原码

原码的尾数部分代表数的绝对值，符号位代表数的正负号，一般 $\beta_0 = 0$ 代表正数，$\beta_0 = 1$ 代表负数。例如，$x = 0110$ 表示的是 $+0.75$，$x = 1110$ 表示的是负数 (-0.75)，用式（6-2-1）的形式表示原码时，该原码所代表的十进制数值为

$$x = (-1)^{\beta_0} \sum_{i=1}^{b} \beta_i 2^{-i} \tag{6-2-2}$$

原码的优点是乘除运算方便，不论正负数乘除运算都一样，并以符号位简单地决定结果的正负号，但加减运算则不方便，因为两数相加，先要判断两数符号是否相同。若两数符号相同做加法，否则做减法，并且还需判断两数绝对值的大小，用大者减小者。

2）补码

补码中负数采用 2 的补数来表示，也即当 x 为负数时，用 x 对 2 的补数 x_e 来代表。

$$x_e = 2 - |x| \tag{6-2-3}$$

例如，$x = -0.75$，在原码中表示为 1110，在补码中 $x = 2 - 0.75 = 1.25$，因此补码表示为 1.010，这里整数 1 正好代表了负数。对于式（6-2-1）所表示的一般形式，补码所代表的十进数值为

$$x = -\beta_0 + \sum_{i=1}^{b} \beta_i 2^{-i} \tag{6-2-4}$$

例如补码 1110，按照式（6-2-4）可知所表示的数为 $x = -1 + 0.75 = -0.25$。采用补码后，加法运算就方便了，不论数的正负，都可直接相加，而且符号位也同样参与运算，如果符号位发生进位，把进位的 1 丢掉就行了。

3）反码

负数的反码表示就是将该数正数表示形式中的所有 0 改为 1，所有 1 改为 0。

例如 $x = -0.75$，其正数 $x = 0.75$ 的表达形式为 0.110，而反码表示为 1001。

负数的反码与补码表达之间有一简单的关系，即补码等于反码在最低位+1。例如，$x = -0.75$，反

码表示为1001，补码表达则为1010。这个加1，代表加一个2^{-b}，因此反码的十进制数值可以由以下公式表达

$$x = -\beta_0(1-2^{-b}) + \sum_{i=1}^{b} \beta_i 2^{-i} \tag{6-2-5}$$

采用反码后加法运算也比较方便。

这三种码各有优缺点，如何选用要看所用硬件及通用计算机的规定。例如加法器硬件习惯上多用补码制，而串行乘法器硬件则常选用原码。

3. 量化方式：截尾与舍入

不论是定点制中的乘法还是浮点制中的乘法和加法，运算完毕后都会使字长增加。例如，原来是b位字长，运算后增长到b_1位字长，因而都需要对尾数作量化处理，使b_1位字长缩减为b位字长。截尾处理是保留b位码，去掉余下的位，舍入处理是在最接近的位按"0舍1入"取b位码。这两种处理所产生的误差是不一样的，同时，不同的码制所得结果也不一样。下面分别加以分析。

对于正数3种码的形式都是相同的，即一个b_1位的正数x为

$$x = (-1)^{\beta_0} \sum_{i=1}^{b_1} \beta_i 2^{-i} = \sum_{i=1}^{b_1} \beta_i 2^{-i} \tag{6-2-6}$$

以$[\cdot]_T$表示截尾处理，因此

$$[x]_T = (-1)^{\beta_0} \sum_{i=1}^{b} \beta_i 2^{-i} = \sum_{i=1}^{b} \beta_i 2^{-i} \tag{6-2-7}$$

以E_T表示截尾误差

$$E_T = [x]_T - x \tag{6-2-8}$$

将式（6-2-6）和式（6-2-7）代入式（6-2-8）得

$$E_T = [x]_T - x = -\sum_{i=b+1}^{b_1} \beta_i 2^{-i} \tag{6-2-9}$$

式（6-2-9）表明正数的截尾误差总是负的，当β_i全部为1时，具有最大误差

$$E_{T\max} = -\sum_{i=b+1}^{b_1} 2^{-i} = -(2^{-b} - 2^{-b_1})$$

即

$$-(2^{-b} - 2^{-b_1}) \leqslant E_T \leqslant 0$$

一般$2^{-b} \gg 2^{-b_1}$，令

$$q = 2^{-b} \tag{6-2-10}$$

式中，q是最小码位所代表的数值，称为"量化宽度"或"量化阶"。因此正数的截尾误差为

$$-q < E_T \leqslant 0 \tag{6-2-11}$$

对于负数，由于三种码表达方式不同，误差也不同，对于原码$\beta_0 = 1$，在式（6-2-6）和式（6-2-7）中取$\beta_0 = 1$，由式（6-2-8）可得负数原码的截尾误差是正的，且

$$0 \leqslant E_T < q \tag{6-2-12}$$

同样的方式，分别将由式（6-2-4）所表示的补码和式（6-2-5）所表示的反码应用于式（6-2-8），可推出补码截尾误差与正数时一样

$$-q < E_T \leqslant 0 \tag{6-2-13}$$

而反码截尾误差

$$0 \leqslant E_T < q \tag{6-2-14}$$

　　总之，补码的截尾误差都是负值，其量化处理的非线性特性如图 6-2-1(a)所示。原码与反码的截尾误差与数的正负有关，正数时误差为负，负数时误差为正，其量化的非线性特性如图 6-2-1(b)所示。

　　对于舍入处理，由于是按最接近的数取量化，所以不论是正数、负数，也不论是原码、补码、反码，其误差总是在 $\pm q/2$ 之间，如图 6-2-2 所示。

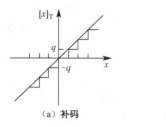

（a）补码

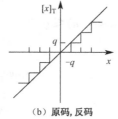

（b）原码，反码

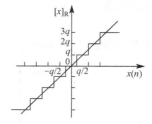

图 6-2-1　定点制截尾处理的量化特性　　　　　图 6-2-2　定点制舍入处理的量化特性

　　由于舍入误差是对称分布，截尾误差是单极性分布，所以，它们的统计特性是不相同的，一般来讲，截尾误差大于舍入误差。因为量化误差是随机的，所以采用统计方法去分析。

6.2.2　A/D 变换的量化效应

1．A/D 变换的量化效应

　　分析 A/D 变换器量化效应的目的在于选择合适字长的 A/D 变换器，以满足信噪比指标。一个 A/D 变换器从功能上讲，一般可以分为两部分，即采样与量化，如图 6-2-3 所示。通过采样，连续时间信号 $x_a(t)$ 转变为采样序列 $x_a(nT)$，这个变换在前面已经分析过了。

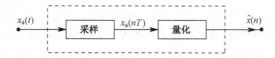

图 6-2-3　A/D 变换器的功能

　　现在要讨论的是量化这一部分，即讨论由采样序列 $x_a(nT)$ 到有限字长数字信号 $\hat{x}(n)$ 这一转换过程中的量化效应。

　　为了讨论清楚这个量化效应，可以把一个实际的 A/D 变换想象为两个理想的步骤：第一步是无限精度的理想 A/D 变换，它的结果是准确的代表采样值，即 $x(n) = Ax_a(nT)$，其中 A 是比例因子，因为 A/D 变换总是定点制的，为了使信号不超过 A/D 变换的动态范围，选择 A 使 $x(n)$ 在 $(-1, 1)$ 之间。$x(n)$ 可以用无限长字长来表示，如果采用补码表示，这个表达式为

$$x(n) = -\beta_0 + \sum_{i=1}^{\infty} \beta_i 2^{-i} \tag{6-2-15}$$

　　第二步，则是对 $x(n)$ 量化，使字长固定在 b 位，这个量化可以采用截尾或者舍入。对于截尾处理

$$\hat{x}(n) = [x(n)]_{\mathrm{T}} = -\beta_0 + \sum_{i=1}^{b} \beta_i 2^{-i} \tag{6-2-16}$$

截尾的量化误差

$$e_{\mathrm{T}}(n) = \hat{x}(n) - x(n) = \sum_{i=b+1}^{\infty} \beta_i 2^{-i}$$

所以

$$-q < e_{\mathrm{T}}(n) \leqslant 0 \tag{6-2-17}$$

这种 A/D 变换的量化特性如图 6-2-4(a)所示。

对于舍入处理则

$$-q/2 < e_{\mathrm{R}}(n) \leqslant q/2 \tag{6-2-18}$$

其量化特性如图 6-2-4(b)所示。

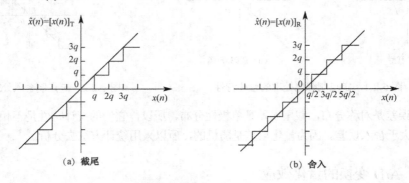

图 6-2-4   A/D 变换量化特性

2. 量化误差的统计分析

虽然式（6-2-17）和式（6-2-18）给出了量化误差 $e(n)$ 的范围，但是要完全精确地知道误差究竟有多大几乎是不可能的，同时也没有必要。一般只要知道误差的一些平均效应就够了，例如可把量化误差的平均效应作为确定 A/D 变换所需字长的依据，所以对于量化误差采用统计分析的方法是合适的。为了进行统计分析，假设：①量化误差 $e(n)$ 是一个平稳的随机序列；②量化误差 $e(n)$ 与信号 $x(n)$ 是不相关的；③量化误差 $e(n)$ 序列本身的任意两个值之间也是不相关的；④量化误差 $e(n)$ 有均匀等概的分布。

根据这样的假定，量化误差就是一个与信号序列完全不相关的白色噪声序列，称为量化噪声，它与信号的关系是加性的。这样，一个实际的 A/D 变换可视为在一个理想的 A/D 变换的输出端加入了一个白色噪声源序列 $e(n)$，这种统计分析的模型如图 6-2-5 所示。

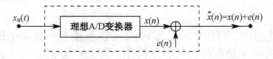

图 6-2-5   A/D 变换的统计分析模型

这种统计假设并不一定符合实际。例如输入 $x(n)$ 是直流或方波这一类规则信号时，显然不能认为误差是线性独立和白色的。但是，当信号不规则时，这种假设就是合适的，且信号越不规则，这种假设就越接近实际。

下面计算白色噪声序列 $e(n)$ 的平均值 m_{e} 及方差 σ_{e}^2。

$$m_{\mathrm{e}} = E[e(n)] = \int_{-\infty}^{\infty} eP(e)\mathrm{d}e \tag{6-2-19}$$

$$\sigma_{\mathrm{e}}^2 = E\{[e - m_{\mathrm{e}}]^2\} = \int_{-\infty}^{\infty} (e - m_{\mathrm{e}})^2 P(e)\mathrm{d}e \tag{6-2-20}$$

式中，$E[\cdot]$ 表示取数学期望，由于 $e(n)$ 是平稳的，在求数学期望时与 n 无关，因此可不标 n；$P(e)$ 是误差 $e(n)$ 的概率密度函数。通常，A/D 变换器中采用补码表示。由于 $e(n)$ 是均匀等概分布，因此对截尾误差及舍入误差，其概率密度函数分别如图 6-2-6(a) 和图 6-2-6(b) 所示。

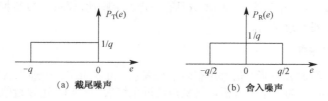

（a）截尾噪声　　　　　　　　（b）舍入噪声

图 6-2-6　量化噪声的概率分布

将概率密度函数分别代入式（6-2-19）和式（6-2-20），可得

截尾量化噪声

$$\begin{cases} m_e = -q/2 \\ \sigma_e^2 = q^2/12 \end{cases} \tag{6-2-21}$$

舍入量化噪声

$$\begin{cases} m_e = 0 \\ \sigma_e^2 = q^2/12 \end{cases} \tag{6-2-22}$$

从式（6-2-21）和式（6-2-22）可以看到，量化噪声的方差是和 A/D 变换的字长直接相关的，字长越长，q 越小，量化噪声越小；字长越短，q 越大，量化噪声也越大。另外，我们看到截尾噪声具有直流分量，因此一般总是更愿意采用舍入处理。

对于舍入处理，设信号 $x(n)$ 的功率为 σ_x^2，则信噪比为

$$\text{SNR} = \frac{\sigma_x^2}{\sigma_e^2} = \frac{\sigma_x^2}{q^2/12} = 12 \times 2^{2b}\sigma_x^2$$

表示成分贝数

$$\text{SNR} = 10\lg\frac{\sigma_x^2}{\sigma_e^2} = 10\lg12 + b20\lg2 + 10\lg\sigma_x^2 = 10.79 + 6.02b + 10\lg\sigma_x^2 \text{(dB)}$$

由此式可见，除了信号的功率 σ_x^2 值越大，信噪比越大这个明显道理之外，随着字长 b 的增大，信噪比也增大。

前面已指出，当输入信号超过 A/D 变换器量化动态范围时，必须压缩输入信号幅度，也就是说应对 $Ax_a(nT)$ 作量化（这里 $0 < A < 1$）。由于 $Ax_a(nT)$ 的方差为 $A^2\sigma_x^2$，所以此时的信噪比应为

$$\text{SNR} = 10\lg\frac{A^2\sigma_x^2}{\sigma_e^2} = 10.79 + 6.02b + 10\lg\sigma_x^2 + 20\lg A \text{(dB)}$$

在此式中由于 $A<1$，所以 $\lg A$ 为负数，因此压缩信号幅度，将使信噪比受损。

很多模拟信号如语言和音乐，都可以视为一个随机过程，因此可用概率分布来表示这些信号。在幅值为零附近，概率分布出现峰值，而随幅度的增大，分布曲线迅速下降。一个给定取样序列的幅度超过信号均方值 3～4 倍的概率是非常小的。因此，如果取 $A = 1/(4\sigma_x)$，则不出现限幅失真的概率是非常大的，也就是说，可以认为基本不出现限幅失真。此时信噪比为

$$\text{SNR} = 10\lg\frac{A^2\sigma_x^2}{\sigma_e^2} \approx 6b - 1.25 \text{(dB)} \tag{6-2-23}$$

式（6-2-23）是数字信号处理的一个重要的关系式。由式（6-2-23）可见，A/D 变换器每增加一位字长，则信噪比增加 6dB。例如，如果需要得到信噪比（SNR）不低于 70 dB，至少需要采用字长 $b=12$ 位。如果要求达到 80dB，则至少需要采用字长 $b=14$ 位。虽然字长越长，A/D 变换器的信噪比越高，但字长过长也没有必要，因为输入信号 $x_a(t)$ 本身具有一定的信噪比，要求 A/D 变换器的量化噪声比 $x_a(t)$ 本身的噪声电平更低是没有意义的。

3. 量化噪声通过系统

按照前面的分析，经过 A/D 后，信号用有限字长表示，可视为在一个理想 A/D 变换器的输出加上量化噪声，即 $x(n)+e(n)$。为了单独分析量化噪声通过系统后的影响，可以近似地将系统看做是完全理想的，也就是无限精度的线性系统。这样，系统的输出为

$$\hat{y}(n) = \hat{x}(n) * h(n) = [x(n)+e(n)] * h(n) = x(n)*h(n) + e(n)*h(n) = y(n) + e_f(n)$$

因此，线性相加的输入噪声在系统的输出端仍然是线性相加的，如图 6-2-7 所示。

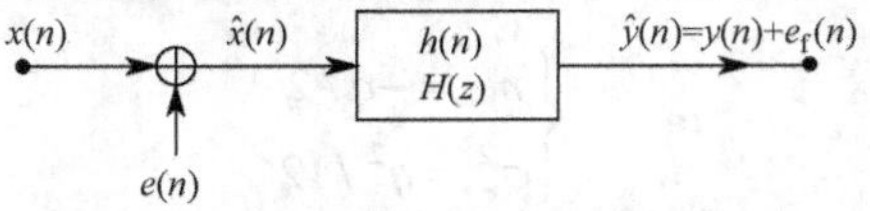

图 6-2-7　量化噪声通过线性系统

其输出噪声可以表示为

$$e_f(n) = e(n) * h(n) \tag{6-2-24}$$

如果 $e(n)$ 是舍入噪声，那么输出噪声的方差

$$\sigma_f^2 = E[e_f^2(n)] = E\left[\sum_{m=0}^{\infty} h(m)e(n-m)\sum_{l=0}^{\infty} h(l)e(n-l)\right]$$

$$= \sum_{m=0}^{\infty}\sum_{l=0}^{\infty} h(m)h(l)E\left[e(n-m)e(n-l)\right] \tag{6-2-25}$$

由于 $e(n)$ 是白色的，即 $e(n)$ 序列的各随机量之间互不相关，因此

$$E\left[e(n-m)e(n-l)\right] = \delta(m-l)\sigma_e^2$$

将这个结果代入式（6-2-25）可得

$$\sigma_f^2 = \sum_{m=0}^{\infty}\sum_{l=0}^{\infty} h(m)h(l)\delta(m-l)\sigma_e^2 = \sigma_e^2 \sum_{m=0}^{\infty} h^2(m) \tag{6-2-26}$$

根据 Parseval 定理，式（6-2-26）也可表示为

$$\sigma_f^2 = \frac{\sigma_e^2}{2\pi j}\oint_C H(z)H(z^{-1})\frac{\mathrm{d}z}{z} \tag{6-2-27}$$

或

$$\sigma_f^2 = \frac{\sigma_e^2}{2\pi}\int_{-\pi}^{\pi}|H(e^{j\omega})|^2\,\mathrm{d}\omega \tag{6-2-28}$$

如果 $e(n)$ 是截尾噪声，输出噪声除了具有以上的方差值外，尚有一直流分量 m_f

$$m_f = E[e_f(n)] = E\left[\sum_{m=0}^{\infty} h(m)e(n-m)\right] = \sum_{m=0}^{\infty} h(m)E[e(n-m)]$$

因此

$$m_f = m_e \sum_{m=0}^{\infty} h(m) = m_e H(e^{j0}) \tag{6-2-29}$$

以上这些分析对于任何白色量化噪声通过线性系统都是适合的，因此这些结果在下面的分析中还将引用。

6.2.3　系数量化对数字滤波器的影响

由于滤波器的所有系数都必须以有限长度的二进制码形式存放到存储器中，所以实际系统与理想系统之间存在误差，从而导致滤波器的零、极点位置发生偏离，进而影响到滤波器的性能。

例如，本来按无限精度设计的特性符合要求，但在实现时，由于系数量化使得实际的特性可能不再符合要求，严重时，甚至可能使单位圆内的极点偏移到单位圆以外，这样系统就不再稳定，滤波器也就不能使用了。

系数量化对滤波器的影响固然和字长有关，同时也和滤波器的结构密切相关。因此选择合适的结构对改善因系数量化所产生的影响是十分重要的。

为了使读者在系数量化对零、极点位置的影响方面有一个感性的认识，先以一个二阶 IIR 滤波器为例，讨论系数量化字长对滤波器的零、极点位置的限制。设滤波器传递函数

$$H(z) = A\frac{1 + b_1 z^{-1} + b_2 z^{-2}}{1 + a_1 z^{-1} + a_2 z^{-2}}$$

该传递函数的零点完全由系数 b_1、b_2 决定，而极点则完全由系数 a_1、a_2 决定。以极点为例来分析，设 $H(z)$ 有一对共轭极点

$$z_{1,2} = re^{\pm j\theta}$$

则

$$1 + a_1 z^{-1} + a_2 z^{-2} = (1 - re^{-j\theta}z^{-1})(1 - re^{j\theta}z^{-1}) = 1 - 2rz^{-1}\cos\theta + r^2 z^{-2}$$

所以

$$\begin{cases} r^2 = a_2 \\ r\cos\theta = -a_1/2 \end{cases} \tag{6-2-30}$$

式（6-2-30）说明，对于二阶网络，其极点的半径 r 完全由系数 a_2 决定，极点在实轴上的坐标值 $r\cos\theta$ 则取决于系数 a_1。为了绘图方便，假设 a_1、a_2 用三位二进制表示，则只能有 8 种不同值，因而只能表达 8 种半径 r 值，和 ±7/8 之间的 15 种实轴坐标 $r\cos\theta$ 值，如表 6-2-1 所示。三位字长的系数所能表达的极点位置就是图 6-2-8 所示的网眼节点，可见，极点位置被限制在 Z 平面的有限的固定位置上。当所需的极点位置不在这些网眼节点上时，就只能以最靠近的一个节点来代替这一极点位置，这样，就引入了极点位置误差，误差严重时，甚至会使系统失去稳定。

表 6-2-1　三位字长（$b=3$）系数所能表达的共轭极点参数

$\|a_1\|$的三位二进制码 $\beta_1, \beta_2, \beta_3$	所表达的$\|a_1\|$值	极点横坐标 $\|r\cos\theta\| = \left\|\frac{a_1}{2}\right\|$	a_2的三位二进制码 $\beta_1, \beta_2, \beta_3$	所表达的 a_2 值	极点半径 $r = \sqrt{a_2}$
0.00	0.00	0.000	0.000	0.000	0.000
0.01	0.25	0.125	0.001	0.125	0.354
0.10	0.50	0.250	0.010	0.250	0.500
0.11	0.75	0.375	0.011	0.375	0.612
1.00	1.00	0.500	0.100	0.500	0.707
1.01	1.25	0.625	0.101	0.625	0.791
1.10	1.50	0.750	0.110	0.750	0.866
1.11	1.75	0.875	0.111	0.875	0.935

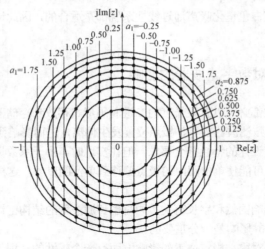

图 6-2-8　三位字长系数所能表达的共轭极点位置

零点位置与系数 b_1、b_2 的关系与上述讨论结果一样。可见，系数的量化会造成零点和极点位置的变化。另外，从这个例子中还发现，对于直接型结构，在 Z 平面上零点和极点位置的分布密度也是不均匀的。在实轴附近分布稀疏，在虚轴附近分布密集，在半径小的地方分布稀疏，在半径大的地方分布密集，即实轴附近量化误差大，虚轴附近量化误差小。这样使得实轴附近的极点（如低通滤波器、高通滤波器）量化误差较大，而对虚轴附近的极点（如带通滤波器）量化误差较小。上面的分析是二阶直接型结构的情况，不同结构的滤波器，系数量化对零点和极点位置的影响也是不一样的。为了清楚地反映系数量化对零点和极点位置的影响，下面分析一个 N 阶直接型结构的 IIR 滤波器的系数量化对极点的影响。下面的概念和全部分析方法同样可应用于零点，只是因为极点位置的变化会影响到系统的稳定性，因此一般更为人们所关注。

设 N 阶直接型结构的 IIR 滤波器的系统函数

$$H(z) = \frac{\sum\limits_{i=0}^{M} b_i z^{-i}}{1 - \sum\limits_{i=1}^{N} a_i z^{-i}} = \frac{B(z)}{A(z)} \tag{6-2-31}$$

当系数量化以后，实际传递函数

$$\hat{H}(z) = \frac{\sum\limits_{i=0}^{M} \hat{b}_i z^{-i}}{1 - \sum\limits_{i=1}^{N} \hat{a}_i z^{-i}} \tag{6-2-32}$$

式中，$\hat{a}_i$、$\hat{b}_i$ 分别是量化后的系数。

$$\hat{a}_i = a_i + \Delta a_i \tag{6-2-33a}$$

$$\hat{b}_i = b_i + \Delta b_i \tag{6-2-33b}$$

Δa_i 和 Δb_i 是系数的偏差值，这些偏差值将造成零点和极点位置的偏差。下面分析极点的情况。设 $H(z)$ 在无限精度下的极点为 $z_i, i = 1, 2, \cdots, N$，则分母多项式可表达为

$$A(z) = 1 - \sum\limits_{i=1}^{N} a_i z^{-i} \tag{6-2-34}$$

或

$$A(z) = \prod_{i=1}^{N} (1 - z_i z^{-1}) \qquad (6\text{-}2\text{-}35)$$

设因系数量化引起极点位置偏差量为 Δz_i，则有偏差的极点为 $z_i + \Delta z_i$，$i = 1, 2, \cdots, N$，Δz_i 是由各系数偏差 Δa_i 引起的，因此

$$\Delta z_i = \sum_{k=1}^{N} \frac{\partial z_i}{\partial a_k} \Delta a_k \qquad\qquad i = 1, 2, \cdots, N \qquad (6\text{-}2\text{-}36)$$

式（6-2-36）清楚地表明，$\partial z_i / \partial a_k$ 值的大小决定着系数 a_k 的偏差 Δa_k 对极点偏差 Δz_i 的影响程度，$\partial z_i / \partial a_k$ 越大，Δa_k 对 Δz_i 的影响就越大；$\partial z_i / \partial a_k$ 越小，Δa_k 对 Δz_i 的影响就越小。因此称 $\partial z_i / \partial a_k$ 是极点 z_i 对系数 a_k 变化的灵敏度。下面根据多项式 $A(z)$ 来求这个极点位置灵敏度的表达式，利用偏微分关系

$$\left(\frac{\partial A(z)}{\partial z_i} \right)_{z=z_i} \left(\frac{\partial z_i}{\partial a_k} \right) = \left(\frac{\partial A(z)}{\partial a_k} \right)_{z=z_i}$$

可以得

$$\frac{\partial z_i}{\partial a_k} = \frac{\partial A(z) / \partial a_k}{\partial A(z) / \partial z_i} \bigg|_{z=z_i} \qquad (6\text{-}2\text{-}37)$$

根据式（6-2-34）可得

$$\frac{\partial A(z)}{\partial a_k} = -z^{-k} \qquad (6\text{-}2\text{-}38)$$

假设 z_i 全部为单根，根据式（6-2-35）可得

$$\frac{\partial A(z)}{\partial z_i} = -z^{-1} \prod_{\substack{k=1 \\ k \neq i}}^{N} (1 - z_k z^{-1}) = -z^{-N} \prod_{\substack{k=1 \\ k \neq i}}^{N} (z - z_k) \qquad (6\text{-}2\text{-}39)$$

将式（6-2-39）和式（6-2-38）代入式（6-2-37），得极点位置灵敏度

$$\frac{\partial z_i}{\partial a_k} = \frac{z_i^{N-k}}{\displaystyle\prod_{\substack{k=1 \\ k \neq i}}^{N} (z_i - z_k)} \qquad (6\text{-}2\text{-}40)$$

这个公式具有重要意义，它的分母中每个因子 $(z_i - z_k)$ 是一个由极点 z_k 指向极点 z_i 的矢量，整个分母是所有除 z_i 以外的极点指向极点 z_i 的矢量积。这些矢量越长即极点彼此间距离越远，极点位置灵敏度越低；这些矢量越短即极点彼此越靠近，则极点位置灵敏度就越高。例如，一个共轭极点在虚轴附近的滤波器如图 6-2-9(a)所示，与一个共轭极点在实轴附近如图 6-2-9(b)所示的滤波器比较，前者极点间距离比后者长，因此前者的极点位置灵敏度比后者小，也即在相同的系数量化下所造成的误差前者比后者小。又如，高阶直接型结构的滤波器与低阶比较，前者极点数目多而密集，而后者极点数目少而稀疏，因此高阶直接型滤波器比低阶的滤波器对系数要敏感得多。

同样道理，并联结构及级联结构将比直接型结构要好得多，例如一个具有三对共轭极点的滤波器，其直接型传递函数可表达为

$$H(z) = \frac{b_0 + b_1 z^{-1} + \cdots + b_6 z^{-6}}{1 - a_1 z^{-1} - \cdots - a_6 z^{-6}}$$

极点分布如图 6-2-10(a)所示。如果将三对共轭根分解为三个二阶因子

$$H(z) = \frac{B_1(z)}{A_1(z)} \cdot \frac{B_2(z)}{A_2(z)} \cdot \frac{B_3(z)}{A_3(z)} = H_1(z) \cdot H_2(z) \cdot H_3(z) = \prod_{i=1}^{3} H_i(z)$$

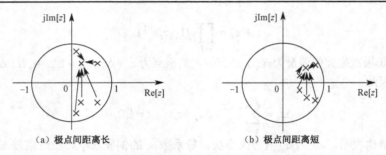

（a）极点间距离长　　　　　　　（b）极点间距离短

图 6-2-9　极点位置灵敏度与极点间距离成正比

那么 $H(z)$ 可以用三个二阶网络级联结构实现

其中
$$H_i(z) = \frac{B_i(z)}{1 - a_{i1}z^{-1} - a_{i2}z^{-2}} = \frac{B_i(z)}{(1 - z_i z^{-1})(1 - z_i^* z^{-1})} \qquad i = 1, 2, 3$$

这样每个级联二阶网络都是一个独立的网络，它只含一对共轭极点 z_i 和 z_i^*，如图 6-2-10(b)所示。

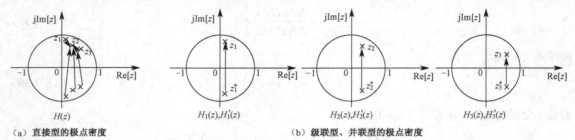

$H(z)$ 　　　　　　　　$H_1(z), H_1'(z)$ 　　　$H_2(z), H_2'(z)$ 　　　$H_3(z), H_3'(z)$

（a）直接型的极点密度　　　　　　　　　　（b）级联型、并联型的极点密度

图 6-2-10　　直接型与级联型、并联型极点密度的比较

每一对共轭极点只由两个系数 a_{1i} 和 a_{2i} 决定而与其他的系数无关，因此对于每个极点来说，式（6-3-40）的分母中都只有一个因子 $(z_i - z_i^*)$，即

$$\frac{\partial z_i}{\partial a_{1i}} = \frac{z_i}{(z_i - z_i^*)}$$

$$\frac{\partial z_i}{\partial a_{2i}} = \frac{1}{(z_i - z_i^*)}$$

所以采用级联型结构后，每个单元网络的极点密集度比直接型网络稀疏很多，因而大大地改善了极点位置对系数的灵敏度。

同样，采用三个并联二阶网络实现时

$$H(z) = \frac{B_1'(z)}{A_1(z)} + \frac{B_2'(z)}{A_2(z)} + \frac{B_3'(z)}{A_3(z)} = H_1'(z) + H_2'(z) + H_3'(z) = \sum_{i=1}^{3} H_i'(z)$$

并联二阶网络 $H_i'(z)$，$i = 1, 2, 3$ 与级联型网络一样，每个网络也只有一对共轭极点，如图 6-2-10(b)所示。因此，具有与级联型结构同等的极点位置灵敏度。

以上分析方法对于零点位置来说同样适合。

总之，系数量化对零、极点位置的影响不仅与字长有关，而且与零、极点本身的状态及滤波器的结构也有密切关系。对于高阶滤波器来说，应该避免采用直接型的结构，而尽量分解为低阶网络的级联结构或并联结构。这样，在给定字长的条件下，可以使系数量化的影响最小。另外，应用式（6-2-40）可以分析各系数对极点的影响程度，这样可以掌握对系数精度的要求。例如，对那些灵敏度特别高的地方可以采用双倍精度的系数，这样，能既经济又有效地满足滤波器的精度要求。

下面进一步讨论如何计算系数量化后所引起的滤波器频响特性的偏差。因为用极点的偏差并不能直接得到频响特性的偏差，特别是在高阶情况下，系数很多，它们的量化误差就更带有随机的性质，因此，采用统计分析的方法将系数量化误差看做一个随机变量，这样，对于估计滤波器性能的偏差是很有效的。

仍然以 N 阶 IIR 直接型结构为例，其理想精度的传递函数为

$$H(z) = \frac{\sum\limits_{i=0}^{M} b_i z^{-i}}{1 - \sum\limits_{i=1}^{N} a_i z^{-i}} = \frac{B(z)}{A(z)}$$

这里理想精度是指滤波器系数没有量化误差，至于运算过程中的有限字长效应在这里暂不涉及。因为如果一起计算，各种因素混淆在一起，分析起来较复杂，也分不清各自的影响。

如式（6-2-33a）和式（6-2-33b），设量化后系数

$$\hat{a}_i = a_i + \Delta a_i$$
$$\hat{b}_i = b_i + \Delta b_i$$

式中，Δa_i、Δb_i 是系数的量化误差，如果系数 $\hat{a}_i$、$\hat{b}_i$ 采用小数点后 b 位字长并且量化是采用舍入量化，那么误差 Δa_i、Δb_i 的范围

$$-q/2 < [\Delta a_i、\Delta b_i] \leqslant q/2$$

这样实际滤波器的传递函数

$$\hat{H}(z) = \frac{\sum\limits_{i=0}^{M} \hat{b}_i z^{-i}}{1 - \sum\limits_{i=1}^{N} \hat{a}_i z^{-i}}$$

下面计算传递函数 $\hat{H}(z)$ 与其无限精度的 $H(z)$ 之间的偏差，将式（6-2-33a）和式（6-2-33b）代入 $\hat{H}(z)$，则

$$\hat{H}(z) = \frac{\sum\limits_{i=0}^{M} \hat{b}_i z^{-i}}{1 - \sum\limits_{i=1}^{N} \hat{a}_i z^{-i}} = \frac{\sum\limits_{i=0}^{M} b_i z^{-i} + \sum\limits_{i=0}^{M} \Delta b_i z^{-i}}{1 - \sum\limits_{i=1}^{N} a_i z^{-i} - \sum\limits_{i=1}^{N} \Delta a_i z^{-i}} = \frac{B(z) + \Delta B(z)}{A(z) - \Delta A(z)} \qquad (6\text{-}2\text{-}41)$$

式中

$$\Delta A(z) = \sum\limits_{i=1}^{N} \Delta a_i z^{-i} \qquad (6\text{-}2\text{-}42a)$$

$$\Delta B(z) = \sum\limits_{i=0}^{M} \Delta b_i z^{-i} \qquad (6\text{-}2\text{-}42b)$$

$$\hat{H}(z) = \frac{B(z) + \Delta B(z)}{A(z) - \Delta A(z)} = \frac{B(z)}{A(z)} + \frac{\Delta B(z) + \Delta A(z) \cdot B(z)/A(z)}{A(z) - \Delta A(z)}$$

$$= H(z) + \frac{\Delta B(z) + \Delta A(z) \cdot B(z)/A(z)}{A(z) - \Delta A(z)} \qquad (6\text{-}2\text{-}43)$$

设系统函数的偏差为 $H_E(z)$

$$H_E(z) = \hat{H}(z) - H(z) = \frac{\Delta B(z) + \Delta A(z) \cdot B(z) / A(z)}{A(z) - \Delta A(z)} \qquad (6\text{-}2\text{-}44)$$

由式（6-2-43）可知，实际系统 $\hat{H}(z)$ 也可以看成是无限精度系统 $H(z)$ 和系统偏差 $H_E(z)$ 的并联，如图 6-2-11 所示，系统频响特性的偏差

$$H_E(e^{j\omega}) = \hat{H}(e^{j\omega}) - H(e^{j\omega}) \qquad (6\text{-}2\text{-}45)$$

$$\varepsilon^2 = \frac{1}{2\pi} \int_{-\pi}^{\pi} |H_E(e^{j\omega})|^2 \, d\omega = \frac{1}{2\pi j} \oint_C H_E(z) H_E(z^{-1}) \frac{dz}{z} \qquad (6\text{-}2\text{-}46)$$

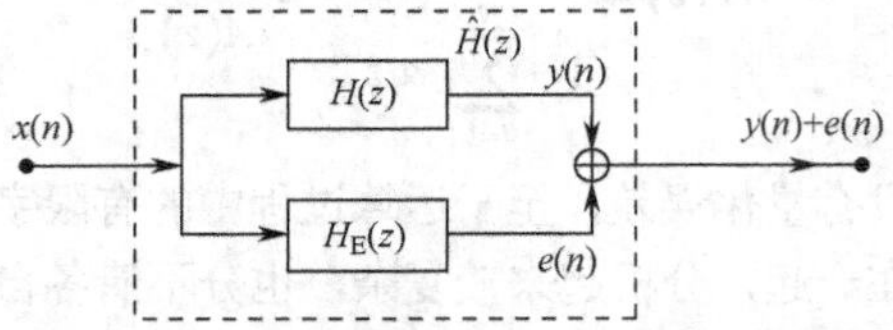

图 6-2-11　系数量化的统计分析模型结构

以 ε^2 作为频响偏差的度量，这在误差分析理论中是常用的，将式（6-2-45）代入式（6-2-46），就能计算出偏差 ε^2 值。但是一般 Δa_i、Δb_i 并不能精确知道，这时为了估计 ε^2 的大小，假设 Δa_i、Δb_i 都是独立的均匀等概分布的随机变量，因此在舍入的情况下它们的平均值及方差分别为

$$E[\Delta a_i] = E[\Delta b_i] = 0 \qquad (6\text{-}2\text{-}47a)$$

$$\sigma^2 = E[\Delta a_i^2] = E[\Delta b_i^2] = q^2 / 12 \qquad (6\text{-}2\text{-}47b)$$

这样就可以对偏差 ε^2 求数学期望，得到频响偏差的方差 σ_E^2

$$\sigma_E^2 = E[\varepsilon^2] = E\left[\frac{1}{2\pi} \int_{-\pi}^{\pi} |H_E(e^{j\omega})|^2 \, d\omega\right] = E\left[\frac{1}{2\pi j} \oint_C H_E(z) H_E(z^{-1}) \frac{dz}{z}\right] \qquad (6\text{-}2\text{-}48)$$

对 $H_E(z)$ 作一阶近似

$$H_E(z) = \frac{\Delta B(z) + \Delta A(z) \cdot B(z) / A(z)}{A(z) - \Delta A(z)} \approx \frac{\Delta B(z) + \Delta A(z) \cdot H(z)}{A(z)} \qquad (6\text{-}2\text{-}49)$$

将式（6-2-42a）和式（6-2-42b）代入式（6-2-49），得

$$H_E(z) = \frac{\displaystyle\sum_{i=0}^{M} \Delta b_i z^{-i} + H(z) \sum_{i=1}^{N} \Delta a_i z^{-i}}{A(z)} \qquad (6\text{-}2\text{-}50)$$

所以

$$\sigma_E^2 = E\left\{\frac{1}{2\pi j} \oint_C \frac{\left[\displaystyle\sum_{i=0}^{M} \Delta b_i z^{-i} + H(z) \sum_{i=1}^{N} \Delta a_i z^{-i}\right]}{A(z)} \frac{\left[\displaystyle\sum_{j=0}^{M} \Delta b_j z^{j} + H(z^{-1}) \sum_{j=1}^{N} \Delta a_j z^{j}\right]}{A(z^{-1})} \frac{dz}{z}\right\} \qquad (6\text{-}2\text{-}51)$$

考虑到 Δa_i、Δb_i 各自是统计独立的，所以

$$E[\Delta a_i \Delta b_j] = 0$$

$$E[\Delta a_i \Delta a_j] = E[\Delta b_i \Delta b_j] = 0, \; i \neq j$$

因此

$$\sigma_E^2 = \left(\sum_{i=0}^{M} E[\Delta b_i^2]\right) \frac{1}{2\pi j} \oint_C \frac{z^{-1} dz}{A(z) A(z^{-1})} + \left(\sum_{i=1}^{N} E[\Delta a_i^2]\right) \frac{1}{2\pi j} \oint_C \frac{H(z) H(z^{-1}) dz}{A(z) A(z^{-1}) z} \qquad (6\text{-}2\text{-}52)$$

将式（6-2-47b）代入式（6-2-52），则

$$\sigma_{\mathrm{E}}^2 = \frac{q^2}{12}\left\{\frac{M+1}{2\pi\mathrm{j}}\oint_C \frac{z^{-1}dz}{A(z)A(z^{-1})} + \frac{N}{2\pi\mathrm{j}}\oint_C \frac{H(z)H(z^{-1})\mathrm{d}z}{A(z)A(z^{-1})z}\right\} \tag{6-2-53}$$

一旦滤波器设计好以后，$H(z)$、$A(z)$、M、N 就是确定的，因此可以利用式（6-2-53）估算系数在一定字长 b 之下，频响的偏离方差 σ_{E}^2 值，或者按一定的偏离方差 σ_{E}^2 来确定系数所需的字长。

实际上对于一个具体滤波器来说，系数量化误差是固定的而并非是随机变量，其 ε^2 也是一个固定值。之所以将它们都假定为随机变量是为了对 ε^2 的大小作一个概率的估计，即 σ_{E}^2 只是 ε^2 最有可能出现的估值。滤波器阶数越高，这种估计的收敛性就越好，实践证明也是如此，即高阶滤波器的实验结果与式（6-2-53）计算的结果非常吻合。

6.2.4　数字滤波器定点制运算中的有限字长效应

滤波器的实现包含三种运算：相乘、相加、延时。其中延时不造成字长变化；在定点运算时，相乘的结果使尾数的位数增加，因此需要进行尾数处理；相加的结果不会使尾数的位数增加，但有可能溢出。本节将分析运算中引入误差，其目的是选择合适的滤波器运算位数，以满足设计要求。

1. IIR 滤波器中的零输入极限环振荡

由前面的分析可知，量化处理是非线性的。在数字滤波器中，由于运算过程的尾数处理使系统引入了非线性环节。一个非线性系统当存在反馈时，在一定条件下就可能振荡，数字系统也一样。IIR 滤波器是一个反馈系统，在无限精度的情况下，当它的所有极点都在单位圆以内时，这个系统一定是稳定的。但是，在有限精度情况下，即使所设计的滤波器所有极点都在单位圆内，当去掉输入信号以后，由于舍入所引入的非线性作用，输出会停留在某一数值上，或在一定数值间振荡，这种现象称为"零输入极限环振荡"。下面以简单的一阶 IIR 网络为例进行分析。

设一阶 IIR 网络的传递函数

$$H(z) = \frac{1}{1-az^{-1}} \tag{6-2-54}$$

在无限精度运算下，其差分方程可表达为

$$y(n) = ay(n-1) + x(n) \tag{6-2-55}$$

设系数 $a = 0.75$，即系统的极点为 $p = 0.75 < 1$，完全在单位圆内，因此这个系统肯定是符合稳定条件的。如果输入序列 $x(n) = 0.5\delta(n)$，那么在无限精度的情况下，其输出 $y(n)$ 也将逐渐衰减到零。即

$$y(n) = 0.5a^n = 0.5(0.75)^n \to 0$$

但是当有尾数处理时，情况就不同了。例如，在定点制中，每次乘法运算后都必须对尾数进行处理，不妨设为舍入处理。此时的差分方程可以表示为

$$\hat{y}(n) = [a\hat{y}(n-1)]_{\mathrm{R}} + x(n) \tag{6-2-56}$$

这个运算过程可以用图 6-2-12 所示的非线性流图表示。设在这个一阶系统中字长 $b = 3$ 比特，系数 $a = 0.75$，用二进制表示为 0110，将式（6-2-56）所表示的非线性差分方程的每一步运算结果列于表 6-2-2 中，这样可以清楚地看到整个运算过程。从这个运算过程可以看到，输出停留在 $y(n) = 0010$ 上不再衰减，如图 6-2-13(a)所示，$y(n) = 0010$ 以下区域也称为"死带"区域。如果系数 a 是负数，如 -0.75，则每乘一次，改变一次符号，因此，输出将是正负相间的，如图 6-2-13(b)所示。这时，$y(n)$ 就在 ± 0.25 之间作不衰减的振荡，这种振荡现象就是零输入极限环振荡。

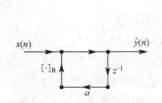

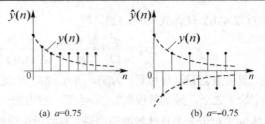

(a) $a=0.75$ (b) $a=-0.75$

图 6-2-12 一阶 IIR 网络非线性流图   图 6-2-13 一阶 IIR 网络的零输入极限环振荡

这个现象是怎样产生的呢？只要仔细考察表 6-2-2 的最后一列就可以看出，当 $\hat{y}(n-1)=0010$ 时，$a\hat{y}(n-1)=000110$，虽然数值衰减了，但经过舍入处理后又进位为 $[a\hat{y}(n-1)]_R=0010$，仍然和 $\hat{y}(n-1)$ 相同，因此输出就保持不变。这种情况可以这样解释，只要满足

$$\left|[a\hat{y}(n-1)]_R\right|=|\hat{y}(n-1)| \tag{6-2-57}$$

时，舍入处理就使系数 a 失效，或者说相当于换成了一个绝对值为 1 的等效系数 $|a'|=1$

$$[a\hat{y}(n-1)]_R=a'\hat{y}(n-1) \tag{6-2-58}$$

表 6-2-2 $a=0.75=(0.110)_2$ 的一阶网络运算过程

n	$x(n)$	$\hat{y}(n-1)$	$a\hat{y}(n-1)$	$[a\hat{y}(n-1)]_R$	$\hat{y}(n)$	
0	0.100	0.000	0.000	0.000	0.100	(0.500)
1	0.000	0.100	0.01100	0.011	0.011	(0.375)
2	0.000	0.011	0.01001	0.010	0.010	(0.250)
3	0.000	0.010	0.00110	0.010	0.010	(0.250)
4	0.000	0010.	0.00110	0.010	0.010	(0.250)
⋮	⋮	⋮	⋮	⋮	⋮	⋮

将式（6-2-58）代入式（6-2-56），可以求得极点为 a' 的等效传递函数

$$H'(z)=\frac{1}{1-a'z^{-1}}=\frac{1}{1\pm z^{-1}}$$

例如当 $a=-0.75$ 时，$H'(z)$ 的极点就等效迁移到了单位圆上 $a'=-1$ 处，而当 $a=0.75$ 时，则等效迁移到单位圆上的 $+1$ 点上，如图 6-2-14 所示。此时，系统不再稳定，出现振荡。

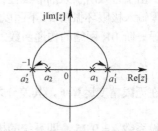

下面进一步分析极限环的振荡幅度与字长的关系。由于舍   图 6-2-14 舍入处理使极点等效迁移
入误差的绝对值在 $q/2$ 以内，因此

$$\left|[a\hat{y}(n-1)]_R-a\hat{y}(n-1)\right|\leqslant q/2 \tag{6-2-59a}$$

或

$$\left|[a\hat{y}(n-1)]_R\right|-|a|\,|\hat{y}(n-1)|\leqslant q/2 \tag{6-2-59b}$$

将式（6-2-57）代入式（6-2-59b）就可得

$$|\hat{y}(n-1)|-|a|\,|\hat{y}(n-1)|\leqslant q/2$$

因此，可以得到 $\hat{y}(n-1)$ 的幅度

$$|\hat{y}(n-1)|\leqslant\frac{q/2}{1-|a|} \tag{6-2-60}$$

例如在上面的例子中，$a=0.75$，$b=3$，所以 $q=2^{-3}=1/8$，因此

$$|\hat{y}(n)|=|\hat{y}(n-1)|\leqslant\frac{q/2}{1-|a|}=0.25$$

与表 6-2-2 所分析的结果一致，式（6-2-60）表明，极限环振荡的幅度与量化阶成正比。因此增加字长可使极限环振荡减弱。

在高阶 IIR 网络中，同样存在这种极限环振荡现象，但是振荡的形式更多更复杂，这里就不一一讨论了。最后顺便指出，这种振荡对滤波器来说固然是不利的，但也可以利用这个原理来构成各种序列振荡器。

极限环振荡的产生是有条件的。对于一阶 IIR 滤波器来说，由式（6-2-60）看出，如果振幅的数值小于一个量化间隔 $q = 2^{-b}$，那么，用 b 位定点小数来表示这个值将是零。这意味着，滤波器的输出衰减为零，即不会出现极限环振荡现象。因此，一阶 IIR 滤波器不产生极限环振荡的条件是

$$| \hat{y}(n-1) | \leqslant \frac{q/2}{1-|a|} < q \qquad (6\text{-}2\text{-}61)$$

由此可得

$$|a| < 1/2 \qquad (6\text{-}2\text{-}62)$$

这意味着，只要一阶 IIR 滤波器系数的绝对值不超过 0.5，则无论用多短的字长来实现都不会产生极限环振荡。

2．大信号极限环振荡（溢出振荡）

由于定点加法运算中的溢出，使数字滤波器输出产生的振荡，叫做溢出振荡。当采用定点补码时，如果两个正的定点数相加大于 1，进位后符号变为 1，结果变成了不正确的负数，此时，补码累加器的作用，就好像是对真实的加法作了一个非线性变换。补码加法器的输入/输出关系如图 6-2-15 所示，输出具有循环的特性。

消除和削弱溢出振荡的一种简单有效的方法是采用具有饱和溢出处理的补码加法器，当输入 $|V| > 1$ 时，如果把加法结果限制在最大值 1 上，就可以消除溢出振荡，如图 6-2-16 所示。另一种方法是通过限制滤波器系数的取值来防止溢出振荡，但这也限制了设计能力。再有就是增加字长。

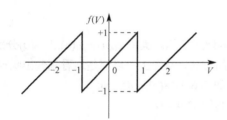

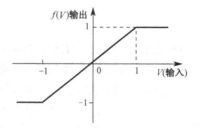

图 6-2-15　补码加法器的输入/输出关系　　　图 6-2-16　具有饱和溢出处理的加法器输入/输出关系

3．IIR 滤波器有限字长效应的统计分析

在 IIR 滤波器的实际工作中，零输入并不常见，大多数情况下是有输入信号的，这时要精确地计算舍入误差不仅不可能，而且也没必要，只要用统计的方法分析掌握计算误差的一个平均效应就可以了。在定点制运算中，每一次乘法运算之后都要作一次尾数处理，因此都要引入非线性环节，采用统计分析方法时，可以将舍入误差作为独立噪声 $e(n)$ 叠加在信号上，这样仍然可以用线性流图来表示，如图 6-2-17 所示。

同样假定：①所有这些噪声都是平稳的随机序列；②所有噪声都与信号不相关；③各噪声之间也不相关；④每个噪声都是均匀等概率分布。

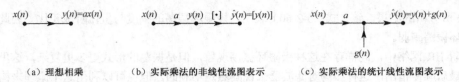

（a）理想相乘　　　（b）实际乘法的非线性流图表示　　　（c）实际乘法的统计线性流图表示

图 6-2-17　定点制乘法运算的流图表示

在这样的假设下，整个系统可以当做线性系统来处理，而每一个噪声都可用第 1 章所介绍的线性离散系统的理论来分析。由于不同结构的滤波器，量化白噪声加入系统的节点不同，因此等效模型也不一样。噪声源在不同节点加入，会产生不同的输出噪声，导致滤波器输出信噪比不一样。因此，有限字长效应的统计分析可以按下面的步骤进行：

（1）画出理想滤波器结构流图；

（2）在每个乘法器上叠加一个均值为 0、方差为 σ^2 的量化白噪声；

（3）分别研究每个量化噪声单独作用于系统的结果，利用叠加原理，计算出总的噪声方差。

下面用一个实例来说明有限字长效应的统计分析方法，同时，通过这个实例证实一个重要的结论：IIR 滤波器的有限字长效应与它的结构有密切的关系。

【例 6-2-1】　一个二阶 IIR 低通滤波器，其传递函数为

$$H(z) = \frac{0.04}{(1 - 0.9z^{-1})(1 - 0.8z^{-1})}$$

在采用定点制、尾数作舍入处理情况下，分别计算其直接型、级联型、并联型三种结构的舍入误差。

解： 下面分别计算。

（1）直接型结构。

$$H(z) = \frac{0.04}{(1 - 0.9z^{-1})(1 - 0.8z^{-1})} = \frac{0.04}{1 - 1.7z^{-1} + 0.72z^{-2}}$$

令

$$H(z) = \frac{0.04}{A(z)}$$

式中，$A(z)$ 表示分母多项式。直接型结构的流图如图 6-2-18(a) 所示。其中 $e_0(n)$、$e_1(n)$ 及 $e_2(n)$ 分别是乘以系数 0.04、-1.7、0.72 后的舍入噪声。采用线性叠加的方法，从图上可以清楚地看到输出噪声 $e_f(n)$ 是由这三个舍入噪声通过 $H_0(z) = 1/A(z)$ 网络形成的，如图 6-2-18(b) 所示，即

$$e_f(n) = [e_0(n) + e_1(n) + e_2(n)] * h_0(n)$$

式中，$h_0(n)$ 是 $H_0(z)$ 的单位脉冲响应。输出噪声的方差

$$\sigma_{f1}^2 = 3\sigma^2 \frac{1}{2\pi j} \oint_C \frac{1}{A(z)A(z^{-1})} \frac{dz}{z}$$

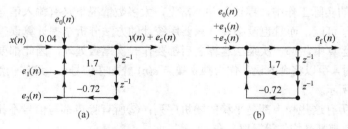

图 6-2-18　直接型舍入噪声分析

式中，σ^2 是舍入噪声的方差，前面已经分析得出 $\sigma^2 = q^2/12$，将 σ^2 及 $A(z) = (1-0.9z^{-1})\ (1-0.8z^{-1})$ 代入，用留数定理求出围线积分值，得

$$\sigma_{f1}^2 = 22.4q^2$$

（2）级联型结构。

将 $H(z)$ 分解为

$$H(z) = \frac{0.04}{(1-0.9z^{-1})} \cdot \frac{1}{(1-0.8z^{-1})} = \frac{0.04}{A_1(z)} \cdot \frac{1}{A_2(z)}$$

其级联结构流图如图 6-2-19 所示。

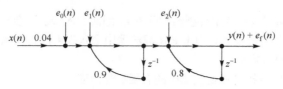

图 6-2-19　级联结构流图

图 6-2-19 中可以看到噪声 $e_0(n)$、$e_1(n)$ 通过的是 $H_0(z)$ 网络，而 $e_2(n)$ 只通过 $H_2(z)$ 网络。其中

$$H_0(z) = \frac{1}{A_1(z)A_2(z)} = \frac{1}{A(z)}$$

$$H_2(z) = 1/A_2(z)$$

所以

$$e_f(n) = [e_0(n) + e_1(n)] * h_0(n) + e_2(n) * h_2(n)$$

因此

$$\sigma_{f2}^2 = 2\sigma^2 \frac{1}{2\pi j} \oint_C \frac{1}{A_1(z)A_1(z^{-1})A_2(z)A_2(z^{-1})} \frac{dz}{z} + \sigma^2 \frac{1}{2\pi j} \oint_C \frac{1}{A_2(z)A_2(z^{-1})} \frac{dz}{z}$$

同样，将 $\sigma^2 = q^2/12$、$A_1(z) = (1-0.9z^{-1})$ 及 $A_2(z) = (1-0.8z^{-1})$ 代入，得

$$\sigma_{f2}^2 = 15.2q^2$$

（3）并联型结构。

将 $H(z)$ 分解为部分分式

$$H(z) = \frac{0.36}{1-0.9z^{-1}} + \frac{-0.32}{1-0.8z^{-1}} = \frac{0.36}{A_1(z)} + \frac{-0.32}{A_2(z)}$$

其并联结构流图如图 6-2-20 所示。并联型结构需要 4 个系数，因此共有 4 个舍入噪声，从图 6-2-20 可见，$e_0(n)+e_1(n)$ 只通过 $1/A_1(z)$，$e_2(n)+e_3(n)$ 只通过 $1/A_2(z)$，所以输出方差

$$\sigma_{f3}^2 = 2\sigma^2 \frac{1}{2\pi j} \oint_C \frac{1}{A_1(z)A_1(z^{-1})} \frac{dz}{z} + 2\sigma^2 \frac{1}{2\pi j} \oint_C \frac{1}{A_2(z)A_2(z^{-1})} \frac{dz}{z}$$

同样，将 $\sigma^2 = q^2/12$、$A_1(z) = (1-0.9z^{-1})$ 及 $A_2(z) = (1-0.8z^{-1})$ 代入，得

$$\sigma_{f3}^2 = 1.34q^2$$

比较三种结构的误差，可见

$$\sigma_{f1}^2 > \sigma_{f2}^2 > \sigma_{f3}^2$$

即 IIR 滤波器直接型结构其运算引起的误差（有限字长效应）最大，级联型结构次之，并联型结构最小。这是因为直接型结构中所有舍入误差都要经过网络的全部反馈环节，这些误差在反馈过程中积累，

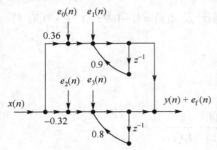

图 6-2-20　并联型舍入噪声分析

致使误差很大。在级联型结构中，每个舍入误差只通过其后面的反馈环节，而不通过它前面的反馈环节，因而误差积累要比直接型小。在并联型结构中，每个并联网络的舍入误差仅仅通过本身的反馈环节，与并联的其他网络无关，因此积累作用最小，误差也最小。这个结论对 IIR 滤波器具有普遍的意义，所以从有效字长效应看，不论是直接 I 型还是直接 II 型的结构，运算误差都是最大的，特别是在高阶时应避免采用。

4．FIR 滤波器的有限字长效应

FIR 滤波器没有反馈环节（频率采样型结构除外），因而舍入误差不会导致非线性振荡，所以只要对有限字长效应采用统计分析就行了。由于 FIR 滤波器中舍入噪声没有反馈环节的积累，其舍入噪声的影响也将比同阶的 IIR 滤波器小。

下面以横截型结构为例分析 FIR 滤波器中的有限字长效应。

一个 N 阶 FIR 滤波器的传递函数可表示为

$$H(z) = \sum_{n=0}^{N-1} h(n) z^{-n}$$

其直接型结构的差分方程在无限精度运算时

$$y(n) = \sum_{m=0}^{N-1} h(m) x(n-m)$$

在有限精度运算时

$$\hat{y}(n) = y(n) + e_f(n) = \sum_{m=0}^{N-1} [h(m) x(n-m)]_R$$

因为每一次相乘以后产生一个舍入噪声，即

$$[h(m) x(n-m)]_R = h(m) x(n-m) + e_m(n)$$

因此

$$\hat{y}(n) = y(n) + e_f(n) = \sum_{m=0}^{N-1} [h(m) x(n-m)]_R = \sum_{m=0}^{N-1} h(m) x(n-m) + \sum_{m=0}^{N-1} e_m(n)$$

这样就得到输出噪声

$$e_f(n) = \sum_{m=0}^{N-1} e_m(n)$$

这个结果从图 6-2-21 所示的流图中看得非常清楚，图中所有的量化噪声都直接加在输出端，因而输出噪声就是这些噪声的简单和。

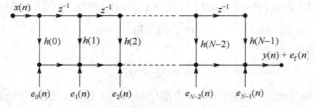

图 6-2-21　横截型 FIR 滤波器的舍入噪声分析

这样就可以直接得出输出噪声的方差

$$\sigma_f^2 = N\sigma^2 = Nq^2/12 \tag{6-2-63}$$

由此可见，由于输出噪声不经过系统，所以与系统的系数无关；但输出噪声的方差与字长有关，与阶数也有关。因此，阶数越高的滤波器运算误差越大，或者说在要求运算精度相同的情况下，阶数越高的滤波器需要的字长也越长。

6.3　实时数字信号处理的实现方法

数字信号处理的实现方法可以简单地分成三类，即软件实现、硬件实现和软硬件结合实现，一般有以下几种。

（1）在通用的计算机（如 PC）上用软件（如 C 语言）实现。软件既可以是自己编写的，也可以使用现成的软件包。这种方法的特点是速度慢，不能满足实时处理的要求，但很适合于教学与仿真研究。比如使用的 MATLAB，几乎可以实现所有的数字信号处理的仿真，而且，有些 MATLAB 程序通过转化后可以在 DSP 硬件上运行，这一点是非常有用的。

（2）用通用的单片机（如 MCS-51、96 系列等）实现，这种方法可用于一些不太复杂的数字信号处理，如数字控制等。

（3）用通用的可编程 DSP 芯片实现。通用 DSP 器件一般是指基于 CPU 的、以软件方式工作的、特别适合于数字信号处理的一种特殊微处理器/机，国内使用最广的是德州仪器（Texas Instruments，TI）公司的 TMS320 系列和 AD（Analog Devices）公司的 ADSP 及 TS 系列 DSP 器件等，它们几乎能完成所有的数字信号处理工作，并且性价比极高，特别适合于通用数字信号处理的开发。

（4）用专用的 DSP 芯片实现。这种方案的特点是速度快，但灵活性差。

（5）使用可编程逻辑器件（如 FPGA）实现。在大容量、高速度的 FPGA 中，一般都内嵌有可配置的高速 RAM、PLL、LVDS、LVTTL 等资源及硬件乘法累加器等 DSP 模块。用 FPGA 来实现数字信号处理可以很好地解决并行性、速度和接口等问题，而且其灵活的可配置特性使得基于 FPGA 的数字信号处理系统非常易于修改、测试及进行硬件升级。

近年来，随着微电子技术的迅猛发展，可编程器件特别是 FPGA 在速度、规模、资源等方面有了极大的提高，出现了一种新的形式——DSP_IP 核。DSP_IP 核即 DSP 器件的功能、结构、行为等的硬件描述，通过编译下载到 FPGA 或其他可编程器件中，就形成具有 ASIC 特性的专用 DSP 器件，其速度几乎与专用 DSP 器件相当，而其灵活性则优越得多。按实现程度来分，DSP_IP 核有软核（Soft Core）、固核（Firm Core）、硬核（Hard Core）三种形式。对于 DSP_IP 核，既可以购买商业成品，也可以自己编程实现。

图 6-3-1 所示为实时数字信号处理系统设计的一般过程。

在设计数字信号处理系统之前，第一步，应根据应用系统确定系统的性能指标、信号处理的要求，用数据流程图、数学运算式及符号或自然语言来描述。第二步是根据系统的要求进行算法模拟和性能仿真。接下来再进行实时数字信号处理系统的设计。实时数字信号处理系统的设计包括硬件设计和软件设计两个方面。硬件设计时首先要选择合适的芯片，然后再设计数字信号处理系统的外围电路及其他电路。这里，芯片的选择实际上包括确定是选用通用的可编程 DSP 芯片、专用的 DSP 芯片还是其他可编程器件如

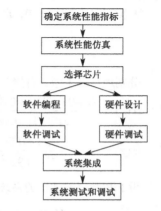

图 6-3-1　数字信号处理系统的设计流程

FPGA 等不同类型的芯片。一般来说，选择芯片时应考虑如下诸多因素：芯片的运算速度、价格、硬件资源、运算精度、功耗和芯片的开发工具等，除了上述因素外，选择芯片还应考虑封装的形式、质量标准、供货情况、生命周期等。

软件设计和编程主要根据系统要求和所选的器件编写相应的程序。通常，DSP 芯片或可编程器件的厂商都会提供相应的开发工具，比如 TI 公司 C2000、 C6000 系列 DSP 的开发工具包、Altera 公司的 Altera DSP Builder、Xilinx 公司的 Xilinx Xtreme DSP 等。因此软件编写实际是在相应的开发环境下完成的。另外 MATLAB 7.0 以上版本已经集成了 TI 公司 C2000、 C6000 系列 DSP 的开发工具包，可在 MATLAB/Simulink 环境中用图形化的方式进行 DSP 的设计及仿真验证，并能将设计的图形文件（.mdl）直接转换成 C 语言程序，这使得系统和程序设计大为简化，甚至可以回避具体的 DSP 结构。在算法调试时，一般采用将实时结果与模拟结果进行比较的方法，如果实时程序和模拟程序的输入相同，则两者的输出应该一致。硬件调试一般采用硬件仿真器进行。系统的软件和硬件分别调试完成后，就可以将软件脱离开发环境，直接在应用系统上运行。

思 考 题

1. 为什么要研究数字滤波器的结构？

2. 不同的数字滤波器结构各有什么优缺点？

3. 数字信号处理中，存在哪些引起系统误差的因素？

4. 二进制数的原码、反码和补码表示各有什么特点？定点运算和浮点运算各有什么特点？

5. 舍入量化和截尾量化各有什么特点？它们的量化误差范围有什么不同？

6. 什么是信号的量化噪声？量化后信号的信噪比与量化字长有什么关系？

7. 数字滤波器的系数量化对滤波器稳定性有何影响？

8. 为什么级联型结构比直接型结构的有限字长效应要轻微得多？并联型结构呢？为什么低通和高通滤波器比带通滤波器要严重？如何根据对稳定性的要求来选择滤波器系数的字长？

9. 数字滤波器的极点位置对滤波器系数量化误差的敏感程度与滤波器的结构形式、阶数有什么关系？

10. 什么是零输入极限环振荡现象？FIR 数字滤波器有可能产生极限环振荡吗？IIR 数字滤波器中哪些情况下不产生极限环振荡？

11. 怎样分析定点运算 FIR 数字滤波器的有限字长效应？

习 题

6-1 分别用直接 I 型、直接 II 型、级联型和并联型结构实现下列系统函数。

（1） $H(z) = \dfrac{(1+0.6z^{-1})(1-0.8z^{-1})(1-0.14z^{-1}-z^{-2})}{(1-0.5z^{-1})(1-0.3z^{-1})(1-0.9z^{-1}-0.8z^{-2})}$

（2） $H(z) = \dfrac{1+0.5z^{-1}}{\left(1-0.2z^{-1}+0.9z^{-2}\right)\left(1-0.7z^{-1}\right)}$

6-2 设 FIR 数字滤波器的系统函数为

$$H(z) = \left(1-3z^{-1}\right)\left(1-\frac{1}{3}z^{-1}\right)\left(1+2z^{-1}\right)\left(1+\frac{1}{2}z^{-1}\right)\left(1-z^{-1}\right)$$

试画出此滤波器的直接型结构、线性相位结构和级联型结构。

6-3　已知 FIR 滤波器的单位脉冲响应为
$$h(n) = 3\delta(n) + 2\delta(n-1) - 0.6\delta(n-2) + 2\delta(n-3) + 3\delta(n-4)$$
试确定该滤波器的结构，使得所用乘法器最少。

6-4　已知 FIR 滤波器系统函数中单位圆上的 16 个等间隔采样值为
$$H(0) = 12 \qquad H(1) = -3 - \mathrm{j}\sqrt{3} \qquad H(2) = 1 + \mathrm{j}$$
$$H(3)\sim H(13) = 0 \qquad H(14) = 1 - \mathrm{j} \qquad H(15) = -3 + \mathrm{j}\sqrt{3}$$
试画出该系统的频率采样型结构。

6-5　已知
$$H(z) = 1 - 0.6z^{-1} - 72z^{-2} + 0.84z^{-3}$$
试求此滤波器的格型结构各系数，并画出信号流图。

6-6　已知
$$H(z) = \frac{1}{1 - 0.4z^{-1} - 8z^{-2} + 0.86z^{-3}}$$
试求此滤波器的格型结构各系数，并画出信号流图。

6-7　试求出习题 6-7 图所示的两个网络的系统函数，并证明它们具有相同的极点。

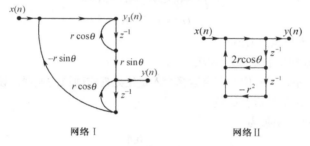

网络Ⅰ　　　　　　　　网络Ⅱ

习题 6-7 图

6-8　用 7 位字长（不含符号位）定点小数表示数值 x，求截尾误差和舍入误差的范围。设在误差范围内，截尾误差和舍入误差都是均匀等概率分布的，画出误差的概率密度函数曲线。

6-9　在 6-8 题中，设 $x(n)$ 是均值为零、方差为 σ^2 的平稳白噪声随机信号，求信号噪声比。

6-10　设 $x(n)$ 是均值为零、方差为 σ^2 的白噪声序列，其幅值不超过 1。当用 b 位字长（不含符号位）定点小数表示 $x(n)$ 时，引入了舍入量化噪声。现将 b 位字长表示的 $x(n)$ 作用于单位脉冲响应如下的数字滤波器
$$h(n) = 0.5[a^n + (-a)^n]u(n)$$
若不考虑滤波器参数 a 和定点乘法运算的有限字长效应，求量化噪声在滤波器输出端引起的噪声的方差和滤波器输出端的信噪比。

6-11　已知一个数字滤波器满足差分方程
$$y(n) = 0.25y(n-1) + x(n)，\text{其中 } x(n) = \delta(n)$$
（1）求滤波器输出 $y(n)$；

（2）若输入信号 $x(n)$ 和系数 0.25 都用 4 位字长（不含符号位）的二进制原码表示（采用截尾处理），求滤波器的输出 $y(n)$。

6-12　已知一个数字滤波器满足差分方程
$$y(n) = 0.25y(n-1) + x(n) + x(n-1)$$

式中，输入信号 $x(n)$ 为

$$x(n) = \begin{cases} (-1)^n \times 0.5 & n \geqslant 0 \\ 0 & n < 0 \end{cases}$$

（1）求滤波器的理想输出 $y(n)$；

（2）若用 4 位字长（不含符号位）二进制原码、截尾量化处理来实现该滤波器，求滤波器的实际输出 $\hat{y}(n)$；

（3）画出滤波器的理想输出和实际输出的图形，并进行比较。

6-13　已知一个数字滤波器满足差分方程

$$y(n) = ay(n-1) + x(n)$$

设信号和系数都用有限字长原码表示，定点乘法运算后用截尾处理限制字长。试证：若滤波器稳定，就不存在零输入极限环振荡现象；反之，若存在极限环振荡现象，则滤波器一定是不稳定的。

6-14　在 6-13 题中，设信号和系数都用有限字长补码表示，定点乘法运算后仍用截尾处理来限制字长。试证：若滤波器稳定，则不可能出现正负交替振荡的极限环振荡现象，但却可能出现零频率、负振幅的极限环现象。

6-15　已知一个滤波器的差分方程为

$$y(n) = -0.75y(n-1) + x(n)$$

输入信号为

$$x(n) = (-1)^n u(n)$$

（1）求零状态下的理想输出 $y(n)$；

（2）设 $y(0) = 1$，求理想的零输入响应；

（3）用 4 位字长（不含符号位）定点运算舍入量化处理实现该滤波器，设 $y(0) = 1$，求滤波器的零输入响应，并与（2）的结果进行比较。

6-16　已知滤波器传输函数为

$$H(z) = \frac{0.4}{(1 - 0.9z^{-1})(1 - 0.8z^{-1})}$$

采用 b 位字长（不含符号位）定点小数，舍入量化处理来实现。设输入信号 $x(n)$ 是均值为零、方差为 σ^2 的白色平稳随机信号。求直接型结构、并联型结构和级联型结构的输出信噪比。

6-17　已知一个二阶 IIR 数字滤波器的两个极点是

$$z_1 = re^{j\theta} \text{ 和 } z_2 = re^{-j\theta}$$

用直接型结构来实现，采用定点运算 b 位字长（不含符号位）。设输入信号 $x(n)$ 是均值为零、方差为 σ_x^2 白噪声序列，求滤波器的输出信噪比。

6-18　有一数字滤波器满足以下差分方程

$$y(n) = ay(n-1) + x(n) - \frac{1}{a}x(n-1)$$

式中，a 是介于 1/2 和 1 之间的实数。现采用直接型结构、定点小数、字长 b 位（不含符号位）、舍入量化处理来实现该滤波器。假设输入信号 $x(n)$ 是幅度在 $(-x_0, x_0)$ 内均匀分布的白色随机信号。在保证不发生溢出的条件下，求滤波器的输出信噪比。

第7章 多速率信号处理基础

前面的章节中所讨论的都是单速率系统，即采样频率 f_s 是固定值。但在许多数字信号处理应用中，同一个系统中会存在不同采样频率的信号，这样的系统称为多速率信号处理系统。例如，在数字音频系统中，广播、数字压缩光盘和数字音频磁带就使用了不同的采样率，音频系统经常需要在几种不同的采样率之间转换；又如多媒体通信中，所传输的信号包括音频、视频和数据等不同类型的信号，这些信号的带宽相差很大，因此它们的采样率也不同。多速率信号处理系统已广泛应用于音频信号处理、视频信号处理、多媒体通信等许多领域。由于在实际中会大量使用采样率转换，因此关于采样率转换的理论与技术研究也显得越来越重要，建立在采样率转换基础上的多速率信号处理已成为数字信号处理学科中的重要内容之一。

在多速率系统中增加信号采样率的运算叫做内插（Interpolation）或上采样（Up-sampling），降低采样率的运算叫做抽取（Decimation）或下采样（Down-sampling）。本章将主要讨论整数因子抽取和内插、分数倍采样率转换及滤波器的多相结构。

7.1　整数因子抽取

所谓整数因子抽取，就是把原序列 $x(n)$ 每隔 $(D-1)$ 个点抽取一个点，组成一个新序列 $x_D(m)$，即

$$x_D(m) = x(Dm) \tag{7-1-1}$$

式中，D 为正整数。这个抽取运算由 D-抽取器完成，D-抽取器如图 7-1-1 所示。图 7-1-2 所示为一个 $D=3$ 的离散序列的抽取，由图可见抽取的结果数据量将减少。现在的问题是，抽取后是否会丢失信息呢？为此需要分析序列 $x_D(m)$ 与原序列 $x(n)$ 之间的频谱关系。很显然，如果 $x(n)$ 的采样率为 f_s，当以因子 D 对 $x(n)$ 进行抽取后，所得序列 $x_D(m)$ 的采样率为 f_s/D。当采样频率为 f_s 时，如果要使采样不产生混叠，信号频率应限制在 $f_s/2$ 范围内，而以因子 D 进行抽取后不产生混叠的频率范围为 $f_s/(2D)$。当 $x(n)$ 中含有大于 $f_s/(2D)$ 的频率分量时，$x_D(m)$ 就必然产生频谱混叠，导致不能从 $x_D(m)$ 中恢复 $x(n)$。下面从数学上来证明这一点。

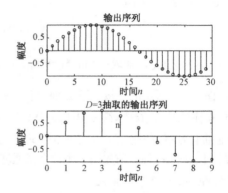

图 7-1-1　D-抽取器抽取运算　　　　　　　　　图 7-1-2　D=3 的离散序列的抽取

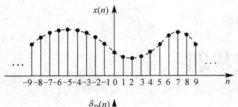

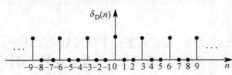

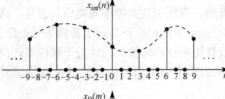

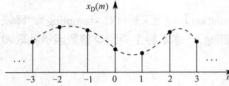

图 7-1-3　序列 $x(n)$、$\delta_{\mathrm{D}}(n)$、$x_{\mathrm{int}}(n)$
及 $x_{\mathrm{D}}(m)$ 的关系（$D=3$）

为了方便分析，引入一个中间序列 $x_{\mathrm{int}}(n)$，它由 $x(n)$ 进行脉冲采样得到。

$$x_{\mathrm{int}}(n) = \begin{cases} x(n) & n = 0, \pm D, \pm 2D, \cdots \\ 0 & \text{其他} \end{cases}$$

显然，$x_{\mathrm{int}}(n)$ 丢掉 0 后就是 $x_{\mathrm{D}}(m)$，$x_{\mathrm{int}}(n)$ 可表示为

$$x_{\mathrm{int}}(n) = x(n)\sum_{i=-\infty}^{\infty}\delta(n-iD) = x(n)\cdot\delta_{\mathrm{D}}(n) \quad (7\text{-}1\text{-}2)$$

式中

$$\delta_{\mathrm{D}}(n) = \sum_{i=-\infty}^{\infty}\delta(n-iD)$$

$x_{\mathrm{D}}(m)$、$x_{\mathrm{int}}(n)$ 及 $x(n)$ 的关系如图 7-1-3 所示。

可见

$$x_{\mathrm{D}}(m) = x_{\mathrm{int}}(Dm) = x(Dm) \quad (7\text{-}1\text{-}3)$$

$$X_{\mathrm{D}}(z) = \sum_{m=-\infty}^{\infty}x_{\mathrm{D}}(m)z^{-m} = \sum_{n=-\infty}^{\infty}x(Dn)z^{-n}$$

$$= \sum_{n=-\infty}^{\infty}x_{\mathrm{int}}(Dn)z^{-n} = \sum_{n\text{ 是 }D\text{ 的整数倍}}x_{\mathrm{int}}(n)z^{-n/D}$$

由于当 n 不是 D 的整数倍时 $x_{\mathrm{int}}(n)=0$，所以，式（7-1-3）可以表示为

$$X_{\mathrm{D}}(z) = \sum_{n=-\infty}^{\infty}x_{\mathrm{int}}(n)z^{-n/D}$$

$$= \sum_{n=-\infty}^{\infty}x(n)\delta_{\mathrm{D}}(n)z^{-\frac{n}{D}} \quad (7\text{-}1\text{-}4)$$

因为

$$\frac{1}{D}\sum_{r=0}^{D-1}W_D^{-nr} = \begin{cases} 1 & n = iD \\ 0 & n \neq iD \end{cases} = \delta_{\mathrm{D}}(n) \quad (7\text{-}1\text{-}5)$$

将式（7-1-5）代入式（7-1-4），得

$$X_{\mathrm{D}}(z) = \sum_{n=-\infty}^{\infty}x(n)\frac{1}{D}\sum_{r=0}^{D-1}W_D^{-nr}z^{-\frac{n}{D}} = \frac{1}{D}\sum_{r=0}^{D-1}\sum_{n=-\infty}^{\infty}x(n)[W_D^r z^{\frac{1}{D}}]^{-n} = \frac{1}{D}\sum_{r=0}^{D-1}X(W_D^r z^{\frac{1}{D}}) \quad (7\text{-}1\text{-}6)$$

将 $z = \mathrm{e}^{\mathrm{j}\omega}$ 代入式（7-1-6）得

$$X_{\mathrm{D}}(\mathrm{e}^{\mathrm{j}\omega}) = \frac{1}{D}\sum_{r=0}^{D-1}X(\mathrm{e}^{\mathrm{j}\frac{\omega-2\pi r}{D}}) \quad (7\text{-}1\text{-}7)$$

由式（7-1-7）可见，抽取序列的频谱 $X_{\mathrm{D}}(\mathrm{e}^{\mathrm{j}\omega})$ 是原序列频谱 D 倍展宽后，按 2π 的整数倍位移并叠加而成。图 7-1-4 所示的是按因子 2 抽取后序列的频谱，图中由于 $X(\mathrm{e}^{\mathrm{j}\frac{\omega}{2}})$ 与 $X(\mathrm{e}^{\mathrm{j}\frac{\omega-2\pi}{2}})$ 的非零部分有重叠，使得无法从 $X_{\mathrm{D}}(\mathrm{e}^{\mathrm{j}\omega})$ 恢复出 $X(\mathrm{e}^{\mathrm{j}\omega})$，称这种现象为抽取产生的频谱混叠。

为保证抽取后不丢失信息，应该保证抽取后信号的频谱不发生混叠，所以在抽取前对信号的频谱应该加以限制。如果在抽取前先用一个数字低通滤波器（滤波器的带宽为 π/D）对 $X(\mathrm{e}^{\mathrm{j}\omega})$ 进行滤波，使得 $X(\mathrm{e}^{\mathrm{j}\omega})$ 在 $[-\pi,\pi]$ 范围内满足

$$X(\mathrm{e}^{\mathrm{j}\omega}) = 0 \qquad |\omega| \geqslant \pi/D \quad (7\text{-}1\text{-}8)$$

则按因子 D 抽取后信号频谱不会发生混叠。式（7-1-8）称为序列抽取不发生混叠的 Nyquist 条件。图 7-1-5 是一个满足式（7-1-8），$D = 3$ 不发生频谱混叠的例子。

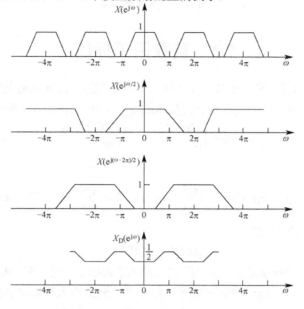

图 7-1-4　抽取产生频谱混叠（$D = 2$）

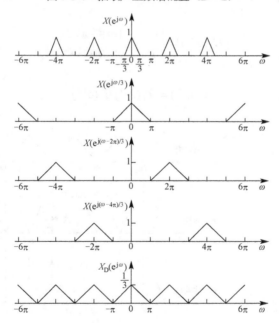

图 7-1-5　抽取的频谱（$D = 3$）

通过上述分析可见，一个完整的抽取器结构如图 7-1-6 所示，图中 $H_\mathrm{D}(\mathrm{e}^{\mathrm{j}\omega})$ 是带宽小于 π / D 的数字低通滤波器，即

$$| H_\mathrm{D}(\mathrm{e}^{\mathrm{j}\omega}) | = \begin{cases} D & |\omega| < \pi / D \\ 0 & \pi / D \leqslant |\omega| < \pi \end{cases} \tag{7-1-9}$$

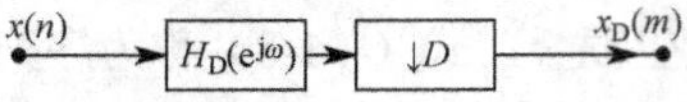

$$x(n) \longrightarrow \boxed{H_{\mathrm{D}}(e^{j\omega})} \longrightarrow \boxed{\downarrow D} \longrightarrow x_{\mathrm{D}}(m)$$

图 7-1-6　抽取器结构

7.2　整数因子插值

如果希望把 $x(n)$ 的抽样频率 f_{s} 变成 If_{s}，那么，最简单的方法是在 $x(n)$ 的每两个点之间补 $I-1$ 个零，再进行平滑滤波。完成插零功能的叫做内插器或上采样器，如图 7-2-1 所示。内插器的输出

$$x_{\mathrm{I}}(m) = \begin{cases} x(m/I) & m = 0, \pm I, \pm 2I, \cdots \\ 0 & \text{其他} m \end{cases} \tag{7-2-1}$$

这就是整数因子内插。

$$X_{\mathrm{I}}(z) = \sum_{m=-\infty}^{\infty} x_{\mathrm{I}}(m)z^{-m} = \sum_{n=-\infty}^{\infty} x(n/I)z^{-n} = \sum_{n=-\infty}^{\infty} x(n)z^{-nI} = X(z^I) \tag{7-2-2}$$

将 $z = e^{j\omega}$ 代入式（7-2-2）得

$$X_{\mathrm{I}}(e^{j\omega}) = X(e^{j\omega I}) \tag{7-2-3}$$

可见，内插后信号频谱被压缩了 I 倍。图 7-2-2 给出了内插前后的频谱，从图 7-2-2 可见，$X_{\mathrm{I}}(e^{j\omega})$ 中不仅包含了 $X(e^{j\omega})$ 的基带部分（如图中阴影部分），而且还含有大于 π/I 的高频成分（称为 $X(e^{j\omega})$ 的高频镜像）。为了能从 $X_{\mathrm{I}}(e^{j\omega})$ 中得到基带信号，需要通过低通滤波消除内插带来的镜像。低通滤波器的幅度响应

$$|H_{\mathrm{I}}(e^{j\omega})| = \begin{cases} 1 & |\omega| \leqslant \pi/I \\ 0 & \pi/I < |\omega| \leqslant \pi \end{cases} \tag{7-2-4}$$

滤波器的输出

$$X_{\mathrm{I}}'(e^{j\omega}) = X_{\mathrm{I}}(e^{j\omega})H_{\mathrm{I}}(e^{j\omega}) \tag{7-2-5}$$

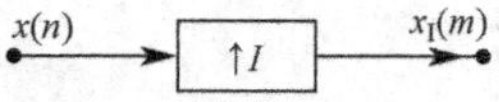

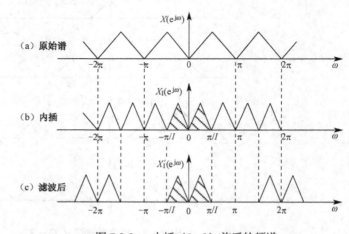

$$x(n) \longrightarrow \boxed{\uparrow I} \longrightarrow x_{\mathrm{I}}(m)$$

图 7-2-1　内插器　　　　　　　　图 7-2-2　　内插（$I=2$）前后的频谱

本书将内插后经低通滤波滤除高频镜像的输出叫做插值。一个完整的插值器结构如图 7-2-3 所示。信号 $x(n)$、内插器的输出 $x_{\mathrm{I}}(m)$ 和通过低通滤波器以后的插值输出 $x_{\mathrm{I}}'(m)$ 如图 7-2-4 所示。可见插值提高了时域分辨率。

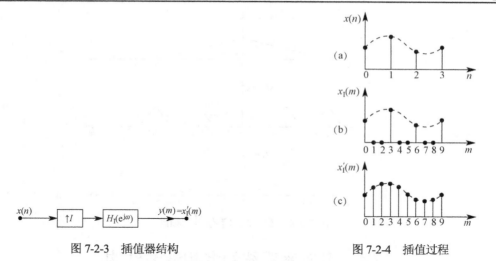

图 7-2-3　插值器结构　　　　　　　　　　　　图 7-2-4　插值过程

7.3　采样率的分数倍转换

前面讨论的整数因子抽取和插值实际上是采样率转换的特殊情况，即整数因子转换的情况，实际中往往会遇到非整数即分数倍转换的情况。假设输出与输入信号采样率的转换因子为

$$R = I / D$$

那么可以通过将 D 抽取与 I 插值结合来实现。为了保证不丢失信息，分数倍采样率转换应先插值后抽取，所以采样率分数倍转换的流程如图 7-3-1(a)所示。这里应该注意到，插值后有一个满足式（7-2-4）的低通滤波器，而抽取前也有一个满足式（7-1-9）的低通滤波器，两者均工作在相同的采样率 If_s，所以两者可以用一个低通滤波器来代替，如图 7-3-1(b)所示，该滤波器的频率特性应满足

$$| H(\mathrm{e}^{\mathrm{j}\omega}) |= \begin{cases} D & |\omega| < \min[\pi / I, \pi / D] \\ 0 & \text{其他} \end{cases} \tag{7-3-1}$$

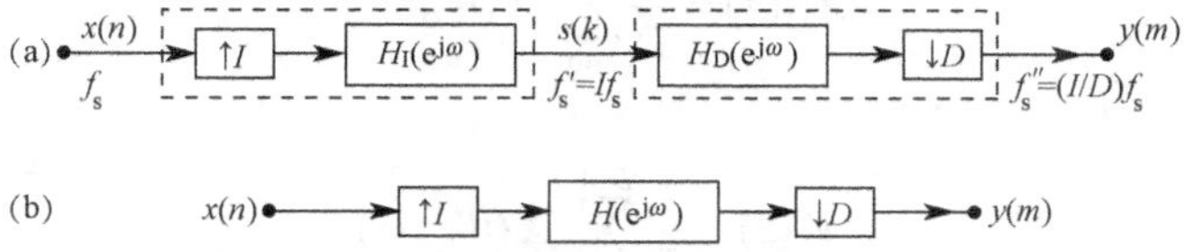

图 7-3-1　采样率分数倍转换的流程

【例 7-3-1】　在图 7-3-1 所示系统中，已知输入信号 $x(n)$ 的采样率为 4kHz，其幅度谱如图 7-3-2(a) 所示。试确定该系统中的 I、D 和 $H(\mathrm{e}^{\mathrm{j}\omega})$ 幅度特性，使输出信号 $y(m)$ 的抽样频率为 5kHz。

解：由于输出/输入信号的抽样频率之比为 $R = 5 / 4$，所以，可以取 $I = 5$，$D = 4$。根据图 7-3-1，对信号按因子 5 进行内插，内插后的频谱幅度如图 7-3-2(b)所示，据此可得

$$| H(\mathrm{e}^{\mathrm{j}\omega}) |= \begin{cases} 4 & |\omega| < 0.16\pi \\ 0 & 0.16\pi \leqslant |\omega| < \pi \end{cases}$$

这样，再按因子 4 抽取后输出信号的频谱幅度如图 7-3-2(c)所示。

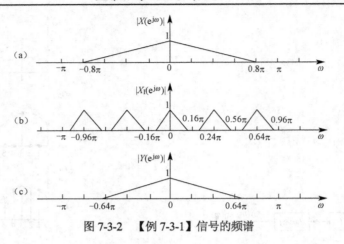

图 7-3-2　【例 7-3-1】信号的频谱

7.4　多速率系统的多相滤波结构

抽取和插值是多速率信号处理系统中的两个最基本的运算，图 7-1-6 和图 7-2-3 所示分别为实现抽取和插值的结构模型。但是，这两种模型对运算速度的要求相当高。这是因为在抽取模型中，低通滤波器 $H_D(e^{j\omega})$ 位于抽取算子之前，也就是说低通滤波器是在降速之前实现的；而对于插值模型，低通滤波器 $H_I(e^{j\omega})$ 又位于提速之后。因此，无论是抽取还是插值，滤波都在高采样率条件下进行，这无疑提高了对运算速度的要求，对实时处理不利。滤波器的多相（Polyphase）表示是多速率信号处理中的一种基本表示方法，它可以提高计算效率，降低对处理速度的要求。

7.4.1　抽取器与插值器的恒等变换

图 7-4-1 所示的恒等变换涉及抽取器或内插器中滤波器的位置变换，这对于多采样率系统和滤波器组的分析很有用。这两个恒等变换很容易通过两者的输出相等来证明。根据式（7-1-6）

$$X_D(z) = \frac{1}{D} \sum_{r=0}^{D-1} X(W_D^r z^{\frac{1}{D}})$$

图 7-4-1(a)中

$$V_1(z) = \frac{1}{D} \sum_{r=0}^{D-1} X(W_D^r z^{\frac{1}{D}})$$

$$Y_1(z) = H(z)V_1(z) = \frac{1}{D} H(z) \sum_{r=0}^{D-1} X(W_D^r z^{\frac{1}{D}}) \tag{7-4-1}$$

$$V_2(z) = H(z^D) X(z)$$

$$Y_2(z) = \frac{1}{D} \sum_{r=0}^{D-1} H[(W_D^r z^{\frac{1}{D}})^D] X(W_D^r z^{\frac{1}{D}})$$

因为

$$W_D^{rD} = 1$$

所以

$$Y_2(z) = \frac{1}{D} \sum_{r=0}^{D-1} H(z) X(W_D^r z^{\frac{1}{D}}) = \frac{1}{D} H(z) \sum_{r=0}^{D-1} X(W_D^r z^{\frac{1}{D}}) \tag{7-4-2}$$

比较式（7-4-1）和式（7-4-2）可见，$Y_1(z) = Y_2(z)$，所以图 7-4-1(a)所示的恒等变换成立。

同理，根据式（7-2-2）

$$X_1(z) = X(z^I)$$

图 7-4-1(b)中

$$V_3(z) = H(z)X(z)$$

$$Y_3(z) = V_3(z^I) = H(z^I)X(z^I) \tag{7-4-3}$$

$$V_4(z) = X(z^I)$$

$$Y_4(z) = H(z^I)V_4(z) = H(z^I)X(z^I) \tag{7-4-4}$$

比较式（7-4-3）和式（7-4-4）可见，$Y_3(z) = Y_4(z)$，所以图 7-4-1(b)所示的恒等变换成立。

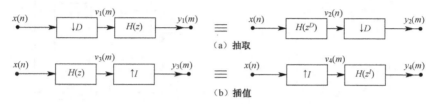

图 7-4-1　恒等变换

　　图 7-4-1(a)所示的恒等变换说明，将信号按 D 因子抽取后再经过滤波器 $H(z)$，等价于将信号先经过滤波器 $H(z^D)$ 再按 D 因子抽取。图 7-4-1(b)所示的恒等变换说明，将信号先经过滤波器 $H(z)$ 后再按 I 因子内插，等价于将信号按 I 因子内插后再经过滤波器 $H(z^I)$。

 ## 7.4.2　抽取和插值的多相滤波器结构

　　将滤波器的系统函数 $H(z)$ 写成

$$\begin{aligned}
H(z) &= \sum_{n=-\infty}^{+\infty} h(n)z^{-n} \\
&= \sum_{l=-\infty}^{+\infty} h(Dl)z^{-Dl} + \sum_{l=-\infty}^{+\infty} h(Dl+1)z^{-(Dl+1)} + \cdots + \sum_{l=-\infty}^{+\infty} h(Dl+D-1)z^{-(Dl+D-1)} \\
&= \sum_{l=-\infty}^{+\infty} h(Dl)z^{-Dl} + z^{-1}\sum_{l=-\infty}^{+\infty} h(Dl+1)z^{-Dl} + \cdots + z^{-(D-1)}\sum_{l=-\infty}^{+\infty} h(Dl+D-1)z^{-Dl}
\end{aligned}$$

令

$$E_j(z) = \sum_{l=-\infty}^{+\infty} h(Dl+j)z^{-l}, \quad j=0,1,\cdots,D-1 \tag{7-4-5}$$

则

$$H(z) = \sum_{j=0}^{D-1} z^{-j} E_j(z^D) \tag{7-4-6}$$

称 $E_j(z)$ 为 $H(z)$ 的多相分量，式（7-4-6）称为 $H(z)$ 的 Ⅰ 型多相分解。利用式（7-4-6）可构造出数字滤波器的多相结构如图 7-4-2(a)所示,利用抽取器的恒等变换关系,可得到等价的多相结构如图 7-4-2(b)所示。从图 7-4-2(b)可见，数字滤波器位于抽取器之后，即滤波是在降速后进行的，这样就大大地降低了对处理速度的要求，提高了实时处理能力。另外每一个支路上的滤波器 $E_j(z)$，其阶数只有 $H(z)$ 阶数的 $1/D$，因此可以减小运算误差的积累，提高运算精度。

　　同理

$$H(z) = \sum_{n=-\infty}^{+\infty} h(n)z^{-n}$$

$$= \sum_{l=-\infty}^{+\infty} h(Il)z^{-Il} + \sum_{l=-\infty}^{+\infty} h(Il+1)z^{-(Il+1)} + \cdots + \sum_{l=-\infty}^{+\infty} h(Il+I-1)z^{-(Il+I-1)}$$

$$= \sum_{j=0}^{I-1} z^{-j}E_j(z^I) = \sum_{j=0}^{I-1} z^{-(I-1-j)}E_{I-1-j}(z^I)$$

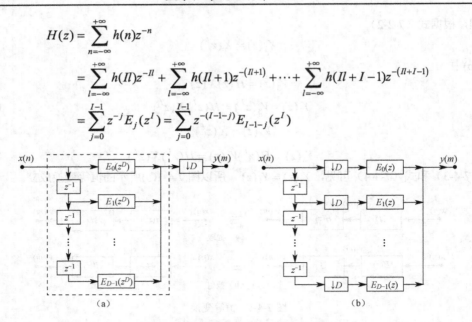

图 7-4-2　抽取器的多相滤波器结构

如果定义

$$R_j(z) = E_{I-1-j}(z) \tag{7-4-7}$$

则可以导出适合于插值器的多相分解为

$$H(z) = \sum_{j=0}^{I-1} z^{-(I-1-j)}R_j(z^I) \tag{7-4-8}$$

式（7-4-8）称为 $H(z)$ 的 II 型多相分解，根据式（7-4-8），可以得到图 7-4-3(a)所示的多相滤波结构，利用插值器的恒等变换关系，可以得到图 7-4-3(b)所示的等价插值器多相滤波结构。按照图 7-4-3(b)所示的多相滤波结构，滤波器位于内插器之前，也就是滤波在提速之前进行，各支路上的滤波器 $R_j(z)$ 的阶数只有原来 $H(z)$ 阶数的 $1/I$。与抽取器的多相滤波结构一样，这种结构一方面可以降低对处理速度的要求，另一方面可以提高运算精度和降低对字长的要求。

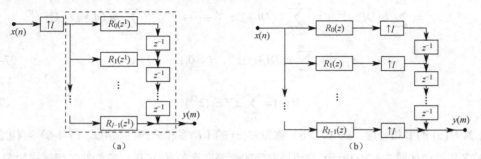

图 7-4-3　插值的多相滤波器结构

思 考 题

1. 在下采样系统中为什么需要低通滤波器？低通滤波器的频率指标如何确定？

2．在上采样系统中为什么需要低通滤波器？低通滤波器的频率指标如何确定？

3．在多速率信号处理系统中，采用多相滤波结构有什么好处？

习　题

7-1　设信号 $x(n)$ 的频谱 $X(e^{j\omega})$ 如习题 7-1 图所示。

（1）构造 $x_1(n) = \begin{cases} x(n) & n = 0, \pm 2, \pm 4, \cdots \\ 0 & n = \pm 1, \pm 2, \pm 3, \cdots \end{cases}$，计算 $x_1(n)$ 的傅里叶变

换，并绘图表示，判断能否由 $x_1(n)$ 恢复 $x(n)$，如果能，给出恢复方法；

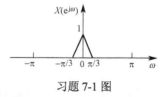

习题 7-1 图

（2）若按因子 $D = 3$ 对 $x(n)$ 抽取，得 $y(m) = x(3m)$，说明抽取过程是否丢失信息。

7-2　习题 7-2 图所示系统的输入为 $x(n)$，输出为 $y(m)$，零值插入系统在序列 $x(n)$ 值之间插入两个零，抽取系统定义为

$$y(m) = w(5m)$$

其中，$w(k)$ 是抽取系统的输入序列。若

$$x(n) = \frac{\sin \omega_0 n}{\pi n}$$

确定下列 ω_0 值时的输出 $y(m)$。

（1）$\omega_0 < 3\pi/5$；　　　（2）$\omega_0 \geqslant 3\pi/5$。

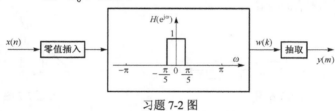

习题 7-2 图

7-3　用两个离散时间系统 T_1 和 T_2 来实现理想低通滤波器（截止频率为 $\pi/4$）。系统 T_1 如习题 7-3(a) 图所示，系统 T_2 如习题 7-3(b) 图所示，其中，T_A 表示一个零值插入系统，它在每一个输入样本后插入一个零；T_B 表示一个抽取系统，它在每两个输入中抽取一个，问：

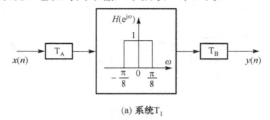

(a) 系统 T_1

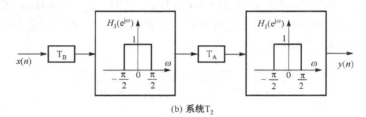

(b) 系统 T_2

习题 7-3 图

（1）系统 T_1 是否相当于所要求的理想低通滤波器？为什么？

（2）系统 T_2 是否相当于所要求的理想低通滤波器？为什么？

7-4　用有理数因子 I/D 作为采样率转换的两个系统如习题 7-4 图所示。

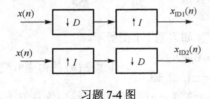

习题 7-4 图

（1）写出 $X_{ID1}(z)$、$X_{ID2}(z)$、$X_{ID1}(e^{j\omega})$、$X_{ID2}(e^{j\omega})$ 的表达式；

（2）若 $I = D$，试分析这两个系统是否有 $x_{ID1}(n) = x_{ID2}(n)$，说明理由；

（3）若 $I \neq D$，试分析这两个系统是否有 $x_{ID1}(n) = x_{ID2}(n)$，说明理由。

7-5　二阶 IIR 系统

$$H(z) = \frac{1+z^{-1}}{1+0.7z^{-1}+0.8z^{-2}}$$

求 $D = 2$ 的多相分量 $E_0(z)$ 和 $E_1(z)$。

7-6　试求习题 7-6 图所示多速率系统的输入/输出关系。

7-7　设信号 $x(n)$ 的频谱 $X(e^{j\omega})$ 如习题 7-7 图所示，分别画出以 $D = 2$ 对 $x(n)$ 进行抽取后的频谱和以 $I = 3$ 对 $x(n)$ 进行插零后的频谱。

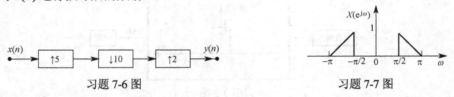

习题 7-6 图　　　　　习题 7-7 图

7-8　按整数因子 D 抽取的原理框图如习题 7-8(a)图所示。其中，$f_{sx} = 1\text{kHz}$，$f_{sy} = 250\text{Hz}$，输入序列 $x(n)$ 的频谱如习题 7-8(b)图所示。确定抽取因子 D，并画出习题 7-8(a)图中理想低通滤波器 $h_D(n)$ 的幅度响应曲线和 $v(n)$ 及 $y(m)$ 的幅度谱。

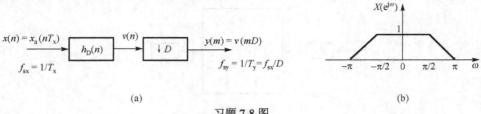

(a)　　　　　(b)

习题 7-8 图

7-9　按整数因子 I 插值的原理框图如习题 7-9 图所示。其中，$f_{sx} = 200\text{Hz}$，$f_{sy} = 1\text{kHz}$，输入序列 $x(n)$ 的频谱如习题 7-8(b)图所示。确定内插因子 I，并画出习题 7-9 图中理想低通滤波器 $h_I(m)$ 的幅度响应曲线和 $v(m)$ 及 $y(m)$ 的幅度谱。

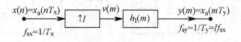

习题 7-9 图

第 8 章 MATLAB 仿真实验

数字信号处理是一门理论与实践紧密联系的课程，在学习理论课的同时完成相关的实验无疑能促进对理论知识的掌握，还能锻炼独立思考能力和独立解决问题的能力。因为 MATLAB 在数字信号处理领域的广泛应用，用 MATLAB 完成数字信号处理实验是国内外很多高校的共同选择，本书编写的 9 个实验都是基于 MATLAB 的仿真实验。为了阅读和实验方便，每个实验中都相应给出了完成该实验应掌握的"MATLAB 相关基础"。

8.1 实验 1：时域中的离散时间信号与系统

8.1.1 实验目的

1. 掌握 MATLAB 中表示信号的方法。
2. 掌握 MATLAB 中画信号波形的方法。
3. 掌握 MATLAB 中信号运算的实现方法。
4. 掌握 MATLAB 中连续时间系统和离散时间系统的表示方式。
5. 掌握 MATLAB 中系统的不同表示方式之间的转换方法。

8.1.2 实验原理

离散时间信号（序列）是自变量离散的函数，常用 $x(n)$ 表示，其中，自变量 n 只能是整数，若 n 不是整数，则 $x(n)$ 没有定义。

$x(n)$ 的具体内容常用三种形式表示：闭合函数、集合法、$x(n)$ 随 n 变化的图形。

数字信号处理的实质就是对序列 $x(n)$ 进行一系列指定的运算。

离散时间系统在时域常用差分方程表示，线性非移变离散时间系统还可以用单位样值响应 $h(n)$ 表示。

8.1.3 MATLAB 相关基础

1. MATLAB 中表示信号的方法

信号可以分为连续时间信号与离散时间信号，由于 MATLAB 是通过软件进行信号处理的，所以 MATLAB 中能准确表示的信号都是离散时间信号，在一定条件下可以近似地表示连续信号。

MATLAB 语言的基本数据类型是向量和矩阵，所以在 MATLAB 中信号也用向量或矩阵来表示，列向量和行向量表示单通道信号，$n \times m$（$m \geqslant 2$）矩阵表示多通道信号，矩阵中的每一列表示一个通道。例如，要在 MATLAB 中表示信号 $x(n) = \left\{ \underset{n=1}{1}, 2, 3, 5, 7 \right\}$，可以在命令窗中输入：

```
x=[1 2 3 5 7];   %x 为行向量
```

或

```
x=[1 2 3 5 7]'; %x 为列向量
```

以 x 的后一种表示为基础，可以定义 3 通道信号：

```
y=[x x/2 2*x];
```

结果为：

```
y =
    1.0000    0.5000    2.0000
    2.0000    1.0000    4.0000
    3.0000    1.5000    6.0000
    5.0000    2.5000   10.0000
    7.0000    3.5000   14.0000
```

需要注意的是，MATLAB 约定向量和矩阵的下标是从 1 开始的，例如 $x(n)=\left\{\underset{\underset{n=1}{\uparrow}}{1},2,3,5,7\right\}$ 只用一个行向量或列向量表示，那么 $x(n)$ 中的第一个元素 $x(1)=1$，也表示了这个序列的第一个值默认出现在 $n=1$ 时，这个特点可以从图形上直观地反映，只需在 x 的输入完成后，再输入：

```
stem(x);                %画序列 x 的图形
axis([-1 5 0 8]);       %指定坐标轴中横轴的范围是-1 到 5，纵轴的范围是 0 到 8
```

运行结果如图 8-1-1 所示。

在数字信号处理中，常用的是从 $n=0$ 开始的因果序列，它们在 MATLAB 中应该怎么表示呢？下面以 $x(n)=\left\{\underset{\underset{n=0}{\uparrow}}{1},2,3,5,7\right\}$ 为例，说明表示方法。

首先，$x(n)=\left\{\underset{\underset{n=0}{\uparrow}}{1},2,3,5,7\right\}$ 也可表示为：$x(n)=\{x(0)\ x(1)\ x(2)\ x(3)\ x(4)\}$，其中第一个元素 $x(0)=1$，第二个元素 $x(1)=2$，…，第五个元素 $x(4)=7$。

然后在 MATLAB 中表示它，可输入以下语句：

```
n=[0 1 2 3 4]; %定义时间向量 n
x=[1 2 3 5 7]; %定义序列值组成的向量 x
stem(n,x); %以 n 的取值为横坐标，以 x 的取值为纵坐标画 x(n) 的图形
axis([-1 5 0 8]); %指定坐标轴中横轴的范围是-1 到 5，纵轴的范围是 0 到 8
```

运行结果如图 8-1-2 所示。

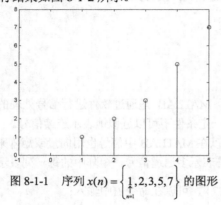

图 8-1-1　序列 $x(n)=\left\{\underset{\underset{n=1}{\uparrow}}{1},2,3,5,7\right\}$ 的图形

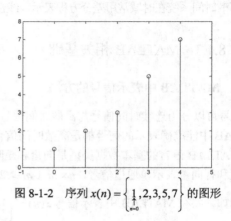

图 8-1-2　序列 $x(n)=\left\{\underset{\underset{n=0}{\uparrow}}{1},2,3,5,7\right\}$ 的图形

显然在图 8-1-2 中，$x(n)$ 的第一个值"1"对应出现在 $n = 0$ 处。

从这个例子不难想到，对于任何一个从 $n = n_0$（n_0 为有界整数，而且 $n_0 \neq 1$）开始的序列 $x(n)$，要在 MATLAB 中表示，必须定义两个向量——时间向量 n 和序列值组成的向量 x，然后用 stem(n,x) 画图表示。

在数字信号处理中，难免遇到序列是连续时间信号的抽样这种情况，这时已知连续时间信号的数学表达式和抽样频率，对应的抽样信号（序列）在 MATLAB 中该怎么表示呢？下面举例说明。

【例 8-1-1】 用 1000Hz 的抽样频率对连续时间信号 $x(t) = \sin(100\pi t) + 2\sin(240\pi t)$ 抽样，试在 MATLAB 中表示抽样信号并画出它的图形。

输入以下语句：

```
%program8-1
Fs=1000; %用 Fs 表示抽样频率
t=0:1/ Fs:1; %定义时间向量 t 是由 0 到 1 区间上间隔为 1/ Fs 的的值组成的矢量
x=sin(100*pi*t)+2*sin(240*pi*t); %定义抽样信号 x，在 MATLAB 中指定用 pi 表示 π
stem(t(1:50),x(1:50)); %画出包含 x 的前 50 个抽样点的图形
```

运行结果如图 8-1-3 所示。

若要在 MATLAB 中近似地表示连续信号 $x(t) = \sin(100\pi t) + 2\sin(240\pi t)$，只需将【例 8-1-1】的程序稍加改动，把其中的语句 stem(t(1:50),x(1:50)) 改成 plot(t(1:50),x(1:50))，再运行即可。运行结果如图 8-1-4 所示，显然这是一个连续的波形。

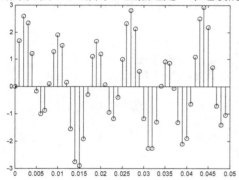

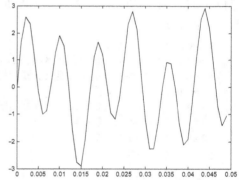

图 8-1-3　抽样频率为 1000Hz 时，$x(t) = \sin(100\pi t) +$　图 8-1-4　$x(t) = \sin(100\pi t) + 2\sin(240\pi t)$ 的波形
　　　　　$2\sin(240\pi t)$ 的抽样信号波形

注意，MATLAB 中画离散信号的图形用函数 stem，例如画图 8-1-1 和图 8-1-2，画连续信号的波形用函数 plot，例如画图 8-1-4。

为简明起见，数字信号处理中常用序列的 MATLAB 表示归纳在表 8-1-1 中。

表 8-1-1　常用序列的数学描述和 MATLAB 表示

名　称	数 学 描 述	MATLAB 表示
单位抽样信号	$\delta(n)$	X = zeros(1,N); x(1)=1;
单位阶跃信号	$u(n)$	X = ones(1,N);
实指数信号	$x(n) = a^n$，a 为实常数	n=0:N-1; x=a.^n;
复指数信号	$x(n) = e^{(\sigma + j\omega)n}$，$\sigma$、$\omega$ 均为实常数	n=0:N-1; x=exp((sigema+j*w)*n);
正（余）弦信号	$x(n) = \sin(\omega n + \theta)$，$\omega$、$\theta$ 均为实常数	N=0:N-1; x=sin(w*n+sita);
抽样函数	$x(n) = \dfrac{\sin(\pi n)}{\pi n}$	N=linspace(-N,N); x=sinc(n);

对于表 8-1-1 的使用，需要注意以下几点。

（1）表 8-1-1 中的"N"表示一个任意正整数，使用表里的语句时，"N"应该用一个具体的数字代替，例如"25"，或者先对"N"赋值，再照搬表里的语句。表中的"a"、"sigema"、"w"、"sita"也都表示某一个常数。

（2）表 8-1-1 中表示的都是长度为"N"的有限长序列，不难理解，MATLAB 中能表示的只能是有限长序列，对于无限长序列只能截断表示。

（3）表 8-1-1 中单位抽样信号 $\delta(n)$ 和单位阶跃信号 $u(n)$ 对应的 MATLAB 表示都表示的是第一个非零值出现在 $n=1$ 处，若要严格按照定义表示，还需增加两条语句，分别用于定义时间向量 n 和用 stem(n,x)画图。

（4）表 8-1-1 中用到了一些 MATLAB 的内部函数：zeros、ones、exp、sin、linspace、sinc，这些内部函数的作用及使用说明都可查阅，只需在命令窗输入"help 函数名"，例如，"help zeros"再回车，命令窗内就会显示这个函数的说明。因为 MATLAB 提供了大量方便实用的内部函数，使用者往往需要查询其使用说明，所以"help 函数名"这条语句很常用，建议熟练掌握。

（5）表 8-1-1 中用到的运算符".^"和"*"，可参考表 8-1-2 了解其作用。

除了正弦信号，还有一些常见的周期信号可以用 MATLAB 的内部函数来产生，这些函数都需要一个时间向量（如 t）作为参数。例如，周期锯齿波或三角波信号用函数 sawtooth 产生，方波信号用函数 square 产生。

【例 8-1-2】　在 MATLAB 中产生一个周期为 5 的方波序列，并画出图形。

输入以下语句：

```
%program8-2
n=-10:10; %时间向量 n 是由区间[-10，10]上间隔为 1 的值组成
x=square(0.4*pi*n); %定义 x 是周期为 5,函数值为-1 和+1 的方波
stem(n,x); %画波形
axis([-11,11,-1.2,1.2]); %规定横轴的范围为(-11,11)，纵轴的范围为(-1.2,1.2)
title('周期为 5 的方波信号') ;
xlabel('序号 n');
ylabel('序列值');
```

运行结果如图 8-1-5 所示。

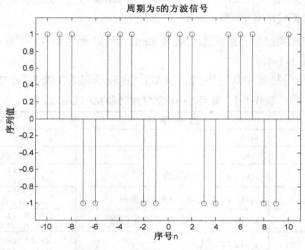

图 8-1-5　周期为 5 的方波序列

2. MATLAB 中信号运算的实现方法

表 8-1-2 是信号的一些基本运算的数学描述和对应的 MATLAB 实现。

表 8-1-2　信号基本运算的数学描述和 MATLAB 实现

运 算 名 称	数 学 描 述	MATLAB 表示
信号加	$x(n)=x_1(n)+x_2(n)$	`x = x1+x2;`
信号乘	$x(n)=x_1(n)\cdot x_2(n)$	`x = x1.*x2;`
乘常数	$y(n)=ax(n)$, a 为实数	`y=alpha*x;`
移位	$y(n)=x(n-n_0)$, n_0 为正整数	`y=[zeros(1,n0) x];` %在 x(n) 前面插入 n0 个零实现右移 n0 位
反褶	$y(n)=x(-n)$	`y=fliplr(x);` %y 是 x 的反序 `n=-fliplr(n);`
采样和	$y(n)=\displaystyle\sum_{n=n_1}^{n_2}x(n)$, (n_1、n_2 为常数)	`y=sum(x(n1:n2));`
采样积	$y(n)=\displaystyle\prod_{n=n_1}^{n_2}x(n)$, (n_1、n_2 为常数)	`y=prod(x(n1:n2));`
N 次幂（N 为常数）	$y(n)=x^N(n)$ （N 为常数）	`y = x.^N;`

对于表 8-1-2 的使用，需要注意以下几点。

（1）表 8-1-2 中"MATLAB 表示"这一列里，假设每个等号右边的 x1、x2、x 都是已经定义了的。

（2）运算符 ".*" 和 "*" 的区别："*" 用于实现矩阵乘法运算，".* " 用于实现数乘。在数字信号处理中，两个序列的乘法运算是序号相同的对应元素相乘，只能用 ".* "，而且这两个序列的长度必须相同。

（3）运算符 ".^ " 注意不能漏掉前面的 "."。

3. MATLAB 中表示系统模型的方法

系统可分为连续时间系统和离散时间系统，下面重点介绍离散时间系统在 MATLAB 中的表示方法，而连续时间系统的表示方法与离散时间系统非常相似，将对应给出。

（1）离散时间系统在 MATLAB 中的表示

本书重点讨论线性移不变离散时间系统，简称 LSI 系统，后续内容中如不加说明，离散时间系统都是指 LSI 系统。

LSI 系统在时域常用差分方程描述，而用 MATLAB 表示时，系统模型有传递函数型、零极增益型、极点留数型、状态空间型等，它们都能描述系统的特性，但各有不同的应用场合。

①传递函数型

单输入单输出系统常用传递函数描述，它的形式如式（8-1-1）所示，在 MATLAB 中分别用矢量 f 和 g 表示传递函数的分子系数矢量和分母系数矢量，其中 $f=[f(1),f(2),\cdots,f(M+1)]$，$g=[g(1),g(2),\cdots,\ g(N+1)]$。

$$H(z)=\frac{f(1)+f(2)z^{-1}+f(3)z^{-2}+\cdots+f(M+1)z^{-M}}{g(1)+g(2)z^{-1}+g(3)z^{-2}+\cdots+g(N+1)z^{-N}} \tag{8-1-1}$$

注意 f 和 g 的组成，f 是由按 z^{-1} 升幂排列的分子多项式中各项系数依次排列组成的，顺序不能颠倒，也不能交换，如果有缺项，对应系数不能省略，而是 0。g 的组成规则和 f 类似。不难理解，如果已知一个 LSI 系统在 MATLAB 中的表示 f 和 g，就可以写出式（8-1-1）所示的系统函数。

②零极增益型

对传递函数 $H(z)$ 的分子、分母分别进行因式分解，可得零极增益型，即

$$H(z) = k \frac{(z-z(1))(z-z(2)) \cdots (z-z(M))}{(z-P(1))(z-P(2)) \cdots (z-P(N))} \tag{8-1-2}$$

令 $z = [z(1), z(2), \cdots, z(M)]$，称为系统的零点矢量，$p = [p(1), p(2), \cdots, p(N)]$，称为系统的极点矢量，$k$ 为系统增益，它是一个常数。与式（8-1-2）对应，确定了零点矢量 z、极点矢量 p 和增益 k，也可以在 MATLAB 中表示一个系统，

③极点留数型

将传递函数 $H(z)$ 展开为部分分式之和，得到极点留数型，如果 $H(z)$ 中的极点都是单阶极点，可表示为

$$H(z) = \frac{r(1)}{1-p(1)z^{-1}} + \frac{r(2)}{1-p(2)z^{-1}} + \cdots + \frac{r(N)}{1-p(N)z^{-1}} + h(1) + h(2)z^{-1} + \cdots \tag{8-1-3}$$

令 $p = [p(1), p(2), \cdots, p(N)]$ 为系统的极点矢量，而 $r = [r(1), r(2), \cdots, r(N)]$，其中的元素是与 p 中各极点对应的留数，$h = [h(1), h(2), \cdots]$，其中的元素对应式（8-1-3）中按 z^{-1} 升幂排列的多项式的系数，显然，当传递函数 $H(z)$ 是真分式时，h 是一个空矩阵。与式（8-1-3）对应，确定了极点矢量 p、留数矢量 r 和 h，也可以在 MATLAB 中表示一个系统。

另外，若传递函数 $H(z)$ 有一个 m 阶重极点 $p(k)$，它对应的部分分式展开式为：

$$\frac{r(k)}{1-p(k)z^{-1}} + \frac{r(k+1)}{\left(1-p(k)z^{-1}\right)^2} + \cdots + \frac{r(k+m-1)}{\left(1-p(k)z^{-1}\right)^m} \tag{8-1-4}$$

其中的各个极点与留数在极点矢量 p 和留数矢量 r 中的位置仍是一一对应的。

④状态空间型

一个 LSI 系统可以用状态方程和输出方程来描述，例如：设 x 为状态变量，w 为输入，y 为输出，系统的状态方程和输出方程为：

$$\begin{aligned} x(n+1) &= Ax(n) + Bw(n) \\ y(n) &= Cx(n) + Dw(n) \end{aligned} \tag{8-1-5}$$

相应地，可以在 MATLAB 中用 A，B，C，D 这 4 个矩阵来表示这个系统。

（2）连续时间系统在 MATLAB 中的表示

连续时间系统在 MATLAB 中的表示与离散系统非常相似，如表 8-1-3 所示。

表 8-1-3　线性系统模型及其描述矩阵

表示方法	离散系统	描述矩阵	连续系统	描述矩阵
状态空间型	$x(n+1) = Ax(n) + Bw(n)$ $y(n) = Cx(n) + D\omega(n)$	A, B, C, D	$x(t) = A_d x(t) + B_d w(t)$ $y(t) = C_d x(t) + D_d w(t)$	A_d, B_d, C_d, D_d
传递函数型	$\dfrac{f(1) + f(2)z^{-1} + \cdots + f(M+1)z^{-M}}{g(1) + g(2)z^{-1} + \cdots + g(N+1)z^{-N}}$	f, g	$\dfrac{f_d(1)s^m + f_d(2)s^{m-1} + \cdots + f_d(M+1)}{g_d(1)s^n + g_d(2)s^{n-1} + \cdots + g_d(N+1)}$	f_d, g_d
零极增益型	$k \dfrac{(z-z(1))(z-z(2)) \cdots (z-z(M))}{(z-p(1))(z-p(2)) \cdots (z-p(N))}$	z, p, k	$K_d \dfrac{(s-z_d(1))(s-z_d(2)) \cdots (s-z_d(M))}{(s-p_d(1))(s-p_d(2)) \cdots (s-p_d(N))}$	z_d, p_d, k_d
极点留数型	$\dfrac{r(1)}{1-p(1)z^{-1}} + \cdots + \dfrac{r(N)}{1-p(N)z^{-1}} + h(1) + \cdots$	r, p, h	$\dfrac{r_d(1)}{s-p_d(1)} + \cdots + \dfrac{r_d(N)}{s-p_d(N)} + h_d(1) + \cdots$	r_d, p_d, h_d

（3）模型转换

在系统的 4 种描述方式之间可以相互转换，在 MATLAB 中的相关命令如下：

①[f,g]=ss2tf(A,B,C,D)

实现状态空间型到传递函数型的转换。

②[z,p,k]=tf2zp(f,g)

实现传递函数型到零极增益型的转换。

③[f,g]=zp2tf(z,p,k)

实现零极增益型到传递函数型的转换。

④[A,B,C,D]=tf2ss(f,g)

实现传递函数型到状态空间型的转换。

⑤[z,p,k]=ss2zp(A,B,C,D)

实现状态空间型到零极增益型的转换。

⑥[A,B,C,D]=zp2ss(z,p,k)

实现零极增益型到状态空间型的转换。

以上几个函数对离散系统和连续系统都适用，不过，对于离散时间系统，在用函数 tf2zp、tf2ss 时，要求把分子系数矢量 f 和分母系数矢量 g 的长度调整为相同，以免转换出现错误。

下列命令中的函数只适用于离散系统或只适用于连续系统：

⑦[r,p,h]=residuez(f,g)

只适用于离散系统，实现传递函数型到极点留数型的转换。

⑧[f,g]=residuez(r,p,h)

只适用于离散系统，实现极点留数型到传递函数型的转换。

⑨[r,p,h]=residue(f,g)

只适用于连续系统，实现传递函数型到极点留数型的转换。

⑩[f,g]=residue(r,p,h)

只适用于连续系统，实现极点留数型到传递函数型的转换。

【例 8-1-3】　一个离散系统的差分方程如下，求出它的传递函数模型、零极增益模型、极点留数模型和状态空间模型。

$$y(n) + 7y(n-1) + 10y(n-2) = x(n) + 6x(n-1) + 4x(n-2)$$

显然，可以先计算出这个系统的系统函数为 $H(z) = \dfrac{Y(z)}{X(z)} = \dfrac{1 + 6z^{-1} + 4z^{-2}}{1 + 7z^{-1} + 10z^{-2}}$ ，然后在 MATLAB 中就可用传递函数模型表示，再应用模型转换函数，得到其他几种表示。

输入以下语句：

```
f=[1 6 4];g=[1 7 10];%定义分子系数矢量和分母系数矢量,对应传递函数模型
[z,p,k]=tf2zp(f,g);
```

运行结果为：

```
z =
    -5.2361
    -0.7639
p =
    -5
    -2
k =
    1
```

显然，零点、极点、增益计算出来了，零极增益模型也可写出来了：$H(z) = \dfrac{(z+5.2361)(z+0.7369)}{(z+5)(z+2)}$ 。

再输入[r,p,h]=residuez(f,g)可得极点留数模型，也实现了将已知的系统函数展开成部分分式之和，所以residuez这个函数还可用于用部分分式法求逆Z变换。

再输入[A,B,C,D]=tf2ss(f,g)可得状态空间模型。

从这个例题可看出，应用MATLAB可以帮助我们轻松地实现系统不同描述方式的转换，计算系统函数的零点、极点，以及用部分分式法求逆Z变换。

8.1.4 实验内容和步骤

完成以下习题，要求把每个源程序都保存为脚本文件，具体操作方法附在"实验报告要求"之后。

1．用MATLAB生成以下信号，并画出其图形。

（1） $x_1(n) = \{2\ 4\ \underset{n=0}{6}\ 8\ 10\ 12\}$

$\qquad x_2(n) = 0.5^n, n = 0, 1, 2$。

$\qquad x_3(n) = e^{j\left(\frac{n}{6} - \pi\right)} R_8(n)$，$R_8(n)$是8点矩形序列，画图时应分别画出$x_3(n)$的实部和虚部，模和幅角

（提示：需要使用的MATLAB函数有real、imag、abs、angle，具体使用方法用"help 函数名"查阅）。

$\qquad x_4(n) = x_1(3 - n)$

（2）正弦信号 $x_5(t) = 2\sin\left(\frac{2\pi}{7}t - \frac{\pi}{8}\right)$

① 当t的取值范围是(0, 10s)，抽样间隔为1s时，画出对应的正弦序列$x_5(n)$的图形。

② 当t的取值范围是(0, 10s)，抽样间隔为0.1s时，画出对应的正弦序列$x_6(n)$的图形。

对比①、②的图形，它们的周期分别是多少？都是对同一个连续时间正弦信号的抽样，它们的周期为什么不同？

（3）将画图函数换成plot，重画（2）中①、②的图形，重画的两个图又有什么差别？

2．用MATLAB计算$x_1(n)$的能量和$x_5(n)$的平均功率（提示：序列能量的计算公式为

$E = \sum\limits_{n=-\infty}^{\infty} |x(n)|^2$，对于周期为$N$的周期序列，平均功率的计算公式：$P = \dfrac{1}{N}\sum\limits_{n=0}^{N-1} |x(n)|^2$）。

3．某离散系统的差分方程如下

$$2y(n) + 0.75y(n-1) + 0.125y(n-2) = x(n) - 0.5x(n-1)$$

求出它的传递函数模型、零极增益模型、极点留数模型和状态空间模型，用MATLAB实现各种模型之间的转化，从结果分析这些转化是否可逆。

4．某连续系统的微分方程如下

$$\frac{d^3}{dt^3}r(t) + \frac{d^2}{dt^2}r(t) + 2\frac{d}{dt}r(t) + 2r(t) = \frac{d^2}{dt^2}e(t) + 2e(t)$$

求出它的传递函数模型、零极增益模型、极点留数模型和状态空间模型。在用传递函数模型表示时，分子系数矢量f应该是[1, 2]还是[1, 0, 2]？为什么？

8.1.5 实验报告要求

1．简述实验目的及原理。

2．给出完成实验内容所需的源程序和实验结果，打印实验内容中要求画出的图形。

附：脚本文件的使用

实际应用时，人们常把 MATLAB 中的源程序保存为脚本文件，以便于修改、调试。下面就以【例 8-1-1】中源程序为例，说明脚本文件的使用方法。

首先，新建一个脚本文件。单击 MATLAB 中的图标 ▢，就会弹出一个新的窗口，这是一个编辑器窗口，当前名字为 Untitled，接下来就可以在窗口的空白处输入源程序，就像在命令窗中输入一样，例如，输入【例 8-1-1】中的源程序，如图 8-1-6 所示。

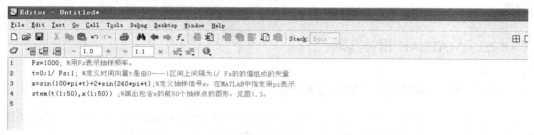

图 8-1-6　已输入源程序的编辑器窗口

接下来，保存脚本文件。源程序输入完后，单击编辑器窗口中的图标 ▤，接着在弹出的窗口中选择目录，再输入文件名，然后单击"保存"按钮，输入的源程序就保存为一个脚本文件，它和函数文件都是 M 文件。注意，文件名一般由字母和数字组成，不能包括汉字、小数点和短横线"-"，而且不能以数字开头。例如，保存图 8-1-6 这个文件时，可以取名为 program8_1。在保存完成后，编辑器窗口的名字就变成了 program8_1。

之后，就可以运行脚本文件了，按 F5 键或单击相应的图标 ▤ 都可以。运行结果和在命令窗中输入源程序所得结果完全一样。但是如果程序有错，脚本文件修改起来就方便得多，首先如果有语法错误，在 MATLAB 的命令窗中会出现提示，具体到错误在哪一行，是什么错误。这时要修改，只需在编辑器中修改错误的语句，再重新保存即可。人们在编写了一段程序之后，往往需要调试，这项工作可能需要多次修改源程序和运行，在编辑器里完成会很方便。

另外，对于已经保存到某个目录的 M 文件，要重新编辑，只需单击 MATLAB 中的图标 ▤ 就可打开进行编辑。

8.2　实验 2：离散时间系统的响应

8.2.1　实验目的

1. 掌握在 MATLAB 中计算离散时间系统响应的方法。
2. 掌握验证 LSI 系统的线性特性的方法。
3. 掌握验证 LSI 系统的非移变特性的方法。

8.2.2　实验原理

1. 离散时间系统响应的计算

一个 LSI 系统在指定激励作用下的响应，可以用时域法和变换域法计算，其中时域法也包括两种：一是求解这个系统的差分方程，二是计算激励 $x(n)$ 与该系统单位样值响应 $h(n)$ 的卷积和（ $y(n) = x(n) * h(n)$ ）。

2. LSI 系统的线性特性和非移变特性

LSI 系统是同时具有线性特性和非移变特性的离散时间系统。

线性特性的数学描述为：满足 $T\left[ax_1(n)+bx_2(n)\right]=aT\left[x_1(n)\right]+bT\left[x_2(n)\right]$，其中系统对输入序列的运算用 $T[\cdot]$ 表示，$x_1(n)$ 与 $x_2(n)$ 为任意两个输入序列。

非移变特性的数学描述为：若 $y(n)=T\left[x(n)\right]$，则这个系统满足 $T\left[x(n-n_0)\right]=y(n-n_0)$，其中 n_0 为任意整数。

8.2.3　MATLAB 相关基础

1. MATLAB 中离散时间系统响应的计算

在 MATLAB 中，用命令 y=filter(f,g,x) 可以计算出用传递函数表示（f 是分子系数矢量，g 是分母系数矢量）的因果 LSI 系统在输入 x 作用下的零状态响应 y，而且输出矢量 y 与输入矢量 x 有相同的长度。如果系统的初始条件不为零，用命令 y=filter(f,g,x,zi) 可以计算系统的完全响应，式中 zi 是和初始条件有关的向量，用 zi=filtic(f,g,ys,xs) 来计算，式中 ys 和 xs 是初始条件向量，即

ys=[y(-1),y(-2),…,y(-N)], xs=[x(-1),x(-2),…,x(-N)]

如果 x 是因果序列，则 xs=0，调用时可以省略 xs。

【例 8-2-1】　滑动平均滤波器是常用的一种低通滤波器，它的差分方程为

$$y(n)=\frac{1}{M}\sum_{k=0}^{M-1}x(n-k) \qquad (8\text{-}2\text{-}1)$$

这是一个因果的 LSI 系统，若 $M=2$，当 $x(n)=\cos(2\pi\times0.03n)+\cos(2\pi\times0.51n)$ 时，试用 MATLAB 计算系统的响应，对比输入与输出的图形，说明滑动平均滤波器的作用。

```
%program8-3
%产生输入信号：
n = 0:100;
s1 = cos(2*pi*0.03*n); % 一个低频正弦信号
s2 = cos(2*pi*0.51*n); % 一个高频正弦信号
x = s1+s2;%输入信号 x
%滑动平均滤波器的实现：
M=2;
num = ones(1,M);
y = filter(num,M,x); %计算输出信号 y
%显示输入和输出信号：
clf;%清除当前图形
subplot(2,2,1);
plot(n, s1);
axis([0, 100, -2, 2]);
xlabel('Time index n'); ylabel('Amplitude');
title('s1');
subplot(2,2,2);
plot(n, s2);
axis([0, 100, -2, 2]);
xlabel('Time index n'); ylabel('Amplitude');
```

```
title('s2');
subplot(2,2,3);
plot(n, x);
axis([0, 100, -2, 2]);
xlabel('Time index n'); ylabel('Amplitude');
title('输入信号x=s1+s2');
subplot(2,2,4);
plot(n, y);
axis([0, 100, -2, 2]);
xlabel('Time index n'); ylabel('Amplitude');
title('输出信号y');
```

运行结果如图 8-2-1 所示。

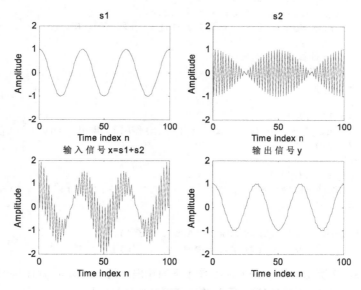

图 8-2-1　$M=2$ 时，滑动平均滤波器的输入与输出

从图 8-2-1 可以看出，当 $M = 2$ 时，滑动平均滤波器滤除了输入中的高频分量，起到了使输入信号变平滑的作用。

读者不妨试试当 M 取其他值，或者改变输入信号，再运行程序 program8_3，观察系统的响应。

在 MATLAB 中，用命令 y=conv(x1,x2) 可以计算两个有限长序列 x1 与 x2 的卷积和 y，如果 x1 与 x2 的长度分别是 N 和 M，则输出 y 的长度一定等于 $N+M-1$，所以，当 x1 与 x2 分别是系统的输入与单位抽样响应时，用这个命令计算出的输出矢量 y 比输入矢量 x 有更长的长度。

一个 LSI 系统的单位抽样响应的计算，在 MATLAB 中，除了用函数 filter 来实现，还可以用命令 y=impz(f,g) 来实现，输出矢量 y 的长度由 MATLAB 自动确定，如果要指定单位冲激响应的长度为 N，可以用命令 y=impz(f,g,N) 计算单位冲激响应的前 N 个值。

2. 用 MATLAB 验证 LSI 系统的线性特性或非移变特性

LSI 系统具有线性特性，即满足 $T[ax_1(n) + bx_2(n)] = aT[x_1(n)] + bT[x_2(n)]$，可以用 MATLAB 验证，只需计算出输入 $x_1(n)$、$x_2(n)$ 与 $ax_1(n) + bx_2(n)$ 各自对应的输出 $T[x_1(n)]$、$T[x_2(n)]$、$T[ax_1(n) + bx_2(n)]$，验证它们满足上面这个等式即可。

【例8-2-2】 当$M=3$时，验证式（8-2-1）所示系统的线性特性。

```
%program8-4
% 生成输入序列 x1,x2,x:
clf;
n = 0:40;
a = 2;b = -3;
x1 = cos(2*pi*0.12*n);
x2 = cos(2*pi*0.45*n);
x = a*x1 + b*x2;
num = [1 1 1]/3;
den =1;
ic = [0 0]; %设置零初始条件
y1 = filter(num,den,x1,ic); % 计算 y1(n)
y2 = filter(num,den,x2,ic); % 计算 y2(n)
y = filter(num,den,x,ic); % 计算 ax1+bx2 作用下的输出 y(n)
yt = a*y1 + b*y2;
d = y - yt; %计算输出之差 d(n)
% 画出输出 y,yt 和它们的差:
subplot(3,1,1)
stem(n,y);
ylabel('Amplitude');
title('系统在 a * x_{1}(n) + b* x_{2}(n)作用下的输出 y(n)');
subplot(3,1,2)
stem(n,yt);
ylabel('Amplitude');
title('输出的线性组合: a * y_{1}(n) + b * y_{2}(n)');
subplot(3,1,3)
stem(n,d);
xlabel('Time index n');ylabel('Amplitude');
title('y(n) - [a * y_{1}(n) + b * y_{2}(n)]');
```

运行结果如图8-2-2所示，在 a*x1+b*x2 作用下的输出 y 与 yt（即 a*y1+b*y2）之差的最大值不超过5×10^{-16}，所以可以认为它们相等，因此验证了系统的线性特性。

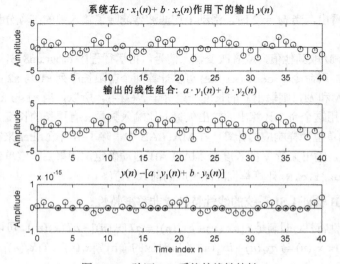

图 8-2-2　验证 LSI 系统的线性特性

从【例 8-2-2】可以看出，用 MATLAB 验证一个线性系统的线性特性是可以的，但不能证明，因为 MATLAB 不能计算任意输入引起的响应。换一个角度，用 MATLAB 可以证明一个系统是非线性的，因为这时只需计算系统在特定输入作用下的响应。

LSI 系统具有非移变特性，也可以用 MATLAB 验证，只需计算输入 $x(n)$、$x(n-n_0)$ 各自对应的输出 $y(n)$、$T[x(n-n_0)]$，验证它们满足 $T[x(n-n_0)] = y(n-n_0)$ 即可。

8.2.4　实验内容和步骤

1．已知系统的差分方程为 $y(n) = \dfrac{1}{2}[x(n) - x(n-1)]$，修改程序 program8_3，计算当 $x(n) = \cos(2\pi \times 0.05n) + \cos(2\pi \times 0.47n)$ 时该系统的响应，并分析系统的作用。

2．在输入不变，但初始条件不为零时，修改程序 program8_4，再计算式（8-2-1）所示系统的响应，分析系统是否为线性系统。

3．$M = 3$ 时，修改程序 program8_4，验证式（8-2-1）所示系统的移不变特性。

4．某系统的差分方程为 $y(n) = 0.3x(n) - 0.2x(n-1) + 0.4x(n-2)$，要求用 MATLAB 计算它的单位冲激响应，用至少两种方法计算输入为 $x(n) = \{1,2,3,4\}$ 时系统的零状态响应。若差分方程为 $y(n) + 0.5y(n-1) = 0.3x(n) - 0.2x(n-1) + 0.4x(n-2)$，用函数 conv 可以准确计算它的零状态响应吗？为什么？

5．非因果系统 $y(n) = \dfrac{1}{2M+1}\displaystyle\sum_{k=-M}^{M} x(n-k)$ 的响应可以用 MATLAB 计算吗？为什么？如果能，简述计算方法及结果。

8.2.5　实验报告要求

1．简述实验目的及原理。
2．给出完成实验内容所需的源程序和实验结果，打印实验内容中要求画出的图形。

8.3　实验 3：变换域中的离散时间信号

8.3.1　实验目的

1．进一步加深对离散傅里叶变换（DFT）的定义和基本性质的理解。
2．进一步加深对离散时间傅里叶变换（DTFT）的理解，学会在 MATLAB 中计算时域离散信号的频谱。
3．学会在 MATLAB 中计算时域离散信号的逆 Z 变换。
4．熟悉快速傅里叶变换（FFT）算法的基本思想，了解其应用。

8.3.2　实验原理

1. DTFT 的定义、基本性质和应用

若序列 $x(n)$ 绝对可和，则它的离散时间傅里叶变换 $X(e^{j\omega})$ 存在，而且可以相互变换，离散时间傅里叶正变换（简称 DTFT）和离散时间傅里叶逆变换（简称 IDTFT）如式（8-3-1）和式（8-3-2）所示。

$$\mathrm{DTFT}\big[x(n)\big] = X(\mathrm{e}^{\mathrm{j}\omega}) = \sum_{n=-\infty}^{\infty} x(n)\mathrm{e}^{-\mathrm{j}\omega n} \tag{8-3-1}$$

$$\mathrm{IDTFT}\big[X(\mathrm{e}^{\mathrm{j}\omega})\big] = x(n) = \frac{1}{2\pi}\int_{-\pi}^{\pi} X(\mathrm{e}^{\mathrm{j}\omega})\mathrm{e}^{\mathrm{j}\omega n}\,\mathrm{d}\omega \tag{8-3-2}$$

$X(\mathrm{e}^{\mathrm{j}\omega})$ 是以 2π 为周期的连续函数，又称为序列 $x(n)$ 的频谱函数，其中 $\left|X(\mathrm{e}^{\mathrm{j}\omega})\right|$ 称为幅度谱，$X(\mathrm{e}^{\mathrm{j}\omega})$ 的相位称为相位谱。对序列进行频谱分析时，需要计算它的 DTFT。

离散时间傅里叶变换表明了序列在时域与频域一一对应的关系，所以序列在一个域的运算或变化必然引起在另一个域的变化，其中的一些基本运算或变化的对应关系由 DTFT 的基本性质说明，这些基本性质在 2.3.2 节已介绍，此处不再赘述。本实验的重点是用 MATLAB 验证这些性质。需要说明的是，由于 $X(\mathrm{e}^{\mathrm{j}\omega})$ 是连续函数，在 MATLAB 中只能近似计算。

2. DFT 的定义、基本性质和应用

一个有限长序列 $x(n)$ 的 N 点离散傅里叶变换和离散傅里叶逆变换分别如式（8-3-3）和式（8-3-4）所示。

$$X(k) = \mathrm{DFT}\big[x(n)\big] = \left[\sum_{n=0}^{N-1} x(n)W_N^{nk}\right]R_N(k) \tag{8-3-3}$$

$$x(n) = \mathrm{IDFT}\big[X(k)\big] = \left[\frac{1}{N}\sum_{k=0}^{N-1} X(k)W_N^{-nk}\right]R_N(n) \tag{8-3-4}$$

因为 N 点有限长序列及其 DFT 都是离散的、有限长的，所以利用 DFT 变换对可以实现信号在时域、频域转换的数值计算。用 MATLAB 当然能准确地计算其正、逆变换，而且因为一个 N 点有限长序列 $x(n)$ 的 N 点 DFT（即 $X(k)$）就是它的 DTFT（即 $X(\mathrm{e}^{\mathrm{j}\omega})$）在 $[0, 2\pi)$ 区间内的等间隔频率抽样，所以在 MATLAB 中可以通过计算 $X(k)$ 来逼近 $X(\mathrm{e}^{\mathrm{j}\omega})$。

DFT 的基本性质见 3.3.2 节，这些性质可以用 MATLAB 验证，本实验要用到其中的圆周移位性质和时域圆周卷积性质以及圆周共轭对称性质。

圆周移位包括时域圆周移位和频域圆周移位，相应的 DFT 性质如式（8-3-5）和式（8-3-6）所示。

$$\mathrm{DFT}\big[x((n-m))_N R_N(n)\big] = X(k)W_N^{mK} \tag{8-3-5}$$

$$\mathrm{IDFT}\big[X((k-l))_N R_N(k)\big] = x(n)W_N^{-nl} \tag{8-3-6}$$

时域圆周卷积性质如式（8-3-7）所示。

$$\mathrm{DFT}\big[x_1(n)\,\mathbb{N}\,x_2(n)\big] = X_1(k)\cdot X_2(k) \tag{8-3-7}$$

圆周共轭对称性质包括：序列的圆周共轭对称分量的 DFT 是它的 DFT 的实部，相应地，序列实部的 DFT 是它的 DFT 的圆周共轭对称分量；序列的圆周共轭反对称分量的 DFT 是它的 DFT 的虚部乘 j，相应地，序列虚部乘 j 的 DFT 是它的 DFT 的圆周共轭反对称分量；一个实序列的 DFT 是圆周共轭对称的，它的模和实部是偶对称序列，它的幅角和虚部是奇对称序列；等等。

3. Z 变换的定义和应用

序列 Z 变换的定义：

$$X(z) = \sum_{n=-\infty}^{\infty} x(n)\,z^{-n} \tag{8-3-8}$$

逆 Z 变换的定义：

$$x(n) = \frac{1}{2\pi j} \oint_C X(z) z^{n-1} dz, \quad C \in (R_{x-}, R_{x+}) \tag{8-3-9}$$

Z 变换主要用于计算离散时间系统的响应，计算离散时间系统的系统函数，进而根据系统函数中的零、极点分布分析系统的特性。

序列的 Z 变换是连续函数，所以不能进行数值计算，在 MATLAB 中可以计算它在单位圆上的抽样 $X(k)$，而且用 MATLAB 可以计算它的零、极点，画零、极点分布图，也可以计算它的逆 Z 变换。

4. FFT 算法的基本思想及其应用

快速傅里叶变换（FFT）并不是一种新的变换，它是 DFT 的快速算法。各种 FFT 算法的基本思想都是把长序列的 DFT 计算变成先计算一些短序列的 DFT，再对短序列的 DFT 进行简单运算来实现，因为直接计算 DFT，其运算量与序列长度的平方成正比，所以把长序列的 DFT 转化成短序列 DFT 的简单运算，可以减少运算量，提高计算速度。

用快速傅里叶变换（FFT）可以实现两个有限长序列的线性卷积和的快速计算。如果 $h(n)$ 和 $x(n)$ 的长度分别为 N 和 M，要快速计算它们的线性卷积和，可以先对 $h(n)$ 和 $x(n)$ 末尾补零，补到长度都为 L（$L \geqslant N+M-1$），然后利用离散傅里叶变换的圆周卷积性质计算 $y(n) = x(n) \textcircled{L} h(n)$，这个 $y(n)$ 就能代表线性卷积的结果。

 ### 8.3.3　MATLAB 相关基础

MATLAB 程序中常常需要使用自定义函数，自定义函数是由编程人员自己定义的函数，而不是 MATLAB 提供的。自定义函数也是一种 M 文件，它的新建、修改、保存方法与脚本文件几乎相同，只是在新建一个自定义函数时，在编辑器窗口内输入的第一行必须是以下形式：

```
function  rvalue=functionname(param1,param2,…)
```

其中，rvalue 是函数的返回值，functionname 是函数名，圆括号内是函数的参数，如【例 8-3-2】中自定义函数 yzyw 的新建。而自定义函数的使用方法与 MATLAB 提供的函数相同，是在别的命令或程序中被调用，例如，【例 8-3-2】中自定义函数 yzyw 的使用就是在程序 program8_6 中，即命令 y=yzyw(x,5)。

本次实验用到的 MATLAB 提供的函数主要有：freqz、fft、ifft、residuez、impz。

（1）freqz：在 MATLAB 中，当 $x(n)$ 的 DTFT 是一个 $e^{-j\omega}$ 的有理函数时，可以用函数 freqz 计算这个 DTFT 的抽样值。例如：$X(e^{j\omega}) = \dfrac{B(e^{j\omega})}{A(e^{j\omega})} = \dfrac{b(1)+b(2)e^{-j\omega}+\cdots+b(m+1)e^{-jm\omega}}{a(1)+a(2)e^{-j\omega}+\cdots+a(n+1)e^{-jn\omega}}$，其中分子系数矢量 $\boldsymbol{b}=[b(1),b(2),\cdots,\ b(m+1)]$，分母系数矢量 $\boldsymbol{a}=[a(1),a(2),\cdots,\ a(n+1)]$，用命令 H=freqz(b,a,w)，可以计算出由矢量 w 指定的频率点处的 $X(e^{j\omega})$ 值，它们组成 H，而用命令 H=freqz(b,a,N)，可以计算出由 $X(e^{j\omega})$ 在 $\omega \in [0,2\pi)$ 区间内的 N 个等间隔抽样值组成的矢量 H，如果还想得到每个抽样值对应的频率，可以用命令 [H,w]=freqz(b,a,N)，进而用函数 plot 可以近似画出 $\left|X(e^{j\omega})\right|$ 与 $\arg[X(e^{j\omega})]$ 的图形，也就是幅度谱和相位谱。另外，还可以用命令 freqz(b,a,N) 直接画出幅度谱和相位谱。

【例 8-3-1】　用 MATLAB 计算 $X(e^{j\omega}) = \dfrac{1+6e^{-j\omega}+4e^{-j2\omega}}{1+7e^{-j\omega}+10e^{-j2\omega}}$。

```
%program8-5
B=[1 6 4];
```

```
A=[1 7 10];%定义分子系数矢量和分母系数矢量
w=0:0.1:2*pi*3;%定义频率的取值
H=freqz(B, A, w); %计算在指定频率点上的一系列 X(e^{jω}) 值。
```

（2）fft：用于在 MATLAB 中计算有限长序列的 DFT，常用两种命令：xk=fft(x)和 xk=fft(x, N)。前一种命令计算出的"xk"与"x"有相同的长度。后一种命令计算的是"x"的"N"点 DFT，如果"x"的长度小于"N"，程序自动对"x"末尾补零，把它的长度变为"N"，再计算 DFT；如果"x"的长度大于"N"，程序自动对"x"进行截断，使它的长度变为"N"，再计算 DFT。另外，用函数 ifft可以计算离散傅里叶逆变换。

这个 fft 函数是用混合基算法编写的，如果"N"是 2 的整数幂，就使用一个高速的基-2FFT 算法，如果"N"不是 2 的整数幂，就将"N"分解为若干素数因子，用一个较慢的混合基 FFT 算法，而如果"N"是一个素数，就用 DFT 的定义计算。

【例 8-3-2】 验证时域圆周移位性质。

首先，自定义一个函数 yzyw，用于实现一个有限长序列 $x(n)$ 的圆周移位 $x((n+M))_N$，其中 M 可以是任意整数。

```
function y=yzyw(x,M)
M=mod(M,length(x));
y=[x(M+1:length(x)) x(1:M)];
```

接下来，程序 program8_6 验证时域圆周移位性质。

```
%program8-6
% Circular Time-Shifting Property of DFT
clf;
x = [0 1 2 3 4 5 6 7 8];
N = length(x); n = 0:N-1;
y = yzyw (x,5);
Xk = fft(x);
Yk= fft(y);
subplot(2,2,1)
stem(n,abs(Xk));grid
title('原序列的 DFT 的幅度');
subplot(2,2,2)
stem(n,abs(Yk));grid
title('圆周移位后序列的 DFT 的幅度');
subplot(2,2,3)
stem(n,angle(Xk));grid
title('原序列的 DFT 的相位');
subplot(2,2,4)
stem(n,angle(Yk));grid
title('圆周移位后序列的 DFT 的相位');
```

（3）ifft：用于在 MATLAB 中计算有限长序列的 IDFT，命令的形式与函数 fft 相同：x=ifft(Xk)用于计算"Xk"的 IDFT "x"，这个"x"与"Xk"有相同的长度；x=ifft(Xk,N)用于计算"Xk"的"N"点 IDFT "x"。

（4）residuez：用 MATLAB 可以方便地计算一个 $X(z)$ 的逆变换，例如：

$$X(z) = \frac{b(1) + b(2)z^{-1} + \cdots + b(m+1)z^{-m}}{a(1) + a(2)z^{-1} + \cdots + b(n+1)z^{-n}}$$

它的部分分式展开式可以用函数 residuez 确定，进而根据 Z 变换的收敛域确定 $X(z)$ 的逆 Z 变换 $x(n)$。

（5）impz：如果 $X(z)$ 的逆 Z 变换 $x(n)$ 是因果序列，就可以用函数 impz 计算，例如，

[g,t]=impz(b,a)可以用来计算分子系数矢量与分母系数矢量分别为"b"和"a"的 $X(z)$ 的逆 Z 变换"g"，而"t"是"g"的时间向量（$t=[0\ 1\ 2\ \cdots]'$）。

8.3.4　实验内容和步骤

1. 用 MATLAB 计算序列的 DTFT，画序列的频谱。

完成以下习题：

（1）修改程序 program8_5，用 plot 画出 $\left|X(e^{j\omega})\right|$ 与 $\arg[X(e^{j\omega})]$ 在 $\omega\in[0,\ 6\pi]$ 区间内的图形。观察这两个图形，判断它们是否具有周期性。如果是，周期是多少？另外，从图上看，$\left|X(e^{j\omega})\right|$ 与 $\arg[X(e^{j\omega})]$ 具有怎样的对称性？为什么有这样的对称性？

（2）修改程序 program8_5，只用 freqz（不用 plot）画出有限长序列 $x(n)=R_{64}(n)$ 在 $\omega\in[0,\ \pi]$ 区间内的幅度谱和相位谱。

（3）用 freqz 画出有限长序列 $x(n-12)=R_{64}(n-12)$ 的幅度谱和相位谱，把它们与（2）的图形对比，说明是否能验证 DTFT 的时移性质。

2. 用 MATLAB 计算序列的 DFT，验证 DFT 的基本性质。

完成以下习题：

（1）阅读程序 program8_6，其中的 y 与 x 是什么关系，用数学表达式表示。运行这个程序，分析结果，说明是否能验证 DFT 的时域圆周移位性质。

（2）$x_1(n)=\cos\left(\dfrac{\pi}{4}n\right)R_{16}(n)$，$x_2(n)=\sin\left(\dfrac{\pi}{8}n\right)R_{16}(n)$，$x_3(n)=x_1(n)+jx_2(n)$，编写程序，分别计算 $x_1(n)$ 的 DFT $X_1(k)$、$x_2(n)$ 的 DFT $X_2(k)$、$x_3(n)$ 的 DFT $X_3(k)$，计算 $X_3(k)$ 的圆周共轭对称分量 $X_{3ep}(k)$ 和圆周共轭反对称分量 $X_{3op}(k)$，验证 $X_1(k)=X_{3ep}(k)$，$jX_2(k)=X_{3op}(k)$。

（3）$x_1(n)=\cos\left(\dfrac{\pi}{4}n\right)R_{16}(n)$，$x_2(n)=\sin\left(\dfrac{\pi}{8}n\right)R_{16}(n)$，$x_3(n)=x_1(n)+x_2(n)$，编写程序，分别计算 $x_1(n)$ 的 DFT $X_1(k)$、$x_2(n)$ 的 DFT $X_2(k)$、$x_3(n)$ 的 DFT $X_3(k)$，验证 $X_1(k)=\text{Re}[X_3(k)]$，$X_2(k)=j\text{Im}[X_3(k)]$。

（4）编写程序，验证圆周卷积性质。

3. 逆 Z 变换的计算。

完成以下习题：

（1）$X(z)=\dfrac{1-0.25z^{-1}}{1-1.86z^{-1}+0.8643z^{-2}+1.5z^{-3}}$，收敛域为圆内区域，计算它的部分分式展开式，进而计算它的逆 Z 变换；

（2）用函数 impz 计算 $X(Z)=\dfrac{1-0.25z^{-1}}{1-1.86z^{-1}+0.8643z^{-2}+1.5z^{-3}}$ 的逆 Z 变换，比较（1）、（2）的结果是否相同，并分析原因。

4. fft 的应用：

完成以下习题：

（1）$x_2(n)=0.5^n R_{15}(n)$，$h_2(n)=R_{15}(n)$，用 FFT 计算它们的线性卷积和，并用函数 tic、toc 计算这个算法所花的时间，再用 conv 计算它们的线性卷积和，比较两个计算结果，计算这两种算法运行所花的时间之比。

（2）把（1）中 $x_2(n)$ 与 $h_2(n)$ 的长度都改为 128，再重新完成（1）题所要求的内容。

5．编写实现 DIT-FFT 算法的程序，用它计算一个序列的 DFT，并用 MATLAB 提供的函数 fft 检验计算结果是否正确。

8.3.5　实验报告要求

1．简述实验目的及原理。
2．给出完成实验内容所需的源程序及实验结果，打印实验内容中要求画出的图形。
3．总结实验所得主要结论。

8.4　实验 4：变换域中的线性移不变离散时间系统

8.4.1　实验目的

1．熟悉线性移不变离散时间系统的频域分析法。
2．学会在 MATLAB 中计算线性移不变离散时间系统的频率响应，画频响特性曲线。
3．熟悉滤波器的分类。
4．学会在 MATLAB 中计算线性移不变离散时间系统的零点、极点，画零、极点分布图，进而分析系统的性质。

8.4.2　实验原理

1．频率响应

系统的频率响应是系统函数在单位圆上的 Z 变换，用 $H(\mathrm{e}^{\mathrm{j}\omega})$ 表示，它也等于系统单位抽样响应的 DTFT，即

$$H(\mathrm{e}^{\mathrm{j}\omega}) = \sum_{n=-\infty}^{+\infty} h(n)\mathrm{e}^{-\mathrm{j}\omega n} \qquad (8\text{-}4\text{-}1)$$

$H(\mathrm{e}^{\mathrm{j}\omega})$ 是以 2π 为周期的连续函数，通常 $H(\mathrm{e}^{\mathrm{j}\omega})$ 是复函数，可以表示为 $H(\mathrm{e}^{\mathrm{j}\omega}) = \left| H(\mathrm{e}^{\mathrm{j}\omega}) \right| \mathrm{e}^{\mathrm{j}\varphi(\omega)}$，其中，$\left| H(\mathrm{e}^{\mathrm{j}\omega}) \right|$ 称为系统的幅度响应，$\varphi(\omega)$ 是系统的相位响应。

根据系统幅度响应的不同，可以把系统分为低通、高通、带通、带阻、全通滤波器，它们在理想情况下的幅度响应如图 8-4-1 所示。

根据系统相位响应是否为线性函数，可以把系统分为线性相位系统和非线性相位系统。

2．根据系统函数的零、极点分布分析系统的特性

系统函数用 $H(z)$ 表示，是系统单位抽样响应 $h(n)$ 的 Z 变换，即

$$H(z) = \sum_{n=-\infty}^{+\infty} h(n)z^{-n} \qquad (8\text{-}4\text{-}2)$$

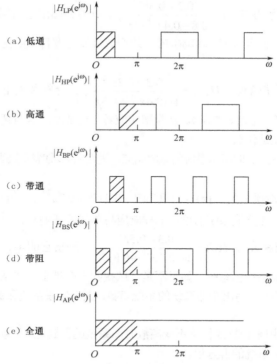

图 8-4-1　各种数字滤波器的理想频率响应

使 $H(z) \to \infty$ 的 z 的值称为系统函数的极点，而使 $H(z) = 0$ 的 z 的值称为系统函数的零点，将系统函数的极点、零点在 Z 平面的分布用图表示出来，就是零、极点分布图，图中极点所在的位置用 "×" 表示，零点所在的位置用 "○" 表示。根据系统函数的零、极点分布可以分析系统的时域特性，如计算系统的单位抽样响应，判断一个系统是 IIR 系统还是 FIR 系统；计算因果系统的差分方程，判断一个系统是否稳定；可以分析系统的频响特性，如判断一个系统的滤波特性，是否具有线性相位等。

8.4.3　MATLAB 相关基础

在 MATLAB 中可以用函数 freqz 计算线性移不变离散时间系统的频率响应在一组离散频率点上的值，或画出系统的幅度响应曲线和相位响应曲线。函数 freqz 的使用方法详见 8.3.4 节。

在 MATLAB 中可以用函数 zplane 画线性移不变离散时间系统的零、极点分布图，若系统函数 $H(z)$ 已知，可以用命令 zplane(B, A) 画出零、极点分布图，其中 "B"、"A" 分别是 $H(z)$ 的分子系数矢量与分母系数矢量；若系统函数的极点、零点已知，可以用命令 zplane(z, p) 画出零、极点分布图，其中 "z"、"p" 分别是 $H(z)$ 的零点组成的列矢量和极点组成的列矢量。

8.4.4　实验内容和步骤

完成以下习题，其中题号前有 "※" 的选做。

1. 一个因果系统的系统函数为 $H(z) = \dfrac{0.2 - 0.3z^{-2}}{1 - 0.4z^{-1} + 0.8z^{-2}}$，计算并画出它的频率响应，判断它是哪一类滤波器（低通、高通、带通、带阻），判断它是否具有线性相位。

2. 一个系统的系统函数为 $H(z) = \dfrac{0.2 - 0.3z^{-2}}{0.8 - 0.4z^{-1} + z^{-2}}$，计算并画出它的频率响应，判断它是哪一类滤波器（低通、高通、带通、带阻）。从频率响应看，这个滤波器与题目 1 给出的滤波器的区别是什么？产生区别的原因又是什么？

3. 一个因果系统的系统函数为 $H(z) = \dfrac{0.3 - 0.2z^{-2}}{1 - 0.4z^{-1} + 0.8z^{-2}}$，计算并画出它的频率响应，判断它是哪一类滤波器（低通、高通、带通、带阻）。从频率响应看，这个滤波器与题目 1 给出的滤波器的区别是什么？产生区别的原因又是什么？

4. 画出式（8-2-1）在 $M = 2$ 时所示系统的频率响应，进而从频域解释【例 8-2-1】中程序 program8_3 的运行结果。

5. 一个因果系统的系统函数为 $H(z) = 1 + 0.2z^{-1} - 0.4z^{-2} + 0.2z^{-3} + z^{-4}$，计算并画出它的零、极点分布图，判断它是否稳定。计算该系统的单位抽样响应与单位阶跃响应。

6. 若因果系统的系统函数为 $H(z) = \dfrac{0.3 - 0.5z^{-1}}{1 - 0.7z^{-1} + 0.8z^{-2}}$，画出它的零、极点分布图，判断该系统是否稳定。判断它是否为最小相移系统，如果不是，试找到一个最小相移系统，用它和一个全通系统组成级联系统来表示已知系统，写出全通系统的系统函数，画出级联系统和最小相移系统的频率响应，对比说明它们的区别。

7. 函数 grpdelay 可以用来计算线性移不变离散时间系统的群延迟，说明 grpdelay 的使用方法，计算并画出题目 1 和题目 5 中系统的群延迟。

※8. 计算并画出 3 个 2 阶滑动平均滤波器（由式 8-2-1 表示）级联后的频率响应，并验证级联后的 3dB 截止频率满足 $\omega_c = 2\arccos(2^{-\frac{1}{6}})$。

※9. 某因果 LSI 系统的单位抽样响应为 $h(n) = \{1, 2, 3, 4\}$，输入 $x(n) = (n + 2)R_{19}(n)$，用重叠相加法或重叠保留法计算系统的零状态响应。

8.4.5　实验报告要求

1. 简述实验目的及原理。
2. 给出完成实验内容所需的源程序及实验结果，打印实验内容中要求画出的图形。
3. 总结实验所得主要结论。

8.5　实验 5：连续时间信号的数字处理

8.5.1　实验目的

1. 熟悉时域抽样可能出现的问题，掌握奈奎斯特抽样定理。
2. 用 MATLAB 验证奈奎斯特抽样定理。
3. 掌握由抽样信号还原连续时间信号的方法。
4. 用 MATLAB 验证频域抽样定理。
5. 掌握用 FFT 计算连续信号频谱时可能出现的误差及其原因，以便在实际中正确应用 FFT。

8.5.2　实验原理

对连续时间信号进行数字化处理，必须先对连续时间信号进行 A/D 变换，A/D 变换包括两个内容：连续时间信号的抽样和量化。

1. 连续时间信号的抽样及抽样信号的还原

连续时间信号的抽样必须满足时域抽样定理（奈奎斯特抽样定理）。时域抽样定理的内容是：若 $f(t)$ 是频带受限的连续时间信号，而且它的最高截止频率是 f_m，对它进行时域抽样，只有选择大于或等于 $2f_m$ 的抽样频率 f_s（即 $f_s \geqslant 2f_m$）才能使抽样信号 $f_s(t)$ 唯一地代表这个连续时间信号。

因为时域抽样对应频域的周期重复，当时域抽样不满足时域抽样定理，就会发生频谱混叠。实际应用中，因为大多数连续时间信号都不是频带受限的信号，所以在抽样前往往要被低通滤波，以防止抽样引起频谱混叠，因此在数字信号处理系统中，A/D 变换器前往往有一个防混叠滤波器。另外，实际应用中，综合考虑抽样效果和运算量，抽样频率一般选择为 $(3 \sim 4)f_m$。

当抽样信号 $f_s(t)$ 能唯一地代表连续时间信号 $f(t)$ 时，就可以将这个抽样信号通过一个低通滤波器得到连续时间信号 $f(t)$ 或者连续时间信号 $f(t)$ 的近似。例如，一个理想抽样信号是在满足抽样定理的情况下得到的，要将它还原成连续时间信号，可以让它通过一个截止频率为 f_c 的低通滤波器来实现，f_c 必须满足 $f_m \leqslant f_c \leqslant f_s - f_m$。

2. 频域抽样

频域抽样是对连续的频谱抽取若干离散的频率点处的值，组成频域的序列。频域抽样是对频域连续的信号进行数字化频域分析或处理的第一步，例如，用数字频谱仪对离散时间信号进行谱分析，必然涉及频域抽样理论。

因为频域抽样对应时域的周期重复，实际应用时，频域抽样必须满足频域抽样定理，否则离散时间信号在时域就会出现混叠。频域抽样定理的内容是：对一个长度为 M 的有限长序列 $x(n)$ 进行频域抽样，要使抽样信号能恢复成原信号，频域抽样点数 N 必须满足 $N \geqslant M$。

根据频域抽样定理，要用数字化方法对无限长序列进行频域分析，必须先对无限长序列进行截断，如果这个无限长序列是非周期的，就必然引入误差，而如果这个无限长序列是周期序列，则应该在截断时，将截断的长度选择为周期的整数倍，否则，就会产生截断误差。

8.5.3　MATLAB 相关基础

本次实验用到的 MATLAB 提供的函数主要有 fft、ifft、plot、stem。

8.5.4　实验内容和步骤

完成以下习题，其中题号前有"※"的选做。

1. $x_1(t) = \sin(100\pi t)$，$x_2(t) = \sin(200\pi t)$，$x_3(t) = \sin(400\pi t)$，用 150Hz 的抽样频率对这三个连续信号抽样，用 MATLAB 画出这三个抽样信号的图形，观察它们有无差别，并分析为什么是这样的结果。

2. 计算并画出题目 1 中的三个连续信号 $x_1(t)$、$x_2(t)$、$x_3(t)$ 的频谱，要求频谱图中横轴的单位是 Hz，再计算并画出它们的抽样信号的频谱，比较它们的异同。分析这个题目的结果，可以得出什么结论？

3．$x(n) = \{1, 2, 3, 4, 5, 6\}$，分别计算它的 4 点 DFT $X_1(k)$、6 点 DFT $X_2(k)$ 和 9 点 DFT $X_3(k)$，比较它们的异同，再计算 $X_1(k)$、$X_2(k)$ 和 $X_3(k)$ 的离散傅里叶逆变换，它们是否都等于 $x(n)$？请读者思考，这个题目的解答是否可以用来验证频域抽样定理？

4．$x(t) = e^{j0.05\pi t}$，计算并画出它的频谱。

5．$x(t) = e^{-0.05\pi t} u(t)$，计算并画出它的频谱。

※6．某理想低通滤波器的频率响应为 $H(e^{j\omega}) = \begin{cases} 1, & 0 \leqslant |\omega| \leqslant \dfrac{3}{4}\pi \\ 0, & \dfrac{3}{4}\pi < |\omega| < \pi \end{cases}$，将题目 1 中的三个抽样信号

分别作为这个滤波器的输入，用 MATLAB 计算相应的输出，并画出近似的连续信号图形。请读者思考，这个题目的解答可以用来验证抽样信号还原的理论吗？为什么？

8.5.5　实验报告要求

1．简述实验目的及原理。
2．给出完成实验内容所需的源程序及实验结果。
3．总结实验所得主要结论。

8.6　实验 6：数字滤波器设计

8.6.1　实验目的

1．掌握用双线性变换法设计 IIR 数字滤波器的原理与方法。
2．掌握用窗函数法设计 FIR 数字滤波器的原理和方法。
3．掌握数字滤波器的计算机仿真方法。
4．通过观察对实际心电图信号的滤波作用，获得数字滤波的感性知识。

8.6.2　实验原理

1．双线性变换法的原理和设计方法

双线性变换法是由作为"样本"的模拟滤波器变换成 IIR 数字滤波器的一种设计方法，它使数字滤波器的频率响应与模拟滤波器的频率响应相似，它的变换原理是 S 平面与 Z 平面之间是单值映射关系，满足双线性变换

$$s = c\frac{1 - z^{-1}}{1 + z^{-1}} \qquad\qquad (8\text{-}6\text{-}1)$$

$$z = \frac{c + s}{c - s} \qquad\qquad (8\text{-}6\text{-}2)$$

其中，常数 c 的选择可以调节模拟滤波器与数字滤波器频带间的对应关系。例如，要使模拟原型滤波器的低频特性近似等于数字滤波器的低频特性，应选择 $c = \dfrac{2}{T}$，其中 T 是时域抽样间隔；要使数字滤波器的截止频率 ω_c 与模拟原型滤波器的截止频率 Ω_c 严格对应，应选择 $c = \Omega_c \cot\left(\dfrac{\omega_c}{2}\right)$。

由于根据双线性变换，模拟角频率 Ω 与数字频率 ω 之间的变换关系为

$$\Omega = c\tan\left(\frac{\omega}{2}\right) \tag{8-6-3}$$

它表明 S 平面与 Z 平面的频率轴是单值映射关系，所以避免了频率响应的混叠现象，但同时它反映了模拟角频率与数字频率 ω 之间是非线性变换，这将影响数字滤波器的频率响应，使它不与模拟滤波器的频率响应相似，例如，幅度响应产生畸变。为了克服这个问题，要求作为"样本"的模拟滤波器的幅度响应必须是分段常数型的，而且必须对临界频率点加以预畸。

用双线性变换法设计 IIR 数字低通滤波器包括以下几步。

①将给定的数字滤波器的截止频率加以预畸，转换成作为"样本"的模拟滤波器的截止频率；

②利用这些截止频率及相关的指标来设计相应的模拟低通滤波器，得到模拟滤波器的系统函数 $H(s)$；

③将式（8-6-1）代入 $H(s)$，就可计算出所需的数字低通滤波器的系统函数 $H(z)$。

如果要设计的不是数字低通滤波器，还需将步骤①中所得的相应的（高通、带通、带阻）模拟滤波器的性能指标转换成模拟低通滤波器的性能指标，然后利用某种模拟滤波器的逼近方法，设计这个模拟低通滤波器，得到它的系统函数（也就是设计数字滤波器的"样本"），接下来，将"样本"变换成所需类型的数字滤波器有两种方法：一种是先将"样本"变换成所需类型相应的（高通、带通、带阻）模拟滤波器，再完成步骤③即可；另一种方法是先将"样本"变换成数字域的低通滤波器（即完成步骤③），再在数字域进行频带变换，计算出所需类型的数字滤波器。

模拟滤波器设计（逼近）的常用方法有：巴特沃斯型滤波器、切比雪夫型滤波器、椭圆函数型（考尔型）滤波器等。

2．窗函数法的原理和设计方法

窗函数法是设计线性相位 FIR 滤波器的一种常用方法。它的设计思想是用一个 FIR 滤波器逼近给出的理想滤波器的频率响应。设计方法是用一个有限长度的窗函数 $w(n)$ 去乘给出的理想滤波器的单位抽样响应 $h_d(n)$，得到 FIR 滤波器的单位抽样响应 $h(n)$，即 $h(n) = w(n) \cdot h_d(n)$。

窗函数法设计的关键是选择合适的窗函数类型和长度。窗函数类型决定了设计的 FIR 滤波器的阻带最小衰减，窗函数的长度则只会影响 FIR 滤波器的过渡带宽度。所以设计时，往往是查常用窗函数的基本参数表（表 5-2-1），先根据阻带最小衰减选择窗函数的类型，再根据过渡带宽的要求选择窗函数的长度。

在 MATLAB 中，用窗函数法设计 FIR 滤波器的步骤如下。

①根据设计指标，查常用窗函数基本参数的表格，选择窗函数的类型和长度 N。

②根据给出的理想滤波器，计算长度为 N 的 $h_d(n)$。

③用 MATLAB 的内部函数计算长度为 N 的窗函数 $w(n)$。

④计算 $h(n) = w(n) \cdot h_d(n)$。

⑤计算 $h(n)$ 所表示的 FIR 滤波器的频率响应 $H(e^{j\omega})$，并画出图形，检验是否满足设计要求，若不满足，则重新选择窗函数的类型或长度 N，重复③～⑤步骤，直到满足设计要求。

8.6.3　MATLAB 相关基础

1．MATLAB 提供的函数可以用于完成 IIR 滤波器的设计

1）常用模拟 IIR 滤波器的设计

（1）模拟巴特沃斯滤波器设计中常用的函数

① buttord：根据巴特沃斯模拟滤波器的设计指标，计算所需要的巴特沃斯滤波器的最小阶数和对应的 3dB 带宽。

命令：`[N,Wn]=buttord(Wp,Ws,Rp,Rs,'s');`

根据巴特沃斯模拟滤波器的设计指标，利用 MATLAB 中的函数 buttord 可以获得巴特沃斯滤波器的参数 N 和 Wn，它们分别是在给定通带边界频率 Wp、阻带边界频率 Ws、通带最大衰减 Rp（dB）和阻带最小衰减 Rs（dB）的条件下，所需要的巴特沃斯滤波器的最小阶数和对应的 3dB 带宽。这里 Wn、Wp 和 Ws 的默认单位是 rad/s，而且如果设计的是带通或带阻滤波器，它们应该都是由两个元素组成的矢量，否则它们分别是一个数字。注意：在设计模拟滤波器时，等号右边的第 5 个参数 's' 不能省略，可以看做一个固定的符号。

② butter：根据巴特沃斯模拟滤波器的阶数和 3dB 带宽计算对应的系统函数 $H(s)$，这个系统函数可以用传递函数表示，也可以用零、极点和增益表示。

命令：`[B,A]=butter(N,Wn,'s');`

在阶数 N 和 3dB 带宽 Wn 已经确定的情况下，利用 MATLAB 中的函数 butter 可以计算出巴特沃斯低通滤波器系统函数的分子多项式系数向量 B 和分母多项式的系数向量 A，进而可以写出用传递函数表示的系统函数。如果设计的是其他类型的巴特沃斯模拟滤波器，则必须在 's' 前增加一个参数，表明类型，例如，高通巴特沃斯模拟滤波器的设计，用 `[B,A]=butter(N,Wn, 'high','s')`；带通或带阻巴特沃斯模拟滤波器的设计，用 `[B,A]=butter(N,Wn, 'stop','s')`。

命令：`[z,p,k]=butter(N,Wn,'s');`

在阶数 N 和 3dB 带宽 Wn 已经确定的情况下，利用 MATLAB 中的函数 butter 可以计算出巴特沃斯低通滤波器系统函数的零点矢量 z、极点矢量 p 和增益 k。与上一个命令类似，如果设计的是其他类型的巴特沃斯模拟滤波器，则必须在 's' 前增加一个参数，表明类型。

（2）模拟切比雪夫型滤波器设计中常用的函数

cheb1ord、cheb2ord 分别用于根据切比雪夫 1 型和 2 型模拟滤波器的设计指标，计算所需要的切比雪夫 1 型和 2 型滤波器的最小阶数，使用方法与 buttord 相同。

命令：`[N, Wp]=cheb1ord (Wp,Ws,Rp,Rs,'s');`
　　　`[N, Ws]=cheb2ord (Wp,Ws,Rp,Rs, 's');`

其中，等号两边的 Wp 都是通带截止频率，Ws 都是阻带截止频率。

cheby1：用于根据切比雪夫 1 型模拟滤波器的阶数、通带截止频率 Wp 和通带波纹 R(dB)计算对应的系统函数 $H(s)$。

命令：`[B,A]=cheby1(N,R,Wp,'s')` ;%用于设计低通滤波器
　　　`[B,A]=cheby1(N,R,Wp,'high','s')` ;%用于设计高通滤波器
　　　`[B,A]=cheby1(N,R,Wp,'stop','s')` ;%用于设计带通或带阻滤波器

其中，`[B,A]` 也可换成 `[z,p,k]`。

cheby2：用于根据切比雪夫 2 型模拟滤波器的阶数、阻带截止频率 Wst 和阻带波纹 R(dB)计算对应的系统函数 $H(s)$。

命令：`[B,A]=cheby2(N,R,Wst,'s')` ;%用于设计低通滤波器
　　　`[B,A]=cheby2(N,R,Wst,'high','s')` ;%用于设计高通滤波器
　　　`[B,A]=cheby2(N,R,Wst,'stop','s')` ;%用于设计带通或带阻滤波器

其中，`[B,A]` 也可换成 `[z,p,k]`。

（3）模拟椭圆函数型滤波器设计中常用的函数

Ellipord：根据椭圆函数型模拟滤波器的设计指标，计算所需要的最小阶数。

　　　　命令：[N,Wp]= ellipord(Wp,Ws,Rp,Rs,'s');

　　Ellip：用于根据椭圆函数型模拟滤波器的阶数、通带截止频率 Wp、通带波纹 Rp(dB)和阻带最小衰减 Rs(dB)计算对应的系统函数 $H(s)$。

　　　　命令：[B,A]=ellip(N,Rp,Rs,Wp,'s');%用于设计低通滤波器
　　　　　　　[B,A]=ellip(N,Rp,Rs,Wp'high','s') ;%用于设计高通滤波器
　　　　　　　[B,A]=ellip (N,Rp,Rs,Wp,'stop','s') ;%用于设计带通或带阻滤波器

其中，[B,A]也可换成[z,p,k]。

　　2）在 MATLAB 中，用函数 bilinear 可以实现用双线性变换法将模拟滤波器转换为数字滤波器。

　　　　命令：[numd,dend]=bilinear(num,den,Fs);
　　　　　　　[zd,pd,kd]=bilinear(z,p,k,Fs);

其中，Fs 是以 Hz 为单位的抽样频率，num、den 分别是模拟滤波器的分子、分母系数矢量，而 numd、dend 是对应的数字滤波器的分子、分母系数矢量，z、p、k 分别是模拟滤波器的零点矢量、极点矢量和增益，而 zd、pd、kd 是对应的数字滤波器的零点矢量、极点矢量和增益。另外，在上述命令的 Fs 之后还可以增加一个参数 Fp，以使变换前后的滤波器在频率点 Fp 处的频率响应严格匹配。

　　【例 8-6-1】　设计一个数字滤波器，其技术指标为通带截止频率 wp = 0.2π，阻带起始频率 ws = 0.4π，通带最大衰减小于等于 1dB，阻带最小衰减大于等于 30dB，抽样频率为 1000Hz，用巴特沃斯滤波器逼近。

```
%program8-7
    wp=0.2*pi;                          %通带截止频率
    ws=0.4*pi;                          %阻带起始频率
    Ap=1;                               %通带最大衰减
    As=30;                              %阻带最小衰减
    Fs=1000;
    T=1/Fs;                             %抽样间隔
    Mwp=2/T*tan(wp/2);
    Mws=2/T*tan(ws/2);                  %截止频率的预畸变
    [N,wc]=buttord(Mwp,Mws,Ap,As, 's'); %计算作为"样本"的模拟巴特沃斯滤波器阶数和wc
    [b1,a1]=butter(N,wc,'s');           %计算作为"样本"的模拟巴特沃斯滤波器系数
    [b,a]= bilinear(b1,a1,Fs);          %用双线性变换将模拟滤波器系数变成数字滤波器系数
    mw= linspace(0,pi*Fs,200) ;
    H1=freqs(b1,a1,w);                  %计算模拟滤波器的频率响应

    w=linspace(0,pi,200);
    H=freqz(b,a,w);                     %计算数字滤波器的频率响应
    disp('b1=');disp(b1);disp('a1=');disp(a1);
    disp('b=');disp(b);disp('a=');disp(a);
    subplot(2,1,1);plot(mw,abs(H1)); grid on;
    legend('模拟巴特沃斯滤波器');
    subplot(2,1,2);plot(w/pi,abs(H2)); grid on;
    legend('数字巴特沃斯滤波器');
```

程序运行结果：

```
    b1=
      1.0e+017 *


          0        0        0        0        0        0   2.9783
```

```
a1=
   1.0e+017 *

      0.0000    0.0000    0.0000    0.0000    0.0000    0.0141    2.9783


   b=
      0.0010    0.0059    0.0148    0.0198    0.0148    0.0059    0.0010

   a=
      1.0000   -3.0152    4.2205   -3.3483    1.5670   -0.4058    0.0452
```

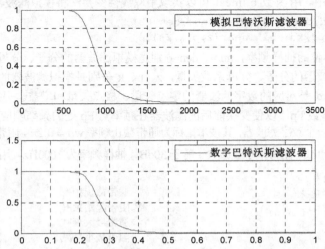

图 8-6-1   模拟巴特沃斯滤波器和数字巴特沃斯滤波器

所以，"样本"模拟巴特沃斯滤波器系统函数：

$$H(s) = \frac{2.9783 \times 10^{17}}{s^6 + 3.1574 \times 10^3 s^5 + 4.9846 \times 10^6 s^4 + 4.9889 \times 10^9 s^3 + 3.3288 \times 10^{12} s^2 + 1.4081 \times 10^{15} s + 2.9783 \times 10^{17}}$$

数字巴特沃斯滤波器系统函数：

$$H(z) = \frac{0.0010 + 0.0059z^{-1} + 0.0148z^{-2} + 0.0198z^{-3} + 0.0148z^{-4} + 0.0059z^{-5} + 0.0010z^{-6}}{1 - 3.0152z^{-1} + 4.2205z^{-2} - 3.3483z^{-3} + 1.5670z^{-4} - 0.4058z^{-5} + 0.0452z^{-6}}$$

3）另外，联合使用函数 buttord 和 butter 而不用函数 bilinear 也可以实现用双线性变换法设计巴特沃斯数字滤波器，此时，这些函数的使用方法与设计模拟滤波器时大同小异，区别只有两点，一是函数中的参数 's' 必须去掉，二是截止频率 Wn 应该是以 π 为单位的数字频率，取值范围是[0, 1]，而不再是以 rad/s 为单位的模拟频率。

类似地，联合使用函数 cheb1ord 和 cheby1、cheb2ord 和 cheby2、ellipord 和 ellip 分别可以用于用双线性变换法设计切比雪夫 1 型、切比雪夫 2 型、椭圆函数型数字滤波器，使用时也需注意两点，一是函数中的参数 's' 必须去掉，二是频率都应该是以 π 为单位的数字频率，取值范围是（0, 1]。

2. 用 MATLAB 提供的函数完成 FIR 滤波器的设计

1）几种常用窗函数的计算：

矩形窗   w = rectwin(N)

三角形窗   w = bartlett(N)

海明窗　　　　　　　`w = hamming(N)`

汉宁窗　　　　　　　`w = hann(N)`

布莱克曼窗　　　　　`w = blackman(N)`

凯塞（Kaiser）窗　`w = kaiser(N, beat)`

其中，参数 N 表示窗函数的长度，返回的变量 w 是一个长度为 N 的列向量，表示 N 点窗函数 w(n)，beat 是控制 Kaiser 窗形状的参数。

2）在 MATLAB 中，函数 fir1 也可用于用窗函数法设计通常的低通、高通以及其他多频带 FIR 滤波器，相关的常用命令如下：

```
b=fir1(N,Wn )
b=fir1(N,Wn, window )
b=fir1(N,Wn, 'ftype' )
b=fir1(N,Wn, 'ftype',window )
```

其中，N 表示滤波器的阶数，Wn 是 6dB 截止频率，取值在 0～1 之间，它是以抽样频率为基准频率的标称值，1 对应折叠频率，b 是长度为 N+1 的 FIR 滤波器系数向量 $h(n)$（按降幂排列），window 是表示窗函数 $w(n)$ 的变量，长度为 N + 1，默认为海明窗。参数 'ftype' 在设计高通、带通和带阻滤波器时用，例如，设计高通 FIR 滤波器时，用命令 b=fir1(N,Wn, 'high')。设计带通、带阻滤波器时，ftype 分别用 bandpass 和 stop 代替。

8.6.4　实验内容和步骤

完成以下习题，其中题号前有"※"的选做。

1. 用双线性变换法设计一个巴特沃斯低通 IIR 数字滤波器。设计指标为：幅度特性在通带 $[0,0.2\pi]$ 内时，最大衰减小于 1dB，阻带在频率区间 $[0.3\pi,\pi]$，衰减至少为 15dB。试计算"样本"模拟系统函数及其极点，用函数 freqs 画出该模拟滤波器的频率响应曲线，并写出符合设计要求的数字滤波器的系统函数（设抽样周期 $T=1$），再以 0.02π 为频域采样间隔，画出其在 $[0,\pi]$ 的频率响应。

2. 用题目 1 设计的滤波器对实际心电图信号采样序列（在本实验后面给出）进行仿真滤波处理，并分别画出滤波前后的心电图信号波形图，观察总结滤波作用与效果。

3. 把题目 1 中的巴特沃斯换成切比雪夫 1 型、切比雪夫 2 型和椭圆函数型，其他不变，重做 1 题，对比说明这 4 种滤波器频率响应的特点。

4. 用题目 3 设计的滤波器对实际心电图信号采样序列（在本实验后面给出）进行仿真滤波处理，并分别画出滤波前后的心电图信号波形图。对比这几个滤波器的滤波效果和阶数，说明哪种滤波器是最佳选择。

5. 用汉宁窗设计一线性低通 FIR 数字滤波器，截止频率 $\omega_c = \dfrac{\pi}{4}$ rad。窗口长度 N=15、33。要求在两种窗口长度情况下，分别求出 $h(n)$，画出相应的幅度响应和相位响应曲线，观察 6dB 带宽。总结窗口长度 N 对滤波特性的影响。注意：设计时不能使用函数 fir1。

6. N=33，$\omega_c = \dfrac{\pi}{4}$ rad，用 4 种窗函数（矩形窗、三角形窗、海明窗、布莱克曼窗）设计线性相位低通滤波器。画出相应的幅度响应曲线，观察过渡带宽及阻带最小衰减，比较 4 种窗函数对滤波器性能的影响。注意：要求用函数 fir1 完成设计。

※7. 用窗函数法设计一个带通滤波器，它有最小长度并满足下列指标：

$$\left.\begin{array}{l}\text{下阻带边缘}=0.3\pi \\ \text{上阻带边缘}=0.6\pi\end{array}\right\}\text{阻带最小衰减}A_{\mathrm{s}}=40\mathrm{dB}$$

$$\left.\begin{array}{l}\text{下通带边缘}=0.4\pi \\ \text{上通带边缘}=0.5\pi\end{array}\right\}\text{通带最大衰减}R_{\mathrm{p}}=0.5\mathrm{dB}$$

画出它的频率响应图，并画出它的单位抽样响应图。

※8. 信号 $x(n)=\sin(0.2\pi n)+\sin(0.025\pi n)\cos(0.45\pi n)$，用题目 7 设计的滤波器对它进行滤波仿真，并画出滤波前后的信号波形。

8.6.5　实验报告要求

1. 简述实验原理。
2. 给出完成实验内容所需的源程序及实验结果，打印实验内容中要求画出的图形。
3. 总结实验所得主要结论。

附：心电图信号采样序列 $x(n)$

人体心电图信号在测量过程中往往受到高频干扰，所以必须经过低通滤波处理后，才能作为判断心脏功能的有用信息。下面给出一实际心电图信号采样序列样本 $x(n)$，其中存在高频干扰。在实验中，以 $x(n)$ 作为输入序列，滤除其中的干扰成分。

$\{x(n)\} = \{-4,\ -2,\ 0,\ -4,\ -6,\ -4,\ -2,\ -4,\ -6,\ -6,\ -4,\ -4,\ -6,\ -6,\ -2,\ 6,\ 12,\ 8,\ 0,\ -16,$
$-38,\ -60,\ -84,\ -90,\ -66,\ -32,\ -4,\ -2,\ -4,\ -8,\ 12,\ 12,\ 10,\ 6,\ 6,\ 6,\ 4,\ 0,\ 0,\ 0,\ 0,\ 0,\ -2,$
$-4,\ 0,\ 0,\ 0,\ -2,\ -2,\ 0,\ 0,\ -2,\ -2,\ -2,\ -2,\ 0\}$

8.7　实验 7：交互式图形用户界面的使用

8.7.1　实验目的

1. 初步掌握滤波器设计和分析工具（FDATool）的使用方法。
2. 初步掌握信号处理工具（SPTool）的使用方法。

8.7.2　实验原理

IIR 滤波器的设计和 FIR 滤波器的设计（详见 8.6.2 节）。

8.7.3　MATLAB 相关基础

数字信号处理的常见任务包括数字信号的分析和处理、滤波器设计等，用 MATLAB 执行这些任务，除了用编写程序的方法，还可以用更简单方便的方法，即 MATLAB 信号处理工具箱提供的功能齐全的交互式图形用户界面（GUI），包括滤波器设计和分析工具（FDATool）和信号处理工具（SPTool），它们是图形环境，在其中用户使用鼠标就可以完成常见数字信号处理任务，而无须详细了解 MATLAB 的语法规则。

在 MATLAB 的不同版本中，SPTool 的组成有一些区别，下面介绍 FDATool 和 SPTool 的功能与用法，是基于 MATLAB 7.4.0 而言的。

1. 滤波器设计和分析工具（FDATool）

在 MATLAB 的"Command Window"内，输入 fdatool 并回车，将弹出一个 FDATool 窗口。若是第一次打开，则是一个未命名（untitled）的 FDATool 窗口。用户在使用后可给该窗口命名、保存以便下次调用，如给窗口命名 my1.fda。

这里以一个例子说明如何应用 FDATool 进行滤波器的设计与编辑。

假设设计一个低通滤波器，其通带波纹为 0.5dB，通带的截止频率为 9000Hz，阻带最小衰减为 40dB，阻带截止频率为 12kHz，采样频率为 48kHz。

利用 FDATool 进行设计的步骤如下。

（1）选择滤波器类型。在 Response Type 选择区中选择滤波器的类型：Lowpass。

（2）选择滤波器设计算法。在 Design Method 选择区中，首先选择采用 IIR 还是采用 FIR 滤波器类型，例如选择 IIR，然后在其右边的下拉列表中选择滤波器的算法，例如 Butterworth（巴特沃斯）。

（3）设置滤波器阶次。在 Filter Order 选择区中选择 Minimum order。

（4）设置滤波器参数。在 Frequency Specifications 选择区中设置频率指标：Fpass=9000Hz，Fstop=12000Hz，采样频率为 Fs=48000 Hz。在 Magnitude Specifications 选择区中设置幅度指标：通带波纹 Apass=0.5dB，阻带最小衰减 Astop=40dB。

这时滤波器的参数就设置完毕了。

（5）单击滤波器显示区下方的 Design Filter 按钮，滤波器就设计完毕了。在 FDATool 工具右上方的显示区内显示设计出的滤波器的幅频特性曲线，如图 8-7-1 所示。这时一个名为 untitled.fda 的滤波器便出现在 FDATool 内。为了便于下次调用该滤波器，可用 File 菜单中的 Save Session 或 Save Session As 命令将该滤波器更名保存为 my1.fda。

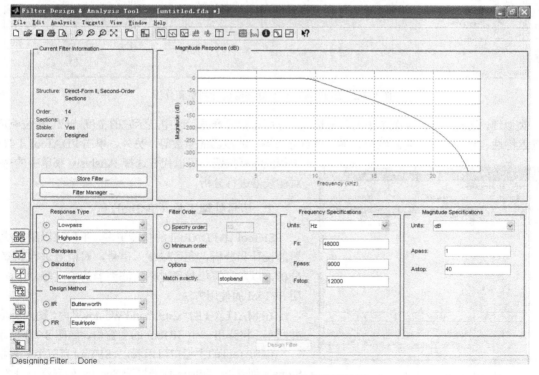

图 8-7-1　用 FDATool 设计低通滤波器

滤波器的编辑就是利用 FDATool 对设计好的滤波器参数做某些修改。编辑步骤一般如下。

（1）打开设计好的滤波器 my1.fda。

（2）按前面所述方法修改滤波器有关参数。

（3）单击 Design Filter 按钮，滤波器即修改完毕，其幅度频谱显示在右上方的显示区内。

（4）重新保存文件。

使用菜单中的 Analysis 可以方便地对滤波器的时域和变换域特性进行观察和分析，例如，要同时观察滤波器的幅度和相位响应图，选中 Analysis 菜单中的 Magnitude and Phase Responses 命令，这个图就出现在显示区内，如图 8-7-2 所示。

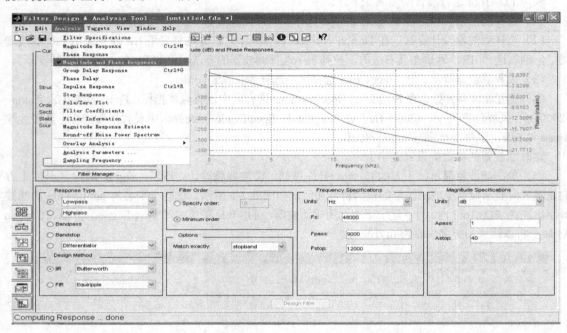

图 8-7-2　用 FDATool 对滤波器进行观察和分析

类似地，选择 Analysis 菜单中的其他选项，还可在滤波器显示区中显示它的幅度响应、相位响应、群延迟特性、脉冲响应、阶跃响应、零、极点分布图，滤波器的系数等。另外，单击 FDATool 工具栏中相应图标按钮，可以代替选择 Analysis 菜单中的命令对滤波器进行分析。

2. 信号处理工具（SPTool）

SPTool 比 FDATool 的功能更多，不仅可以用于滤波器的设计和分析，还可以载入信号，对信号进行观察和分析，以及计算信号通过指定滤波器的输出等。下面说明 SPTool 的使用方法。

在 MATLAB 的"Command Window"内，输入 sptool 并回车，将弹出一个 SPTool 的主窗口，如图 8-7-3 所示。

由 SPTool 的主窗口可以看出，SPTool 有三个列表框：Signals 列表框、Filters 列表框和 Spectra 列表框，每个列

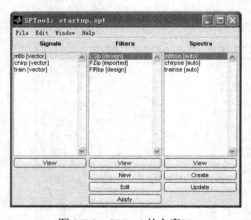

图 8-7-3　SPTool 的主窗口

表框和它下面的按钮联合使用，就可执行相应的功能。本实验主要介绍信号的分析，滤波器的设计、分析和应用等功能，对信号的功率谱不进行探讨，读者若有兴趣，可参考相关书籍。

1）用 SPTool 观察和分析信号

要用 SPTool 进行信号分析，这个信号必须在 Signals 列表框内，若不在，就必须把信号数据先载入 SPTool。例如，要对一个来自 MATLAB 工作空间的信号数据 x 进行分析，这个 x 的创建方法是，在 MATLAB 的 Command Window 内输入以下语句并回车：

```
Fs=2000;
t=0:1/Fs:0.5;
x=sin(2*pi*30*t)+sin(2*pi*50*t);
```

信号数据 x 的载入步骤如下。

（1）用鼠标单击 SPTool 主窗口中 File 菜单里的 Import 命令，将弹出一个 Import to SPTool 对话框。

（2）在 Source 框内默认选择 From Workspace。

（3）选择对话框右上角 Import As 下拉列表中的 Signal 选项。

（4）选择对话框中间 Workspace Contents 列表框中的信号数据 x，再单击与右边 Data 文本框对应的箭头按钮，在 Data 文本框中会出现 x。

（5）选择对话框中间 Workspace Contents 列表框中的采样频率数据 Fs，再单击与右边 Sampling Frequency 文本框对应的箭头按钮，在 Sampling Frequency 文本框中会出现 Fs。

（6）在对话框右下角的 Name 文本框中输入载入信号的名称，例如 sig1。此时，对话框如图 8-7-4 所示。

（7）单击 OK 按钮后，x 表示的信号就被载入了，在 SPTool 里的名称为 sig1。

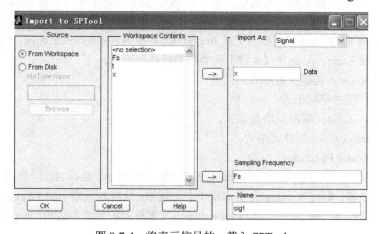

图 8-7-4　将表示信号的 x 载入 SPTool

此时，在 SPTool 主窗口的 Signals 列表框下单击 View 按钮，就可以看到载入信号 x 的波形了，如图 8-7-5 所示。进而，在 Signal Browser 窗口内，单击图标按钮还可对信号进行具体的分析，例如，单击 按钮，就可播放这个信号的声音，单击 ▶◀ 按钮，就可看到对信号加矩形窗的效果等，读者可尝试单击其他图标，看看能分析信号的哪些特点。

2）用 SPTool 设计和分析滤波器

在 SPTool 主窗口中，先单击 Filters 列表框下面的 new 按钮，就会弹出 FDATool 窗口，接下来就是用 FDATool 设计和分析滤波器了。

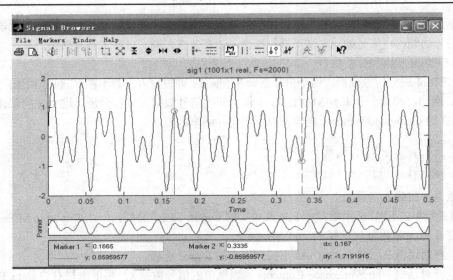

图 8-7-5　载入的信号 sig1 的波形

另外，若滤波器是用程序设计的，也可以载入 SPTool 进行分析。

例如，在 MATLAB 的"Command Window"内输入以下语句并回车：

```
[B,A]=butter(21,0.3);
```

就设计了一个 butterworth 数字低通滤波器，它用传递函数模型表示。

要用 SPTool 分析它，必须载入其数据"B"和"A"，具体步骤和信号数据类似，前两步相同，区别从第（3）步开始。

（3）选择 Import to SPTool 对话框右上角 Import As 下拉列表中的 Filter 选项。这时，在其下会出现一个新的下拉列表 Form，里面含有 4 种不同类型的滤波器表示。

● Transfer Function：传递函数形式。

● State Space：状态空间形式。

● Zero，Poles，Gain：零极点增益形式。

● 2nd Order Secions：二次分式形式。

本例中选择 Transfer Function。

（4）选择对话框中间 Workspace Contents 列表框中的滤波器分子数据 B，再单击与右边 Numerator 文本框对应的箭头按钮，则在 Numerator 文本框中会出现 B；选择对话框中间 Workspace Contents 列表框中的滤波器分母数据 A，再单击与右边 Denominator 文本框对应的箭头按钮，则在 Denominator 文本框中会出现 A。

（5）在 Sampling Frequency 文本框内输入采样频率，假设为 2000Hz。

（6）在对话框右下角的 Name 文本框中确定载入滤波器的名称，例如输入 filt1。

（7）单击 OK 按钮后，滤波器数据就被载入了。

此时，在 SPTool 主窗口的 Filters 列表框下单击 View 按钮，就可以看到载入滤波器 filt1 的图形了，这个图形可以是幅度响应、相位响应、群延迟特性、脉冲响应、阶跃响应、零/极点分布图、滤波器的系数等之中的某一个，具体选择哪一个可以在弹出的图形窗内操作，操作方法与在 FDATool 里选择一样。

另外，单击 Filters 列表框下面的 Edit 按钮，可对在 Filters 列表框里选中的某个滤波器进行修改。

最后，单击 Filters 列表框下面的 Apply 按钮，可计算指定信号通过指定滤波器的响应，例如图 8-7-6 就是在 Signals 列表框里选 sig1，Filters 列表框里选 filt1，再单击 Filters 列表框下面的 Apply 按钮，弹出的 Apply Filter 窗口。在这个窗口内只需选择响应的计算方法和给输出信号命名（可让它就为默认的，例如 sig2），再单击 OK 按钮，在 SPTool 主窗口的 Signals 列表框内就会增加输出信号的名字（例如：sig2），最后单击其下的 View 按钮，就可看到 sig1 通过 filt1 输出的信号 sig2 的波形。

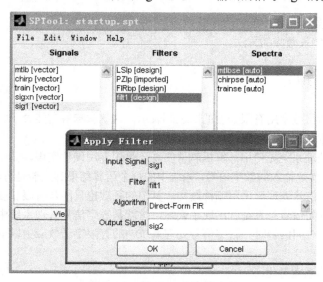

图 8-7-6　用 SPTool 计算响应

 ## 8.7.4　实验内容

完成以下习题，其中题号前有 "※" 的选做。

1．用 SPTool 观察信号的波形，这个信号是 8.1.4 节的题目 1 中的 (2) 正弦信号。

2．用 SPTool 分析系统的幅频特性、相频特性，单位冲激响应、零/极点图、群延迟等，这个系统由 8.1.4 节的题目 3 给出。

3．用 SPTool 完成 8.6.4 节的题目 7 和 8。

※4．试用 SPTool 设计一个 FIR 滤波器，使叠加了噪声（假设噪声是一个频率为 1000Hz 的余弦信号）的音频信号通过该滤波器后能去除噪声，保留纯净的音频信号。其中音频信号用以下方法获得：在 MATLAB 命令窗中输入：

```
load chirp;
```

这条命令运行后，就会在 "Workspace" 窗口里增加两个变量：一个是表示音频信号的 "y"，另一个是表示采样频率的 "Fs"。

 ## 8.7.5　实验报告要求

1．简述实验目的及原理。

2．打印出实验内容涉及的各个信号的波形和频谱。

3．打印出分析和设计的各个滤波器的单位冲激响应波形和频响特性曲线。

8.8 实验 8：有限字长效应的 MATLAB 分析

8.8.1 实验目的

1. 理解数字信号处理系统中的有限字长效应。
2. 理解减小有限字长效应的方法。

8.8.2 实验原理

有限字长指的是指将数字用有限长度的二进制表示，这就意味着它能表示的数字的动态范围和精度都有限，因而无限精度的数字用有限字长表示时往往存在误差。

实际的数字信号处理系统无论用计算机软件实现还是用专用硬件实现，其中的数据都存储在有限字长的存储单元里，也就是输入的数字信号、系统中的每个运算结果都只能是有限长度的二进制表示，而且无论系统中的数字信号处理器采用哪种结构，其中的系数也只能是有限长度的二进制表示，因而对比无限精度的离散时间信号与系统就出现了误差，这就是数字信号处理系统中的有限字长效应。具体地说，当输入是连续时间信号时，数字信号处理系统中的有限字长效应由以下三个因素引起：

（1）A/D 变换；

（2）数字滤波器的系数量化；

（3）数字信号处理器中运算结果的量化。

分析有限字长效应的目的：分析 A/D 变换的有限字长效应是为了选择合适字长的 A/D 变换器，以满足信噪比指标；分析数字滤波器系数量化的有限字长效应是为了减小因系数量化引起的滤波器性能改变。例如，设计出的无限精度数字滤波器本身是稳定的，但因为系数量化可能变得不稳定，为了避免出现这种情况，就必须分析数字滤波器系数量化的有限字长效应；分析数字信号运算中的有限字长效应是为了选择合适的滤波器运算位数，以满足设计要求。

减小数字信号处理系统中的有限字长效应分别从以下 3 个方面考虑：

（1）减小 A/D 变换的有限字长效应，可以通过增加 A/D 变换器的字长或增加输入信号的功率实现，但输入信号的功率受 A/D 变换器动态范围的限制。

（2）减小数字滤波器系数量化的有限字长效应，可以通过增加字长或选择合适的滤波器结构来实现，同一个数字滤波器，采用并联型结构或级联型结构比采用直接型结构精度更高。

（3）减小数字信号运算中的有限字长效应，可以通过增加字长或选择合适的滤波器结构来实现，例如，IIR 滤波器直接型结构其运算引起的误差（有限字长效应）最大，级联型结构次之，并联型结构最小。

8.8.3 MATLAB 相关基础

在 MATLAB 中使用的是十进制数，因此为了研究截尾误差或舍入误差，需要首先将数的十进制表示转换为二进制表示，经过截尾或舍入后，又将二进制数转换成十进制数。可以用两个函数 **a2dt** 和 **a2dr** 来分别完成截尾和舍入的工作。下面是这两个函数文件[1]。

```
function beq = a2dR(d,n)
% BEQ = A2DR(D, N) 将十进制数 D 转换成二进制数并四舍五入成 N 位
% 然后将其结果转换成十进制数(不含符号位)
```

```
m = 1; d1 = abs(d);
while fix(d1) > 0
    d1 = abs(d)/(2^m);
    m = m+1;
end
beq = fix(d1*2^n+.5);
beq = sign(d).*beq.*2^(m-n-1);


function beq = a2dT(d,n)
% BEQ = A2DT(D, N) 将十进制数 D 转换成二进制数并截尾成 N 位
% 然后将截尾结果转换成十进制数(不含符号位)
m = 1; d1 = abs(d);
while fix(d1) > 0
    d1 = abs(d)/(2^m);
    m = m+1;
end
beq = fix(d1*2^n);
beq = sign(d).*beq.*2^(m-n-1);
```

本次实验用到的 MATLAB 提供的函数主要有：cheby1、freqz、zp2sos、conv、 residuez。

函数 zp2sos：用于计算级联结构中的系数。调用格式为：

```
sos=zp2sos(z,p,A)
```

式中，"z"、"p"分别表示式（8-8-1）中的零点矢量和极点矢量，"A"是增益。"sos"对应式（8-8-2）中的系数，其具体形式为式（8-8-3）所示的矩阵。如果式（8-8-1）中分母为 1，则对应 FIR 滤波器，此时"sos"矩阵中除 $\alpha_{0i}=1$ 外，其余 α_{1i} 和 α_{2i} 均为 0。如果 $H(z)$ 以 N 阶有理多项式之比的形式表示，则可以先用函数 tf2zp 将其转化为零极点加增益形式，再用函数 zp2sos 将其转换为式（8-8-2）的形式。

$$H(z)=A\frac{(z-z_1)(z-z_2)\cdots(z-z_N)}{(z-p_1)(z-p_2)\cdots(z-p_N)}=A\prod_{i=1}^{N}\frac{z-z_i}{z-p_i} \tag{8-8-1}$$

$$H(z)=\prod_{k=1}^{L}\frac{\beta_{0k}+\beta_{1k}z^{-1}+\beta_{2k}z^{-2}}{\alpha_{0k}+\alpha_{1k}z^{-1}+\alpha_{2k}z^{-2}} \tag{8-8-2}$$

$$sos=\begin{bmatrix}\beta_{01} & \beta_{11} & \beta_{21} & \alpha_{01} & \alpha_{11} & \alpha_{21}\\ \beta_{02} & \beta_{12} & \beta_{22} & \alpha_{02} & \alpha_{12} & \alpha_{22}\\ \vdots & \vdots & \vdots & \vdots & \vdots & \vdots\\ \beta_{0L} & \beta_{1L} & \beta_{2L} & \alpha_{0L} & \alpha_{1L} & \alpha_{2L}\end{bmatrix} \tag{8-8-3}$$

8.8.4　实验内容与步骤

1. 分别用舍入和截尾两种方式计算 0.80165 和–0.80165 的 8 位二进制原码表示，再把得到的二进制数转化成十进制数，看看是否等于原来的十进制数，如果不等，说明了什么问题？

2. 调用 MATLAB 中的函数 cheby1 设计一个具有下列指标的切比雪夫 IIR 低通数字滤波器，并用 MATLAB 研究系数量化效应对该滤波器的幅度特性和零、极点位置的影响。

（1）给定滤波器技术指标：滤波器的阶次 $N=6$，通带波纹 $R_p=0.5$，阻带衰减 $R_s=50$dB，低通截止频率（相对频率） $\omega_0=0.6$。假设滤波器采用直接型结构，求滤波器的系数、幅度响应和零、极点，并画出幅度响应和零、极点图，作为理论计算结果。

（2）假设滤波器采用直接型结构，用截尾法对滤波器系数进行量化，取 $b = 5$ 位，画出系数量化后的幅度响应和零、极点图，并与（1）的理论计算结果进行比较。

（3）假设滤波器采用级联型结构，用截尾法对滤波器系数进行量化，取 $b = 5$ 位，画出系数量化前、后的级联型结构，画出系数量化后的幅度响应和零、极点图，并与（1）的理论计算结果进行比较。

（4）假设滤波器采用并联型结构，用截尾法对滤波器系数进行量化，取 $b = 5$ 位，画出系数量化前、后的级联型结构，画出系数量化后的幅度响应和零、极点图，并与（1）的理论计算结果进行比较。

（5）综合（2）、（3）、（4）的结果，说明了什么问题？

3．图 8-8-1(a)所示的二阶 IIR 数字滤波器，在无限精度情况下，描述该系统的差分方程为

$$y(n) = a_1 y(n-1) + a_2 y(n-2) + x(n)$$

假设用原码形式实现，通过一个量化器对其乘积的和进行量化，如图 8-8-1(b)所示，则上述差分方程化为

$$\hat{y}(n) = [a_1 y(n-1) + a_2 y(n-2) + x(n)]_R \qquad （8-8-4）$$

式中，$[\cdot]_R$ 表示舍入运算，$\hat{y}(n)$ 表示滤波器的实际输出。假设滤波器的系数为 $a_1 = -0.875$，$a_2 = 0.875$，如果所有的数用 b 位带符号小数表示，考虑初始条件为 $\hat{y}(-1) = -0.625$，$\hat{y}(-2) = -0.125$，零输入情况下，即当 $n \geq 0$ 时 $x(n) = 0$ 的情况下，按以下条件分别计算系统的输出（计算 40 点输出信号样本值）。

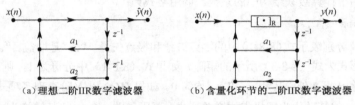

（a）理想二阶IIR数字滤波器   （b）含量化环节的二阶IIR数字滤波器

图 8-8-1   二阶 IIR 数字滤波器

（1）采用舍入量化，分别取量化位数 $b = 3$、$b = 4$ 和 $b = 5$ 计算。

（2）采用截尾量化，分别取量化位数 $b = 3$、$b = 4$ 和 $b = 5$ 计算。

（3）对比（1）、（2）的结果，说明量化方式和字长对系统输出的影响。

8.8.5 实验报告要求

1．简述实验目的及原理。

2．给出完成实验内容所需的源程序及实验结果。

3．总结实验所得主要结论。

8.9 实验9：双音多频信号的产生与检测

8.9.1 实验目的

1．了解双音多频信号的组成和应用。

2．学习双音多频信号的产生和检测方法。

3．通过用 MATLAB 仿真双音多频信号的产生与检测，初步了解应用数字信号处理解决实际问题的方法。

8.9.2　实验原理

1．双音多频信号的组成和应用

双音多频（DTMF）信号是音频电话中的拨号信号，由美国 AT&T 贝尔公司实验室研制，除了用于电话网络，还可以用于传输十进制数据的其他通信系统，如电子邮件系统和电子银行系统，在这些系统中，用户可以用电话发送 DTMF 信号，选择语音菜单进行操作。

在 DTMF 信令系统中，所用的 8 个频率分成低频组和高频组，低频组包括 4 个频率：697Hz、770Hz、852Hz 和 941Hz，高频组也包括 4 个频率：1209Hz、1336Hz、1477Hz 和 1633Hz，电话机上的每一个数字或字符都由一个高频单音和一个低频单音的组合代表，对应关系如表 8-9-1 所示，表中最后一列在电话中暂未使用。

表 8-9-1　DTMF 数字或符号的组成

行＼列	1209Hz	1336Hz	1477Hz	1633Hz
697Hz	1	2	3	A
770Hz	4	5	6	B
852Hz	7	8	9	C
941Hz	*	0	#	D

由表 8-9-1 不难看出，数字"1"由频率分别为 697Hz 和 1209Hz 的正弦信号组成，对应的 DTMF 信号用 $\sin(2\pi\times697t)+\sin(2\pi\times1209t)$ 表示，类似地，可以写出其他数字或字符对应的 DTMF 信号。

DTMF 信号在电话中有两种作用：一是用拨号信号去控制交换机接通被叫的电话机；二是控制电话机的各种功能，如播放留言、语音信箱等。

2．双音多频信号的产生和检测

时域连续的 DTMF 信号可以用数字方法产生。假设一个 DTMF 信号是 $x(t)=\sin(2\pi\cdot f_1 t)+\sin(2\pi\cdot f_2 t)$，其中 f_1 是表 8-9-1 所示低频组的某个频率，f_2 是表 8-9-1 所示高频组的某个频率，规定用 8kHz 对这个信号进行采样，采样后得到的时域离散信号为

$$x(n)=\sin\left(\frac{2\pi\cdot f_1}{8000}n\right)+\sin\left(\frac{2\pi\cdot f_2}{8000}n\right) \tag{8-9-1}$$

这个序列的产生有两种方法：计算法和查表法。计算法是用数学方法计算出两个正弦分量的数字样本，再相加，这种方法求正弦波的序列值容易，但实际中要占用一些计算时间，影响运行速度。查表法是预先将正弦波的各序列值计算出来，存在存储器中，运行时只要按顺序和一定的速度取出即可，这种方法要占用一定的存储空间，但是速度快。计算法更适合于硬件实现，查表法更适合于软件实现，如用 MATLAB 仿真双音多频信号的产生。产生的序列再送到 D/A 变换器和平滑滤波器，输出便是时域连续的 DTMF 信号，DTMF 信号通过电话线路送到交换机。

在接收端，要对收到的 DTMF 信号进行检测，检测出其中两个正弦分量的频率值，以判断所代表的十进制数字或符号。常用数字方法进行检测，因此首先要将收到的时域连续的 DTMF 信号进行 A/D 变换，变成数字信号再检测。检测的方法有两种：一种是用一个滤波器组提取所关心的频率，根据有输出信号的两个滤波器判断相应的数字或符号；另一种是对 DTMF 信号进行频谱分析，由信号的幅度谱，判断信号的两个频率分量，最后确定相应的数字或符号。当检测的音频数目较少时，用滤波器组实现更合适。对 DTMF 信号进行频谱分析可以用 DFT，FFT 是 DFT 的快速算法，但当 DFT 的变换区间较小时，FFT 快速计算的效果不明显，还要占用很多内存，因此不如直接用 DFT。Goertzel 算法是直接计算 DFT 的一种线性滤波方法，在 DTMF 信号检测中常用，由于本实验重在应用，故将这个算

法的原理略去，感兴趣的读者可查阅相关文献。在 MATLAB 中，可以直接调用函数 Goertzel，只计算几个感兴趣的频点处的 N 点 DFT 值。

3．检测 DTMF 信号的 DFT 参数选择

用 DFT 检测连续时间 DTMF 信号所包含的两个音频频率，是一个用 DFT 对连续信号进行频谱分析的问题。根据用 DFT 对连续信号进行频谱分析的理论（见 3.5.3 节），需确定三个参数：采样频率 f_s、信号的记录长度 T_0、采样点数（即 DFT 变换的点数）N。这 3 个参数需根据对信号频谱分析的要求进行确定。这里对信号的频谱分析有三个要求：频谱分析的分辨率；频谱分析的频率范围；检测频率的准确度。

（1）频谱分析的分辨率。观察要检测的 8 个频率，相邻间隔最小的是 697Hz 和 770Hz，它们的间隔是 73Hz，因此要求 DFT 最少能够分辨相隔 73Hz 的两个频率，即要求 $F_{0max} = 73$ Hz。因为 DFT 的分辨率与信号的记录长度 T_0 有关，即 $T_0 = 1/F_0$，所以 T_0 应该满足 $T_0 \geqslant T_{0min} = 1/73 = 13.7$ ms。考虑到留有裕量，要求按键的时间大于 40ms。

（2）频谱分析的频率范围。要检测的信号频率范围是 697～1633Hz，但考虑到存在语音干扰，除了检测这 8 个频率外，还要检测它们的二次倍频的幅度大小，波形正常且干扰小的正弦波的二次倍频是很小的，如果发现二次谐波很大，则不能确定这是 DTMF 信号。这样，频谱分析的频率范围为 697～3266Hz。根据采样定理，最小的采样频率应为 6532Hz（$2f_m$）。因为数字电话系统已经规定 $F_s = 8$kHz，所以对频谱分析范围的要求是一定满足的。

按照 $T_{0min} = 13.7$ms，$F_s = 8$kHz，算出对信号的最少采样点数为 $N_{min} = T_{0min} \cdot F_s \approx 110$。

（3）检测频率的准确度。这是一个用 DFT 检测正弦波频率是否准确的问题。序列的 N 点 DFT 是对序列频谱函数在 $0 \sim 2\pi$ 区间的 N 点等间隔采样。如果是一个周期序列，截取周期序列的整数倍周期，计算 DFT，其采样点刚好在周期信号的频率上，DFT 的幅度最大处就是信号的准确频率。分析 DTMF 信号，发现不可能经过采样而得到周期序列，因此存在检测频率的准确度问题。

DFT 的频率采样点频率为 $\omega_k = \dfrac{2\pi}{N}k(k = 0, 1, 2, \cdots, N-1)$，相应的模拟域采样点频率为 $f_k = \dfrac{F_s}{N}k(k = 0, 1, 2, \cdots, N-1)$，希望选择一个合适的 N，使用该公式算出的 f_k 能接近要检测的频率，或者用 8 个频率中的任一个频率 f_k' 代入公式 $f_k' = \dfrac{F_s}{N}k$ 中时，得到的 k 值最接近整数值，这样虽然用幅度最大点检测的频率有误差，但可以准确判断所对应的 DTMF 频率，也就可以准确地判断所对应的数字或符号。经过分析，认为 $N = 205$ 是最符合要求的。按照 $F_s = 8$kHz，$N = 205$，算出的 8 个频率及其二次谐波对应的 k 值，以及 k 取整数时的频率误差如表 8-9-2 所示。

表 8-9-2　$f_s = 8$kHz，$N = 205$ 时 DTMF 信号的 8 个基频及二次谐波与 N 点 DFT 的 k 值对应表

8 个基频/Hz	最近的 k 值	DFT 的 k 值	绝对误差	二次谐波/Hz	最近的 k 值	DFT 的 k 值	绝对误差
697	17.861	18	0.139	1394	35.024	35	0.024
770	19.531	20	0.269	1540	38.692	39	0.308
852	21.833	22	0.167	1704	42.813	43	0.187
941	24.113	24	0.113	1882	47.285	47	0.285
1209	30.981	31	0.019	2418	60.752	61	0.248
1336	34.235	34	0.235	2672	67.134	67	0.134
1477	37.848	38	0.152	2954	74.219	74	0.219
1633	41.846	42	0.154	3266	82.058	82	0.058

通过以上分析，确定 $f_s = 8$kHz，$N = 205$，$T_0 \geqslant 40$ms。

8.9.3　MATLAB 相关基础

本次实验用到的 MATLAB 提供的函数主要有：fft、goertzel、sound、pause、input、stem。

（1）goertzel：goertzel 算法。相关命令为

```
Xk=goertzel(x,k)
```

"x" 是被变换的时域序列 $x(n)$，"Xk" 是变换结果向量，其中存放的是由向量 "k" 指定的频率点处的 DFT[$x(n)$]的值。设 $X(k) = \mathrm{DFT}\big[x(n)\big]$，则

$$X(k(i)) = Xk(i) \qquad i = 1, 2, \cdots, k\text{的长度}$$

函数 goertzel 用于 DTMF 信号检测时，"x" 就是 DTMF 信号的 205 个采样值组成的向量，"k" 是要求计算的 DFT[$x(n)$]的频点序号组成的向量，由表 8-9-2 可知，如果只计算 8 个基频的 DFT，则

$$k = [18, 20, 22, 24, 31, 34, 38, 42] + 1$$

（2）sound：播放声音。相关命令为：

```
sound(y,Fs);
```

用于播放 "y"（采样频率为 "Fs"）所表示的信号的声音，若省略 "Fs"，则默认 "Fs" 为 8192Hz。

（3）input：在 "Command Window" 显示提示语，等待用户输入数字或字符完成赋值。

例如：读者可输入 R = input('How many apples')或 R = INPUT('What is your name','s')进行练习。

（4）函数 pause：暂停程序的运行。相关命令为：

```
Pause(n);      %暂停 n 秒后继续执行后面的语句
Pause;         %暂停程序直至用户按某一个按键再继续运行
```

8.9.4　实验内容和步骤

在 MATLAB 中仿真 DTMF 信号的产生与检测。

1．DTMF 信号的产生。编写仿真程序，要求运行程序后，根据提示输入 8 位电话号码，就能自动产生号码中每一位数字对应的 DTMF 信号，并送出双频声音。

2．DTMF 信号的检测

（1）对 1 题产生的 8 位电话号码的 DTMF 信号，用函数 FFT 计算其中每一位的 DFT，画出幅度谱，进而确定该信号对应的数字。

（2）将（1）题中的 "用函数 FFT" 改成 "用函数 goertzel"，重做（1）题。

用哪种方法检测 DTMF 信号更好？为什么？

8.9.5　实验报告要求

1．简述实验目的及原理。

2．给出完成实验内容所需的源程序及实验结果。

3．总结实验所得主要结论。

参 考 文 献

[1] S. K. Mitra Digital Signal Processing: A computer- Based Approach, Third Edition. 孙洪等译. 数字信号处理——基于计算机的方法（上、下册）（第三版）. 北京：电子工业出版社，2006.

[2] S. K. Mitra. Digital Signal Processing Laboratory Using Matlab. 孙洪等译. 数字信号处理实验指导书（MATLAB版）. 北京：电子工业出版社，2010.

[3] A. V. Oppenheim W. R. Schafer J. R. Buck Discrete-Time Signal Processing, Second Edition.刘树棠，黄建国译. 离散时间信号处理（第二版）. 西安：西安交通大学出版社，2001.

[4] 丁玉美，高西全. 《数字信号处理（第三版）》学习指导. 西安：西安电子科技大学出版社，2009.

[5] 薛年喜. MATLAB 在数字信号处理中的应用（第 2 版）.北京：清华大学出版社，2008.

[6] Vinay K.Ingle, John G.Proakis. Digital Signal Processing Using Matlab. 刘树棠译. 数字信号处理（MATLAB 版）（第 2 版）. 西安：西安交通大学出版社，2008.

[7] 程佩青. 数字信号处理教程（第三版）. 北京：清华大学出版社，2008.

[8] 邹理和. 数字信号处理（上册）. 北京：国防工业出版社，1985.

[9] 何振亚. 数字信号处理理论与应用（上、下册）. 北京：人民邮电出版社，1983.

[10] 陈后金，薛健，胡健. 数字信号处理. 北京：高等教育出版社，2004.

[11] 徐科军. 信号分析与处理. 北京：清华大学出版社，2006.

[12] 杨小牛，楼才义，徐建良. 软件无线电原理与应用. 北京：电子工业出版社，2001.

[13] Joyce Van de Vegte Fundamentals of Digital Signal Processing. 侯正信，王国安等译. 数字信号处理基础. 北京：电子工业出版社，2003.

[14] 姚振东等编. DSP 器件应用. 西安：西安电子科技大学出版社，2008.

[15] 姚天任，江太辉. 数字信号处理. 武汉：华中科技大学出版社，2000.

[16] 朱冰莲. 数字信号处理. 北京：电子工业出版社，2011.